図説 ゼロからわかる

National Security of Japan

日本の安全保障

元防衛大臣
森本 敏 監修

実務教育出版

図説・ゼロからわかる

日本の安全保障

この本の読み方

本書のタイトルは『〝日本の〟安全保障』となっているが、現在の日本の安全保障政策を理解して頂くためには、安全保障という課題を扱う枠組《わくぐ》みが国際社会の中でどのように形作られてきたか、また、その中で日本がどのように安全保障政策を進めてきたのかという経緯《けいい》を、時代ごとの課題も含めて、総合的に考察《こうさつ》して頂く必要がある。

右の観点から、まず**第一章**では主に第二次世界大戦（一九三九―四五）後の**世界の歴史**を、**現在ある国際的な安全保障の仕組みが形成されていく過程**として展開していくこととした。この中には、安保法制の論議で注目を集めた〝集団的自衛権〟が、国際法として成立する過程も含まれている。

それを踏まえて**第二章**では、**戦後日本がどのように安全保障という課題と向き合ってきたか**という流れを追っていく。平和主義を掲《かか》げ、〝戦力〟の保持を禁じる憲法の枠内《わくない》で、どのように国を守ろうとしてきたのか、その結果としてできあがった現在の体制を理解して頂きたい。

第三章では、二〇一五年九月に成立したいわゆる〝**安保法制**〟について、新たに何が可能となるのか、それはどのような課題を解決しようとしたものなのかを読み解く。国際社会と日本の安全保障の経緯を記した第一章及び第二章の内容を把握《はあく》することによって、いきなりこの問題に触《ふ》れるよりも、一層深く理解できると考える。

最後に**第四章**では、**現在の日本を取り巻く国際情勢**について述べる。もはや、あらゆる分野で一国が独力でやっていける時代ではなくなりつつあるが、その中でも安全保障はその最たるものである。

本書の総まとめとして、関連ページを参照しながらじっくりと読んで頂きたい。

各章の理解を助けるため、巻頭に用語集、巻末に各種資料とカラー地図を用意したので、随時《ずいじ》参照して頂きたい。

以上のように、本書はページ順に読み進めることを想定して構成されている。興味のあるトピックを選んで読んでいくこともできるが、特に初めて安全保障を学ぶ人には、最初から順に読むことをお勧《すす》めする。読後、冒頭《ぼうとう》の総論を再読すれば、〝日本の安全保障〟についての基礎知識が身に付いたことを実感できるものと確信する。

本書中の国名表記について

本文及び図表と地図で表記が異なる。

本文・図表…米国、英国、中華人民共和国または中国、ソビエト連邦またはソ連

地図…………アメリカ合衆国、イギリス、中華人民共和国、ソビエト連邦

※本書の情報・資料は、二〇一六年三月二九日現在のものです。

図説・ゼロからわかる　日本の安全保障——もくじ

この本の読み方…………2
もくじ…………4
この本を読むための用語集…………8

日本の安全保障——総論…………森本 敏…………17

第一章
戦後世界の歴史から学ぶ安全保障

図解でわかる第一章の概要…………26
国際連合、国連憲章の成立…………28
二つの自衛権、その違いは？…………30
冷戦体制の成立…………32
朝鮮戦争と朝鮮国連軍…………36
朝鮮戦争と日本…………40
サンフランシスコ平和条約と旧日米安保条約…………42
中ソ対立…………48
冷戦下の集団的自衛権…………52
冷戦の終焉とパクス・アメリカーナ…………58
翻弄される中近東…………62
対テロ戦争が「戦争」を変えた…………66

中立を棄てる国連とPKO……70
力による現状変更――実現されない国連憲章の理念……74
国連憲章関係条文……80

第二章 日本の安全保障の成り立ち

図解でわかる第二章の概要……82
憲法九条と自衛権……84
自衛隊の歴史と任務……92
日米安保体制……104
日米防衛協力ガイドライン(日米防衛協力のための指針)……110
在日米軍基地問題……118
実施中の日本の国際協力……124
日本の防衛政策……126
自衛隊・米軍の連絡体制……134

第三章 二〇一五年の安保法制で何が変わる

図解でわかる第三章の概要……136
安保法制とは……138
日本有事の際の対応……140
日本有事につながる恐れがある事態への対応……144

日本平時の国際協力等……148
残された課題――グレーゾーン事態への切れ目ない対応……152
私達の自衛隊……156
現実的で実効的な安全保障体制の構築に向けて……158

第四章 日本を取り巻く国際情勢

図解でわかる第四章の概要……160
核・ミサイル開発を進める北朝鮮……162
力を蓄える〝新大国〟中国……166
各国の主張がぶつかりあう南シナ海……168
日米韓関係の強化……170
国際的影響力を高めるロシア……172
シリア情勢のゆくえ……174
欧州への難民流入……175
グローバル・テロリズム……176
原子力エネルギーと核拡散……178
新時代の安全保障――サイバー・宇宙……180
安全保障とインテリジェンス……182
真価が問われる国連体制・求められる実効的な国際安全保障……184

参考資料

安保法制の要点……190
自衛隊の機構概要……192
自衛隊基地一覧……198
在日米軍基地一覧……200
米太平洋軍基地一覧……202
各国の徴兵制……204
海上保安庁の機構概要……206
主要参考文献・資料……208

付録

第一次世界大戦後の世界(一九二五年)……210
日本を取り巻く国際環境……212
日本周辺のシーレーン……214
戦略的・経済的につながる東アジア……216
世界の武器輸出入額……218
核の「平和利用」と核開発……220
自衛隊の災害派遣……222

この本を読むための用語集

A―Z

EEZ（Exclusive Economic Zone　排他的経済水域）
領海の外側、沿岸国の沿岸基線から二〇〇カイリ（約三七〇km）までの水域。生物・非生物を問わないすべての資源の探査・開発・保存・管理と、その他の経済活動について沿岸国が領海と同様の独占的な権利をもつ。航行や上空の飛行その他の面では公海扱い。

ICBM（intercontinental ballistic missile　大陸間弾道ミサイル）
弾道ミサイルのうち射程距離が最も長く、大洋を隔てた大陸の間を飛ぶミサイル。冷戦期、米ソの間では射程距離五五〇〇km以上のものとされていた（両国間の最も近い国境同士の距離にあたる）。基本的に核弾頭を搭載する。

IS（Islamic State　イスラーム国）
イラク戦争（二〇〇三年）の後、米軍やイラク新政権に抵抗する複数の組織が合併して〇六年に結成された「イラク・イスラーム国」を母体とする。〇七年にはイラクでのテロは沈静化したが、「アラブの春」の影響を受けたシリアでの一一年以降の内乱に乗じ、組織を拡大。一三年、「イラクとレバントのイスラーム国（Islamic State in Iraq and Levant: ＩＳＩＬ）」に改称。翌年にかけてＩＳＩＬはシリアとイラクにまたがる地域を制圧し、指導者バグダーディをカリフ（イスラームの預言者ムハンマドの後継者を意味する最高指導者）とするイスラーム国（ＩＳ）の建国を宣言。シリアでの勢力拡大は著しく、一四年九月には米軍を中心とする有志連合によるＩＳ支配地域への空爆が始まった。その後は日本人を含む外国人の拉致・殺害が繰り返され、有志連合の空爆は激しくなると同時に世界各地でＩＳによるテロが続発。欧米への攻撃を最重要視していた従来のイスラーム過激派国際テロ組織とは一線を画し、また資金力・軍事力も豊富。

NATO（North Atlantic Treaty Organization　北大西洋条約機構）
「加盟国の一部が武力攻撃を受けた場合、全加盟国に対する攻撃とみなし、兵力使用を含む必要攻撃をただちにとる」と定めた「北大西洋条約」に基づく、北米・欧州諸国の同盟のための機構。米ソ対立の冷戦から生まれ、ソ連・東欧諸国で構成されたワルシャワ条約機構と共に世界を二分した。冷戦が終わると、ＮＡＴＯも軍事同盟の意味を薄めて政治協力機構の色彩を濃くし、民主化した東欧諸国にも加盟国が拡大、現在は全二八ヶ国が加盟している。二〇〇二年にはＮＡＴＯ・ロシア理事会が設立されたが、一四年のクリミア編入強行以降はロシアを排除した。

PKO（Peacekeeping Operation）
国連の活動の一つ。日本語での正式名称は「国際連合平和維持活動」。国連憲章に定められた活動ではなく、紛争の平和的解決と、経済制裁・武力制裁の中間に位置する活動として必要性に応じ成立してきた。元来は、①停戦合意の後、②すべての紛争当事者の同意を前提に現地に入り、③中立の立場を厳守して、平和を「維持」することを任務とした。具体的には武装解除や選挙監視などであり、再び戦争状態に入った場合には撤収することが原則だった。九〇年代以降、紛争において停戦合意が破られたり、そもそも停戦合意に至らなかったり、本来であれば住民を保護する責任がある政府がそれを果たさなかったりする（その能力が無い場合も、意図的に責任を放棄する場合もある）ケースが相次ぎ、徐々に、住民が危険にさらされるときには中立性を放棄してでも、武力を行使して平和の「構築」にあたることを任務に含むようになった。

PKO協力法

正式名称は「国際連合平和維持活動等に対する協力に関する法律」。一般には「PKO協力法」と呼ばれることが多いが、日本政府は「国際平和協力法」という略称を用いる。二〇一五年の安保法制で新規立法された「国際平和支援法」とは異なる。PKOに限らず、国連その他の国際機関が行う国際的な活動に自衛隊や文官を派遣する際に根拠となる法律で、湾岸戦争後の一九九二年に成立した。

PKO参加五原則

PKO協力法で定められた、日本がPKOや類似の活動に参加する際の条件。元来のPKOそのものの原則①～③（p. 8）に、紛争当事者による日本の活動参加同意を加え、さらに④それらの条件が満たされない状況となれば撤収できること、⑤武器の使用はいわゆる自己保存型の必要最小限に限られることを定めた。PKO自体が変質し、停戦合意や中立性などが前提とされなくなってからも改定されず、二〇一五年の安保法制では任務拡大に伴って武器使用基準が緩和（一定条件の下で任務遂行型の武器使用が可能に）されたのみである。

あ

安全保障（national security）

ある集団・主体（主に国家）にとっての生存・独立・財産などを脅かされないように、何らかの手段によって安全を確保すること。歴史的には軍事的脅威に対するものだったが、現代では大量破壊兵器の拡散、PKO、さらに経済、エネルギー資源などにも及び、環境問題や人権を包括する主張もある。国家間の主要な安全保障の手段は軍事力の要素に基づくが、外交や経済、環境など広範なものを含めている。

か

拒否権（国連安保理）

国連安全保障理事会決議の採択では、常任理事国（米国・英国・フランス・ロシア・中国）が一ヶ国でも反対すれば、たとえ他の一四ヶ国すべてが賛成しても成立せず、これを常任理事国の拒否権と呼ぶ。重要問題である国際紛争には五大国が協同して取り組まなければ実効性がないという考えから導入された制度だが、実際には常任理事国の間で利害が一致しないことは多く、冷戦期には拒否権行使によって国連はたびたび動きを封じられた。現在でも、強大過ぎる拒否権の存在が安保理や国連全体の機能不全を招いているという批判は大きい。理事国の拡大や拒否権の廃止を含めた安保理改革の必要性が叫ばれている。

公海

どの国の領海にも属さない海域。領海の外側、沿岸基線から二〇〇カイリ以内は沿岸国が経済的に独占権を持つEEZ（排他的経済水域）だが、領海を出れば上空を含めて国家の主権は及ばず、原則としてすべての国に自由な航行が認められ、また上空でも自由な飛行が認められる。

後方支援

軍事作戦を支援するために行われる、計画的かつ組織的な業務。作戦部隊を後方から支援するために必要な業務のことで、通常、補給・輸送・整備・調達・修理・施設・医療などの諸活動を総称することが多く、「武力によらない武力行使のための支援」ともいえる。これらの主要な業務のことを兵站（へいたん）業務と呼ぶこともある。「後方」は必ずしも戦闘の前線から離れた場所を意味しない。

国際連合(United Nations: UN)

第二次世界大戦中の一九四五年六月、連合国諸国が発足させた国際機関。略称は「国連」。英称は「連合国」とまったく同じ。したがって現在は、連合国が描いた戦後世界の秩序に、敗戦した日・独・伊などが取り込まれた形となる。また、戦後新たに独立を達成した国も大部分が加盟し、二〇一六年二月現在の加盟国は一九三ヶ国と、世界のほぼすべての地域を網羅している。現在、世界全体規模で平和の維持・国際協力を行うことを目的とした最大の国際機関。

国際連合安全保障理事会(United Nations Security Counsil: UNSC)

安全保障問題に関する国連の意思を決定する機関。「安保理」と略称されることが多い。決議は国連加盟国に対して拘束力を持つ（総会決議は勧告するのみ）。加盟国が国連憲章に違反した場合、まずは平和的な解決を模索し、それが叶わなければ経済制裁や武力制裁を決議する。常任理事国五ヶ国（米国、英国、フランス、ロシア、中国）と非常任理事国一〇ヶ国（選挙制、任期二年）の計一五ヶ国で構成。安保理決議採択には九理事国以上の賛成が必要だが、常任理事国が一ヶ国でも反対すると、たとえ他の一四ヶ国すべてが賛成しても成立しない（拒否権）。

国際連盟(League of Nations)

第一次世界大戦後の一九二〇年、当時の米国大統領ウィルソンの提唱を基に結成された国際機関。同大戦で戦勝国だった日本も中心的位置を占めていた。米国は議会の同意を得られず、加盟していない。第二次世界大戦を防ぐことはできず、国際連合発足後に解散したが、国際連合の組織として現在まで引き継がれている機関に国際司法裁判所（ICJ）、国際労働機関（ILO）、世界保健機関（WHO、国際連盟保健機関の後身）などがある。

個別的自衛権(right of individual self-defense)

自衛権のうち、自国に対する武力攻撃が発生したときに適用されるもの。古来戦争開始の理由として挙げられる筆頭が「自衛のため」であり、第二次世界大戦の発端となったナチス・ドイツによる一連の侵略行為や、日本が起こした満州事変など、無理なこじつけも含む拡大解釈によって多くの戦争が正当化されてきた側面がある。この反省から現在では冒頭のように解釈され、経済封鎖など武力以外の手段による敵対行為に対抗しては発動できないようになっている。ただし、実際に自国領域内にミサイルが着弾するといった事態（被害）が生じるまで待たねばならないのか、相手国がミサイルの発射準備を始めた段階で「武力行使に着手」と見て自衛権を発動できるのかといった解釈にはいまだ議論がある。なお、武力行使の明白な兆候がない段階で「放置すれば自国に対する武力攻撃が行われる疑いがある」として相手国の施設などに先制攻撃を加えることも自衛権に含まれるとする説もあるが（先制的自衛権）、あまり認められていない。

さ

自衛権(right of self-defense)

「急迫・不正の侵害があること」「他に手段がないこと」「必要な限度にとどまること」の条件付きで、安保理が必要な措置をとるまでの間に限り、武力攻撃阻止のために武力を行使する権利のことで、国連憲章違反とされないが、行使した場合、速やかに安保理に報告しなければならない。また、安保理決議により国連が動いた場合にはそれに従わなければならず、戦争状態が継続するとしても「自衛権の行使」としてではなくなる。国内法における正当防衛権（急迫・不正の侵害から自己または他人の権利を守るためにやむを得ずとった行為は、たとえ違法行為であっても違法とされない。英語ではこちらもright of self-defense）に似ている。武力攻撃を受けた国が発動する権利を「個別的自衛権」、直接攻撃されていない国が攻撃を受けたものと見なして、その国と共同で発動する権利を「集団的自衛権」と呼ぶ。安保理の機能不全のため、「必要な措置をとるまでの間」という限定は事実上効力を失っている。

自衛隊

「わが国の平和と独立を守り、国の安全を保つため、直接侵略及び間接侵略に対しわが国を防衛することを主たる任務とし、必要に応じ、公共の秩序の維持に当るものとする」（自衛隊法三条）と定められた、日本の防衛を主任務とする実力組織。対外的にはJapan Self Defense Force（ＪＳＤＦ）と称する。一九五四年七月一日に施行された自衛隊法によって発足。陸上（約一三万八千人）・海上（約四万四千人）・航空（約四万六千人）の三隊がある。最高指揮官は内閣総理大臣で、防衛大臣が指示を出す。三隊の運用の指揮・命令を担う統合幕僚監部の長である統合幕僚長が自衛隊（制服組）のトップで、陸・海・空の各自衛隊をそれぞれの幕僚長がまとめている。

集団安全保障（collective security）

「仲間うち」で外部からの脅威に備える集団防衛と異なり、潜在的な敵国も含めた国際組織によって紛争の解決手段を持ち、国際社会の秩序と安定を図ろうとする考え方。国際連盟や国際連合はこの考え方により組織された。国際連盟の失敗に基づき、国連憲章は憲章違反国に対して武力制裁を加える「国連軍」の規定をもち、加盟国は紛争当事国との間に利害関係や同盟関係がなくとも、それどころか利害関係が対立する場合であっても、負担を分担して対処することが「国連憲章上の義務」とされる。集団的自衛権とはまったく意味が異なる。

集団的自衛権（right of collective self-defense）

自衛権のうち、自国に対する武力攻撃が生じていないにもかかわらず、同盟関係等にある他国が攻撃を受けた場合に、自国が攻撃されたものと見なして武力を行使して対処する権利。自衛という言葉から受ける印象に反して、行使国自身を守ることが第一の目的ではない。国連憲章で初めて明文化された新しい権利で、定義や行使要件は当初確定しておらず、一九八六年のニカラグア事件判決により、個別的自衛権と共通に課せられた条件に、「攻撃された国が攻撃されたことを表明すること」及び「攻撃された国からの救援要請があること」が集団的自衛権の行使要件として加えられた。「攻撃された国が自国と密接に関わりがあること」を要件とするかどうかには議論のあるところである。

集団的自衛権の限定的行使

二〇一四年七月に閣議決定された、「我が国の存立に重大な影響を及ぼす場合に限定して」、これまで憲法上認められないとされてきた集団的自衛権の行使を容認するという日本政府の憲法解釈変更。この「限定」の内容は、安保法制で「存立危機事態」として定義された。「日本の防衛を目的とするのであれば個別的自衛権で対応可能」とする見解も野党などから提示されたが、政府は、「個別的自衛権は当事国の領域に対する武力攻撃への対処であり、日本の領域外における武力攻撃に対して個別的自衛権を適用することは拡大解釈にあたるため国際法上問題があり、集団的自衛権行使を前提とした法整備が必要」としている。

集団防衛(collective defense)

利害関係や価値観を共有する複数の国家が、共同して外部の脅威に対処しようとする考え方。冷戦下のNATOとワルシャワ条約機構が典型例。潜在的な敵国も含めた全世界規模で集団を形成する集団安全保障とは異なり、いわば「仲間うち」で取り決めを結び、仲間の国が攻撃された場合に、直接攻撃されていない国が武力を行使して攻撃を受けた国の防衛にあたることを「条約上の義務」とする。このような取り決めを結ぶことを可能としたのが集団的自衛権であり、両者は密接に関わる。

専守防衛

「先制攻撃や自国領土外での軍事活動を行わず、相手から攻撃を受けた時に初めて自衛力を行使する」とした日本の防衛政策上の基本方針。武力行使を禁じた日本国憲法に基づく、戦後日本の防衛戦略における根本姿勢であり、自衛隊の特質とされる。日本の防衛政策では、攻撃に対する防衛のみ行うことに加え「その態様も自衛のための必要最小限にとどめ、また、保持する防衛力も自衛のための必要最小限のものに限る」としている。

戦争

かつて、「戦争」は外交の最終手段として国家の権利とされ、そのルールが国際法で定められていた。国際社会で戦争が違法化されたのは第一次世界大戦後の「国際連盟規約」や「不戦条約」が初めてで、自衛のため以外の戦争が禁じられたが、第二次世界大戦は防げなかった。国連憲章では、武力攻撃があったときの自衛以外の「武力の行使」「武力による威嚇」を禁じたので、かつてのような「戦争」は、各加盟国が憲章を守ればもはや起こらないはずのものである。しかし、一方ではそれにもかかわらず大量破壊兵器の能力向上に励む国もあれば、「武力の行使」と認められるかどうか明確でない手段を用いて既成事実を作ろうと目論む国もあり、他方では国家並みの軍事力を持ちながら国連憲章を始めとした国際法の規制を受けない「非国家主体」の脅威が高まっている。これらへの有効な対処手段を国際社会はまだ持っていない。また、民族や宗教の対立から生じる武力紛争は今後も起こり続けると思われ、いわゆる広義の「戦争」がなくなる日はまだ遠そうだ。

た

対テロ戦争(テロとの戦い)

二〇〇一年九月一一日の米国同時多発テロ（九・一一）以来、国際テロは国際政治の重大問題として注目を集めた。当時のブッシュ米大統領は九・一一以降対テロ戦争（テロとの戦い）を唱え、グローバル・テロリズムの巣窟と見なしたアフガニスタンやイラクへの軍事攻撃を正当化、同盟諸国に結束を求め、英国や日本もこれに同調した。しかし、正規軍による空爆や重武装の警察力をもってしてもテロ活動が収まることはなく、イスラーム原理主義者の欧米への反感をむしろ強めてしまったことは否定できない。いまやテロの起きない日は無いといっても過言ではなく、力のみに頼らない有効なテロリズムへの対策はいまだ模索中である。

弾道ミサイル(ballistic missile)

ロケットで上昇し宇宙空間まで打ち上げられ、

「弾道軌道」を飛んで目標に到達するミサイル。射程八〇〇km以下の短距離弾道ミサイルから、地球の半径（約六四〇〇km）以上の射程を持つ大陸間弾道ミサイル（ＩＣＢＭ）まで多岐にわたる。秒速数kmという高速で飛ぶので、迎撃には早期に発見し、追尾・撃破できる高い技術が必要。

地域的取極（Regional Arrangements）

国連憲章第八章で締結が奨励されている、地域ごとに協力して紛争解決にあたる取り決めまたは機関。これに参加している国は、紛争解決を安保理に付託する前に地域的取極によって平和的解決に向けて努力しなければならないと定められており、うまく行かないときには実力行使となるが、安保理の許可が必要とされる点が自衛権行使の場合と異なる。安保理が機能不全に陥った場合には、集団安全保障体制と同様に実効的な仕組みとしては機能しないことがある。

同盟調整メカニズム（Alliance Coordination Mechanism: ＡＣＭ）

同盟・協力関係にある二国間で、防衛政策や軍隊の共同行動に関する協議・調整を行う諸機関の総称。閣僚や官僚、軍隊（自衛隊）の実務者同士の会議などが設置される。日米間では、二〇一四年の日米防衛協力ガイドライン改定で同盟調整メカニズムの設置が盛り込まれ、平素から有事に至るまで、あらゆる事態に対して迅速で切れ目ない共同対処がとれるような態勢の強化が進められている。

な

日米安保条約

正式には「日本国とアメリカ合衆国との間の相互協力及び安全保障条約」。「安保条約」とも略称される。一九六〇年六月二三日発効。「合衆国の軍隊の地位に関する協定」（いわゆる日米地位協定）をはじめ、交換公文、合意議事録が付属し、その実施のために多くの国内法が定められており、それらがいわゆる日米安保体制を形成している。現行の条約は旧日米安保条約（一九五二年四月二八日発効）を代替したもので、「新（日米）安保条約」とも呼ばれる。

日米地位協定

地位協定とは、軍隊が外国に駐留する際に受入れ国との間に結ばれる行政協定のこと。したがって日米地位協定は、日米安保条約に基づき米軍が日本に駐留し、施設・区域の提供を受けるにあたり、その運用上の細則を定めたものである。法律ではないが、例えば地位協定に基づく特別協定などは国会の審議を経る。米軍関係者が日本国内で罪を犯した場合の裁判権についてしばしば問題になる。制定以来一度も改定されていない。

日米防衛協力ガイドライン

日本が他国から攻撃されたときなどの、自衛隊と米軍の具体的な役割分担を定めた政策文書。正式には「日米防衛協力のための指針」。日米両国の閣僚間で合意するもので、条約のような国会承認は必要ではないが、米国との国際約束になるため、日本の安全保障の枠組みに大きな影響を与えてきた。一九七八年、旧ソ連の侵攻に備えて初めてつくられた。冷戦終結後の九七年の改定では、朝鮮半島有事を想定し、必要な国内法整備として一連の有事法制が制定された。二〇一四年の最新の改定では、日本を取り巻く安全保障環境の変化や米軍の再編（リバランス）、そして集団的自衛権の行使を限定的に容認するなどの日本の政策変更に基づき、従来以上に日本の役割を拡大するものとなった。それを実現するために必要とされた一連の国内法が、一五年九月に成立した安保法制。

は

非核三原則

「核兵器を持たず、作らず、持ち込ませず」という日本の国是（国民全体が認める政策の基本方針）。一九六七年、憲法の下で許される自衛の範囲内での核武装論を唱える者も一定数存在していた中で、当時の佐藤栄作首相が表明（七四年、ノーベル平和賞を受賞）、七一年には国会決議により国是となった。「持たず」と「作らず」、すなわち日本が核兵器の開発・製造・保有をしないことは、その後の原子力基本法制定や核兵器不拡散条約（NPT）加盟によって国内・国際の両面で法的義務となった。一方「持ち込ませず」、すなわち外国による核兵器の日本への持ち込みを認めないことについては、法的拘束力のない国会決議に留まったまま現在に至っており、冷戦期には米国が日本に核兵器を持ち込んでいたとも言われる。

非国家主体（non-state actor）

広義には、国連や欧州連合などの国際組織、NGO、多国籍企業、国際的犯罪組織など、国際法上の国家主権を持たない国際的組織を指すが、安全保障の文脈では、それらの中で正規の国家と対抗して軍事行動を起こせるほどの組織力を持つ民兵組織・反政府集団・国際テロ組織などを主に指す。これらには支配地域で「徴税」のような国家的行為を行っているIS（イスラーム国）などもある。国連憲章など国際法上の義務を負わないため、国際安全保障制度上のいわば盲点で、既存の国際関係の枠組みでの対処が困難。現在の国際社会の最大課題の一つ。

武器使用基準（自衛隊）

自衛隊員が武器を使用できる条件。PKO参加により、自衛隊が海外で「武力行使の三要件」を満たさないケースで武器を使用する可能性が生じた。このため、隊員個人による「自分自身や仲間の自衛隊員を守るため」（自己保存型）に必要な武器使用は、憲法が禁ずる武力行使にあたらず可能であるとした。以降、武器使用が認められる防護対象が「自分の管理下に入った者」や「武器等」に拡大され、二〇一五年の安保法制では、「在外邦人等の保護措置」やPKO等参加時の任務に「安全確保」「駆け付け警護」（自分の管理下に入っていない者を守る活動）を加えるため、これまで武力行使にあたる恐れがあるとして認められてこなかった「任務遂行に対する妨害を排除するため」（任務遂行型）に必要な武器の使用を認めた。いずれの場合でも、相手に危害を加えても許されるのは正当防衛・緊急避難にあたる場合に限る。これらはすべて「憲法上許されない武力行使」を回避するための国内法に基づく規定であって、他国の軍隊は武力行使と武器使用を区別するようなことはせず、任務ごとに国際法や国連の基準に基づく交戦規定（rule of engagement: ROE。武力を行使する場合と態様を定めた部隊行動基準といわれる）を設定している。

武器輸出三原則

二〇一四年四月までの日本の基本政策だった、武器の輸出を一切認めないとする原則。武器の輸出には法令により通商産業大臣（現・経済産業大臣）の許可が必要だが、一九六七年、佐藤栄作首相（当時）は、政府の運用方針として、①東側（共産圏）諸国 ②国連決議により武器輸出が禁じられている国 ③国際紛争当事国またはその恐れのある国 に対する武器輸出を認めないとしていることを明らかにした（狭義の武器輸出三原則）。七六年、三木武夫首相（当時）は、狭義の武器輸出三原則に加え、三原則対象地域以外への武器輸出を「慎む」こと、武器製造関連設備の輸出は武器に準じることを表明。この「慎む」には、国際紛争を助長する恐れがなければ「慎む必要はない」という含みがあったとされるが、八一年に田中六助通産大臣（当時）が「原則としてだめだということ」と答弁し、以降、対象国を問わず原則として武器の輸出を認めない運用になった。同じ頃から先進諸国の間で主流となり始めた武器の国際共同開発・生産への参加の妨げとなっていたこと、国内向け生産しか行えないため国産の武器の価格が高騰し、国内の防衛産業の衰退が懸念されたことなどから、二〇一一年の見直しにおいて一定の条件の下で武器輸出が可能とされ、さらに一四年の抜本的見直しによって「防衛装備移転三原則」に改訂された。

武力行使（use of force）
国際関係において武力に訴えること。国連憲章下では、加盟国による武力の行使・武力による威嚇（武力の行使をほのめかして要求をすること）は禁止され、これを破った加盟国に対する制裁は国連が行う。そのためには安保理決議が必要で、ある程度の時間がかかるため、国連による措置がとられるまでの間に限り、一定の条件の下、相手の武力行使を阻止するために加盟国が独断で武力を行使しても憲章違反とされない権利が自衛権である。日本は憲法で国際紛争を解決する手段としての武力行使や戦力保持を放棄しているが、国民の生存権等を守るための自衛権までは放棄していないとの解釈の下、以下の「三要件」を満たす場合に武力行使が可能であるとしている。

武力行使の三要件
憲法解釈上、日本（自衛隊）による武力行使が可能とされる条件と態様。国連加盟国に等しく認められる自衛権の発動要件を狭め、憲法九条との整合性をとるための規定。もともと、①日本が他国から武力攻撃を受け、②それを阻止するために他に方法がなく、③必要最小限度に留まること（旧三要件）としていた。二〇一四年七月の閣議決定で①が拡大され、「日本と密接に関わる他国に対する武力攻撃により日本の存立が脅かされるとき（存立危機事態）」が含まれるように憲法解釈が改められた（新三要件）。存立危機事態における武力行使は、日本に対する武力攻撃が発生していないため、国際法上は集団的自衛権が根拠となる。

防衛装備移転三原則
二〇一四年四月、旧武器輸出三原則が抜本的に見直され、新たに定められた原則。防衛装備品（武器等）の輸出や国際共同開発を原則として可能とし、その上で①国外移転が認められない場合の明確化　②国外移転が認められる場合の明確化及び透明で厳格な審査の確保　③国外移転された防衛装備品の目的外使用や第三国への移転を防ぐ適正な管理の確保　を骨子とする。

防空識別圏（air defense identification zone: ADIZ）
国家の防衛上、領空の外側に設定される空域。いずれの国の主権も及ばないので原則として飛行は自由。外国機などによる領空侵犯に対しては、空軍機（日本では航空自衛隊機）が国際法に基づいた措置を行うが、高速で飛ぶ航空機の特性から実際に領空侵犯する直前になって基地を発進しても間に合わないため、申請なしに防空識別圏に接近する航空機に対してスクランブル発進をし、領空侵犯を未然に防ぐための措置を行うこととしている国が大半である。領空侵犯後の措置と異なり国際法上の定めはなく、防空識別圏設定の有無、公開の有無も自由。

ホストネーションサポート(Host Nation Support: HNS)

日本政府が負担する、在日米軍の駐留にかかる諸経費のこと。光熱費、水道代や、日本人従業員の給与など。日米地位協定に基づく特別協定などで定められており、防衛予算の中に計上されている。日米安保条約の片務性を補うための方策の一つで、予算導入当時の金丸信・防衛庁長官の発言に由来する「思いやり予算」という通称で長らく呼ばれてきた。しかし、日本国内で対米追従という文脈で批判的に用いられることが多くなったことから、日本政府は「ホストネーションサポート」という用語で置き換えるよう報道機関等に要請している。

や

有事法制

二〇〇〇年前後に相次いで成立した、日本に対する武力攻撃が発生または予測される事態における自衛隊・米軍の行動を円滑にするための一連の法律。それ以前から自衛隊法には、武力攻撃やそれが予測される事態に首相は「防衛出動」を命じ、自衛隊は武力行使ができるという規定があったが、防衛庁（当時）が他省庁関係の法令を研究したところ、有事において自衛隊の行動の妨げとなりそうな法令（例：国立公園内に陣地を造る場合、環境省の許可が理論上は必要）が見つかった。このため大規模テロ、工作船、弾道ミサイルなどへの対応を含めた武力攻撃事態対処法などが制定された。また有事の際の国民保護法など有事関連七法は二〇〇四年に成立した。

有志連合(coalition of the willing)

冷戦終結後に見られ始めた、国連の規定する形（国連安保理決議など）を取らずに平和維持活動や軍事介入を行う、意思と能力に基づく国家の連携関係のこと。「意思ある諸国の連携」とも訳される。日本では対テロ戦争参加諸国に使用されることが多い。

抑止力(deterrent)

安全保障における「抑止(deterrence)」とは、自国に対する武力攻撃を他の国家・非国家主体にさせないようにすること。「抑止力」は、「抑止」を実現するための自国及び同盟国の軍事力を指す。自国・同盟国で潜在的な敵国を上回る軍事力を有し、攻撃を受けた場合はそれを行使するとの意思を示すことにより、武力攻撃を仕掛けることが却って損害につながると敵国に認識させることができれば、「抑止」が有効に機能することになる。ただし、対立する双方が抑止力向上を意図して軍事力を増強させれば、際限ない軍拡競争となり、逆に緊張が高まるという「安全保障のジレンマ」を生じる場合もある。

ら

領土、領海、領空

国家の主権（統治権）が及ぶ空間的領域。陸地の領土、原則として沿岸基線から一二カイリ（約二二km）までの領海、及びそれらの上空で宇宙空間を除く領空（おおむね高度一〇〇kmまで）を合わせて国家の領域と呼ぶ。小島の場合、領土として認められるかどうかで議論になることがあり、国連海洋法条約では「自然に形成され、満潮時にも海面下に沈まない」ものを領土・領海・領空を持つ「島」としている。

日本の安全保障——総論

日本の安全保障——総論

元防衛大臣　森本　敏

「安全保障」とは？

国の安全保障とは、国の平和と安全を維持《いじ》し、その存立《そんりつ》を全《まっと》うするために、国の主権と独立、領域（領土・領海・領空）及び国民の生命・財産・繁栄を守ることである。

安全保障政策は外交・防衛・同盟・経済・資源・エネルギー・科学技術など多方面にわたる諸政策を含む総合政策で、長期的視点から国の将来を展望して戦略的に運営すべきものだ。そのためには、周辺の安全保障環境を含む国際情勢を見きわめつつ、国として取り組むべき方針と政策を総合的に進めていくことが必要である。

戦後世界の形成

日本は先の大戦において敗戦し、連合国駐日《ちゅうにち》占領軍によって占領統治された。外交・防衛などの主権を失い、旧陸・海軍は解体された。こうした状況の下で一九四六年に日本国憲法が公布《こうふ》され、四八年には戦争犯罪人を裁《さば》く極東《きょくとう》軍事裁判の判決が行われた。

この頃、欧州では**ソビエト連邦**《れんぽう》[1]（ソ連）のスターリンの拡張主義が東・中欧社会に広がり、西欧及び米国を中心とする西側にとって脅威《きょうい》となった。米国はソ連に対する封じ込め戦略（トルーマン・ドクトリン）を進めようとした。これに基づき、米・欧諸国一二ヶ国は四九年に北大西洋条約を締結《ていけつ》し、西側（米国・西欧側）の安全を維持するためNATO（北大西洋条約機構）を発足させた。五五年には**西ドイツ**[2]がNATOに加盟し、東側（ソ連側）にワルシャワ条約機構（WP）が発足。こうして、西ドイツ・**東ドイツ**[3]を境にしてNATOとWPの東西両陣営がにらみ合う状況ができあがっていった。

同じ頃極東では、五〇年一月、米国がアジアにおける東側に対する防衛ラインをアリューシャン列島―日本―フィリピンに沿って設定した（アチソン声明）。北朝鮮（金日成《キム・イルソン》主席）は、米国がこの防衛ラインを越えて反撃してくることはないと考え、同年六月に大韓民国《だいかんみんこく》に軍事進攻《しんこう》して朝鮮戦争が勃発《ぼっぱつ》した。そこで国連は安保理《あんぽり》決議を採択し、駐日《ちゅうにち》占領軍（マッカーサー総司令官）に朝鮮国連軍の任務を付与《ふよ》した。朝鮮国連軍は、五三年七月に

1 ソビエト社会主義共和国連邦（1922-1991）
2 ドイツ連邦共和国（1949-）　東西統一後の現在のドイツはこちらを踏襲している。
3 ドイツ民主共和国（1949-90）

朝鮮休戦協定が調印《ちょういん》されるまでの約三年間、日本を後方基地として朝鮮戦争に従事した。

日本の主権回復と日米同盟の選択

米国は、朝鮮半島が共産勢力下に入ることを懸念《けねん》して、日本の主権を回復することとし、一九五一年九月、サンフランシスコ平和条約（対日講和《こうわ》条約）に署名した。さらに同日、日本を西側の一員に加えるため、旧日米安全保障（安保）条約を締結した。日本は西側陣営の一員として、西側に貢献《こうけん》することにより、国家の安全と繁栄を達成しようとした。

旧日米安保条約は、米軍が日本国内及びその付近に配備されることを容認《ようにん》する一方で、米国が日本を防衛する義務を明確には負っていないなど不都合な部分があった。朝鮮戦争後の五四年、日本が自衛隊を発足《ほっそく》させて独自の防衛力を保有するに至ったので、旧安保条約の改訂《かいてい》交渉が行われ、現行の日米安保条約が六〇年に署名された。

当時、学生を中心に安保反対闘争が湧《わ》き起こったが、その後五〇年以上を経た現在では、日米安保条約を容認する世論《よろん》が八〇％をはるかに超《こ》えており、二〇一五年三月の内閣府世論調査によれば、国民の八二・九％が日米安保条約に肯定《こうてい》的評価を示している。日米安保体制という選択が、その後の日本の平和と安定と繁栄の基礎となったことは疑いもない。

日米安保体制と日米防衛協力

日本の安全保障政策は、①日米安保体制　②日本の防衛力　③積極的な外交努力　の三本柱でできあがっている。国の安全保障を進めるためには、周辺諸国を含む国際社会と良好な外交関係を維持し、国際社会の平和と安定のために積極的な貢献をするとともに、国益《こくえき》に対する脅威・リスク・危険を未然に察知《さっち》し、武力攻撃があればそれを確実に排除し、国の平和と安全を維持・確保しなければならない。

日本は、同盟国との協力を主として日米安保体制に依存《いぞん》している。日米安保体制では、日米安保条約五条に基づき、日本の施政《しせい》の下にある領域に武力攻撃があったとき、米国は集団的自衛権を行使して日本を守ることを条約上の義務として約束している。他方日本は、憲法の解釈から国際法上の集団的自衛権を行使できないので、米国が武力攻撃を受けた場合に米国を守ることは約束していない。これを日米安保条約の**片務性**《へんむ》[4]という。

この不平等性を補《おぎな》うため、日米安保条約六条において、「日本の安全に寄与《きよ》し、ならびに極東《きょくとう》における国際の平和及び安全の維持に寄与《きよ》するため米軍が日本において施設・区域を使用することができる」と規定している。このように、日米安保条約は五条と六条が互いに補完《ほかん》するという構造になっている。米国は六条に基づく日本の施設・区域を使用してアジア・太平洋政策を進めてきたのであり、それは米国にとって極めて重要な役割を果たしてきた。しかしそれでも、条約の片務性について米国が不満を持たないように（現実に米国内には日本の「安保ただ乗り論」がある）、日本は米国が在日米軍及び在日米軍基地を安定的に運用するための努力をしたり、米国から兵器システムを購入したり、特別協定を締結して**HNS**[5]を支払ったりするという便宜《べんぎ》を図《はか》ってきた。

アジア・太平洋地域の平和と安定にとって、この地域に存在する米軍の抑止《よくし》と対応の機能、及び米国と同盟諸国の緊密《きんみつ》な関係は、最も重要な役割を果たしてきた。米国は、日米同盟は冷戦期・冷戦後を通じて最も成功した同盟関係であると評価している。実際に、冷戦期には米国の対ソ連封じ込め戦略を同盟諸国が支え、結果としてアジア・太平洋地域において深刻な東西対立紛争は起こらなかった。

東西冷戦の終結と日米安保体制の変化

ソ連は、戦略戦力の面で米国に追いつこうとして財政的に行き詰まった。冷戦終結を宣言した米ソ首脳《しゅのう》会談（マルタ会談、一九八九年）の後、ドイツ統一（九〇年）、ソ連及びWPの解体（九一年）などを経て、東側世界が崩壊していった。他方、西側世界は冷戦に勝利したとはいえ、新たな国際情勢に対応して、冷戦期における同盟関係の見直しを迫《せま》られるようになった。

日米安保体制については、日米防衛協力のあり方をもっと明確にすべきだという認識が冷戦中から日米

4 一方の国しか義務を負わないこと。
5 ホストネーションサポートの略称。米軍の駐留経費を負担すること。「思いやり予算」と呼ばれることもある。

双方に生まれ、一九七八年に初めて「日米防衛協力のための指針」(ガイドライン)が策定《さくてい》された。この時の主たる課題は、日本が武力攻撃を受けたときに、日米が日本の領域内でいかなる共同対処《たいしょ》行動をとるべきかという問題だった。このガイドライン策定以来、日米間で各種の共同訓練や共同演習が盛んに実施されるようになった。米国への武器技術供与《きょうよ》やミサイル防衛の整備についても進められ、急速に日米同盟が進展した。

　九一年に発生した湾岸戦争を契機《けいき》として、日本はPKO[6]協力法を制定した。PKO部隊として自衛隊をカンボジアに派遣《はけん》した(九二年)のを皮切りに、PKO及び人道的な国際救援活動が拡大した。この二〇年以上にわたる安全保障面での国際協力や国際貢献《こうけん》分野における日本の活動や実績は、極めて顕著《けんちょ》だ。現在は、南スーダンにPKO部隊、ソマリア沖・アデン湾に海賊対処《かいぞくたいしょ》行動部隊が派遣されている。

　ガイドラインは、北朝鮮や中国を含む冷戦後の国際情勢変化を受け、九七年に一九年ぶりに改正された。この時は、極東における事態に日米でどのような共同対処を進めるかという点を主眼としていた。

　その後、北東アジア情勢の変化(中国の海洋進出と軍近代化、北朝鮮の指導部交代や核・弾道《だんどう》ミサイル開発及び各種の挑発《ちょうはつ》活動など)だけでなく、日本の重要な政策変更(集団的自衛権の限定的行使を容認した二〇一四年七月の閣議《かくぎ》決定など)に伴い、ガイドラインを再び見直すことになり、一八年ぶりの改定となる三回目のガイドラインが一五年四月、合意された。この新ガイドラインは、日本の平和と安全のためのみならず、地域及びグローバルな平和と安全のために日米共同で取り組む枠組《わくぐ》みを規定したもので、より一層、日米防衛協力の質と量を拡大した内容となっている。特に、日本の役割を広範《こうはん》に強化した点は注目される。

日本の防衛政策と防衛力の整備

　日本の安全保障政策のもう一つの柱を構成する防衛力は、自衛隊が担《にな》っている。朝鮮戦争勃発《ぼっぱつ》に伴って編成された警察予備隊及び海上警備隊を前身として陸上自衛隊及び海上自衛隊ができ、米空軍の教育を受けた航空自衛隊が編入され、一九五四年に陸・海・空自衛隊が発足した。

6 国連平和維持活動の略称。国連が紛争地域の平和の維持を図る活動。

その後、一九六〇年に締結された新日米安保条約三条において、日本は憲法上の規定に従うことを条件として、防衛力を維持し発展させることを約束した。これによって日本は独自の防衛力整備に努めるようになり、まず「国防の基本方針」(五七年)を定め、「国力国情《こくじょう》に応じ、自衛のため必要な限度において効率的な防衛力を**漸進《ぜんしん》的**[7]に整備する」こととした。

自衛隊が創設されたとき、国内において、自衛隊は憲法違反だという声が湧き上がった。憲法九条は、戦争放棄《ほうき》・戦力不保持・交戦権の否認を規定している。しかし、我が国が独立国である以上、この規定は主権国家に固有の自衛権を否定するものではない。政府は、国の自衛権が否定されない以上、その行使を裏付ける自衛のための必要最小限度の実力を保持することは憲法の下で許されるとして、**専守防衛《せんしゅぼうえい》**を基本方針としつつ、実力組織としての自衛隊を保持し、その整備を推進し、運用してきた。

すなわち、①ICBM(大陸間弾道ミサイル)・長距離戦略爆撃機・攻撃型空母《くうぼ》など自衛のための必要最小限度の範囲を超《こ》える兵器を保有しない ②非核《ひかく》三原則を堅持《けんじ》し、核兵器を持たず・作らず・持ち込ませずという原則を守る ③相手から武力攻撃を受けたときにはじめて防衛力を行使し、その態様《たいよう》も自衛のための必要最小限度にとどめ、また、保持する防衛力も自衛のための必要最小限度のものに限るなど専守防衛を厳守する ④**シビリアン・コントロール**[8](文民統制)を維持する などの各要件を満たすよう、防衛力を整備し運用している。

防衛力の整備については、概《おおむ》ね一〇年程度の期間を念頭《ねんとう》に「防衛計画の大綱《たいこう》」(防衛大綱)を策定《さくてい》。これに基づいて「**中期防衛力整備計画**[9]」を策定し、これを予算化することにより、事業として具体化している。このような方針に基づいて取得する防衛力の構想は、日本を取り巻く安全保障環境の下で、日本に対する脅威《きょうい》見積もりと対処方針、科学技術の進展や取得システムの方法、財政事情などを基礎として作成されている。

冷戦期には主として、旧ソ連の脅威が日本の北部方面からくることを念頭に、日米安保体制に基づき米軍が

7 ゆっくりと。徐々に。順を追って。
8 民主主義国家における軍事に対する政治優先の制度。
9 概ね五年間の経費の総額と主要装備の整備数量を明示する。

来援《らいえん》するまでの一定期間を独自で防衛するという構想で防衛力を算定してきた。こうすると、相手の脅威が増大するに従って日本の防衛所要（必要な防衛力）が増えるという結果になる。そこで、日本として必要な防衛力の歯止めをつくるべきだという考えから、基盤《きばん》的防衛力構想ができた。

冷戦が終わってみると、防衛力の存在自体による抑止《よくし》効果を重視したこの考え方はあまり現実的でなく、もっと事態の変化に応じて柔軟に対応できる防衛態勢《たいせい》をつくるべきだという考え方が生まれ、二〇一〇年に策定された防衛大綱において動的防衛力という構想へと変更した。これは、警戒監視など平素《へいそ》の活動の常時継続的な実施、各種事態への迅速《じんそく》かつシームレスな対応、国際協力への積極的な取り組みを含め、運用を重視した構想となっている。

さらに、一四年の防衛大綱になって統合機動《とうごうきどう》防衛力という考え方が採用され、警戒監視機能の強化、南西方面における防衛態勢の強化、海上・航空優勢の維持、後方支援体制の充実及び弾道ミサイル対応や宇宙・サイバー空間への対応、国際平和協力活動をすべて統合活動として運用することが重視されるようになった。このように防衛体制は着実に整備されており、現在は、周辺地域の警戒監視能力の向上、南西方面を中心とする島嶼《とうしょ》防衛、ミサイル防衛を含む対処《たいしょ》能力の向上に取り組んでいる。

日本防衛のための法整備

日本の防衛力の持つ特色は、防衛力が憲法に基づく法制度の下で運用されており、自衛隊の行動は法治《ほうち》国家の原則に基づいて立法《りっぽう》府（国会）の制定する法律に基づくことになっている点にある。自衛隊の活動を規定する法体制の整備における大きな転換点は、次の通りだ。

第一に、湾岸戦争後のＰＫＯ協力法制定だ。これに基づいて、自衛隊のＰＫＯ活動や人道的な国際救援活動が飛躍《ひやく》的に伸び、自衛隊の国際活動に対する国際的な評価は一段と高くなっている。

第二が、一九九七年に合意した日米防衛協力ガイドラインを実施するための、いわゆる一連の有事《ゆうじ》法制の成立である。周辺事態法（九九年）、武力攻撃事態法及び国民保護法（二〇〇三年）などが制定された。また、アフガニスタン戦争に伴《ともな》いテロ対策特措《とくそ》法（〇一年）、イラク戦争に伴いイラク特措法（二〇〇三年）、海賊対処特措法（〇九年）などの**特別措置《そち》法**[a]も制定され、自衛隊の活動が質・量とも広がった。

　そして第三が、二〇一五年の平和安全法制（いわゆる安保法制）の制定だ。この法制の根拠《こんきょ》は、集団的自衛権の限定的行使容認をはじめとする一四年七月の閣議《かくぎ》決定と、一五年四月の改定ガイドラインである。これらをもとにして制定された平和安全法制は、主として①存立《そんりつ》危機事態における限定的な集団的自衛権の行使　②重要影響事態法（周辺事態法の改正）に基づく、米軍等に対する後方支援　③国際平和支援法に基づく、国際社会の平和と安定のための活動をする諸外国の軍隊に対する後方支援　④ＰＫＯ協力法の改正や在外邦人《ざいがいほうじん》の保護措置などを行うための法制を含んでいる。

　これらの法体系によって、日本の安全保障関連の法体系は概《おおむ》ね整ったということになる。今後は、これらの法体系を実行するための体制を整備しつつ、日本の安全保障をどのようにより確実なものとするかということが課題になるだろう。

■陸・海・空自衛隊の旗及び三自衛隊共通の旗

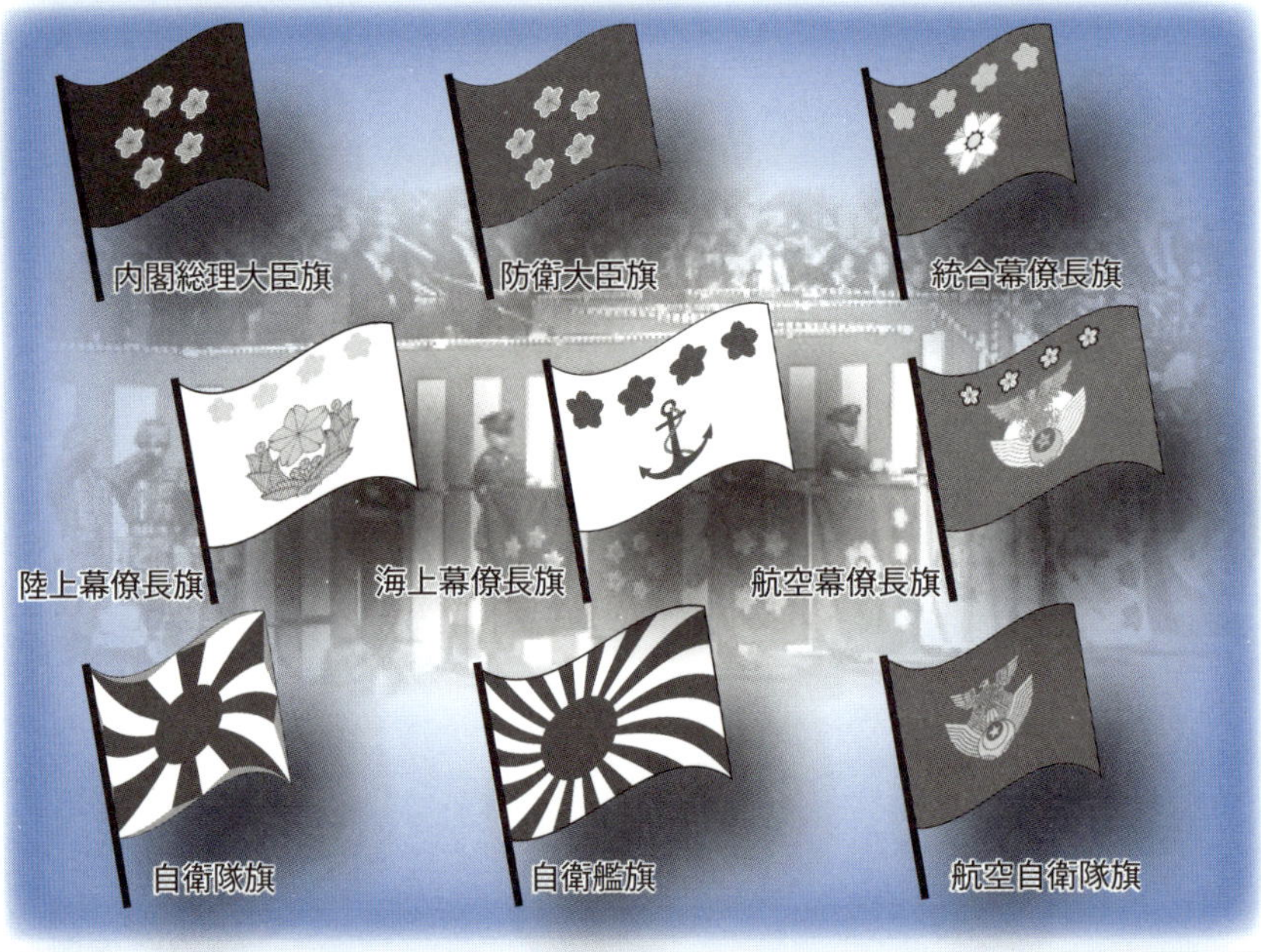

a 主に緊急性の高い問題に対し、期間・対象・行動などを限定して作られる法律のこと（対義語：一般法、恒久法）。

左ページ顔写真：（上段左から）D・アイゼンハワー（米国第34代大統領、任期1953～61年）、D・マッカーサー（連合国駐日占領軍最高司令官、任期1945～51年）
（下段左から）J・スターリン（ソビエト連邦第2代最高指導者、任期1924～53年）、毛沢東（中華人民共和国建国時の最高指導者、任期1949～76年）、M・ゴルバチョフ（ソビエト連邦解体時の最高指導者、任期1985～91年）

左ページ背景写真：第2次世界大戦における日本の降伏を記者らに発表するH・トルーマン（右、米国第33代大統領、任期1945～53年）

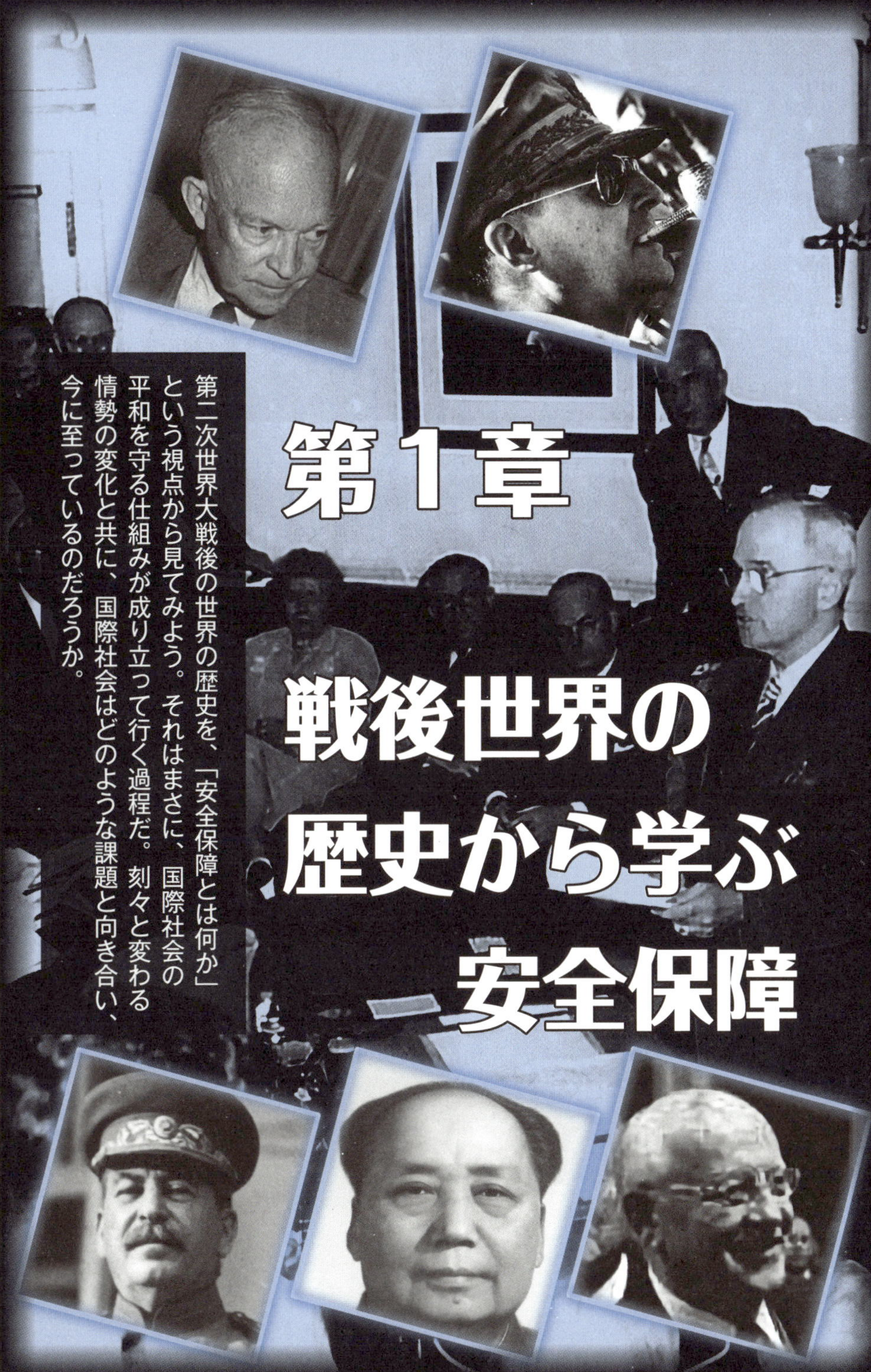

第1章

戦後世界の歴史から学ぶ安全保障

第二次世界大戦後の世界の歴史を、「安全保障とは何か」という視点から見てみよう。それはまさに、国際社会の平和を守る仕組みが成り立って行く過程だ。刻々と変わる情勢の変化と共に、国際社会はどのような課題と向き合い、今に至っているのだろうか。

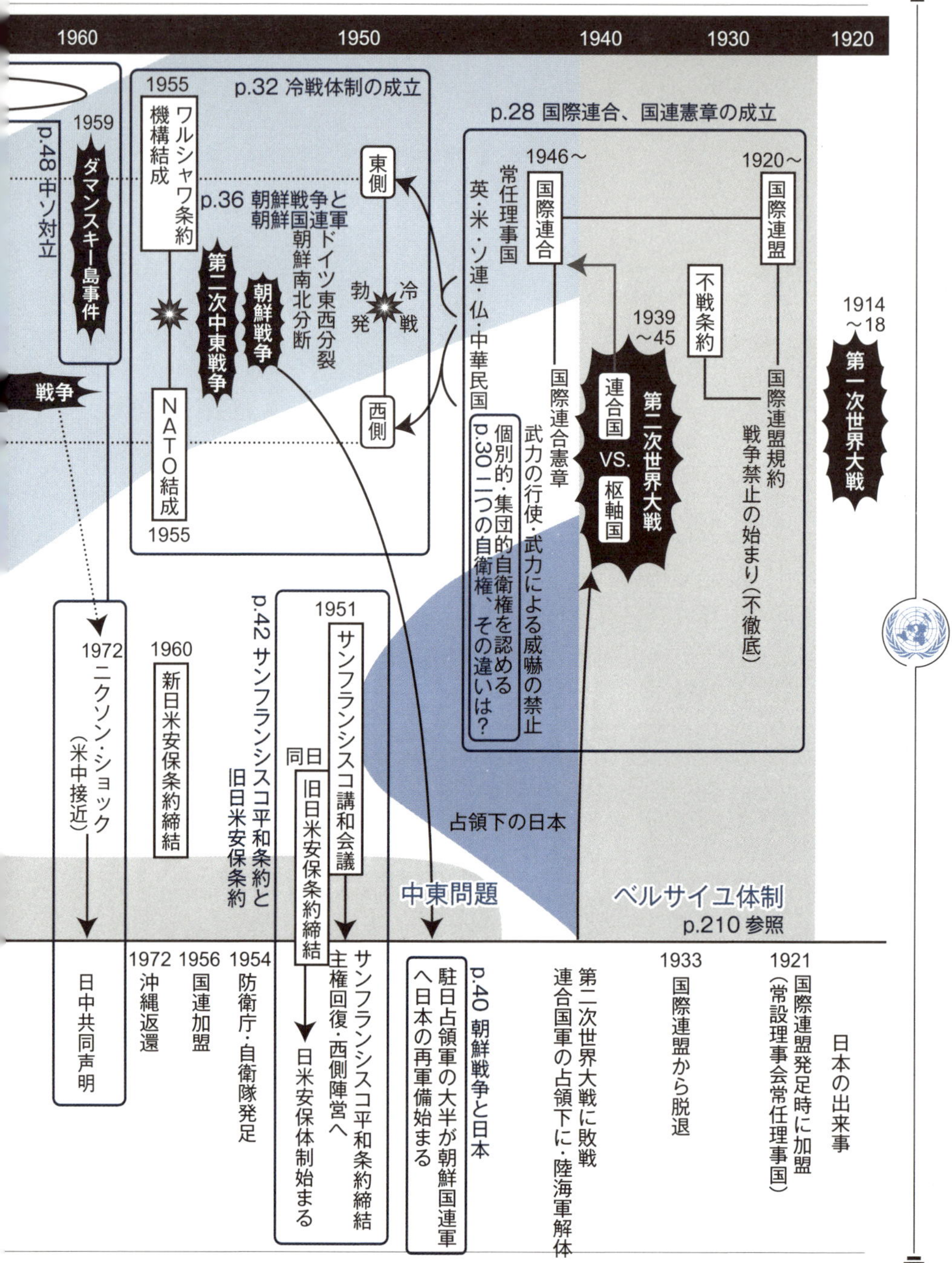
1960
1950
1940
1930
1920
1914～18
第一次世界大戦
p.28 国際連合、国連憲章の成立
1920～
国際連盟
国際連盟規約
戦争禁止の始まり（不徹底）
不戦条約
1946～
国際連合
常任理事国
英・米・ソ連・仏・中華民国
1939～45
第二次世界大戦
連合国
VS.
枢軸国
国際連合憲章
武力の行使・武力による威嚇の禁止
個別的・集団的自衛権を認める
p.30 二つの自衛権、その違いは？
占領下の日本
ベルサイユ体制
p.210 参照
中東問題
p.32 冷戦体制の成立
東側
西側
冷戦
勃発
1955
ワルシャワ条約機構結成
NATO結成
1955
p.36 朝鮮戦争と朝鮮国連軍
ドイツ東西分裂
朝鮮南北分断
朝鮮戦争
第二次中東戦争
1959
ダマンスキー島事件
p.48 中ソ対立
戦争
1951
サンフランシスコ講和会議
同日
旧日米安保条約締結
p.42 サンフランシスコ平和条約と旧日米安保条約
1960
新日米安保条約締結
1972
ニクソン・ショック（米中接近）
日本の出来事
1921
国際連盟発足時に加盟（常設理事会常任理事国）
1933
国際連盟から脱退
第二次世界大戦に敗戦
連合国軍の占領下に・陸海軍解体
p.40 朝鮮戦争と日本
駐日占領軍の大半が朝鮮国連軍へ
日本の再軍備始まる
サンフランシスコ平和条約締結
主権回復・西側陣営へ
日米安保体制始まる
1954
防衛庁・自衛隊発足
1956
国連加盟
1972
沖縄返還
日中共同声明

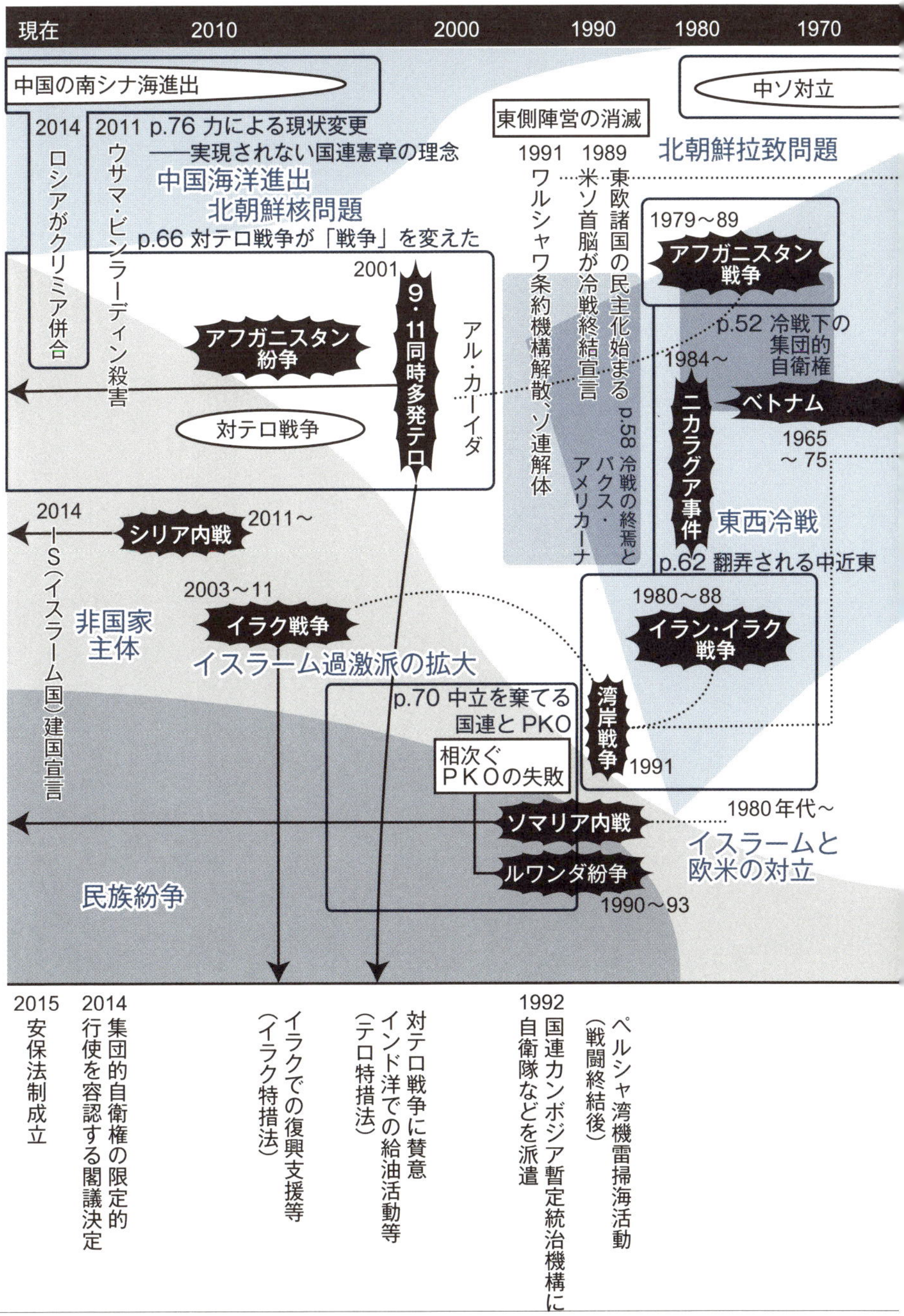
現在
2010
2000
1990
1980
1970
中国の南シナ海進出
中ソ対立
東側陣営の消滅
2014
ロシアがクリミア併合
2011
p.76 力による現状変更
――実現されない国連憲章の理念
ウサマ・ビンラーディン殺害
中国海洋進出
北朝鮮核問題
北朝鮮拉致問題
p.66 対テロ戦争が「戦争」を変えた
2001
9・11同時多発テロ
アフガニスタン紛争
アル・カーイダ
対テロ戦争
1991
ワルシャワ条約機構解散、ソ連解体
1989
米ソ首脳が冷戦終結宣言
東欧諸国の民主化始まる
p.58 冷戦の終焉とパクス・アメリカーナ
1979～89
アフガニスタン戦争
p.52 冷戦下の集団的自衛権
1984～
ニカラグア事件
ベトナム
1965～75
東西冷戦
p.62 翻弄される中近東
2014
ＩＳ（イスラーム国）建国宣言
シリア内戦
2011～
2003～11
イラク戦争
非国家主体
イスラーム過激派の拡大
1980～88
イラン・イラク戦争
p.70 中立を棄てる国連とPKO
相次ぐＰＫＯの失敗
湾岸戦争
1991
ソマリア内戦
1980年代～
ルワンダ紛争
1990～93
イスラームと欧米の対立
民族紛争
2015
安保法制成立
2014
集団的自衛権の限定的行使を容認する閣議決定
イラクでの復興支援等（イラク特措法）
対テロ戦争に賛意
インド洋での給油活動等（テロ特措法）
1992
国連カンボジア暫定統治機構に自衛隊などを派遣
ペルシャ湾機雷掃海活動（戦闘終結後）

国際連合、国連憲章の成立
一九一四年ー一九四五年

国際連盟、不戦条約とその欠陥《けっかん》

二〇世紀は「戦争の世紀」とも言われる。その端緒《たんしょ》になったのが第一次世界大戦（一九一四―一八）で、この史上初の世界戦争の教訓から、米国のW・ウィルソン大統領が提唱《ていしょう》した国際的平和維持機構の構想をもとに設立されたのが国際連盟だ。

原加盟国は四二ヶ国で、常設理事会の常任理事国には戦勝国の英国、フランス、日本、イタリアの四ヶ国が選任された。**米国は議会の反対で不加盟**[1]で、ソビエト連邦や敗戦国ドイツも当初は不加盟。「国際連盟規約」は〝不戦〟をうたい、二八年には具体的な取り決めとして「不戦条約」が締結《ていけつ》されたが、自衛のための戦争は認められ、規約違反にも経済制裁《せいさい》や通商の禁止などの罰則《ばっそく》を定めただけで、軍事力によって制裁を科《か》す仕組みになっていなかった。

そのため国際秩序を守る枠組《わくぐ》みとしての実効力が乏《とぼ》しく、加盟国の脱退・除名も相次ぎ、三四年以降は減少に転じた。加えて米国が最後まで加盟しなかったことも、第二次世界大戦の抑止《よくし》力になり得なかった原因だ。

国連憲章が認める暫定措置《ざんていそち》としての「自衛権行使」

第二次世界大戦（一九三九―四五）後、国際連盟規約の欠陥《けっかん》を補《おぎな》うものとしてできた「国際連合憲章」（国連憲章）は、戦争よりも低い次元での〝武力の行使〟や〝**武力による威嚇《いかく》**[2]〟をも禁止した点に、大きな特徴がある（前文、二条）。

この違反行為に対する罰則として、**国連による制裁**[3]が定められている。紛争が起きた場合はその平和的解決に努力するが、うまく行かない場合は、力による秩序《ちつじょ》の維持・回復をするとしている。この手段として想定されているのが、いわゆる「国連軍」だ。ただし憲章にはこの表現はなく、規定によって加盟国が提供し、安保理決議に基づき国連事務総長が指導・指揮《しき》できる部隊を指す。

違反行為に対する制裁の決定権は、安保理の常任理事国（左表）が握っている。安保理が必要な措置《そち》を取るまでの間の暫定的な措置として、加盟国に等しく認められているのが「個別的自衛権」と「集団的自衛権」の行使である（五一条）。

1 欧州と距離を置き、相互に干渉しないこと（モンロー主義）が19世紀米国の外交方針だった。20世紀初頭には方針が転換されたが、上院を中心にモンロー主義を唱え続ける者も多かった。

2 憲章上で定めがあるわけではないが、一例として、日本政府は「現実にはまだ武力を行使しないが、自国の主張、要求を受け入れなければ武力を行使するとの意思、態度を示すことにより、相手国を威嚇すること」と解している。

3 国際連盟や国際連合のように、加盟国内部の脅威に対して他の加盟国が共同で制裁を科す仕組みを持つことで全体の安全を保とうとする考え方を「集団安全保障」と呼ぶ。国連憲章上、安保理が決議した制裁に参加することは加盟国の義務となる。p.32 注1、巻頭「用語集」も参照。

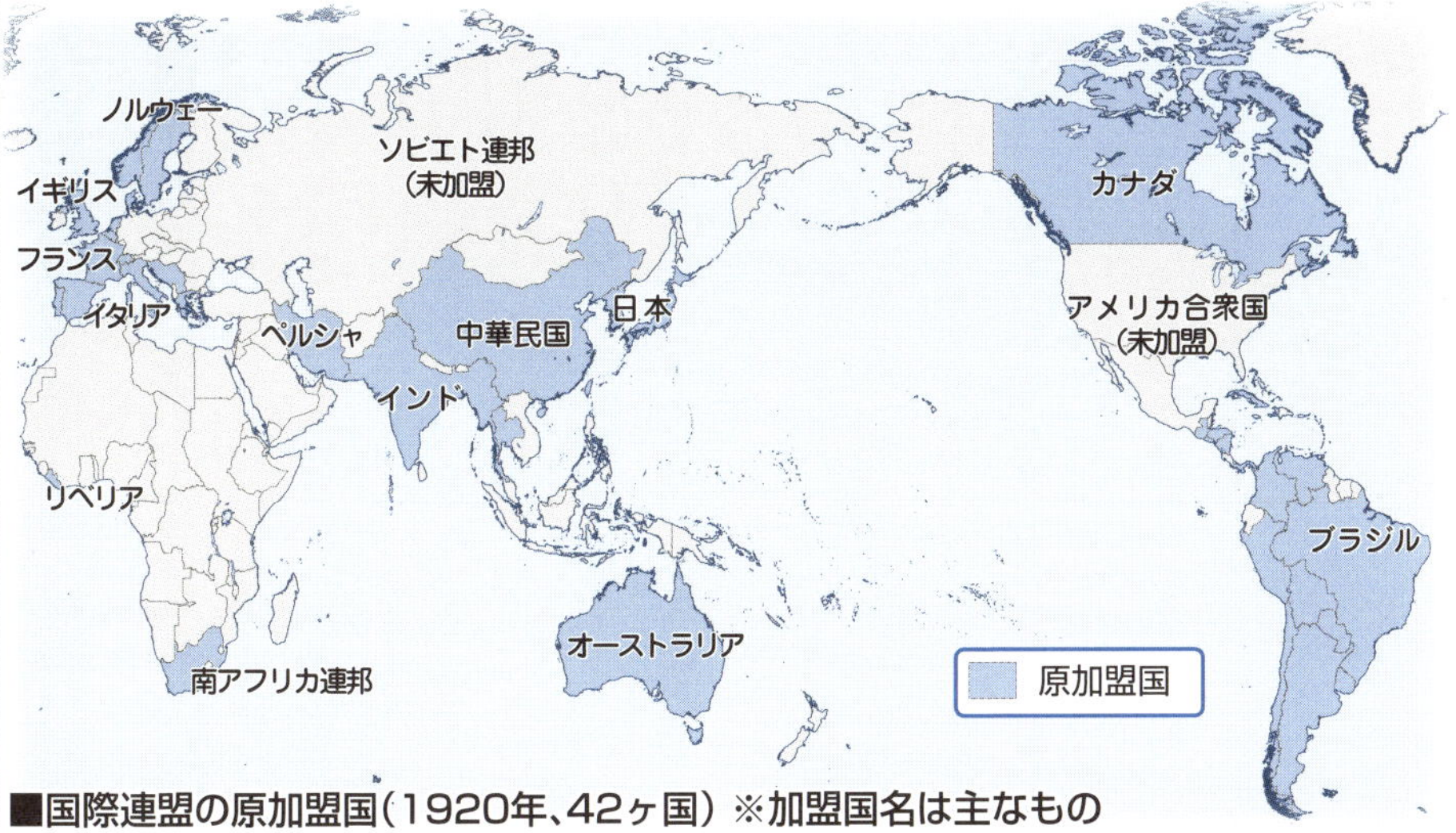

■国際連盟の原加盟国（1920年、42ヶ国）※加盟国名は主なもの

国際連盟 (League of Nations)		国際連合 (United Nations)
1920年1月10日	設立	1945年10月24日
スイス ジュネーブ	本部	米国 ニューヨーク州 レイク・サクセス
60ヶ国（1934年、最大時）	加盟国数	193ヶ国（2016年1月現在）
英国、フランス、日本(-1933)、イタリア(-1937)、ドイツ(1926-1933)、ソビエト連邦(1934-1939)	常任理事国	米国、英国、フランス(1946-)、ソビエト連邦(1946-1991)→ロシア(1992-)、中華民国(1946-1971)→中華人民共和国(1971-)
・国際連盟規約（1920年1月20日発効）及び不戦条約（1929年7月24日発効）に基づき、「国際紛争解決のための戦争」を禁止。 ・「自衛のための戦争」は禁止されず、侵略と自衛の定義も無い。 ・違反国に対する罰則は、経済的制裁のみ。 ・戦争が外交手段の一つとされていた時代に、部分的にも禁止したこと、規約違反国に対して全加盟国で制裁を加える「集団安全保障」の考えを取り入れたことは画期的。	戦争に関する規定	・国際連合憲章（1945年10月24日発効）に基づき、あらゆる「武力の行使」「武力による威嚇」を禁止。 ・違反国に対して、安保理決議に基づき、加盟国が提供する軍事力（国連軍）で制裁を加えることが可能。 ・武力攻撃が生じてから安保理が必要な措置をとるまでの期間に限り、例外的に個別的・集団的自衛権の行使を認める。

■国際連盟と国際連合の比較

国際連盟規約の欠陥を見抜いたヒトラー

第二次世界大戦は、ナチス・ドイツが隣国ポーランドに侵攻（1939年9月1日）したのをきっかけに始まり、遂に史上最大規模の戦争に発展した。第一次世界大戦後の国際秩序の保持を目的とした国際連盟がわずか20年ほどで機能不全に陥ったのは、その「規約」が国際法上の戦争を禁止する力が弱いという欠陥を、A・ヒトラーが見抜いていたからとも言われる。

二つの自衛権、その違いは？

一九四五年－現在

国連加盟国に等しく認められている「自衛権」

国連憲章五一条は、国連加盟国に対して武力攻撃が起きた場合、「この憲章のいかなる規定も、（中略）個別的又は集団的自衛の固有の権利を害するものではない」と明記している。

国連加盟国には等しく、「個別的自衛権」と「集団的自衛権」（左図）が認められている。しかし国連加盟国がこの権利を行使できるのは、国連安全保障理事会（安保理《あんぽり》）による措置《そち》が取られるまでの間と限定されている。紛争解決のために武力を行使する主体は、原則として国連に限るというのが、「国連憲章」の思想だ。

日本は憲法九条によって、国際紛争を解決する手段としての武力行使を認めていないが、日本が武力攻撃を受けた際の自衛のための措置として必要最小限度の武力行使は、例外的に容認されるとしてきた。これは、国際法上の「個別的自衛権」にあたる。

一方で「集団的自衛権」に関しては、〝憲法上、行使できない〟（一九七二年政府見解）としてきた。

国連憲章で初めて登場した〝集団的自衛権〟

直接攻撃を受けていない第三国が、武力攻撃を受けた国と協力して共同で防衛にあたることができる集団的自衛権が、国際法として初めて成立した背景には、安保理が機能しない場合が起こり得るといった不安があった。

拒否権を持つ常任理事国自身やその同盟国が憲章違反国となったときに、安保理決議が採択されなければ、防衛力が不十分な国は「個別的自衛権」のみでは自国を守ることができない。そこで、同盟条約などによって**集団で防衛を行う**[1]権利を認めるよう南米諸国からの要請があり、それを取り入れる形で「集団的自衛権」が盛り込まれた。その法的定義については〝武力攻撃を受けた他国を防衛する権利〟とか、その中でも〝他国の安全が自国と密接に関わる場合に限る〟などの諸説がある。

日本政府が「自衛のために必要最小限度の範囲で集団的自衛権の行使を認める」と閣議《かくぎ》決定したのが、二〇一四年七月一日。日米同盟の強化のため、限定的な集団的自衛権の行使に踏み込むことになった。

1 p.32 注1参照。

■個別的自衛権と集団的自衛権

個別的自衛権（国際法上）

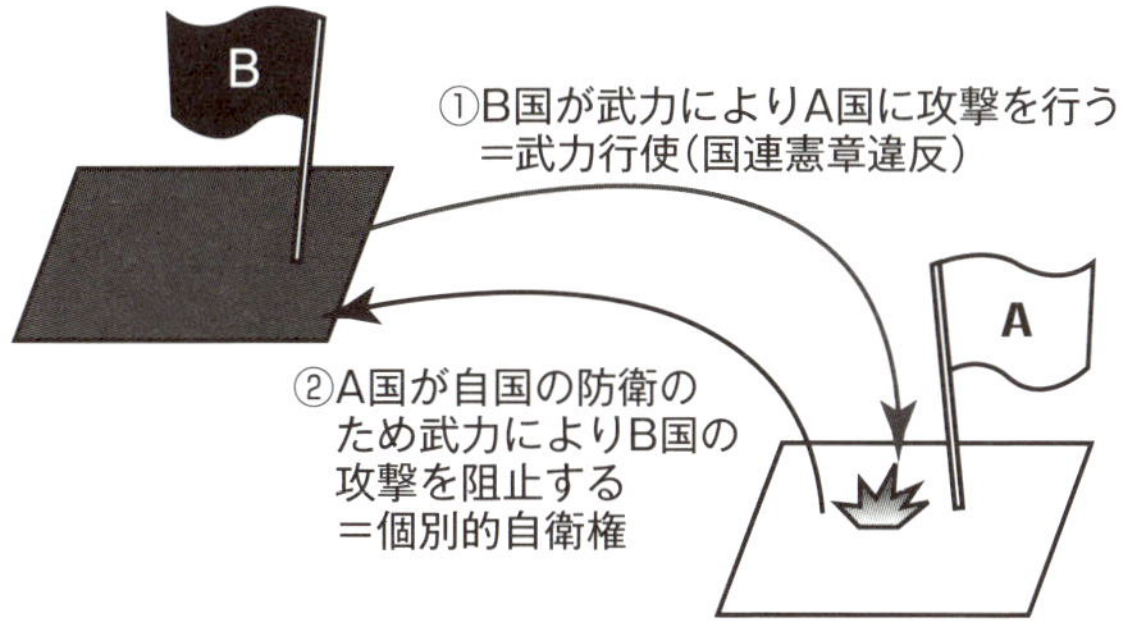

①B国が武力によりA国に攻撃を行う
＝武力行使（国連憲章違反）
②A国が自国の防衛のため武力によりB国の攻撃を阻止する

日本による個別的自衛権行使

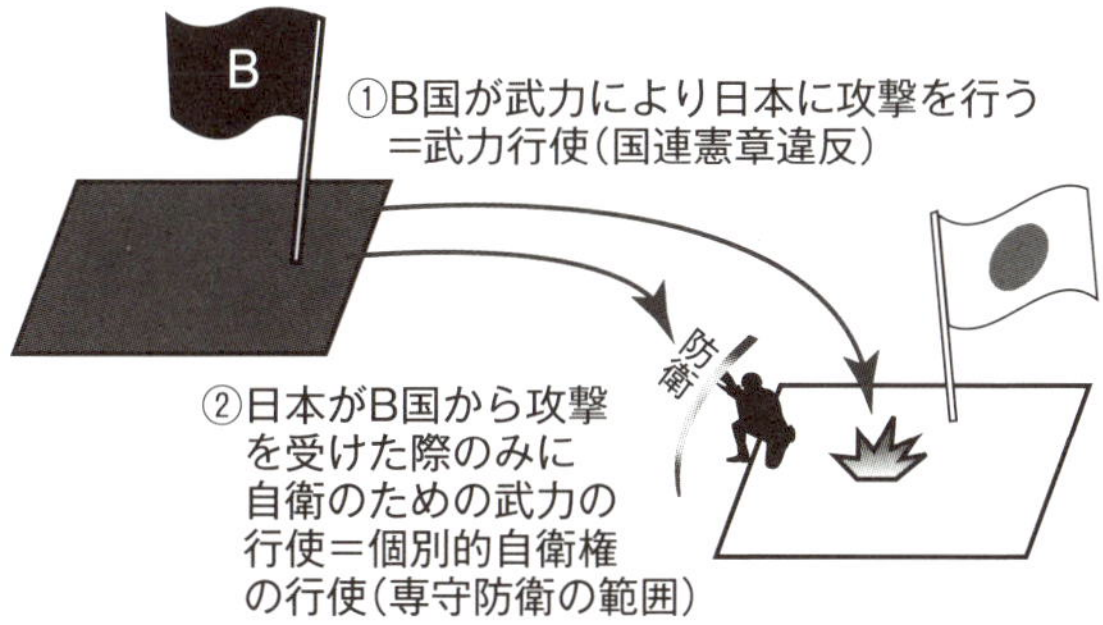

①B国が武力により日本に攻撃を行う
＝武力行使（国連憲章違反）

集団的自衛権（国際法上）

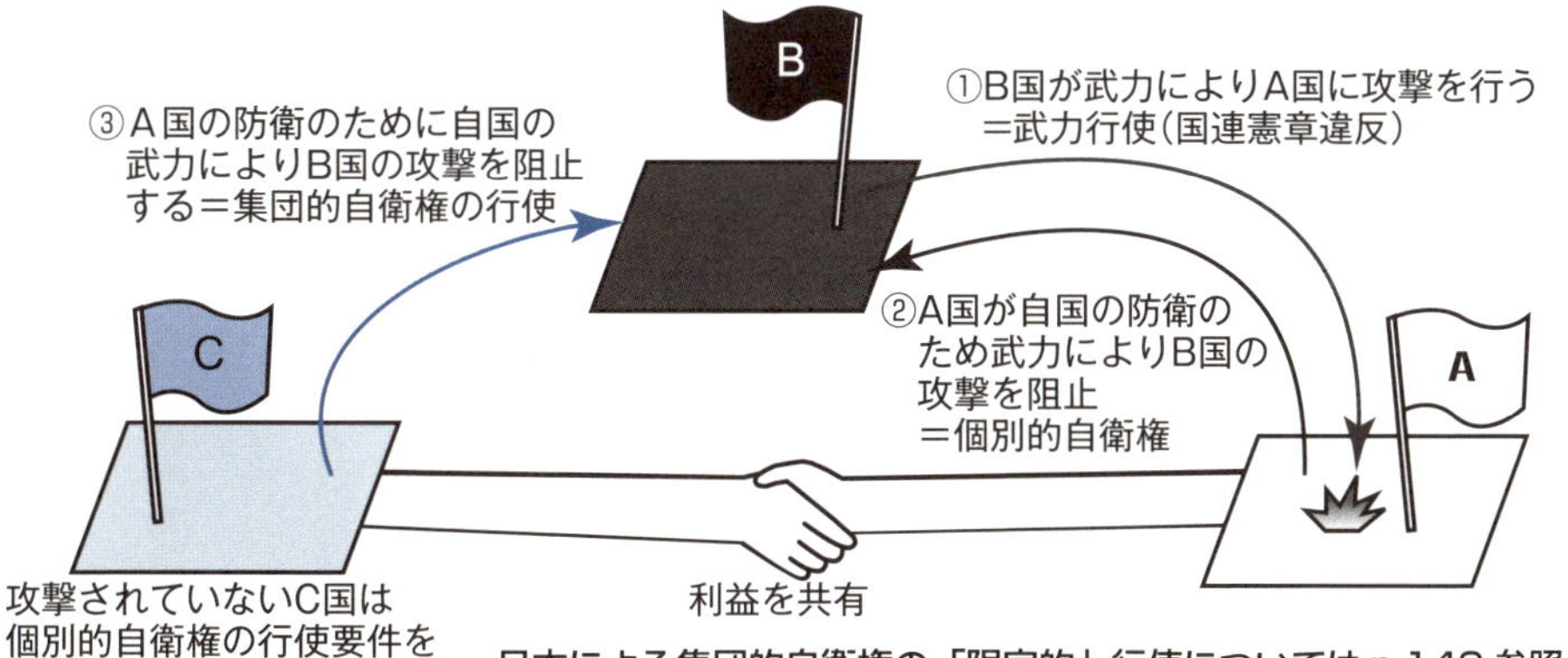
①B国が武力によりA国に攻撃を行う
＝武力行使（国連憲章違反）
②A国が自国の防衛のため武力によりB国の攻撃を阻止
攻撃されていないC国は個別的自衛権の行使要件を満たしていない
利益を共有

日本による集団的自衛権の「限定的」行使については p.140 参照

参考：敵国条項

国連憲章には、第二次世界大戦において連合国（United Nations）の敵国であった国に対する、安保理決議がなくても武力による制裁が行えるなどの規定があり、「敵国条項」と通称されている。具体的な国名はないが、1990年日本国の見解として次の国としている。

日本、ドイツ、イタリア、ブルガリア、ハンガリー、ルーマニア、フィンランド

これらの国が国連に加盟している現在において事実上効力を失ったとする見方もあるが、削除には至っていない。

冷戦体制の成立

一九四八年―一九九一年

東西冷戦を生み出した「ブリュッセル条約」

第二次世界大戦後の一九四八年三月、西欧における相互防衛のための条約として、英国・フランス・ベルギー・ルクセンブルク・オランダの五ヶ国が調印したのが「ブリュッセル条約」(「西ヨーロッパ連合条約」「西欧同盟条約」も同じ)で、この条約を基にブリュッセル条約機構が創設された。当初、仮想敵国とされたのは敗戦国ドイツだったが、やがてそれは東西に分断された東ドイツの背後に存在するソビエト連邦に変化していく。

一方、米国ではバンデンバーグ上院議員の〝米国は西欧の安全に関与すべきだ〟という提議を上院が採択し(バンデンバーグ決議)、ブリュッセル条約機構の加盟国になった。のちにカナダなども加わったことで、「北大西洋条約」(四九年四月調印)へと発展した。

この条約は、加盟国に対する攻撃を全加盟国への攻撃と見なし、集団的自衛権を発動して共同防衛を行うことを義務とした**集団防衛**[1]条約である(五条)。

集団防衛条約に基づく軍事組織NATO

「北大西洋条約」に基づく軍事組織が、北大西洋条約機構(NATO)だ。設立時(一九四九年八月)の加盟国は一二ヶ国で、初代事務総長は英国軍出身のH・イスメイ。司令部は初め英国のロンドンに置かれ、後にベルギーのブリュッセルに移転した。

NATOの設立当初、西ドイツを同盟に組み入れて、東ドイツから入ってくる恐れのあるソ連軍を抑止《よくし》する部隊を配置することが、大きな課題だった。

そこで米国が介入して西ドイツで戦後初の総選挙を行わせ、アデナウアー政権を樹立(五五年五月)。これにより、西ドイツの主権回復及びNATO加盟が実現した。ドイツの敗戦、東西の分断から実に一〇年がかりの政治工作だった。

しかし皮肉にも、これをきっかけに西ドイツと東ドイツの間に〝鉄のカーテン〟が下ろされ、資本主義陣営と社会主義陣営の「東西冷戦」の構造ができあがった。

1 利害関係や価値観を共有する複数の国家が条約などを結び、共同して外部の特定の脅威(仮想敵国)に対処しようとする考え方。北大西洋条約のように、他の加盟国に対する攻撃を自国に対する攻撃と見なして自衛権を発動することを義務とする集団防衛条約を結ぶことは、“武力の行使”を禁じた国連体制の下では“集団的”自衛権が認められることで初めて可能になる。国連が発足して間もなく、その上早くも東西対立によってその機能に不安が生じていたこの時代、各国は国連の「集団安全保障」体制の下にありながらも、それとは別の理屈で動く安全保障の仕組み(集団防衛)を必要とし、また現在に至ってもその要請が衰えたわけではない。p.28 注3、巻頭「用語集」も参照。

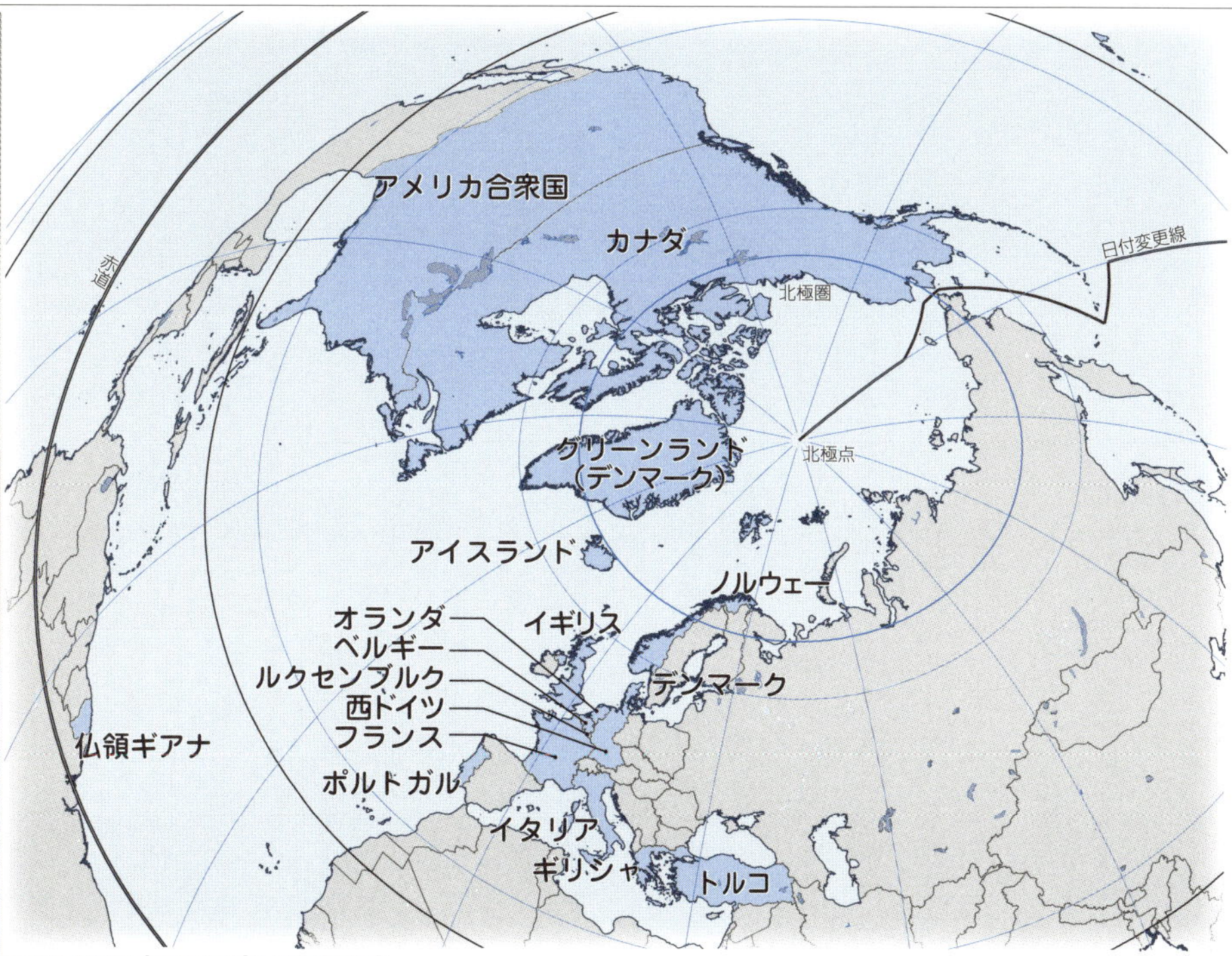

■NATO加盟国（1955年）

■西側陣営の成立

対ドイツ	1945年 5月 8日	ナチス・ドイツ無条件降伏 → 英米仏ソの分割占領
対ドイツ	1947年 3月10日	ダンケルク条約（英仏の相互防衛条約） トルーマン・ドクトリンの宣言
対ドイツ	1948年 3月17日	ブリュッセル条約 （英国、フランス、ベルギー、オランダ、ルクセンブルクの相互防衛条約）
対ドイツ	1948年 6月11日	バンデンバーグ決議 ベルリン封鎖（～ 49年5月）→ 東西ドイツ分裂、決定的に
対ソ連（東側陣営）	1949年 4月 4日	北大西洋条約 原加盟国：ブリュッセル条約加盟国 ＋ 米国、カナダ、イタリア、デンマーク、ノルウェー、アイスランド、ポルトガル
対ソ連（東側陣営）	1949年 5月23日	西ドイツ独立
対ソ連（東側陣営）	1949年10月 7日	東ドイツ独立
対ソ連（東側陣営）	1952年 2月18日	ギリシャ、トルコ、北大西洋条約に加盟
対ソ連（東側陣営）	1955年 5月 5日	西ドイツ、北大西洋条約に加盟 → 西側陣営の成立

参考：ドイツの脅威
NATO初代事務総長イスメイは、その結成目的について「ロシアを追い出し、米国を引き込み、ドイツを抑える」と語っている。強大な力を持つ米国と結んで東側陣営に備えることが、西欧諸国にとってNATOの目的であることはもちろんだが、敗戦国ドイツが再び西欧他国の脅威とならないように、最小限の力を与えて味方に付けておくという発想もまた明らかだった。この発想は1955年、西ドイツがNATOに加盟したことで部分的にだが実現することになる。第一次世界大戦に敗れて多額の賠償金など重い制裁を科されたにもかかわらず、20年足らずでナチスが台頭し第二次世界大戦の火種となった過去を持つドイツへの警戒感は、それほど強かったのだ。

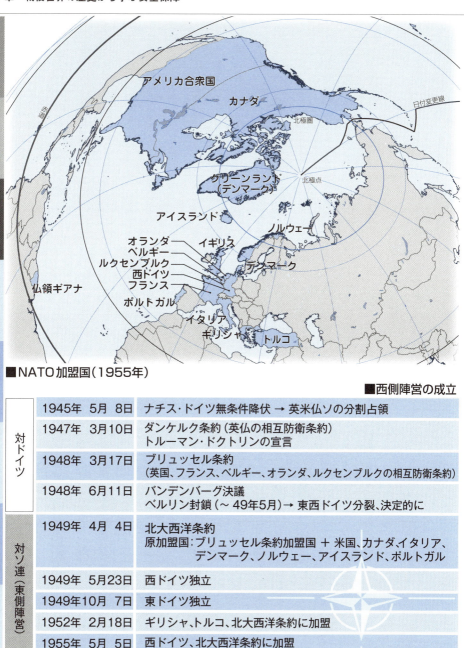

スターリンの拡張主義

第二次世界大戦において、米国とソビエト連邦(ソ連)は連合国の一員としてナチス・ドイツに対する戦争を共にし、戦勝国となった。終戦が近づくと、両国の間に戦後世界の覇権《はけん》をめぐる対立が生じ始めた。ソ連はJ・スターリン(一八七八―一九五三)の指導の下、軍事力を背景に社会主義を東欧《とうおう》に広めようとしていた。

敗戦後のドイツは米英仏ソに分割占領され、ソ連占領地域にあった首都ベルリンも同様に四分割された。米ソの対立が強まると、ソ連は米英仏占領下の西ベルリンを封鎖《ふうさ》するという強硬《きょうこう》手段に出た(一九四八―四九、後に「ベルリンの壁」として固定化)。これに対抗して米国は、ソ連占領地域の中で孤立した西ベルリン市民の生命を守るため、生活物資や薬品を空軍機で落下させる〝ベルリン空輸〟を行った。

スターリンの〝拡張主義〟によって東欧諸国が社会主義・共産主義化していくことに、米国や西欧の資本主義国が危機感を抱き、結束したのは当然だった。

ソ連主導のワルシャワ条約機構

米国がスターリンの拡張主義に対する〝封じ込め〟策として主導した北大西洋条約機構(NATO)に対抗する形で締結《ていけつ》されたのが、ソ連以下七ヶ国が調印した「ワルシャワ条約」(一九五五年五月)で、これに基づく軍事組織がワルシャワ条約機構(WP)だ。その理念はNATOの引き写《うつ》しともいえ、国連憲章が定める集団的自衛権に基づく軍事同盟である。

東西冷戦は、これら二つの対立する軍事同盟下で微妙なバランスを保ちながら、ソ連解体直前の一九九一年七月まで半世紀余り続いた。両陣営が直接対決することはなかったが、その間、朝鮮戦争(五〇―五三)、キューバ危機(六二)、ベトナム戦争(六四―七五)、ソ連によるアフガニスタン侵攻(七九―八九)といった、世界戦争につながりかねない局地戦争や**代理戦争**[1]の危機が生じた事実を忘れてはならない。

なお近年、ロシア・中国の軍事動向をめぐって〝東西冷戦の再燃〟が危惧《きぐ》されている。

1 西側の先進資本主義諸国「第一世界」、東側の社会主義諸国「第二世界」に対して、両世界に属さない「第三世界」と呼ばれたアジア・アフリカなどの国々が、米国とソ連の支援を受けて各地で行った地域紛争。

■ワルシャワ条約機構加盟国（1956年）

■東側陣営の成立と崩壊

1947年　9月	コミンフォルム（共産党・労働者党情報局）結成
1949年　1月25日	経済相互援助会議(COMECON)結成
1955年　5月14日	ワルシャワ条約機構成立
1956年　1月27日	東ドイツ、ワルシャワ条約機構に加盟
1968年　9月13日	アルバニア、ワルシャワ条約機構を脱退
1985年　4月26日	ワルシャワ条約の効力延長の議定書がワルシャワで締結
1990年10月　3日	東西ドイツ統一
1991年　7月　1日	チェコスロバキアの首都プラハにおいてワルシャワ条約効力停止 →ワルシャワ条約機構正式解散
1991年12月25日	ソビエト連邦解体

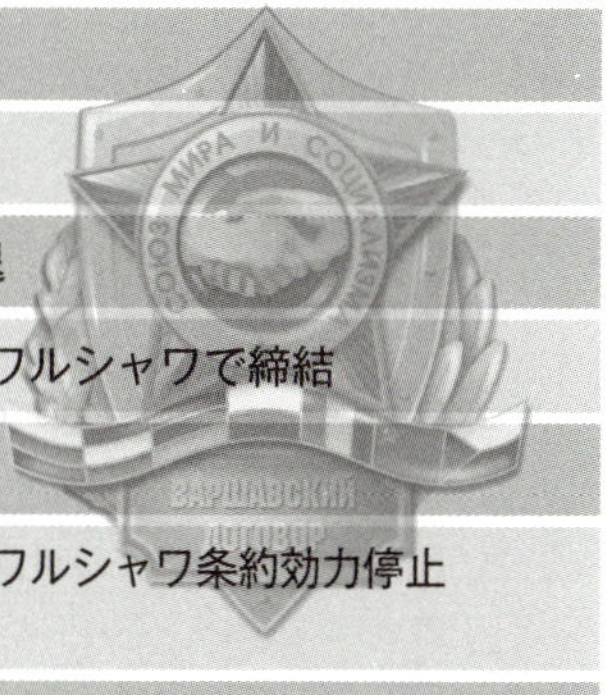

参考：コミンフォルムとCOMECON
「国際共産主義」のための情報交換を目的にヨーロッパ8ヶ国の共産党が参加して設立されたのがコミンフォルムで、実態は各国共産党に対するソ連共産党の指導力を高めるための組織だった。COMECONは、米国の欧州経済復興政策「マーシャル・プラン」に対抗して東側に結成された経済活動プログラム。

朝鮮戦争と朝鮮国連軍

一九五〇年―一九五三年

朝鮮半島分断と北朝鮮の侵攻

スターリンの拡張主義は、ヨーロッパのみならず極東《きょくとう》にも及《およ》んだ。その標的になったのが朝鮮半島だ。第二次世界大戦まで日本が統治していた朝鮮半島は、北緯三八度線を境に、南部を米国、北部をソ連が分割占領していた。

米国は将来的に朝鮮民族の自治へ移行する**信託統治**《しんたくとうち》[1]を構想していたが、ソ連は半島全体の社会主義化を狙《ねら》った。両大国の思惑《おもわく》が違ったまま、一九四八年六月に南が大韓《だいかん》民国《みんこく》、九月に北が朝鮮民主主義人民共和国（北朝鮮）として独立した。

五〇年一月、米国は極東地域の防衛ラインを設定する（アチソン声明）。これはアリューシャン列島―日本列島―琉球《りゅうきゅう》列島―フィリピンと連なり（左図）、西太平洋の**制海権**[2]を確保して東側陣営を封じ込める意図《いと》があった。六月、北朝鮮が大韓民国へ侵攻し、戦争が勃発《ぼっぱつ》。一説には、朝鮮半島がアチソン・ラインの外だったため、大韓民国へ侵攻しても米国は手を出さないと北朝鮮（及びソ連）が誤解したとも言われる。

最初で最後の国連軍の編成

北朝鮮は、スターリンと中国共産党の毛沢東の支持を得て約一〇万の兵力で侵攻したが、一方の大韓民国は米国の意向で、それに対抗できる戦力を持たなかった。北朝鮮の大韓民国侵攻に驚いた米国は、国連安保理に提起。安保理は撤退を促《うなが》したが、北朝鮮が聞き入れなかったため、制裁措置《せいさいそち》として国連軍を編成することになる。

当時の安保理は、米国・英国・フランス・ソ連・中華民国（台湾）の五ヶ国で構成されていた。中華民国は米国が支援する中国国民党政権で、中国共産党との内戦に追われていた。東側を代表するのはソ連だけで、国連軍編成の安保理決議は、ソ連の国連大使が帰国している間に行われ、したがってソ連も解体後のロシアも、当時の国連軍編成の決議を無効としてきた。また、一九七一年に国連における中国の代表権が中華民国から中華人民共和国に移ったことで、安保理は西側三ヶ国、東側二ヶ国という構成になった。朝鮮国連軍という例外的な措置を除き、これ以来、国連軍編成は事実上不可能になったのだ。

1 国連憲章に定められた制度。国家として独立していない地域を、国連から「信託」を受けた国が規定に従って統治する。
2 海上で軍事的に優位に立ち、自国（自陣営）艦船の自由な航行を確保した状態。

アチソン米国務長官の「不後退防衛線」演説から（1950年1月12日、ニューヨーク）
……この防衛線は、アリューシャン列島から日本列島に沿って伸び、そして琉球列島に向かう。
……防衛線は、琉球列島からフィリピン諸島に伸びる。……

■米国の東側陣営封じ込め政策（1950年）

■朝鮮戦争における東西対立

米国
（トルーマン）
英国
（アトリー）
フランス
（オリオール）
中華民国
（台湾 蒋介石）

西側陣営
（資本主義）

東側陣営
（社会主義）

ソ連
（スターリン）

国連安保理常任理事国

大韓民国
（李承晩）

北朝鮮
（金日成）

中華人民共和国
（毛沢東）
（国連代表権なし）

李承晩（1875～1965）
1956年撮影。

金日成（1912～1994）
1946年撮影。

スターリン（1878～1953）
1943年撮影。

毛沢東（1893～1976）
1949年撮影。

参考：鉄のカーテン
欧州における東西陣営の境界をたとえた言葉。1946年3月、英前首相チャーチルが演説の中で用いたことで有名になった。チャーチルは早くから強烈な反ソ・反共産主義者で、第2次世界大戦以前からソ連を警戒していた。なお、ドイツの東西分裂などによって「鉄のカーテン」の位置は時期により変動した。

駐日占領軍で編成された朝鮮国連軍

朝鮮国連軍は、敗戦後の日本に駐留《ちゅうりゅう》していた一二ヶ国の占領軍約五二万人（半数が米軍）を主に編成された。すでにある駐日《ちゅうにち》占領軍を、安保理決議を通じて朝鮮国連軍として朝鮮半島へ派兵したもので、国連憲章の規定通りの編成方法ではなかった。後に一〇ヶ国が加わり、大韓民国軍と合わせ一〇〇万余の兵力となった。

開戦当初は北朝鮮が優勢で、三ヶ月足らずで大韓民国軍を朝鮮半島南端まで追い詰めていたが、国連軍の派兵で形勢が逆転し、中朝国境の鴨緑江《おうりょくこう》付近に迫った。すると**中国人民義勇軍**[1]が参戦し、北側は一〇〇万人余に増強。その後、戦局は一進一退が続き、半島のほぼ中間の北緯三八度線付近を境に対峙《たいじ》するようになった（左図）。

戦いは約三年間続き、一九五三年七月に国連軍と北朝鮮・中国人民義勇軍との間で休戦協定が交わされた（大韓民国は署名を拒否）。この協定によって軍事境界線と非武装地帯（ＤＭＺ）が設定された（休戦ライン）。

今なお戦時体制下にある北朝鮮

朝鮮戦争は、南北に分断された同じ民族同士が相《あい》争った結果、三〇〇万以上の死者と一千万に及ぶ離散家族を生み出した。しかも戦いは〝休戦〟協定が結ばれただけで、完全に決着がついたわけではない。事実、北朝鮮は今も軍事優先の「先軍政治」による戦時体制下にあり、〝勝つまで止められない戦争〟としている。

朝鮮半島の有事は、北朝鮮の動向に左右される状況が依然《いぜん》続いている。大韓民国軍の指揮権《しきけん》は、平時には同国大統領が持つが、有事にはソウルにある米韓合同司令部（ＣＦＣ）司令官が持っている。この役職には、朝鮮国連軍司令官・在韓米軍全体の司令官も兼ねる、在韓米陸軍司令官が代々就任してきた。有事の指揮権も大韓民国に移譲《いじょう》する話し合いが進められており、二〇一六年に次回の話し合いを行う予定。なお、朝鮮国連軍の地位協定上の後方司令部は在日米軍のキャンプ座間《ざま》（神奈川県）にあり、各国の在日大使館付き駐在《ちゅうざい》武官が兼務《けんむ》している。

1 「中国人民志願軍」とも。実態は中華人民共和国の正規軍である人民解放軍だったが、ソ連の意向で正式な参戦を避けるため、「志願」軍の形をとった。

■北朝鮮への軍事支援

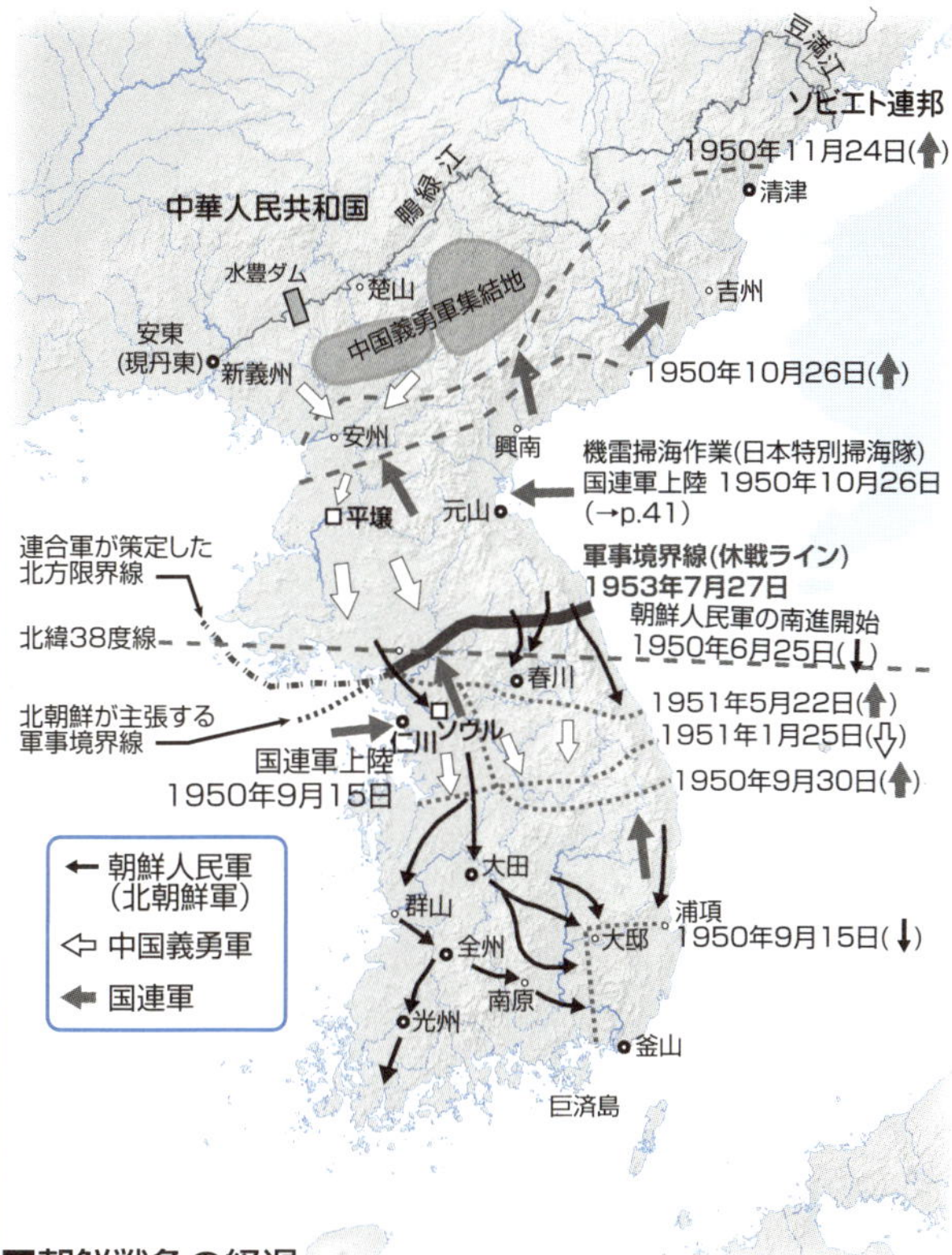

■朝鮮戦争の経過

■朝鮮戦争の参加国

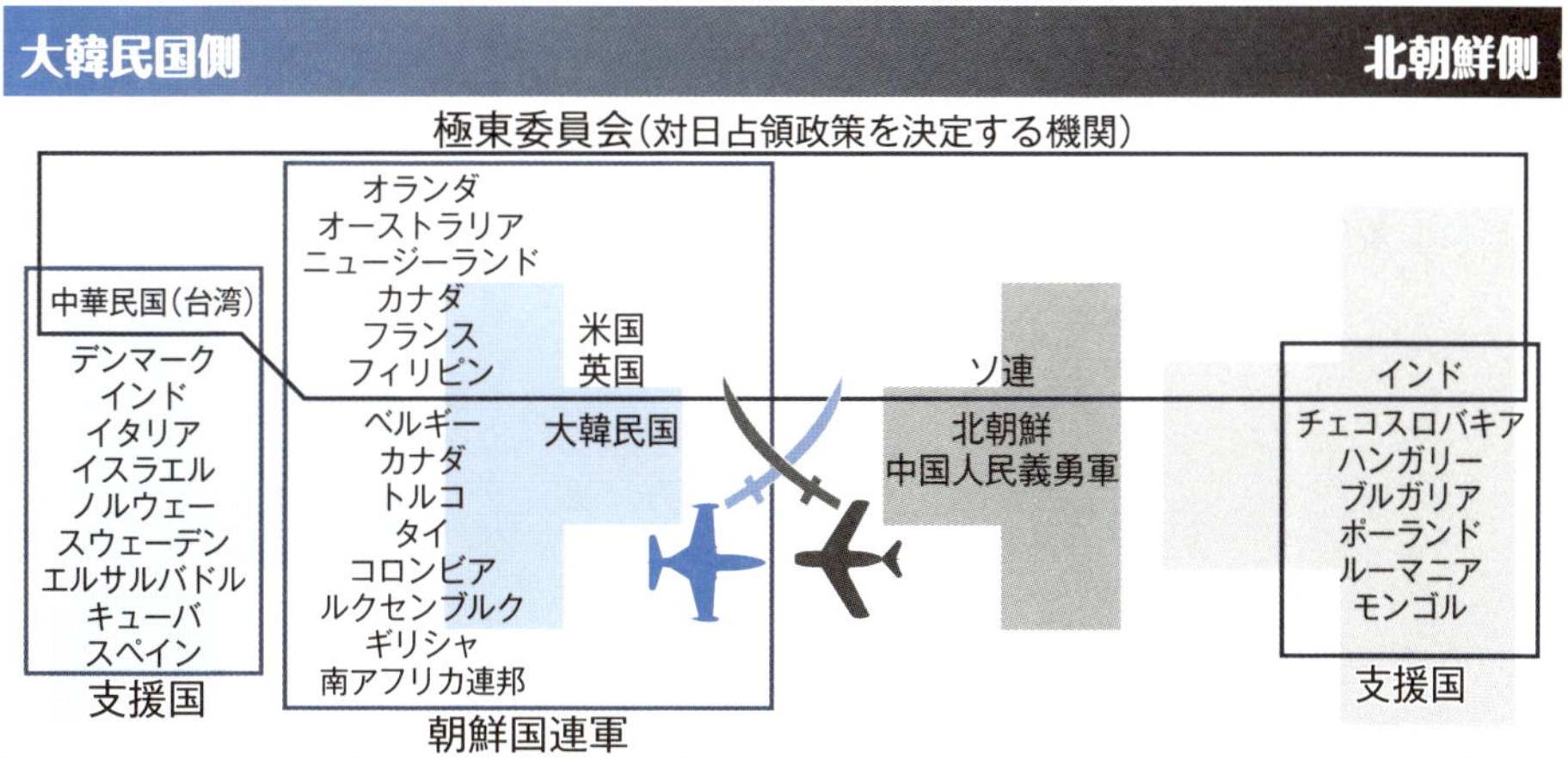

朝鮮戦争と日本

一九四五年—一九五五年

マッカーサーの指令で警察予備隊が発足

一九四五年八月、無条件降伏をした日本に、戦勝国一二ヶ国からなる占領軍が駐留《ちゅうりゅう》した。米太平洋陸軍司令官のD・マッカーサー元帥《げんすい》をトップとする連合国軍最高司令官総司令部（GHQ）は、日本軍の武装解除をはじめとする統治を行った。しかし約五年後に勃発《ぼっぱつ》した朝鮮戦争が、占領政策に大きな影響を与えた。

駐日《ちゅうにち》占領軍は朝鮮国連軍として、その大半が朝鮮半島へ派兵された。その結果、占領下日本の防衛にあたる戦力が不在となり、国内の治安不備も懸念《けねん》された。朝鮮戦争を社会主義陣営の国際的な挑戦であると認識した米国陸軍省は、マッカーサーに対して日本の再軍備を要請。着任以来、日本の再軍備に否定的だったマッカーサーは、やむなく装備を「ピストル以上小銃《しょうじゅう》等の武器」とする警察予備隊（七万五千人）の創設と、海上保安庁の増員（八千人）を指令した。

これらが、後に自衛隊へと発展していくのである。

朝鮮戦争のさなかに主権を回復した日本

一九五一年九月八日、日本の主権回復のための国際条約が締結《ていけつ》された。「サンフランシスコ平和条約」（五二年四月二八日発効）だ。名称が示すように条約は米国で締結され、西ドイツの主権を回復したのと同じやり方で、日本を西側陣営に取り込もうとする米国の思惑《おもわく》が働いていた。日本の主権回復が朝鮮戦争のさなかに米国主導で行われたことは、戦後日本の防衛問題を考える上で、極めて重要な点である。

朝鮮戦争はまた、日本の経済復興への起点ともなった。戦争勃発直後の五〇年六月、在日米軍の兵站《へいたん》司令部が横浜に設置され、大量の物資が買い付けられた。いわゆる〝朝鮮特需《とくじゅ》〟だ。調達物資は繊維《せんい》製品・鋼材《こうざい》・コンクリート材料・食料品などで、その規模は五二年までの三年間に一〇億ドル、五五年までの間接特需として三六億ドルとも言われる。これらの特需によって、日本は敗戦後初の好景気（神武《じんむ》景気）を迎えた。

■ GHQの組織図

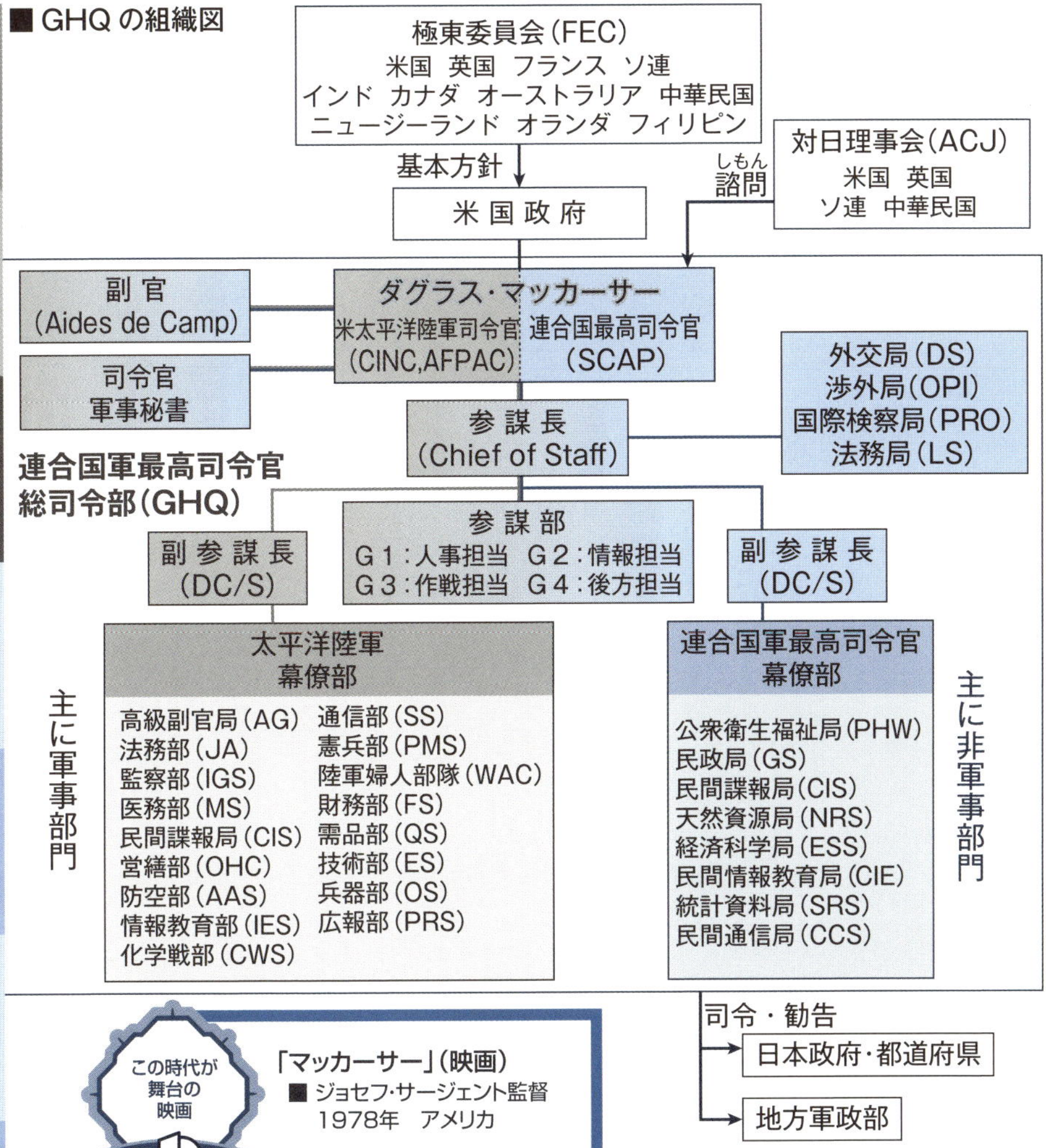

この時代が舞台の映画

「マッカーサー」（映画）
■ ジョセフ・サージェント監督
1978年　アメリカ

movie 映画

極秘で行われていた日本の掃海活動

1950年10月、日本政府は米国の要請を受け、朝鮮半島の周辺海域の機雷除去などの活動のため、海上保安庁特別掃海隊を派遣。一隻の大型試航船、46隻の掃海艇、旧海軍軍人に加え民間人も加わり8,000人規模で掃海活動を行い、死者56名を出した。しかし日本は当時、サンフランシスコ平和条約締結前で国際的に微妙な立場にあったため、特別掃海隊の存在は極秘とされていた。

サンフランシスコ平和条約と旧日米安保条約

一九五一年―一九六〇年

ソ連、中国抜きで締結された平和条約

サンフランシスコ平和条約は、第二次世界大戦における連合国と日本との間の戦争状態を終結させるために開かれたサンフランシスコ講和《こうわ》会議(一九五一年九月四日―八日)の結果として締結《ていけつ》され、連合国側は四八ヶ国が調印した。しかしソビエト連邦・ポーランド・チェコスロバキアの東側三ヶ国は会議には出席したが調印《ちょういん》を拒否。インド、ビルマ、ユーゴスラビアは出席をも見送るなど、連合国のすべてが条約を批准《ひじゅん》したわけではなかった。

一方、中国は会議に招かれなかった。当時の中国は、内戦に敗北して台湾に移った中華民国(国民党政権)と、勝利した中華人民共和国(共産党政権)の二国が併存《へいぞん》し、中華人民共和国は朝鮮戦争で北朝鮮を支援したため国連軍と交戦状態にあった。加えて、中華民国の参加を主張する米国と、中華人民共和国も参加させるべきとする英国の意見の不一致など、複雑な事情があったのだ。結局、日中間の講和については主権回復後の日本の選択に任せるとして、平和条約は締結されたのである。

まだ続いている日ロ平和条約交渉

ソビエト連邦および連邦解体後のロシアと日本との間では現在でも平和条約が締結されておらず、交渉は今なお続いている。

サンフランシスコ平和条約への調印を拒否したソ連が、日本と平和条約交渉を開始したのが1955年。戦後処理交渉の最大の争点になったのが領土問題である。41年、日本は米英との開戦に先立ちソ連と中立条約を締結していたが、45年2月のヤルタ会談(米英ソ)における秘密協定で、当時日本領だった南樺太(サハリン)の返還・千島列島の引き渡しを条件としてソ連の対日参戦が決定。ソ連は終戦7日前の8月8日、一方的に中立条約を破棄して日本に宣戦布告した。ソ連軍の侵攻は日本が連合国に無条件降伏した後の9月5日まで続き、北方四島を含む旧日本領を占領した。

日本政府は、ロシアとの平和条約締結には北方四島の一括返還が条件と主張してきた。その後、日ロ両国の利益に合致し、双方にとって受け容れ可能なように、四島の帰属に関する問題を解決して平和条約を可能な限り早期に締結するとの点で共通の認識は共有しているが、いずれにしても交渉は難航している。

「二つの中国」と日本

サンフランシスコ平和条約で「中国」との講和を果たせなかった日本は、戦争当時の「中国」であり、中華人民共和国の建国（1949年）後にも継続して「中国」を代表する政府として承認していた中華民国と、平和条約締結に向けた交渉を行った。サンフランシスコ平和条約の発効を数時間後に控えた翌52年4月28日、台北で日華平和条約が署名された。これにより、日本と中華民国との間の戦争状態は終結し、日清戦争（1894〜95年）以降の台湾における日本の領土権は正式に放棄された。

その20年後の1972年、日本は中華人民共和国を「中国」を代表する唯一の政府と認め、日中平和友好条約を締結。日華平和条約は効力を失い、日本と中華民国（台湾）は国交を断絶した。

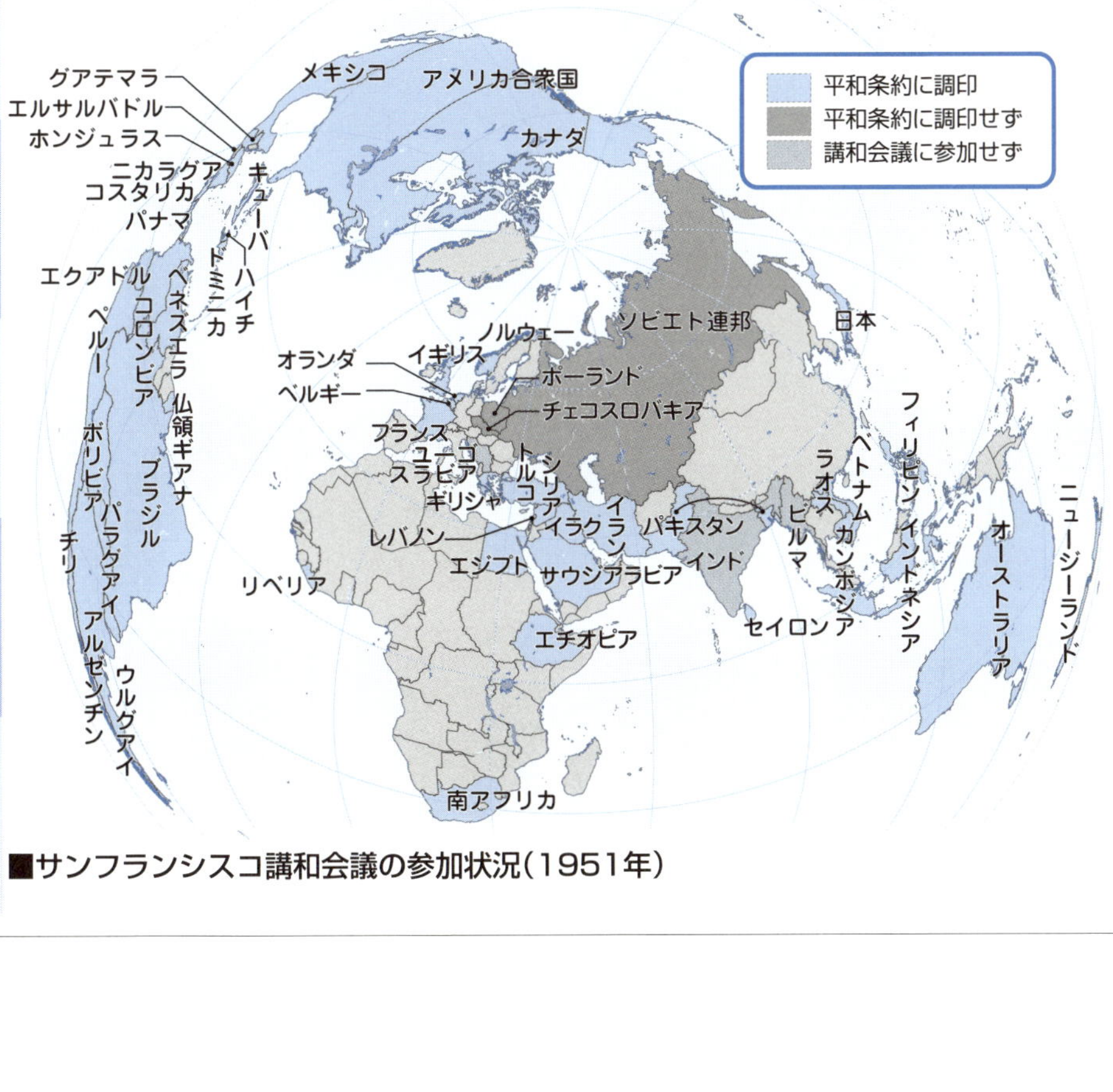

■サンフランシスコ講和会議の参加状況（1951年）

日本に「自衛権」を認めた五条

サンフランシスコ平和条約（以下、平和条約）で特筆されるのは、まだ国連に加盟していない日本に国連憲章が掲《かか》げる原則を認めさせる一方で、国連憲章五一条の「自衛権」を与えることを明記した点である。国連憲章二条二項では「武力による威嚇《いかく》又は武力の行使の禁止」がうたわれ、連合国側はこの義務の順守《じゅんしゅ》を日本に強く求めた。そして主権を回復した日本に国連憲章五一条の「個別的又は集団的自衛の固有の権利」を与えると共に、日本みずから「**集団的安全保障取極《とりきめ》**[1]」を締結《ていけつ》できることとした（平和条約五条）。

すでに日本は、この平和条約締結の五年前（一九四六年一一月三日）に公布《こうふ》された日本国憲法九条において、「国権の発動たる戦争と、武力による威嚇又は武力の行使は、国際紛争を解決する手段としては、永久にこれを放棄する」（一項）と宣言していたが、主権を回復した日本に個別的自衛権はもとより、集団的自衛権と集団的安全保障取極ができる権利をも付与《ふよ》したのである。

駐日占領軍の撤退期限を明示

平和条約五条は、主権回復後の日本が自力で自国を守ることを示唆《しさ》していた。それは同時に、駐日《ちゅうにち》占領軍の撤退《てったい》を意味していたのである。さらに六条では、「連合国のすべての占領軍は、この条約の効力発生の後（中略）九〇日以内に、日本国から撤退しなければならない」と、撤退期限が明示された。

しかし極東では朝鮮戦争が続いている状況であり、日本には国内の治安維持を目的にした警察予備隊が結成されたばかりで、自衛権を行使し得る戦力がなかった。そのため六条には「ただし、この規定は、一又は二以上の連合国を一方とし、日本国を他方として双方の間に締結された若《も》しくは締結される二国間若しくは多数国間の協定に基《もと》づく、又はその結果としての外国軍隊の日本国の領域における駐屯《ちゅうとん》又は駐留《ちゅうりゅう》を妨《さまた》げるものではない」と追記《ついき》した。この〝ただし書き〟が、占領軍の撤退期限後にも米軍の戦力を日本の防衛のために駐留させる「旧日米安保条約」の根拠となった。

1 「集団的安全保障（英文ではcollective security）」とはあるが、個別的・集団的自衛権とセットになっている文脈からして、実質的には集団的自衛権を前提とする「集団防衛」の方を念頭に置いた表現である。なお本書のこれ以降にも何度か登場する「取極」は条約などでよく用いられる表記で、「取り決め」と違いがあるわけではない。

サンフランシスコ平和条約（抜粋）　1951年9月8日

第5条

（a）日本国は、国際連合憲章第2条に掲げる義務、特に次の義務を受諾する。

(i) その国際紛争を、平和的手段によつて国際の平和及び安全並びに正義を危うくしないように解決すること。

(ii) その国際関係において、武力による威嚇又は武力の行使は、いかなる国の領土保全又は政治的独立に対するものも、また、国際連合の目的と両立しない他のいかなる方法によるものも慎むこと。

(iii) 国際連合が憲章に従つてとるいかなる行動についても国際連合にあらゆる援助を与え、且つ、国際連合が防止行動又は強制行動をとるいかなる国に対しても援助の供与を慎むこと。

（b）連合国は、日本国との関係において国際連合憲章第2条の原則を指針とすべきことを確認する。

（c）連合国としては、日本国が主権国として国際連合憲章第51条に掲げる個別的又は集団的自衛の固有の権利を有すること及び日本国が集団的安全保障取極を自発的に締結することができることを承認する。

第6条

（a）連合国のすべての占領軍は、この条約の効力発生の後なるべくすみやかに、且つ、いかなる場合にもその後90日以内に、日本国から撤退しなければならない。但し、この規定は、一又は二以上の連合国を一方とし、日本国を他方として双方の間に締結された若しくは締結される二国間若しくは多数国間の協定に基く、又はその結果としての外国軍隊の日本国の領域における駐とん又は駐留を妨げるものではない。

（b）日本国軍隊の各自の家庭への復帰に関する1945年7月26日のポツダム宣言の第9項の規定は、まだその実施が完了されていない限り、実行されるものとする。

（c）まだ代価が支払われていないすべての日本財産で、占領軍の使用に供され、且つ、この条約の効力発生の時に占領軍が占有しているものは、相互の合意によつて別段の取極が行われない限り、前期の90日以内に日本国政府に返還しなければならない。

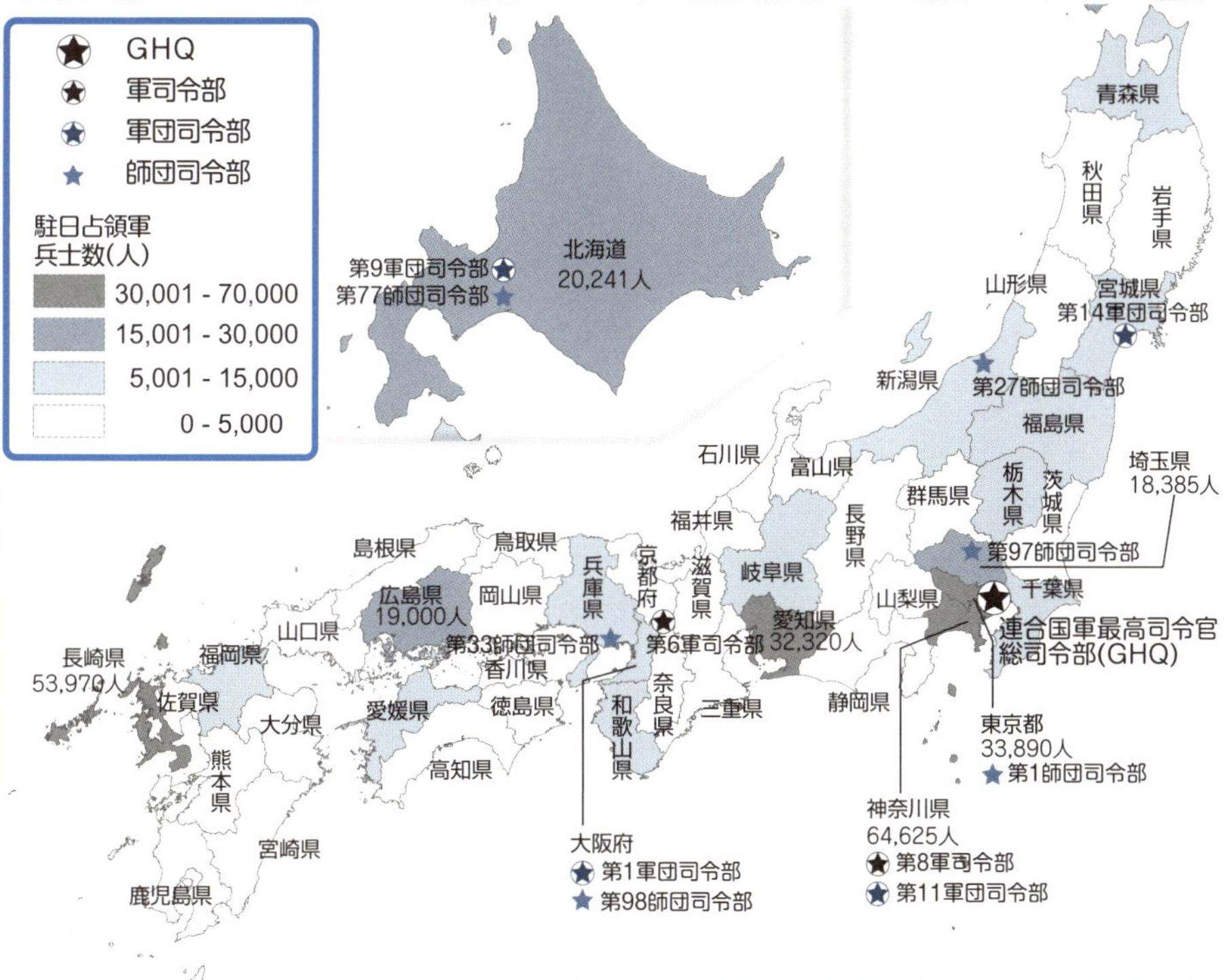

■駐日占領軍の都道府県別人数（1945年11月）

米軍のみ駐留させる道を選んだ日本

サンフランシスコ平和条約が締結《ていけつ》された一九五一年九月八日に、旧日米安全保障条約が締結されている。

日本は午前中に平和条約、午後に旧日米安保条約に調印した。主権を回復した直後、平和条約五条の「日本国が集団的安全保障取極《とりきめ》を自発的に締結することができる」という条文と、六条の〝ただし書き〟に基づき、駐日《ちゅうにち》占領軍の撤退《てったい》後に米軍のみを日本に駐留《ちゅうりゅう》させることに同意したのだ。この時から日本は国家の意思により、米国の軍事同盟の当事国になった。

米国が日本と安保条約を締結したのは、極東《きょくとう》における社会主義勢力、特にソ連の脅威《きょうい》に対する部隊展開を保証する在日米軍の権利保持が主な目的だった。したがって、同盟国とはいえ軍事力を持たない日本にとって、条約は米国優位の内容だった。当時の吉田茂首相は「米国に防衛を任せて、日本は経済復興に集中しようという考えで調印した」と語っている（いわゆる〝吉田ドクトリン〟）。

戦後の平和と繁栄の基礎になった日米安保体制

米ソ冷戦体制下、防衛力増強の必要性を痛感した吉田内閣は、一九五四年七月、米国との合意のもとで防衛庁と自衛隊を発足させる。それに伴《ともな》い、日米安保条約を見直そうという動きと、これに対する反対運動が巻き起こった。

五七年六月、**岸信介**[1]首相が日本の経済成長を背景に安保条約改定を表明し、D・アイゼンハワー米大統領との会談に臨《のぞ》んだが〝時期尚早《じきしょうそう》〟と反対される。

米国が改定に応じたきっかけは、同年一〇月にソ連が世界初の人工衛星打ち上げに成功したことだった。ロケット技術による大陸間弾道ミサイル（ＩＣＢＭ）開発に遅れをとった米国は、極東戦略の変更を迫《せま》られたのだ。

六〇年五月一九日、国会周辺が安保反対の抗議デモで騒然《そうぜん》となる中、岸内閣は新安保条約を採決した。それから半世紀以上を経た今日まで、さらに遡《さかのぼ》れば旧安保条約締結以来、日本は一度も戦争を仕掛けられることがなかった。日米安保条約によるこの事実は、誰にも否定できない。

1 娘婿は元外相・安倍晋太郎、その子が現首相・安倍晋三である。

旧日米安保条約（抜粋）　1951年9月8日、サンフランシスコ

前文 日本国は、本日連合国との平和条約に署名した。日本国は、武装を解除されているので、平和条約の効力発生の時において固有の自衛権を行使する有効な手段をもたない。（中略）よつて、日本国は平和条約が日本国とアメリカ合衆国の間に効力を生ずるのと同時に効力を生ずべきアメリカ合衆国との安全保障条約を希望する。平和条約は、日本国が主権国として集団的安全保障取極を締結する権利を有することを承認し、さらに、国際連合憲章は、すべての国が個別的及び集団的自衛の固有の権利を有することを承認している。これらの権利の行使として、日本国は、その防衛のための暫定措置として、日本国に対する武力攻撃を阻止するため日本国内及びその附近にアメリカ合衆国がその軍隊を維持することを希望する。（下略）

第1条 平和条約及びこの条約の効力発生と同時に、アメリカ合衆国の陸軍、空軍及び海軍を日本国内及びその附近に配備する権利を、日本国は、許与し、アメリカ合衆国は、これを受諾する。この軍隊は、極東における国際の平和と安全の維持に寄与し、並びに、一又は二以上の外部の国による教唆又は干渉によつて引き起こされた日本国における大規模の内乱及び騒じようを鎮圧するため日本国政府の明示の要請に応じて与えられる援助を含めて、外部からの武力攻撃に対する日本国の安全に寄与するために使用することができる。

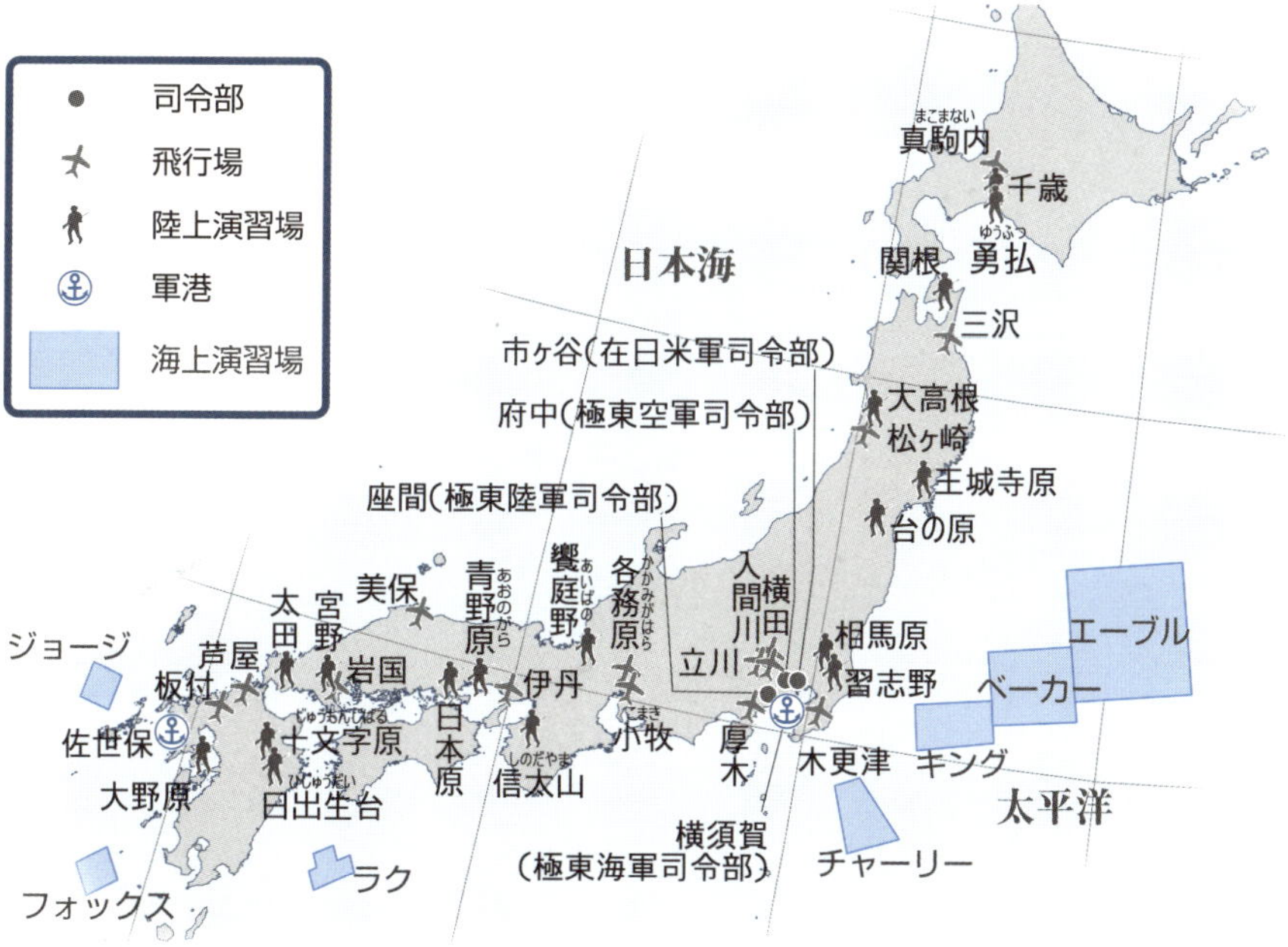

■旧日米安保条約締結後の在日米軍基地・施設（1952年）
※沖縄は米国施政下

中ソ対立

一九六〇年代ー一九八九年

イデオロギー[1]対立から関係悪化

一九五〇年代、ソビエト連邦は毛沢東《もう・たくとう》の中華人民共和国（中国）を全面的に支援し、両国は社会主義国同士として非常に良好な関係にあった。そこに亀裂《きれつ》が入ったのは、ソ連が資本主義的な政策を導入し始めた六〇年代。マルクス主義を厳格に守り、柔軟に政策を変えられなかった**教条主義**《きょうじょう》[2]の中国は、ソ連の政策転換を**修正主義**[2]と批判した。このイデオロギー対立から両国の関係は急速に悪化、東側陣営二大国の武力衝突に発展する。

六〇年代末には、六五万以上のソ連軍と八一万以上の中国人民解放軍が、国境を挟んで対峙《たいじ》する事態となった。六九年三月、中ソ国境ウスリー川の中洲《なかす》ダマンスキー島（中国名・珍宝島）の領有をめぐって戦闘が始まった。この島は洪水のたびに移動するため国境画定《かくてい》が困難で、かねてから諍《いさか》いの種になっていた。戦闘は、ソ連軍の圧勝で終わる。中国軍の敗因は、航空支援力を欠いたことだった。地上戦闘を主体としてきた中国は、やがて空・海の戦力増強へと戦力近代化の優先順位の変更を図《はか》っていく。

〝敵の敵は味方〟と米国に接近した中国

中ソ国境紛争はその後も続き、新疆《しんきょう》ウイグル自治区などでも武力衝突が発生。両国は最悪の事態に備え、核兵器使用の準備を進めていたとも言われる。六九年九月、ソ連のA・コスイギン首相が北京を訪問し、周恩来《しゅう・おんらい》首相との間で政治的解決を図ることを合意。軍事的緊張は緩和《かんわ》されたが、国境問題は棚上《たなあ》げされた。

当時、**文化大革命**[3]のさなかだった中国は、ソ連と冷戦状態にあった米国との接近を水面下《すいめんか》で図る。これは、ベトナム戦争から手を引きたがっていた米国にとっても好都合だった。〝敵の敵は味方〟という論法が、米中両国に存在した。七二年二月、R・ニクソン米大統領が中国を訪問し、毛沢東と和解のための**会談が行われた**[4]。敵対関係にあった両国の急接近は世界を驚かせ、〝ニクソン・ショック〟と呼ばれた。米中が正式に国交を結んだのは七九年一月で、これに伴《ともな》い中華民国（台湾）と米国の国交は断絶した。

1 ここでは政治思想、社会思想のこと。
2 思想家マルクスとエンゲルスによって作られた社会主義思想をマルクス主義と呼び、一切修正を認めない立場を「教条主義」、現実に合わせてマルクス主義を修正しようとする立場を「修正主義」（教条主義側からの批判的な呼び方）という。
3 1966～76年に起きた資本主義の復活を阻止する社会運動で、実態は毛沢東の復権を図る中国共産党内の権力闘争。
4 1971年米国キッシンジャー国家安全保障問題担当大統領補佐官は、パキスタン訪問中、極秘で中国を訪問していた。その後、1971年7月15日中国よりニクソン大統領への訪問要請があった。

中国と北方領土

1970年代以来、中国は尖閣諸島の領有権を主張し、「領土問題は存在しない」とする日本政府と対立している。その一方で中国は、中ソ対立が表面化した60年代以来、ソ連が実効支配する北方領土を日本領と認めており、それは現在も続いている（台湾も同じ立場）。ここにも「敵の敵は味方」の理屈が見え隠れするが、国際関係の複雑さを象徴する現象と言える。

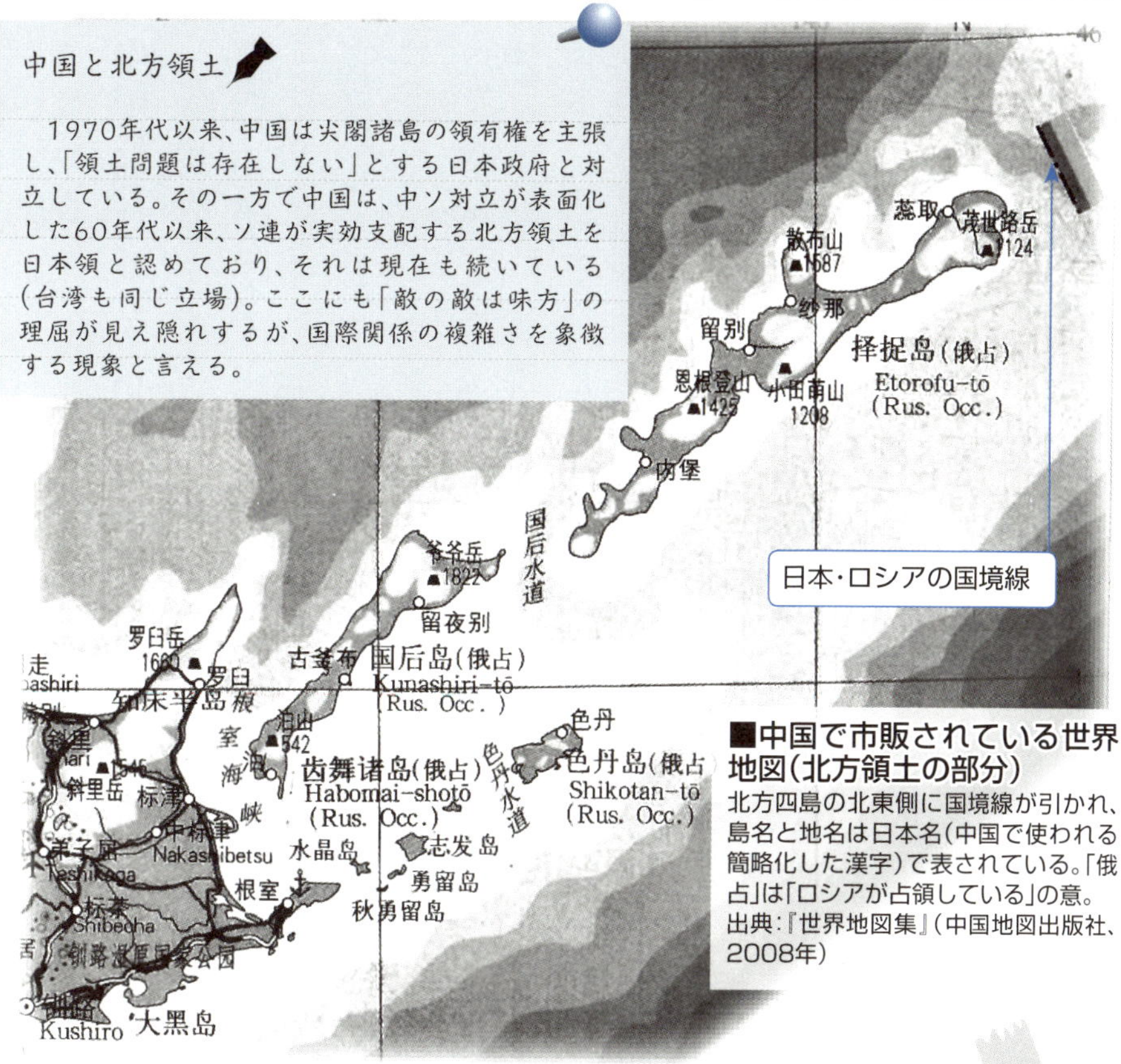

■中国で市販されている世界地図（北方領土の部分）
北方四島の北東側に国境線が引かれ、島名と地名は日本名（中国で使われる簡略化した漢字）で表されている。「俄占」は「ロシアが占領している」の意。
出典：『世界地図集』（中国地図出版社、2008年）

南アジアのキー国家・パキスタン

中国やインドに隠れて、日本では少々影が薄いパキスタンだが、冷戦中・後を通じて世界の安全保障にとって重要な位置を占めている。

英領インド独立の際、ヒンドゥー教徒に対して少数派となる危機感により、インドから別れて独立したムスリムの国がパキスタンだ。この経緯からインドとの関係は悪く、独立直後から3次にわたる印パ戦争を戦い、カシミールの領土問題を抱える。隣接する核保有国同士の険悪な関係は、世界の懸念事項だ。

同じくインドとの領土問題を持つ中国とは良好な関係で、また冷戦時代にインドがソ連と関係を深めたことから米国とも協力関係を築いてきた。“ニクソン・ショック”の前に米中が接触したのも、米国がアフガニスタン戦争（1979～89年）でムジャヒディーンを支援した（→p.62）のもパキスタンを通じたもので、インドとの対抗上、政府や軍はこれら米国の政策に積極的に協力した。しかし、対テロ戦争でアフガニスタンのタリバン政権への攻撃に協力したこと、領内でのビンラーディン殺害作戦（→p.67）が政府の許可なく決行されたことなどで政府の親米路線への不満が蓄積し、政府や米国を敵視しタリバンを支持する勢力も活動を高めている。一方、インド洋のシーレーン確保を進める中国との関係は急速に進展中だ。パキスタンの動向に、世界が注目している。

中国に向けられていた極東ソ連軍

中ソ国境はおよそ七五〇〇kmに及び、中国共産党は五五〇万の人民解放軍のうち二五〇万を国境に配置した。それに対しソ連は、一九七〇年代半ばから急速に極東軍《きょくとうぐん》を増強した。この動きが、ソ連が北海道に侵攻する可能性を高めるものとして、日米にとっての脅威《きょうい》になった。

そこで日本は、防衛力強化のため、陸上自衛隊一三個師団《しだん》[1]のうち最強の四個師団を北海道に配置した。実際には、極東ソ連軍の増強は圧倒的に中国に向いたもので、日本に侵攻するほどの余力はなかったとされるが、この〝北からの脅威〟への対応が、東西冷戦時代における日本の防衛力整備の基本概念《がいねん》となった。

中ソ国境をめぐる緊張関係が続くなか、国境画定《かくてい》のための交渉が行われたが、成果は得られなかった。全面的な国境見直しが始まったのは、八九年にソ連のM・ゴルバチョフ大統領が訪中して、中ソ国交が正常化してからである。このとき、すでにソ連は解体への歩みを速めていた。

日米中ソの戦略的力学が作用

ソ連と敵対関係になった中国にとって、米国と手を結ぶことには複数の戦略的メリットがあった。米中が協力関係になることで、ソ連は中国と戦うにせよ、米国と戦うにせよ、常にもう一方の敵に備えなければならず、不利になる。中国から見れば、米国との接近はソ連に対する抑止力《よくしりょく》として機能することになるのだ。

これに加えて、当時まだ国交がなく、先の大戦の記憶も鮮明な日本の脅威を取り除くという意味もあった。米中が良好な関係となれば、米国の同盟国である日本が再び中国に野心を向けることはないという認識だ。これは、西ドイツがNATOに加盟している限り、欧州にとって脅威にならないというのと同じ構図である（左図）。このため東西冷戦時代、中国が日米安保体制を否定したことはなかった。また日本にとっても、中国が極東ソ連軍と対峙《たいじ》していることは、防衛戦略上の大きなメリットだった。

こうして中ソ対立は、日米安保体制の概念にも大きな影響をもたらした。

1 軍隊の構成単位の一つ。陸上自衛隊では、6,000～9,000人程度の人員。

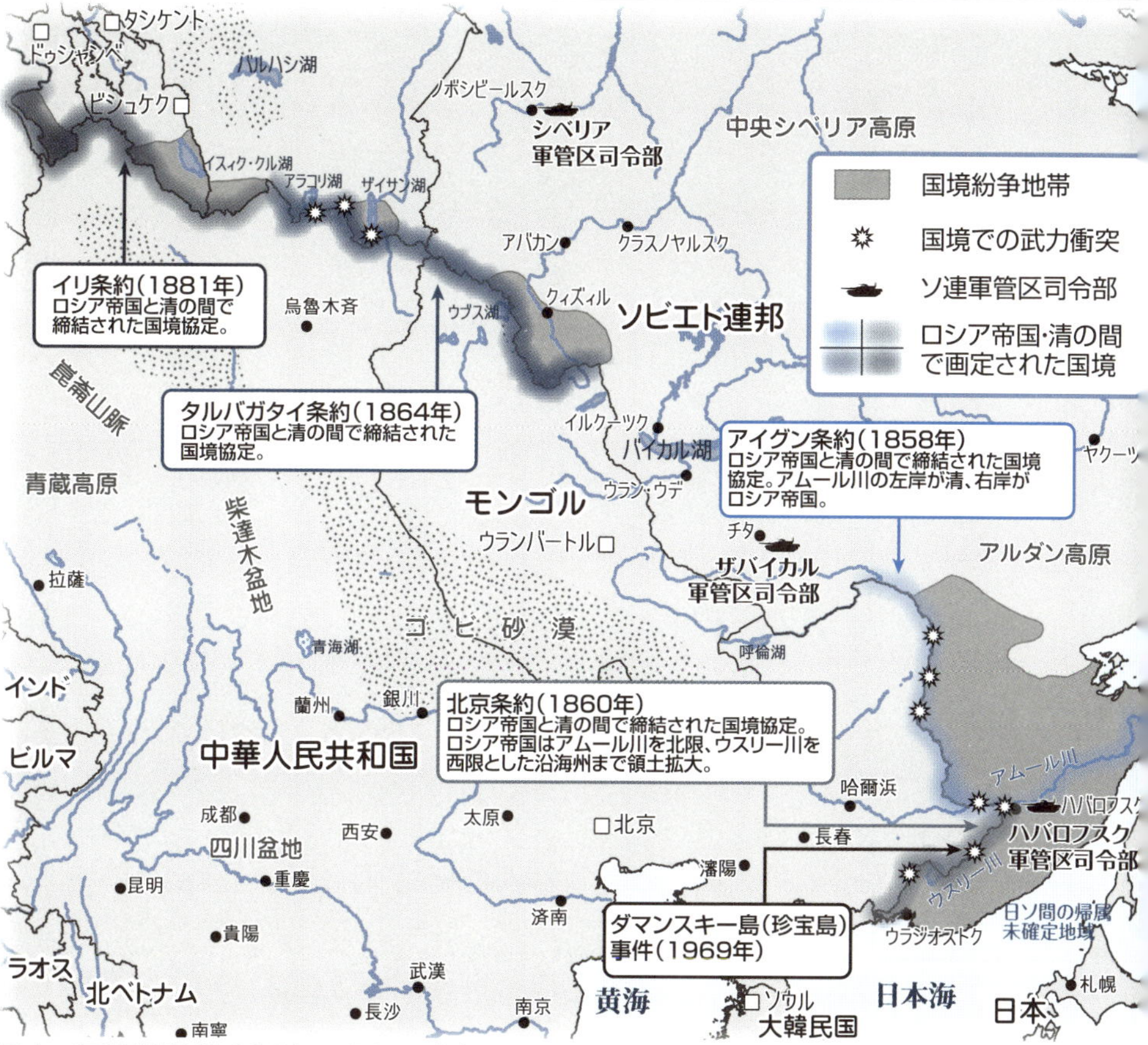

■中ソ国境紛争（1960年～1969年）

■中ソ対立以降の日米中ソの戦略的バランス

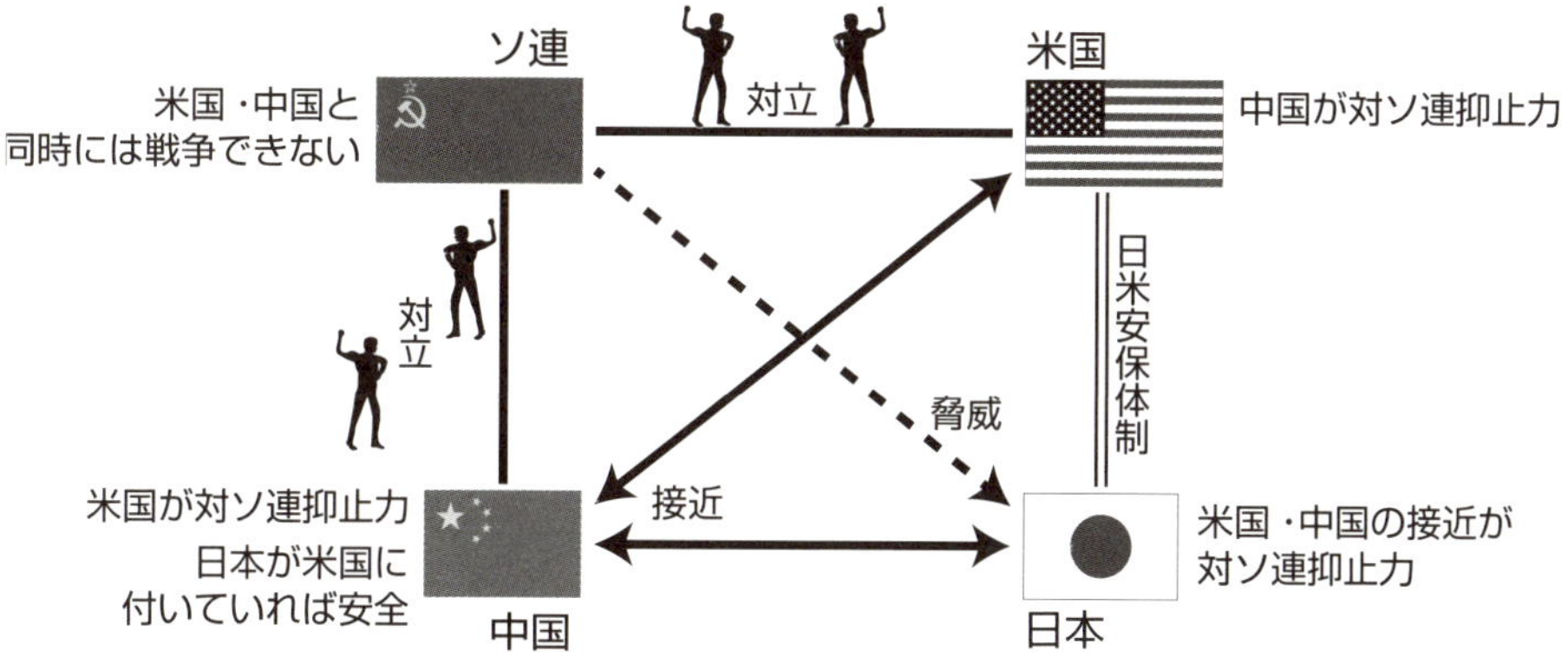

参考：欧州の戦略的バランス
上図の「中国」「日本」「日米安保体制」をそれぞれ「西欧諸国」「西ドイツ」「NATO」に置き換えると、西ドイツのNATO加盟で欧州に生まれた戦略的バランスとなる。

冷戦下の集団的自衛権

一九五〇年代―一九九一年

米国の〝二・二分《ぶん》の一〟戦略

東西冷戦時代、米国は最大の軍事的脅威を極東(ソ連)とアジア(中国)とし、さらに中東湾岸を加えた〝**二・二分の一**〟**戦略**[1]を策定していた。

中東地域に元々深く関わっていたのは、植民地を持っていた英仏両国だった。特にパレスチナでは、英統治時代の一九二〇年代からユダヤ人入植《にゅうしょく》者が急増し、アラブ人との対立が生じていた。第二次世界大戦後の四八年、ユダヤ人国家イスラエルが建国されるや、エジプトなど周辺のアラブ諸国との間で**第一次中東戦争**[2]が勃発《ぼっぱつ》した。

五六年に起きた第二次中東戦争は、ソ連に接近し、**スエズ運河**[3]の国有化を宣言したエジプトに、英仏とイスラエルが連合して侵攻した戦争だ。米国も含む国際世論は、**帝国主義**[4]の再来のような英仏のやり方を大いに非難。国連の停戦決議やソ連の警告などに押され、戦争は終結した。これを最後に英仏がこの地域から手を引いた結果、米国とソ連が中東問題に深く関わることになった。

ベトナム戦争以降、戦略を変えた米軍

米国とソ連の直接対決になりかかったのが、一九六二年の〝キューバ危機〟。カリブ海のキューバ島は二〇世紀初頭まで米国の事実上の植民地で、独立後も親米政権が続いていたが、五九年の革命で誕生したカストロ政権がソ連に接近し、**ソ連のミサイルを配備した**[5]ため、核戦争の危機が高まった。幸い危機は回避《かいひ》されたが、これを機に米国は、中米・南米諸国への介入《かいにゅう》を積極的に図《はか》ることになる。

やがて米国は〝二・二分の一〟戦略を、〝一・二分の一〟に変化させた。極東《きょくとう》かアジアのいずれかと、中東湾岸に戦力を配分する戦略へ移行しようとしたのだ。その背景には、六〇年代に介入したベトナム戦争(左図参照)で国力が低下し、それまでの〝二・二分の一〟戦略が維持できなくなったという事情があった。中華人民共和国との和解は、アジアの軍事的脅威を軽減して極東ソ連の軍事的脅威に専念する〝一・二分の一〟戦略を実現するために、米国にとってどうしても必要だったのである。

1 極東(ソ連)とアジア(中国)を仮想の主敵とし、これに中東湾岸への対処分を加えて1:1:2分の1という戦力の配分。
2 停戦後、国連停戦監視機構が創設された(現在も継続中)。これが最初の国連PKOとされる。
3 地中海と紅海を結ぶ運河。アフリカ大陸を迂回せずに欧州とアジアを短絡する重要航路。
4 ある国家が、特に軍事力を背景に、他国を侵略したり支配を及ぼそうとする政策。
5 カストロ政権がソ連に接近すると、米国は政権転覆を陰に陽に試みていた。キューバのソ連接近とミサイル配備は、自衛策でもあった。しかしソ連のミサイルは液体燃料型で、固体燃料型の米国のミサイルで攻撃されると国家が滅亡するため、米国の圧力に従わざるを得なかった。危機後、ソ連は米国に追い付こうとして戦略戦力の近代化を進めるようになった。

ベトナム戦争（1965-75年）

フランスからの独立の過程で分断されにらみ合う南北ベトナムのうち北を東側陣営が、南を西側陣営が支持。ベトナム戦争は、トンキン湾事件（北ベトナム軍艦が米軍艦を攻撃したとされた事件で、後に米国の捏造と判明）を機に米国が北ベトナムへの武力攻撃に踏み切り、8年にわたる戦争の末、勝利を得られずに撤退に追い込まれた戦争である。東西冷戦構造を反映した最大の代理戦争として有名だが、米国の軍事行動の根拠としては、東南アジア集団防衛条約に基づく防衛義務、集団的自衛権と南ベトナム政府からの要請が挙げられていた。

レバノン内戦（1958年）

支配階級のキリスト教徒に対するイスラーム教徒の不満から5月に内乱が発生。キリスト教徒のレバノン政府は、アラブ連合共和国（1958-61：エジプトとシリアが合同して形成した国家）が内政干渉していると安保理に報告するも、派遣された監視団には認められなかった。そこで、レバノン政府は米国に軍事介入を要請、米国はこれに応じ、安保理に集団的自衛権に基づいた行動と説明した。

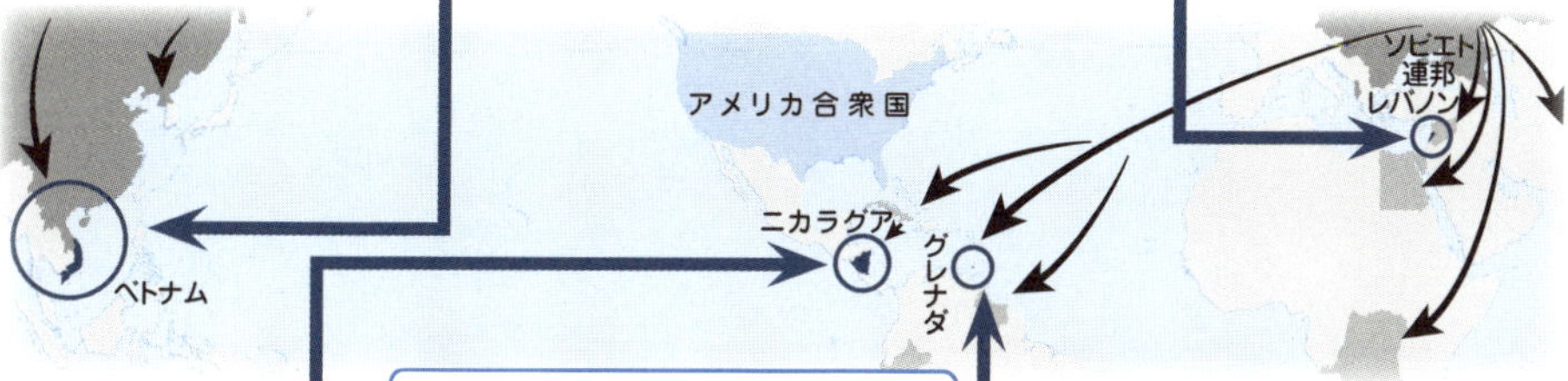

- 米国が介入した国
- 東側陣営（社会主義国）
- 親ソ政権が樹立された国
- → 東側陣営の影響拡大

■米国の集団的自衛権の行使による介入の主な事例（東西冷戦時代）

ニカラグア事件（1981年）

→p.56

グレナダ侵攻（1983年）

クーデターで79年に成立した政権が、ソ連などと結んで軍事力増強を図った。米国や周辺諸国（OECS：東カリブ海諸国機構、グレナダも加盟国ではある）はそれに警戒感を強めていた。再びのクーデターが発生し、米軍とOECS諸国軍が介入。米軍にとっては、ベトナム戦争以来久々の完勝となった。米国は、ソ連・キューバの介入があることを主張した上で、OECSの要請による行動と説明。集団的自衛権という言葉は使われていないが、事実上その行使と主張した形になる。安保理で外国軍隊撤退等の要請決議が否決されたため、緊急総会で同様の決議が採択された。米軍とOECS軍は駐留を続け、翌年その監視の下で選挙を行い、自由主義政府が樹立された。

参考：米国とキューバの国交回復

2015年7月、米国とキューバは“キューバ危機”の前年1961年以来、実に54年ぶりに国交を回復した。この間米国は、キューバの一党独裁政権の民主化を求めて経済制裁を続け、制裁解除を求める度重なる国連決議に耳を貸さなかった。結局その思惑が果たされることはなく、旧陣営の東西を問わず各国がキューバとの経済関係を進展させるなか、成長市場に出遅れる危機感の方が勝った形だ。2009年の就任当初からキューバとの関係改善を企図していたというオバマ米大統領は、半世紀以上にわたった敵対政策を“時代遅れ”と切り捨てた。また、キューバにある米国の租借地には2002年にできたグアンタナモ捕虜収容所があり、対テロ戦争で逮捕されたテロリスト被疑者が収容されているが、国外であるという理由で米国の司法手続きが適用されないなど、その非人道性が批判されていた。オバマ大統領はその閉鎖も目指している。

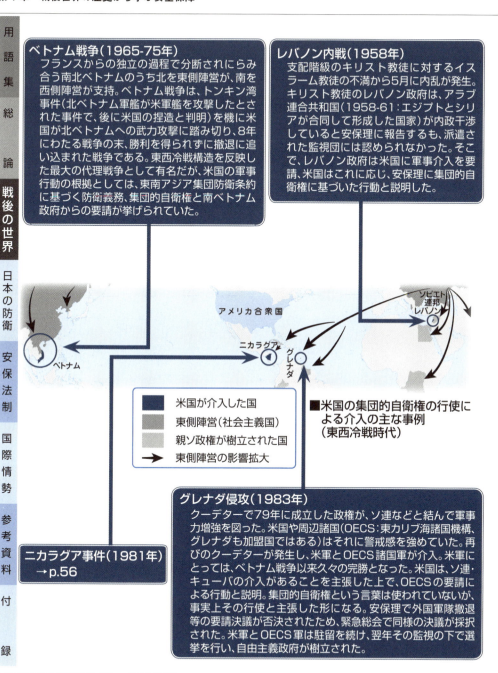

ソ連のアフガニスタン侵攻の背景

ソビエト連邦は、朝鮮戦争・第二次中東戦争・ベトナム戦争では東側陣営の背後で軍事支援を行うのみで、戦闘に直接は加わらなかった。しかし一九七九年、共産党政権アフガニスタン民主共和国におけるイスラーム反政府組織（**ムジャヒディーン**[1]）排除のため、軍事力で侵攻する。アフガニスタンは、ロシア帝国時代から英国との間で勢力圏争いを繰り広げてきた、南西アジアの**緩衝地帯**《かんしょうちたい》[2]だ。第二次世界大戦後、英国に代わって米国が関与を深めていた。

ソ連軍の侵攻はアフガニスタンの制圧のみならず、同年二月に起きた**イラン革命**[3]によるイスラーム勢力拡大に対する軍事的牽制《けんせい》をも意味していた。八二年、国連はソ連軍のアフガニスタンからの撤退《てったい》を決議したが、ソ連は無視。この紛争でソ連軍は一一万超の兵力を動員したものの、米国とパキスタンが軍事支援をするムジャヒディーンを排除できないまま、一万余の戦死者を出したあげく、八九年二月に完全撤退した。

集団的自衛権を口実に東欧へ介入

ソ連が国連憲章に基づく集団的自衛権行使のための軍事同盟として主導したワルシャワ条約機構（WP）は、六〇年代には八ヶ国（他にオブザーバー三ヶ国）で構成されていた。WPは西ドイツ・西欧連盟・NATOを仮想《かそう》敵国としていたが、同時に東欧諸国における異端分子《いたんぶんし》に対する排除も、軍事上の対象とされていた。

六八年、社会主義体制下での自由化・民主化をめざしたチェコスロバキア政府の改革（プラハの春）に対して、**ワルシャワ条約機構軍**[4]が首都プラハに侵攻して制圧（チェコ事件）。これに反対したアルバニアは、ワルシャワ条約から脱退した。

体制固めの必要性を痛感したソ連共産党書記長ブレジネフは、〝一国の利益よりも社会主義国共同の利益が優先される〟とする制限主権論（ブレジネフ・ドクトリン）を主張。しかし経済危機による国力の低下と共に、ワルシャワ条約機構内でのソ連の統制も弱まっていく。

1 「ジハード（聖戦）を行う者たち」といった意味。
2 利害が対立する大国などに挟まれ、その衝突をやわらげるために設けられた地帯。アフガニスタンはロシアと英領インドに挟まれていた。
3 指導者はホメイニ師。国王の専制と親米近代化に対してイスラーム反政府勢力（シーア派）が武力闘争を行い、政権を奪取した（1977-79）。
4 ソ連・東ドイツ・ポーランド・ハンガリー・ブルガリアが参加した。

用語集　総論　戦後の世界　日本の防衛　安保法制　国際情勢　参考資料　付録

ハンガリー動乱（1956年）

資本主義的政策の導入を進めて失脚したナジ前首相の復帰を求めるデモに対し、ソ連軍が介入。ナジはいったん首相に復帰したが、ソ連軍は首都ブダペストを占領し、捕えられたナジは秘密裁判により処刑された。ソ連は、ハンガリー正当政府の要請と、ワルシャワ条約に従った集団的自衛権に基づく行動と説明。安保理でソ連軍撤退要請決議が否決されたため、緊急総会で同様の決議が採択された。「ハンガリー政府の要請」に関しては、既にナジが首相に就いていたため、「正当政府による要請」と言えるかは疑わしいとされる。

アフガニスタン戦争（1979～89年）

軍事クーデターで親ソ連政権が78年に成立。地主やイスラーム指導者らによる反乱が各地で発生し、ソ連軍が介入した。ソ連は、アフガニスタン政府の要請に基づくもので、二国間の友好協力善隣条約および国連憲章が定める集団的自衛権に基づく行動と説明。安保理でソ連介入に対する非難決議が否決されたため、緊急総会で外国軍隊の全面撤退要請決議が採択された。しかしその後もアフガニスタン駐留のソ連軍は増強され、撤退が完了したのは1989年。この間、親ソ連政権と戦うジハード戦士が世界中から集結し、米国はCIAなどを通じてこれを支援していた。

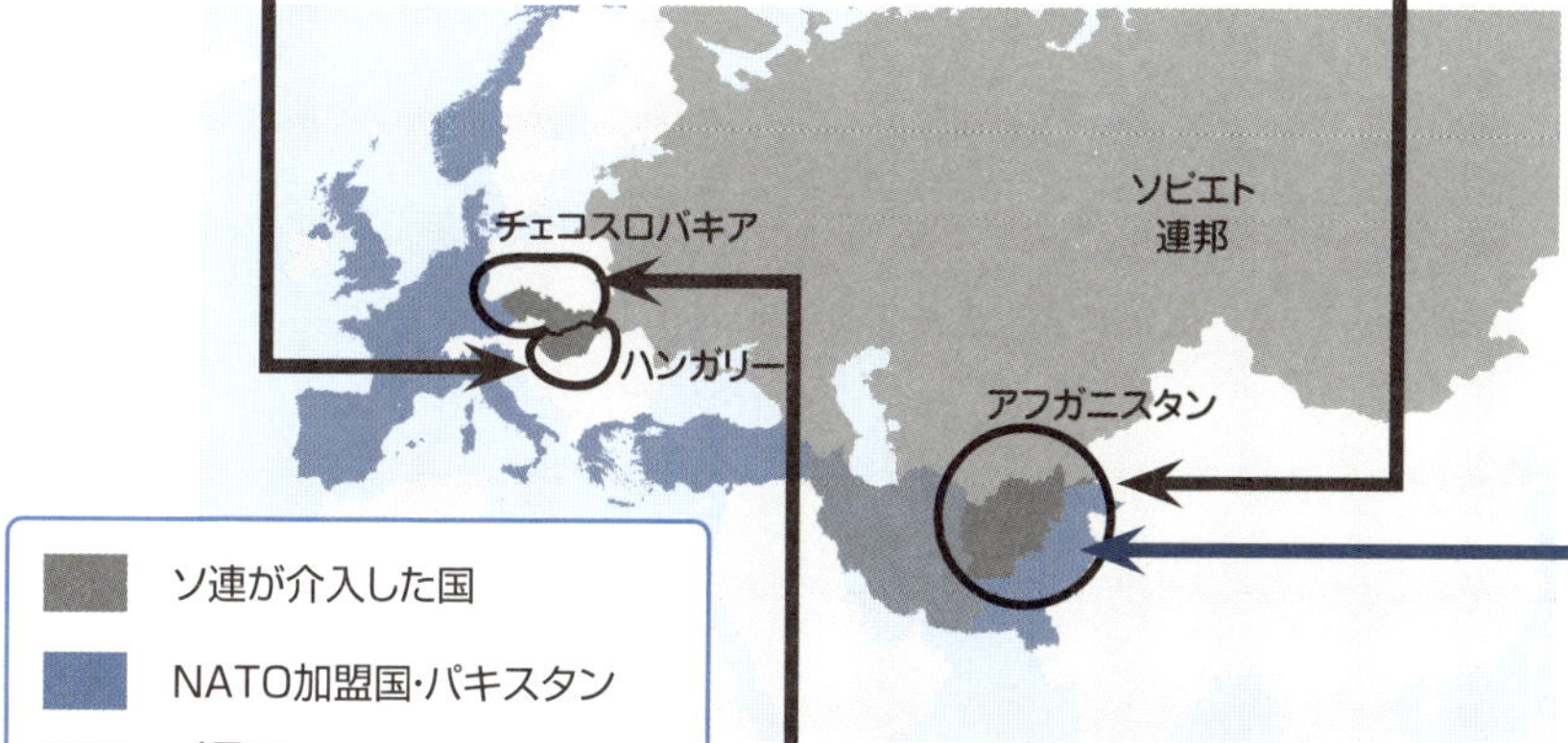

■ソ連の集団的自衛権の行使による介入の主な事例（東西冷戦時代）

チェコスロバキア介入（プラハの春、1968年）

共産党の支配を弱め、言論の自由を認めるなど「人間の顔をした社会主義」を目指す政府改革が国民的運動「プラハの春」へ発展していたが、影響が自国に及ぶことを恐れたソ連や東欧諸国はワルシャワ条約機構軍を編成して介入し、運動を鎮圧。ソ連は、介入はチェコスロバキア政府の要請に基づくもので、国連憲章・ワルシャワ条約に規定された集団的自衛権に合致すると説明したが、チェコスロバキア政府はこれを否定した。

この事件を機に、一国内で反社会主義化が進められる場合、一国の主権よりも「社会主義体制全体の利益に対する脅威」の排除を優先するとして介入を正当化するブレジネフの制限主権論が生まれた。

パキスタンは1960年代後より米国に接近し、政策に協力。（→p.49）

参考：イランと欧米諸国の関係

1979年、西側諸国に接近して近代化路線（白色革命）を進めていたパフレビー朝イランを倒したイスラーム革命は、欧米諸国への不信感もその駆動力の一つだった。革命後のイランは反欧米姿勢を鮮明にし、欧米諸国は莫大な石油取引を中止するなど経済制裁を開始した。特に米国はほぼ全面的にイランとの貿易を禁止するという強力な制裁を続けた（ただしその間「イラン・コントラ事件」のような裏取引も行っている。p.63）。イランは核開発で状況を打開しようとし、たびたび国際原子力機関（IAEA）の査察を妨害するなどして国連安保理決議に基づく経済制裁を数次にわたり受けている。2016年1月、核開発疑惑に関する制裁の解除が決まり、イランと欧米諸国との関係は新たな局面を迎えつつある。

米国の介入《かいにゅう》を提訴《ていそ》したニカラグア

キューバ危機以降、米国は、中南米における東側陣営の進出に対して武力介入することをためらわなくなった。ドミニカ内戦（一九六五年）では、共産主義勢力の排除を名目に海兵隊を派兵し、ドミニカ共和国を制圧している。

七九年、中米のニカラグアで革命が起き、親ソ連の新政権が樹立《じゅりつ》された。米国は、新政権になったニカラグアが麻薬取引やテロリストの拠点になっていると主張。経済援助を停止すると共に、ニカラグアの反政府武装組織コントラを支援するなど、武力介入を図《はか》った。これに対しニカラグア政府は八四年三月、米国の行為を〝侵略《しんりゃく》〟として国連安保理に非難決議案を提出した。しかし当然のごとく、常任理事国の米国が拒否権を行使して否決となった。

そこでニカラグア政府は四月、「国際法の基本的原則違反」として国際司法裁判所（ＩＣＪ）に提訴（ニカラグア事件）。この裁判の争点となったのが、集団的自衛権行使の要件だった。

集団的自衛権行使の要件が示される

米国は、ＩＣＪに管轄《かんかつ》権がないことを理由に裁判自体を無効と主張したが、八四年五月、ＩＣＪはそれを認めず、米国に対してニカラグアが請求した仮保全措置《かりほぜんそち》[1]を命じた。この時ニカラグアが請求した仮保全措置は、「米国が、ニカラグアに対する軍事的・準軍事的活動を行う者に対する援助を即座に中止すること」「米軍や米国政府当局によるニカラグアに対しての軍事的・準軍事的活動を中止し、ニカラグアに対する武力による威嚇《いかく》、武力の行使を即座に止めること」の二点だった。

そもそも国家間の武力紛争の合法性が裁判で争われるという事例は、かつてなかった。しかも判決で、国際法上の集団的自衛権の行使のための要件（左図）や武力行為禁止原則の内容が示され、米国の違法性が認定されたことは画期的だった。だが、この裁判は米国の賠償《ばいしょう》が実行されないまま、ニカラグアの請求取り下げによって九一年九月に終了した。

1　国際司法裁判所の裁判において、判決が下るまでの間、必要と認める場合に訴訟当事者のそれぞれの権利を暫定的に保全する措置。拘束力はない。

■ニカラグアの位置（1980年）

■国際司法裁判所の判決（1986年）が示した自衛権の行使要件

個別的自衛権の行使要件

- 必要性
  攻撃を受け、あるいは差し迫り他に方法がないこと
- 均衡性
  攻撃の規模に見合う、自衛の限度内であること

- 攻撃を受けた旨の表明
  攻撃を受けた国がそのことを表明すること
- 援助要請
  攻撃を受けた国から援助の要請があること

集団的自衛権の行使要件

■ニカラグア事件の経過

1979年	ニカラグア革命の成功（1960年代-） サンディニスタ民族解放戦線がソモサ政権を打倒、新たな親ソ政権を樹立
1981年	米国のレーガン政権が反政府武装組織コントラを支援
1984年　4月　4日	安保理でニカラグア提出の米国非難決議案が、米国の拒否権行使により否決
1984年　4月　9日	ニカラグアが米国を国際司法裁判所（ICJ）に提訴
1984年　5月10日	仮保全措置命令
1984年11月26日	先決的判決
1985年　1月18日	米国が出廷拒否を宣言
1986年　6月27日	本案判決
1986年　7月31日	米国が拒否権行使により判決履行を求める安保理決議案を否決（1回目）
1986年10月28日	米国が拒否権行使により判決履行を求める安保理決議案を否決（2回目）
1986年11月　3日	国連総会の判決履行勧告決議（1回目）
1987年　9月　7日	ニカラグアが賠償額算定をICJに申し立てる
1987年11月11日	国連総会の判決履行勧告決議（2回目）
1988年12月　9日	国連総会の判決履行勧告決議（3回目）
1989年12月　9日	国連総会の判決履行勧告決議（4回目）
1991年　9月12日	ニカラグアが請求取り下げをICJに通告
1991年　9月26日	裁判終了命令

冷戦の終焉《しゅうえん》とパクス・アメリカーナ

一九八〇年代―二〇〇一年

西側陣営の〝不戦勝〟で冷戦が終わる

一九八九年一一月、東ドイツの首都ベルリンを東西に分断していた〝ベルリンの壁〟が市民によって破壊され、東ドイツが西ドイツに吸収される形でドイツ再統一が実現した(九〇年)。これは、ワルシャワ条約機構の実質的消滅をも意味した。九一年七月、民主化を果たしたチェコスロバキア共和国の首都プラハで同条約効力停止の議定書が締結《ていけつ》され、ワルシャワ条約機構は完全に消滅。西側陣営の〝不戦勝〟で冷戦が終結したのだ。

その約一ヶ月後の八月一九日、ソ連でクーデターが起き、ゴルバチョフ軟禁《なんきん》事件に発展。クーデターは失敗に終わり、復帰したゴルバチョフは、ソ連共産党の活動停止を指示すると共に大統領制への移行を図《はか》り、みずからソビエト連邦初代大統領になった。しかしその求心力はもはや弱く、一二月にはB・エリツィンを大統領とするロシア共和国及び一〇の共和国からなる独立国家共同体(CIS)が発足。ソビエト社会主義共和国連邦は、約七〇年の歴史の幕を下ろした。

東欧革命で機能を失ったワルシャワ条約機構

一九八〇年代、経済危機でソビエト連邦の国力が低下すると、ソ連政府の傘下《さんか》にあった東欧《とうおう》諸国に変動が起きる。民主化革命が続発し、共産主義政権打倒へのうねりが高まったのだ。

八五年三月、ソ連共産党書記長に選出されたM・ゴルバチョフは、政治体制の改革(ペレストロイカ)や情報公開(グラスノスチ)を積極的に推進。外交面では、冷戦による緊張の緩和《かんわ》(新思考外交)とソ連共産党の指導性の放棄《ほうき》(シナトラ・ドクトリン)という二つの新方針を打ち出す。新思考外交は、八六年のアフガニスタン撤退《てったい》表明、八七年のR・レーガン米大統領とのレイキャビク会談を実現させ、ゴルバチョフはノーベル平和賞を受賞した(九〇年)。

ソ連が東欧諸国に対する指導性を放棄したことで、民主化革命が加速し、ポーランドを手始めに東側諸国の社会主義政権は続々と崩壊。東側陣営のワルシャワ条約機構(WP)は、軍事同盟としての機能を失った。

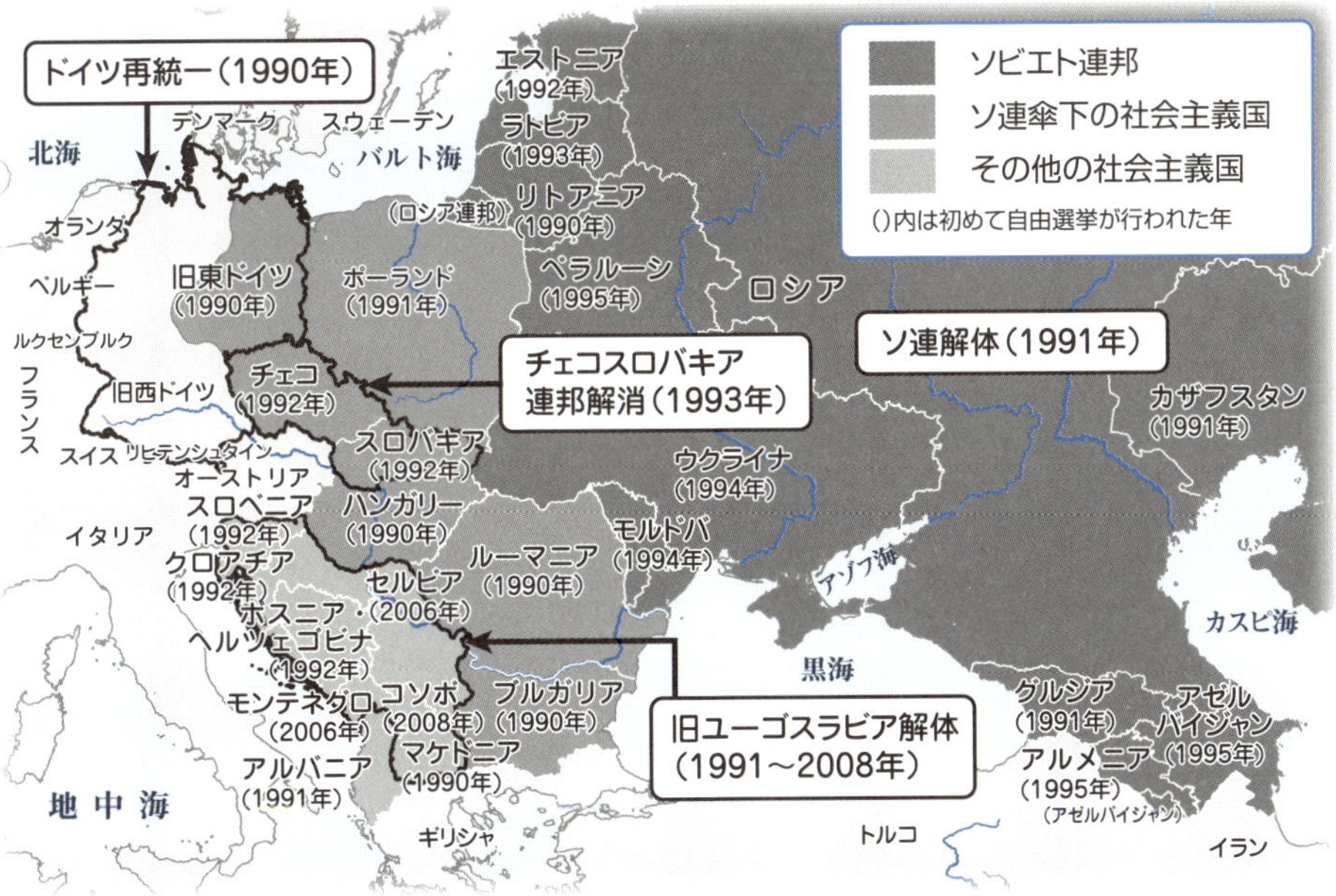

■東側諸国の民主化　※国境線（白）は現在のもの

■東西冷戦末期の出来事

1987年 6月12日	米国大統領レーガンが西ドイツ訪問 ベルリンの壁の前で演説「この壁を壊しなさい！」
1988年10月 1日	ソビエト連邦のゴルバチョフが最高会議幹部会議長就任
1989年 6月	ポーランドで民主的政権成立 チェコスロバキアで「ビロード革命」 ハンガリーで「静かな革命」
1989年 8月19日	ハンガリーの汎ヨーロッパ・ピクニックで東ドイツ市民が大量脱出
1989年11月 9日	東西ベルリンの国境ゲート解放（ベルリンの壁崩壊） 翌日より市民による壁の破壊が始まる
1989年12月 2日	マルタ会談　米ソ首脳が冷戦終結を宣言（～3日）
1989年12月25日	ルーマニアの大統領チャウシェスク処刑（ルーマニア革命）
1990年 3月15日	ソビエト連邦のゴルバチョフが大統領就任
1990年 6月	ブルガリアで自由選挙実施
1990年 7月 1日	東ドイツに西ドイツマルクが導入され通貨統合
1990年10月 3日	東西ドイツ統一（ドイツ統一の日）
1991年 3月15日	米英仏ソ軍がドイツから撤退
1991年 6月	ベルリンが統一ドイツの首都に制定
1991年 7月 1日	ワルシャワ条約機構解散
1991年12月25日	ソビエト連邦解体

各地で勃発した民族紛争・宗教対立

ワルシャワ条約機構（WP）の消滅で軍事的バランスを失った東欧《とうおう》や中近東では、冷戦下では抑制《よくせい》されていた民族紛争・宗教対立の火種《ひだね》が燃え上がった。

中でも**ユーゴスラビア社会主義連邦共和国**[1]での武力紛争は、世界を不安におとし入れた。ユーゴは、〝七つの国境、六つの共和国、五つの民族、四つの言語、三つの宗教、二つの文字を持つ、一つの国家〟と表現される複雑な事情を抱《かか》えており、社会主義国でありながらソ連と距離を置きつつ、J・B・チトー大統領の下で独自の非同盟路線をとっていた。

ソ連崩壊後、スロベニア、クロアチア両共和国が独立を宣言すると、他の共和国も次々と独立へ動き出したため、連邦の多数派だったセルビア人による連邦軍が武力で制圧しようとし、内戦となった。スロベニア内戦（九一）、クロアチア内戦（九一―九七）を経て、ボスニア内戦（九二―九五）ではNATO軍の介入後、米国が間に入って停戦が合意された。

〝世界の警察官〟を自認した米国

新ユーゴでは、一九九七年にセルビア人のS・ミロシェビッチが連邦大統領に就任し、非人道的な独裁政治を行うようになると紛争が再燃。セルビア共和国コソボ自治州で続いた内戦の和平提案をミロシェビッチが拒否したため、米国が旗振り役となってNATO軍がユーゴの首都ベオグラードやコソボの連邦軍などを空爆し、連邦軍をコソボから撤退《てったい》させた（左ページ参照）。国際世論は、NATO軍による武力行使を〝国連無視の暴挙《ぼうきょ》〟と非難した。

しかし、東側陣営の脅威がなくなった米国は〝世界の警察官〟を自認し、世界一の経済力・軍事力を背景に、「**パクス・アメリカーナ**」[2]を目指して世界各地の紛争に積極的に介入《かいにゅう》したのだった。

米国は、世界の国々が民主的な国家体制を持ち、自由に競争し合う経済社会であるべきだとして、これに反する国をあからさまに敵視してきた。特に独裁政権に対しては、武力行使すらも〝正義〟とした。やがて米国は、自らの絶対的価値観が通用しない世界へと踏み込んでしまう。

1 「ユーゴスラビア」は「南スラブ人の国」の意で、セルビア、モンテネグロ、スロベニア、クロアチア、ボスニア・ヘルツェゴビナ、マケドニアの6共和国で構成された連邦国家（旧ユーゴ：1918（前身）-92）。スロベニア以下の4共和国が連邦離脱・独立後の92年、残る2共和国によるユーゴスラビア連邦共和国（新ユーゴ）になり、2003年にはよりゆるやかな結合国家「セルビア・モンテネグロ」となり、「ユーゴスラビア」の名はマケドニア共和国の国連加盟名「マケドニア旧ユーゴスラビア共和国」に残るのみとなった。2006年にモンテネグロが独立し、旧ユーゴを構成した6共和国はすべて独立国になった。2008年にはコソボがセルビアからの独立を宣言している。

■GDPおよび軍事費のトップ3(1998年)
——突出する米国

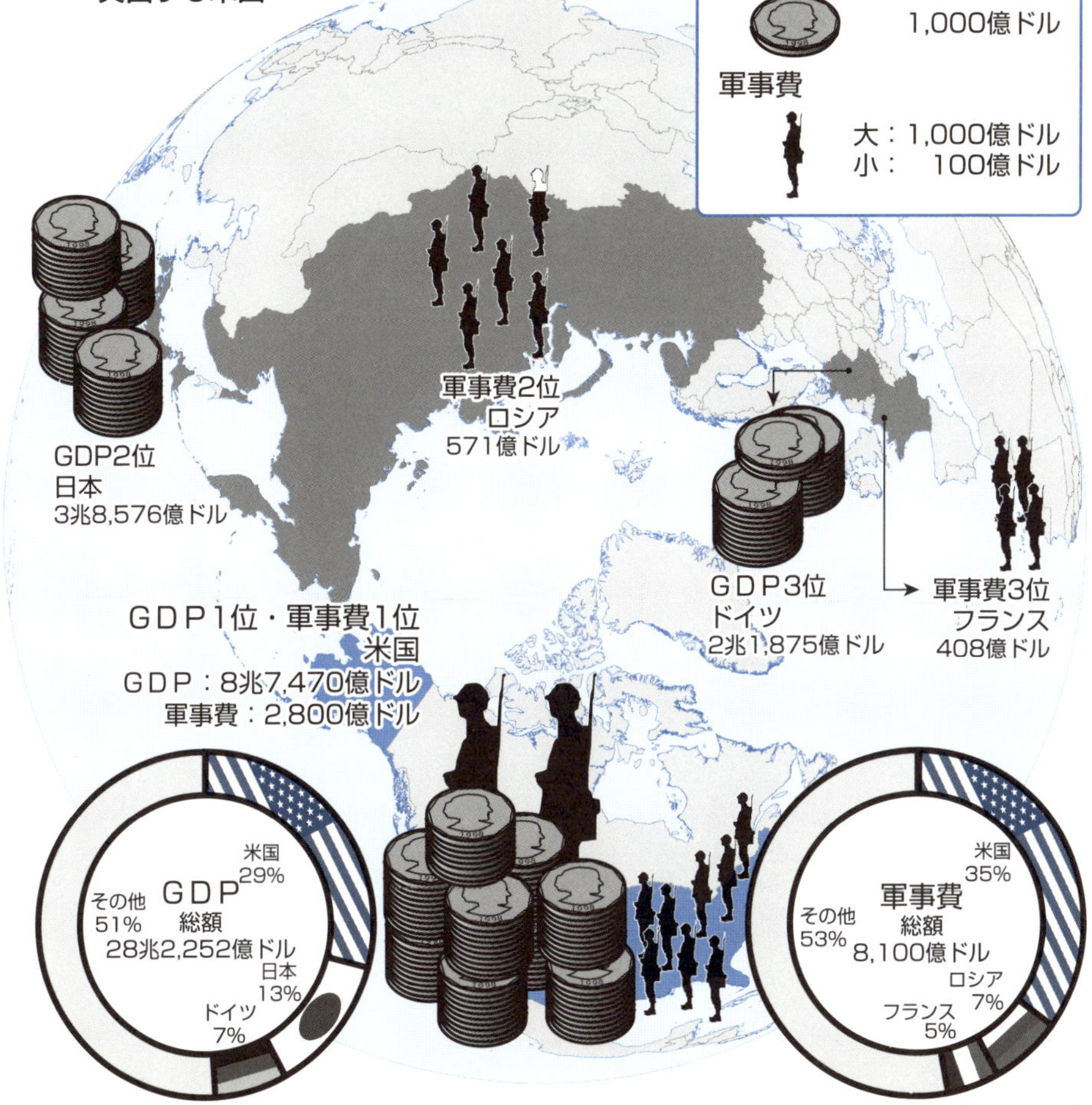

出典:"World Economic Outlook"(IMF,1998年)
総額はIMF加盟国の合計を使用

出典:"The Military Balance"(IISS,1999年)

国連決議なしで行われたNATO軍のユーゴ空爆

コソボ紛争(1996-99)の和平合意後、NATO主体の平和維持軍の駐留をセルビア側が拒否したため、NATO軍が武力制圧(78日間、1万回超の空爆)を決行した。米国はこれをアルバニア人の人権擁護のためと説明したが、85万もの難民が近隣諸国へ流出したことで紛争はさらに悪化。強大な軍事力で民族紛争を制圧できないことを、世界に知らしめてしまった。

2 米国の覇権による世界秩序の形成。「アメリカの平和」とも。ある国家の覇権によって世界規模で秩序が形成されるとき、古代ローマ帝国の「パクス・ロマーナ(ローマの平和)」になぞらえて、「パクス(ラテン語：Pax「平和」)・〇〇(国名のラテン語形)」と表現する。「〇〇による秩序」程度の意味合い。

翻弄《ほんろう》される中近東

一九七八年―二〇〇一年

ジハードの舞台になったアフガニスタン

中近東では一九八〇年代以降、イスラームの教えに基づく社会の実現のため、武力によるジハード（聖戦）を正当化する武装集団が台頭《たいとう》し始める。

当初、主にその舞台となったのはソ連軍が侵攻したアフガニスタンで、世界各国から義憤《ぎふん》に燃えたジハード戦士（ムジャヒディーン）が集結。彼らは内戦中のアフガニスタンと後方基地となったパキスタンを拠点に、アル・カーイダを中心としたイスラーム過激派の国際的なネットワークを構築した。米国は、ソ連軍と戦うムジャヒディーンを〝敵の敵は味方〟の論法で支援したが、これが後に、米国を想定外の事態に引き込む原因となったのだった。

アフガニスタンでは、八九年のソ連軍の撤退《てったい》後も内戦が続き、政情は極めて不安定だった。やがてパキスタンの支援の下、イスラーム原理主義組織タリバンが勢力を拡大。九六年に首都カブールを制圧し、九八年には国土の約九〇％を支配して、新政権を樹立した。

冷戦後の国際秩序に反旗を翻したイラク

一九九〇年八月、石油政策をめぐる対立からイラクが隣国クウェートに侵攻、併合《へいごう》を宣言した。侵攻の遠因となったのが、東西冷戦下で起きたイラン・イラク戦争（八〇―八八）だ。イラクは西側陣営の軍事援助を受けて戦争を有利に進めたが、国家財政は破綻《はたん》していた。経済回復と国民の批判をそらすことを狙《ねら》い、イラクはクウェートへの侵攻を図《はか》ったとも言われる。

これに対し、国連安保理はイラクへの経済制裁を決議。イラクがクウェートから撤退しない場合には武力行使を認める決議を採択した。国連が結束し、国際紛争における軍事的措置《そち》を認めたのは、朝鮮戦争（五〇年）以来二度目となった。

しかしイラクは期限を過ぎても撤退せず、米国を中心とする多国籍軍《たこくせきぐん》がイラク軍を空爆。ソ連が調停に乗り出してイラクが受諾《じゅだく》したが、米国はこれを認めず地上戦に発展した。一ヶ月半に及ぶ戦闘でイラクは大敗し、クウェートの主権が回復された（湾岸戦争）。

■中東の紛争に対する米国の介入・支援

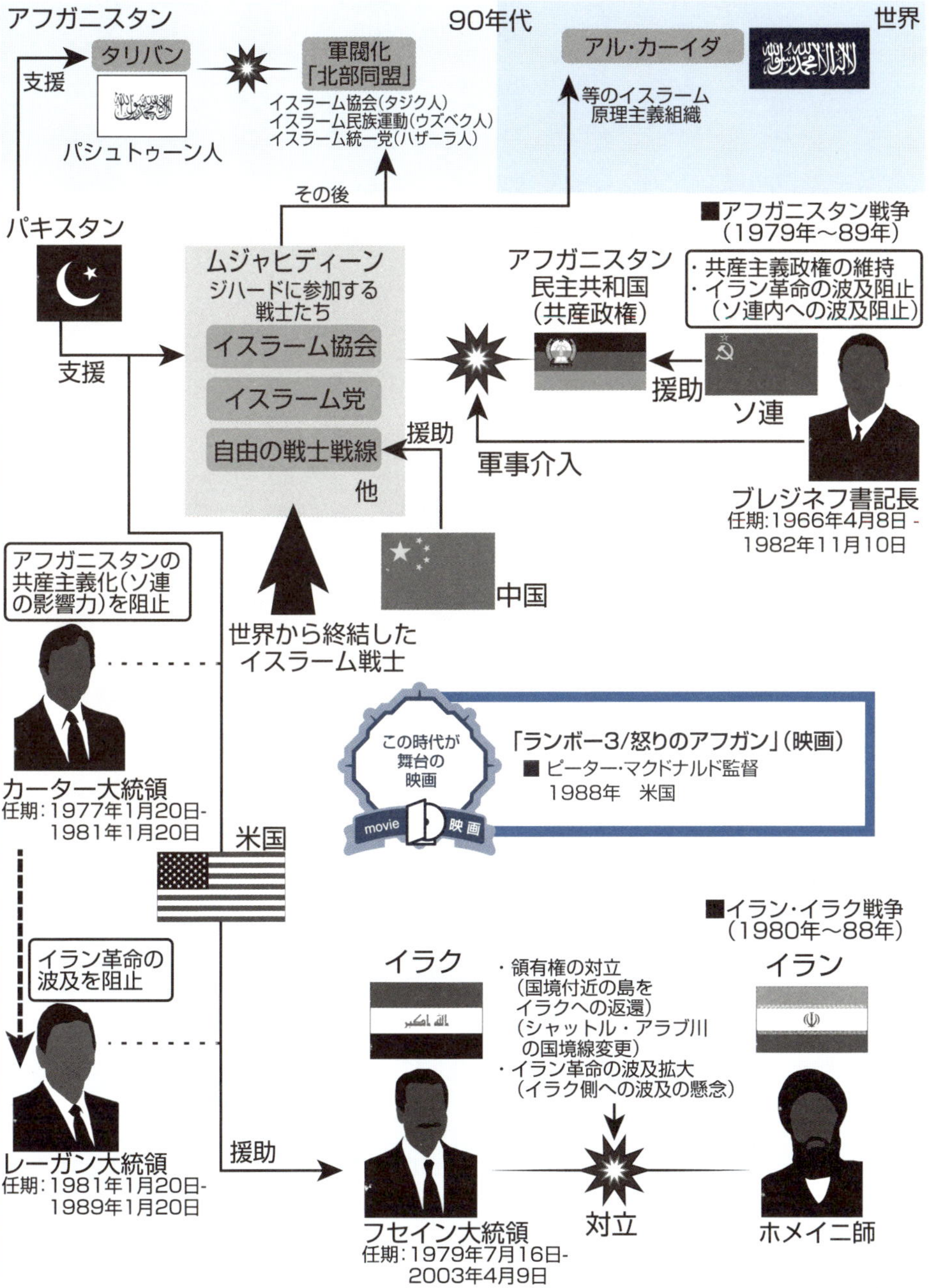

参考:イラン・コントラ事件

米国はイラクを支援する一方で、レバノンでイスラーム過激派に拘束されていた米兵らの救出のため、過激派に影響力があったイランへの武器輸出も極秘で行っていた。さらに、その利益をニカラグアの反政府組織コントラに与えていた。これらの裏取引は1986年に明らかになり、大スキャンダルとなった。

世界一の軍事力で圧倒しようとした米国

湾岸戦争で多国籍軍はハイテク兵器を使用し、戦況はテレビを通じてリアルタイムで全世界に中継された。そのため世界中が、従来にない新しい形の戦争を目撃することになった。

ソ連解体とそれに伴《ともな》うワルシャワ条約機構の消滅で、米国は豊かな経済力を背景に〝世界の警察官〟として軍備を増強した。九〇年代の米国の年間軍事支出は世界の三割強を占め、一国でEU（欧州連合）・ロシア・日本・中国の合計額に匹敵《ひってき》した(p. 61)。そして湾岸戦争でのハイテク兵器投入で、米国は「兵器の見本市《みほんいち》」と批判されながらも、軍需《ぐんじゅ》産業を増強させた。

米国が世界秩序構築の理念とした〝民主的な国家体制・自由競争の経済社会〟は、イスラーム諸国の人々の宗教的価値観にそぐわないものだった。しかし自らを〝正義〟とする米国は、政治的影響力を強めようと中近東に積極的介入《かいにゅう》を続けた。

大量破壊兵器保有疑惑を口実にしたイラク攻撃

湾岸戦争は、一九九一年二月二七日に終結した。その一ヶ月後、国連安保理は大量破壊兵器（生物兵器・化学兵器）の廃棄《はいき》などを内容とする決議を行い、イラクが受諾《じゅだく》したため停戦が合意された。

実は米国がイラク攻撃の口実としたのが、イラクの核保有疑惑だった。これに英国が同調し、多国籍軍が編成されたのだ。しかし敗戦後もS・フセインによる独裁政治が続いたイラクは、核開発防止のための国際原子力機関（IAEA）の査察《ささつ》を拒否した。そのため、長期にわたり経済制裁を受けることになった。

湾岸戦争でイスラーム社会に対して軍事力を用いたことで、米国は結果的に**中東政策のマイナス要因**[1]をみずから引き受けることになった。米国に対するアラブ民族の不信感を背景にした武装集団の怒りを買い、そして米国を標的とするテロリスト達と正面から向き合わなければならなくなってしまったのだ。

1 特に、イスラームの聖地メッカがあるサウジアラビアに「異教徒」の多国籍軍が駐留したことは、イスラーム原理主義者の反発を受けた。

■上空から見たクウェートの油田

イラクにより放火され、炎上している。1991年撮影。

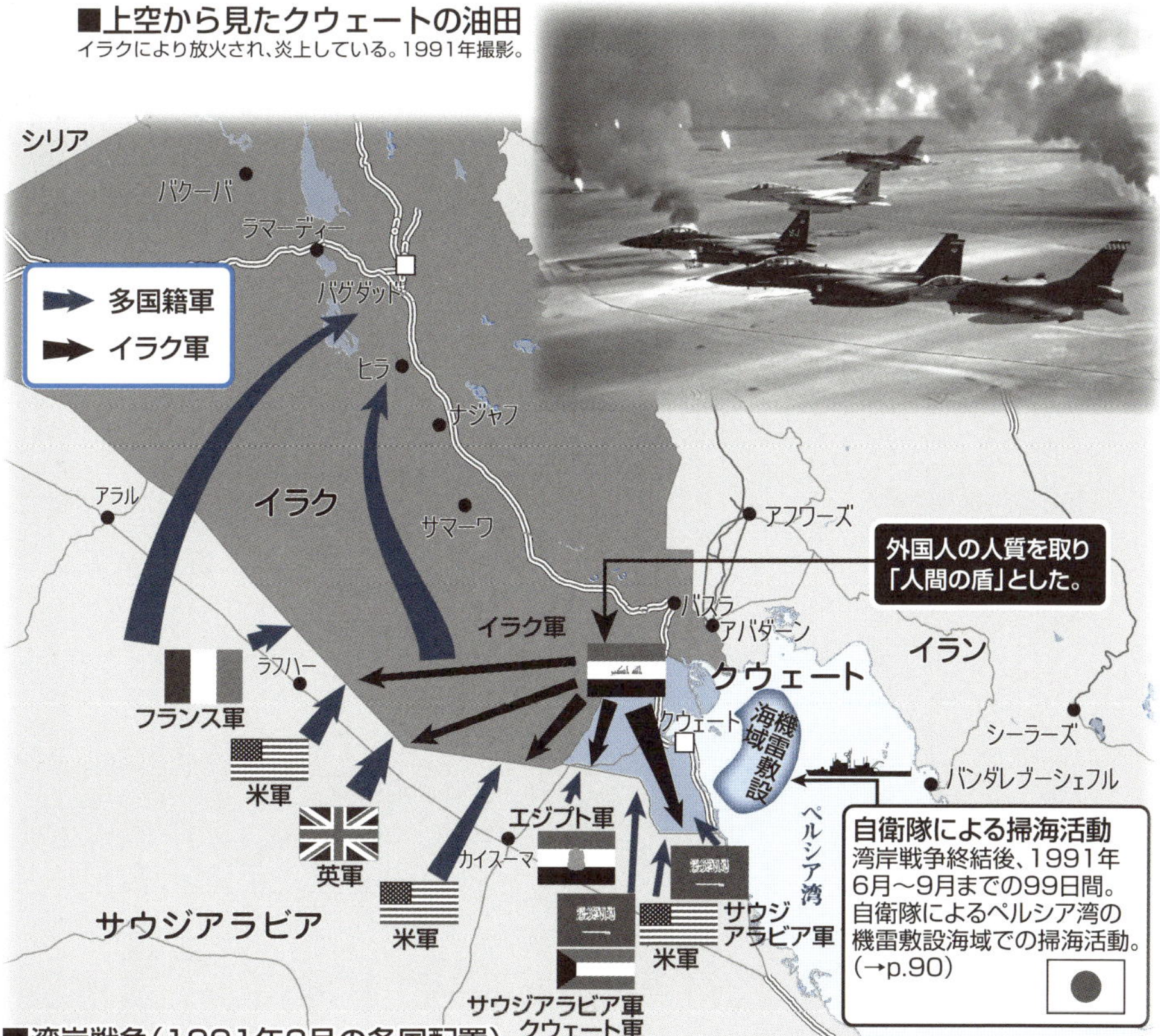

■湾岸戦争（1991年2月の各国配置）

湾岸戦争参加国

米国、カナダ、アルゼンチン、ホンジュラス、英国、フランス、スペイン、ポルトガル、イタリア、ギリシャ、デンマーク、ノルウェー、ベルギー、オランダ、ドイツ、ポーランド、チェコスロバキア、ハンガリー、大韓民国、バングラデシュ、パキスタン、アフガニスタン、バーレーン、カタール、UAE、オマーン、クウェート、サウジアラビア、シリア、トルコ、オーストラリア、ニュージーランド、エジプト、モロッコ、ニジェール、セネガル、ガンビア

ラムズフェルドとイラク

イラン・イラク戦争のとき米国は、イスラーム革命が起き反米主義を掲げていたイランと戦うイラクを援助するため、断絶していた国交の回復を急いだ。成果あって、米国は大量の武器輸出と米軍の投入によってイラクを支援した。その立役者となったのが、1983年と翌年にフセイン・イラク大統領と会談した特使D・ラムズフェルド元国防長官。20年後の2003年、再び国防長官に就いていたラムズフェルドは、「大量破壊兵器」疑惑を唱え、イラク戦争開戦の急先鋒となっていた。

対テロ戦争が「戦争」を変えた

二〇〇一年ー現在

〝テロとの戦い〟を宣言したブッシュ米大統領

二〇〇一年九月一一日、イスラーム武装集団はテロを決行。米国の繁栄の象徴だったニューヨークの世界貿易センタービル、首都ワシントン郊外の国防総省（ペンタゴン）に、テロリストに乗っ取られた民間航空機四機が相《あい》次《つ》いで突入した。米国本土を襲ったこの同時多発テロによる死者は三千人超と言われ、世界中を震《ふる》え上がらせた。

米国政府は、事件の首謀者をアル・カーイダ指導者のウサマ・ビンラーディンとし、潜伏《せんぷく》中とされたアフガニスタンのタリバン政権に、身柄《みがら》の引き渡しを要求。しかしタリバン側が拒否したため、J・W・ブッシュ米大統領はこのテロを「二一世紀最初の、米国に仕掛けられた戦争」と位置付け、報復《ほうふく》としての〝テロとの戦い〟を宣言した。米国内の大統領支持率は歴代最高の九〇％を記録し、英国や日本をはじめ国際社会の大部分も米国に同調した。

翌一〇月から、米軍はアフガニスタンに猛空爆を加え、タリバン政権をわずか二ヶ月で崩壊《ほうかい》させた。

〝有志連合〟で集団的自衛権を発動

二〇〇二年九月、ブッシュ米大統領は、国家安全保障戦略の中で〝大量破壊兵器の保有や使用を狙《ねら》う国に対する攻撃は自衛権行使にあたり、米国単独でも行動する〟と表明（ブッシュ・ドクトリン）。次の〝テロとの戦い〟の標的がイラクであること、**先制攻撃**[1]も辞《じ》さないことをほのめかした。

〇三年三月、米国はイラク侵攻に踏み切る。国連安保理《あんぽり》では常任理事国フランス・ロシア・中国の反対で武力行使決議には至らず、米国は集団的自衛権行使を名目として英国などと〝有志連合軍〟を編成。五月にはフセイン政権を崩壊させたが、大量破壊兵器は発見できなかった。

この年、IAEAの査察《ささつ》団がイラクでの最終調査結果を安保理に提出し、「大量破壊兵器保有の可能性は低い」と報告したため、米英は国際社会から批判を浴びた。

さらに翌〇四年には、米政府調査団が〝イラクにはもともと大量破壊兵器は存在しなかった〟と明らかにしたことで、開戦の根拠が失われた。

1 具体的な攻撃の兆候がなく、放置すれば攻撃される恐れがあるとして攻撃を行うことは、一般に自衛権の行使とは認められていない。

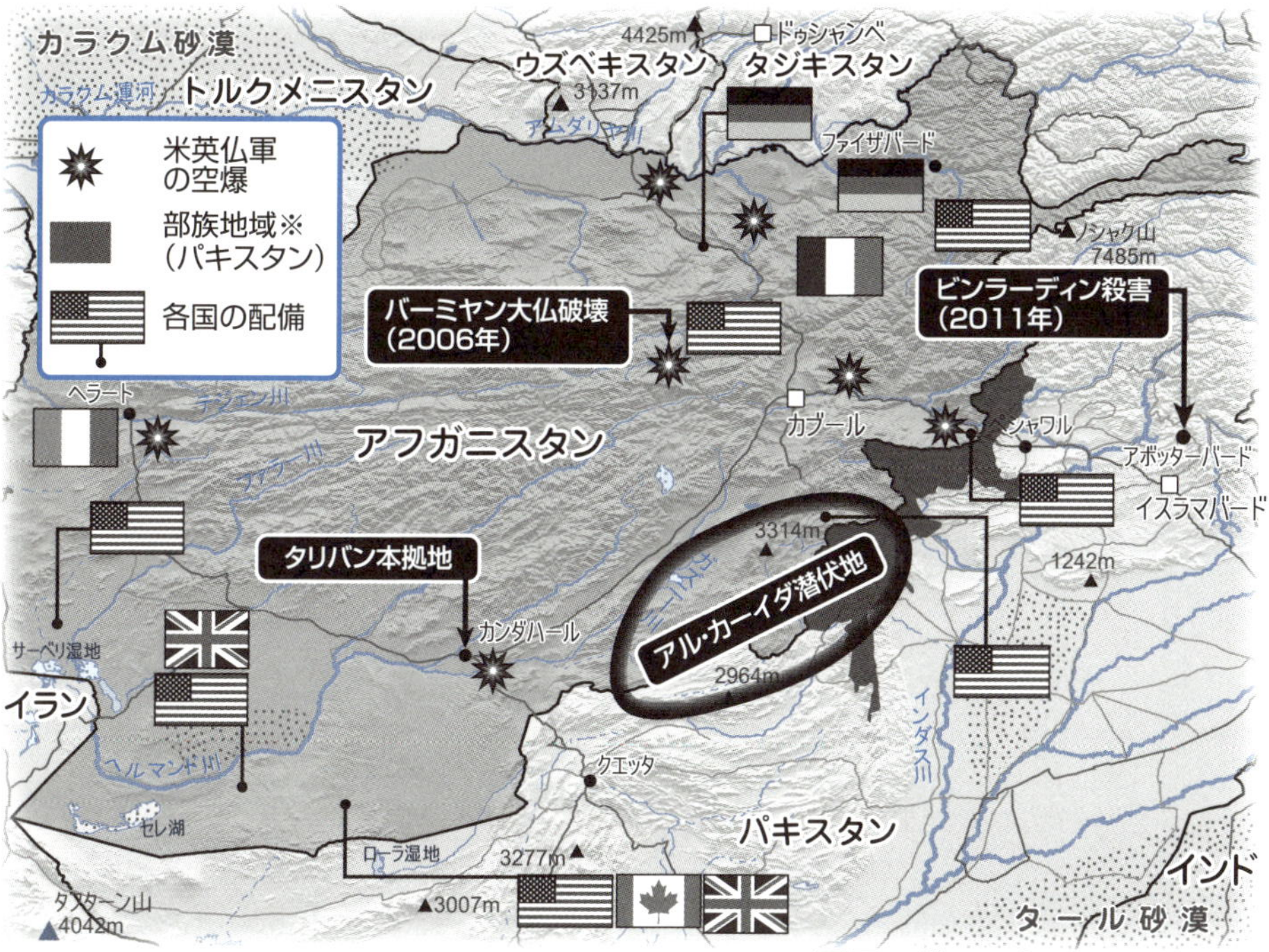

■アフガニスタンでの「対テロ戦争」（2010年当時の各国配置）

■9.11テロ以降のアフガニスタン情勢

2001年 9月11日	米国同時多発テロ事件が発生
2001年10月 2日	NATOが集団的自衛権を発動
2001年10月 7日	ブッシュ米大統領がアフガニスタンへの不朽の自由作戦（OEF）を発表
2001年10月 7日	米軍などがタリバン支配地域へ空爆開始
2001年11月 9日	海上自衛隊がインド洋に派遣される
2001年11月13日	北部同盟軍が首都カブール制圧
2001年12月 7日	北部同盟軍がタリバンの重要拠点カンダハールを制圧 戦争終結と見られたが残党掃討は継続
2001年12月20日	国際治安支援部隊（ISAF）設立
2004年10月 9日	アフガニスタンで初の国民投票による大統領選挙
2004年12月 7日	アフガニスタン正式新政府発足（ハーミド・カルザイ初代大統領）
2011年 5月 2日	パキスタンのイスラマバード郊外で米軍特殊部隊がビンラーディンを殺害（54歳）
2014年 5月27日	オバマ米大統領が2016年末までにアフガニスタン駐留米軍の完全撤退を表明

ウサマ・ビンラーディン

サウジアラビアの財閥家に生まれ、アフガン戦争では義勇軍に参加してソ連軍と戦う。のちにアル・カーイダ司令官として9・11同時多発テロなどを首謀した容疑で米国FBIの最重要指名手配者の一人となった。オバマ米大統領政権下の2011年5月2日、パキスタンでの米海軍特殊部隊との銃撃戦で一族と共に殺害。遺体を埋葬すると、そこがイスラーム過激派の〝聖地〟になってしまうため、オバマ米大統領の決断でインド洋に水葬したと言われる。

※ パキスタン中央政府は米国と協力してタリバンと戦っているが、中央政府の統治がほとんど及ばない「部族地域」にはタリバン支持勢力がおり、タリバンも活動の拠点を移している。

終わりが見えない戦いの始まり

　アフガニスタンのタリバン政権、イラクのフセイン政権を倒した米国は、国家を相手にした戦争にはあっさり勝利したが、予期に反して〝テロとの戦い〟は終わらなかった。国家軍同士の戦闘が終わっても、アフガニスタンやイラクでは、一般人にまぎれ込んだイスラーム武装集団がゲリラ戦や自爆テロを仕掛けてきたからだ。米国には、ベトナム戦争（一九六〇―七五）で**南ベトナム解放民族戦線**[1]のゲリラ戦に引き込まれ、勝利を得られず撤退《てったい》を余儀《よぎ》なくされた苦い経験がある。イスラーム武装集団との戦いは、その悪夢の再現だった。

　終わりが見えない戦いは、米国民の**厭戦**《えんせん》[2]意識を高めていく。二〇〇六年一一月の**中間選挙**[3]で与党・共和党は議席を大きく減らし、大統領支持率は歴代最低水準の二〇%台にまで落ち込んだ。ブッシュ政権は国際協調へ方向転換しようとしたが、すでに手遅れだった。加えて〇八年のリーマン・ショックによる経済危機が、米国の一極支配〟にとどめをさした。

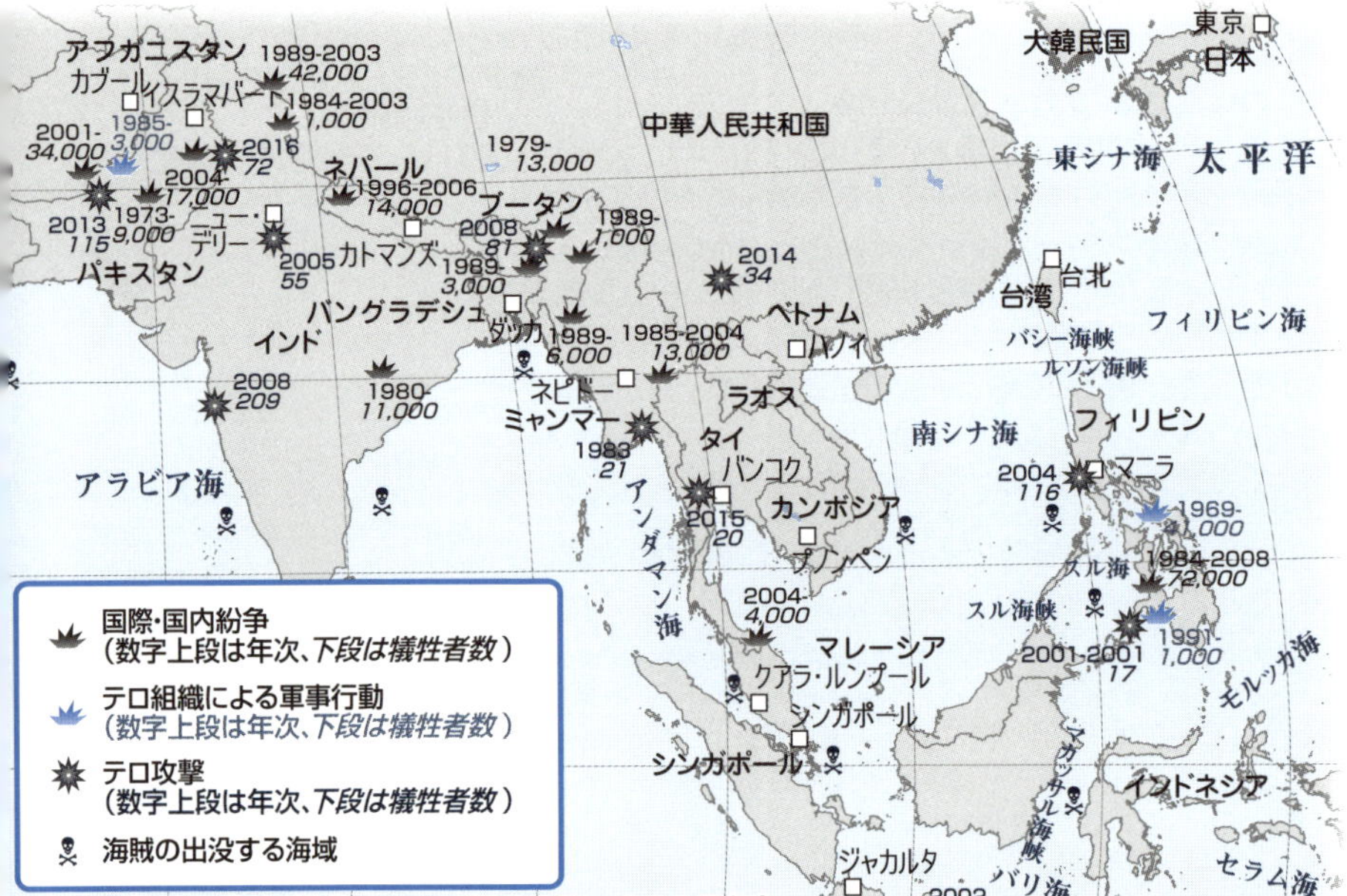

■世界の主な紛争とテロ（1967〜2015年）

1 米国の傀儡政権（かいらいせいけん：他国に操られる政権）である南ベトナム政府の支配から南ベトナム人民を「解放」するとして、結成された。通称はベトコン。圧倒的物量を誇るはずの米軍はゲリラ戦法に苦しめられ、無差別爆撃や枯葉剤（化学兵器）の使用という挙に出たが、それでも戦局を打開することはできなかった。
2 戦争を嫌がる気持ち。
3 米国議会選挙は必ず2年ごとに行われ、そのうち大統領選挙（4年ごと）と重ならない年のものをいう。一般に与党が議席を減らす。

「非国家主体」との非対称戦[4]

二〇〇九年一月、「チェンジ」をキャッチフレーズに、イラクとアフガニスタンからの撤兵《てっぺい》を公約して選挙を勝ち抜いた、米国初の黒人系大統領B・オバマ（民主党）が就任。一一年一二月、米軍はイラクから全面撤退《てったい》した。一方アフガニスタンでは、新政権の腐敗《ふはい》などから支持を回復したタリバンが復活して戦闘が拡大したため、逆に二度にわたり米軍を増派。パキスタンに潜伏《せんぷく》していたビンラーディンを殺害（一一年五月）後、アフガニスタンから全面撤退する方針を固めた。

しかし一四年初め頃から、戦争で混乱したイラクでアル・カーイダの残党がＩＳＩＬ（またはＩＳＩＳ、後にＩＳ）[5]を結成してテロ活動を行い、イラク・シリアの国境をまたいで勢力を拡大した。オバマ政権はアフガニスタンからの全面撤退を先送りすると共に、ＩＳへの対応に苦慮《くりょ》せざるを得なくなる。今や、二〇世紀までの戦争にはほぼ見られなかった「非国家主体」との非対称《ひたいしょう》戦が、戦争の主流となっているのだ。

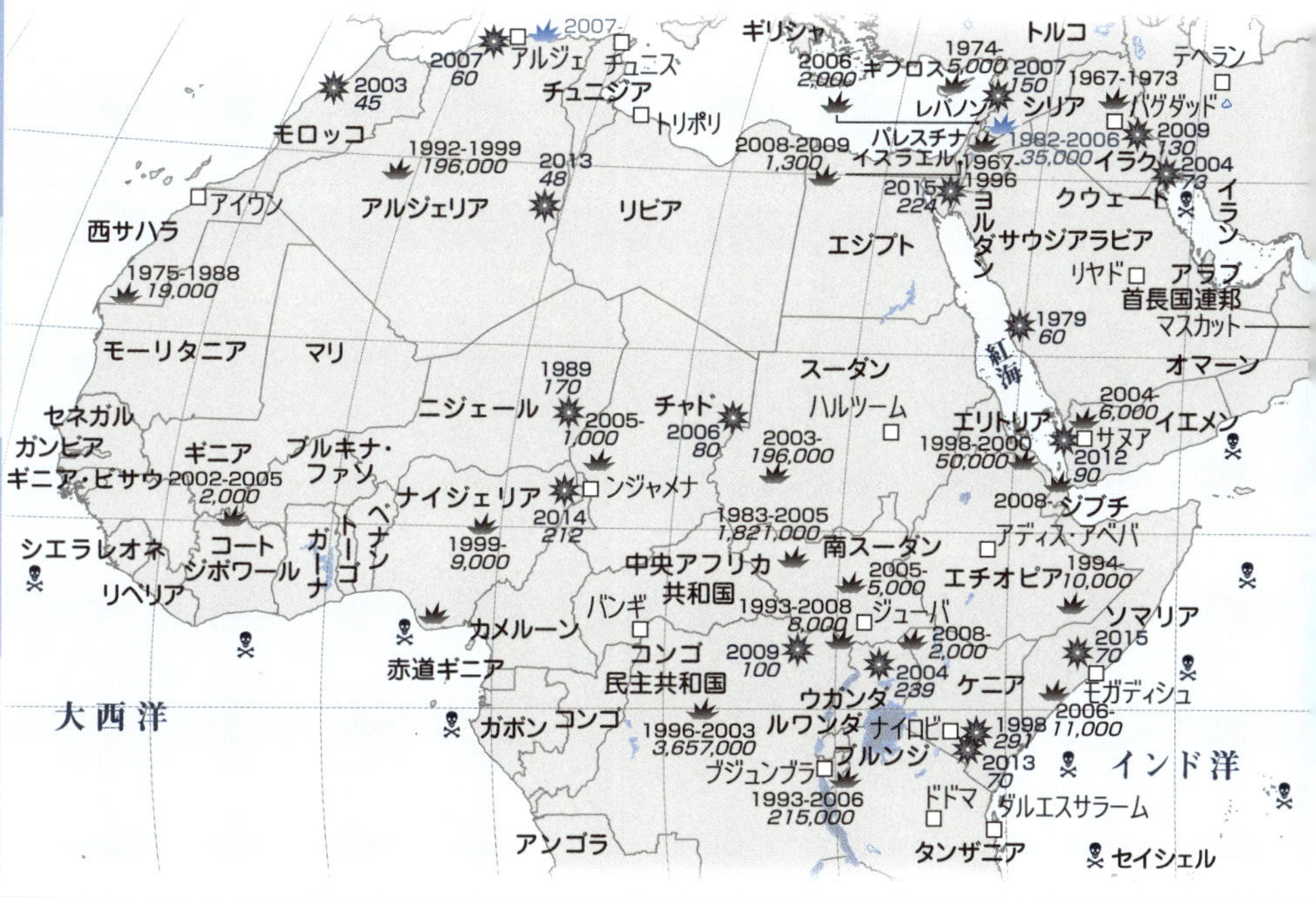

4 国家対国際テロ組織の戦いなど、交戦する主体の立場が対称（同等）ではない戦いのこと。国家同士の戦いのような「対称戦」に対して言う。

5 それぞれ、"Islamic State in Iraq and Levant（イラクとレバントのイスラーム国）"、"Islamic State in Iraq and Sham（イラクとシャームのイスラーム国）"、"Islamic State（イスラーム国）"の略で、すべて同じ組織を指す。「レバント」「シャーム」はいずれもシリア周辺の広域を指す地名。「国家として承認しない」という意味合いで、原則として各国政府は「IS」の呼称を公式には用いていない。

中立を棄《す》てる国連とＰＫＯ

一九九〇年代―現在

困難の度を増す平和維持活動

国連は一九四八年以来、世界の紛争地で平和維持活動（ＰＫＯ）を展開している。国連加盟国の自発的参加によって、元来《がんらい》は、戦争をしている国や勢力同士で停・休戦合意ができ、かつ、すべての交戦主体がＰＫＯ派遣に同意していることを前提に、中立の立場から停・休戦を守らせることを目的としてきた。

ＰＫＯは非武装の軍事要員で編成する〝停戦監視団〟または軽武装の〝平和維持軍（ＰＫＦ）〟に大別される。東西冷戦終結後は、冷戦下で抑圧《よくあつ》されてきた地域的な民族・宗教紛争が多発したため、ＮＧＯ（非政府組織）の協力を得て選挙・人権などの分野での活動も行うようになった。これらの平和維持活動は国連憲章の理念の下で行われ、原則として〝国家対国家〟の紛争を想定していた。

しかし九〇年代以降、主に中近東やアフリカでの紛争は、国境管理が万全でなく、統治能力が貧弱な国家で発生した。そのため、国家間でルールを定めた国連体制下では、対応が困難になった。

ＰＫＯの限界を示したアフリカの紛争

二〇一五年三月末時点で、一六のＰＫＯおよび一一の政治・平和構築《こうちく》ミッションが設置され、その大半がアフリカで展開されている。

アフリカ大陸にはおよそ五〇の国があり、いずれも一九五〇年代までは欧州諸国の植民地だった歴史を持つ。アフリカの地図に国境が直線になっているところが多く見られるのは、欧州諸国が領地を分け合うために勝手な線引きをした名残《なごり》である。その結果、一つの部族が分断されたり、対立関係の部族が同じ国で暮らしたりするようになった。六〇年代から独立国家が続々と誕生したが、国境は植民地時代のままだったため、部族間紛争の火種《ひだね》が残ったのだ。

内戦や虐殺《ぎゃくさつ》といった非人道的な行為が繰り返されてきたアフリカで、従来型ＰＫＯの限界を示したのが、内戦に伴《ともな》う無政府状態を解消できず、あるいは部族間の紛争に伴う虐殺を阻止《そし》できずに撤退《てったい》を余儀《よぎ》なくされた、ソマリアとルワンダの二つのケースである（左図参照）。

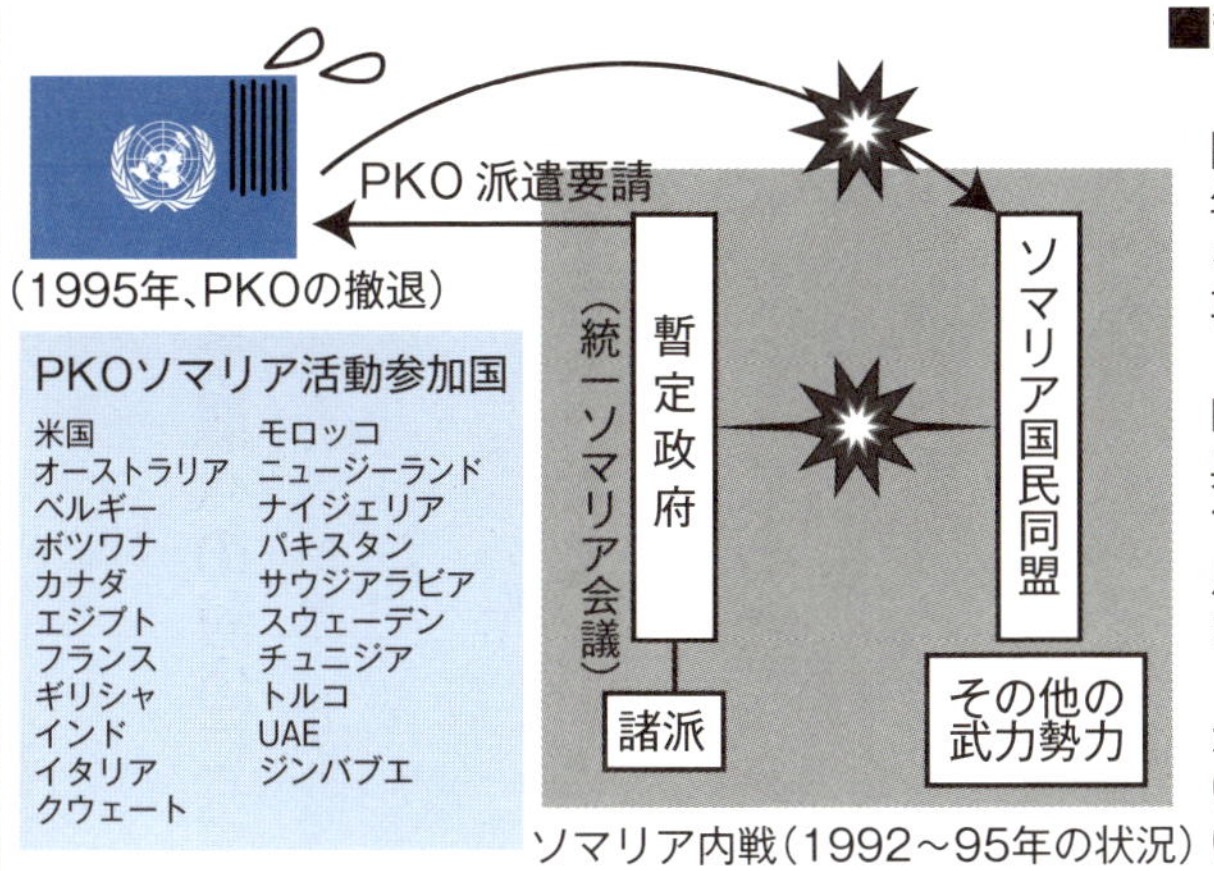

ソマリア内戦（1992～95年の状況）

■無政府状態に陥ったソマリア

1980年代から分裂闘争状態に陥っていたソマリアでは、1991年に「統一ソマリア会議」が首都を制圧したものの、内部抗争から再び内戦に。

暫定政府はPKO派遣を要請。PKOは激しい抵抗に遭い、米軍兵士をはじめ多数の死傷者を出す。米国世論の声もあり、95年3月、秩序をまったく回復しないままPKOは撤退した。

91年以前には一応親米的政権があり、米国は石油利権を有していた。PKO派遣前から派兵していた米国に対する反感が、激しい抵抗を呼んだとも言われる。

■ソマリア・ルワンダの位置

この時代が舞台の映画　movie 映画
「ブラックホーク・ダウン」（映画）
■ リドリー・スコット監督
2001年　アメリカ

この時代が舞台の映画　movie 映画
「ホテル・ルワンダ」（映画）
■ テリー・ジョージ監督
2004年　イギリス・イタリア・南アフリカ

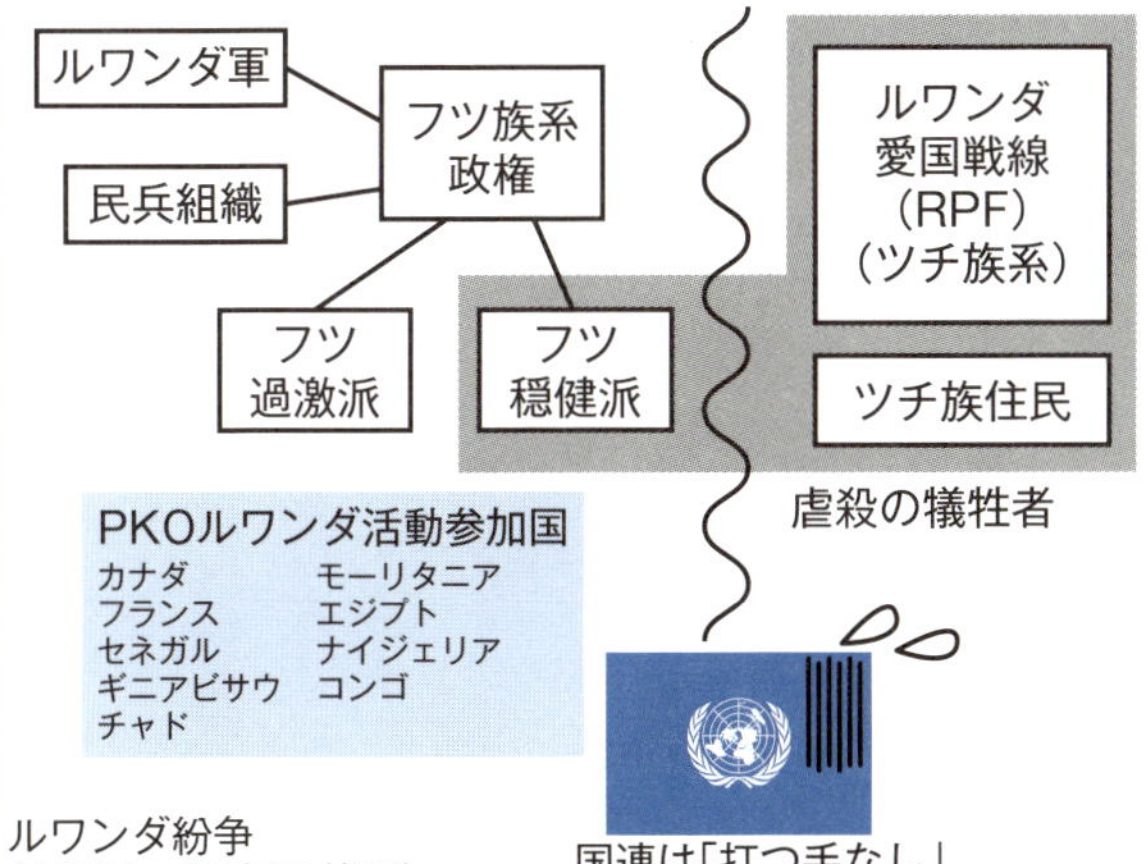

ルワンダ紛争（1990～93年の状況）

■民族対立から民衆による虐殺が起きたルワンダ

元々は同一民族だったといわれるフツ族とツチ族が相争っていたルワンダ紛争の末期、フツ族の政府や軍の過激派を中心とする組織的な虐殺が行われ、一説には100日間で100万人の命が失われた。この時、「停戦監視」を任務とするPKO部隊が存在していながら「住民保護」が任務でなかったため、民衆による虐殺を止められなかった（→p.73コラム参照）。

ソマリアPKOが功を奏さない中で、米国を始めとする諸国が介入に尻込みした面は否定できない。

参考：ソマリア沖の海賊

無政府状態が放置されたソマリアでは、当然海上の警備も不可能になった。豊かな漁場であるソマリア沖では、これに乗じて違法に操業を行う国もあったが、国を代表して違法を訴える政府もソマリアにはない。一説には、これによって生計を断たれたソマリア漁民が、身代金目的の海賊化したとも言われる。

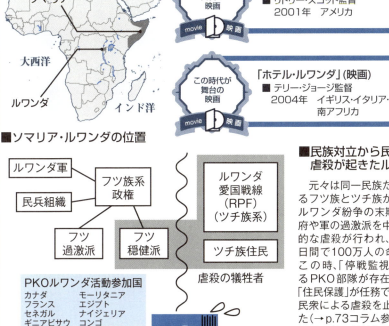

想定外の事態への対応に苦慮《くりょ》する国連

実は国連憲章には、国連平和維持活動（ＰＫＯ）についての規定がない。したがってＰＫＯは、活動の必要性が生じるたびに、国連決議に基づいて設置されてきたのだ。国連設立（一九四五年）以後、七〇年の間に世界情勢は大きく変化し、国境という枠《わく》を超えた経済や情報のグローバル化が進んだ。それに伴《ともな》って武力紛争の性質も変化してきている。

二〇〇〇年、ガーナ出身のＣ・アナン国連事務総長は、過去の教訓を踏まえて、多様化する任務に効果的に対応するためのＰＫＯ改革の提案を行い、それをもとに国連平和構築委員会が設立された（〇五年）。しかし、その後、想定外の事態が続々と起きて国連は対応に苦慮したのである。

想定外の事態とは、ソマリアのような内戦による〝無政府状態〟や、ＩＳ（イスラーム国）といった〝非国家主体〟が引き起こす紛争である。

ＰＫＯの付加任務になった「住民保護」

ソマリアやルワンダなどの教訓から国連は、紛争地の政府が本来果たすべき住民保護の責任を果たさない場合、政府に代わってその責任を負うとして、「住民保護」をＰＫＯの付加任務とした。この種の紛争では、テロなどの無差別攻撃や、ゲリラ的戦闘員が住民の中にまぎれることにより、非戦闘員の住民が戦闘に巻き込まれたり、攻撃対象になったりするケースが多い。

従来のＰＫＯでは〝中立〟を重視するあまり、武器使用が大きく制限され、原則としてＰＫＯ部隊自身を守る正当防衛しかできなかった。そのため対応が遅れたり、事態を悪化させたりした。「住民保護」を新たな任務に加えたことは、ＰＫＯが状況によっては〝中立〟を放棄《ほうき》するとの表明に他ならない。

〝非国家主体〟は、国連憲章や国際法上の義務を負《お》わない。そのような〝非国家主体〟に対し、現行の枠内での平和維持活動が可能なのかという新たな難題が浮上している。

■「保護する責任」で変わるPKO

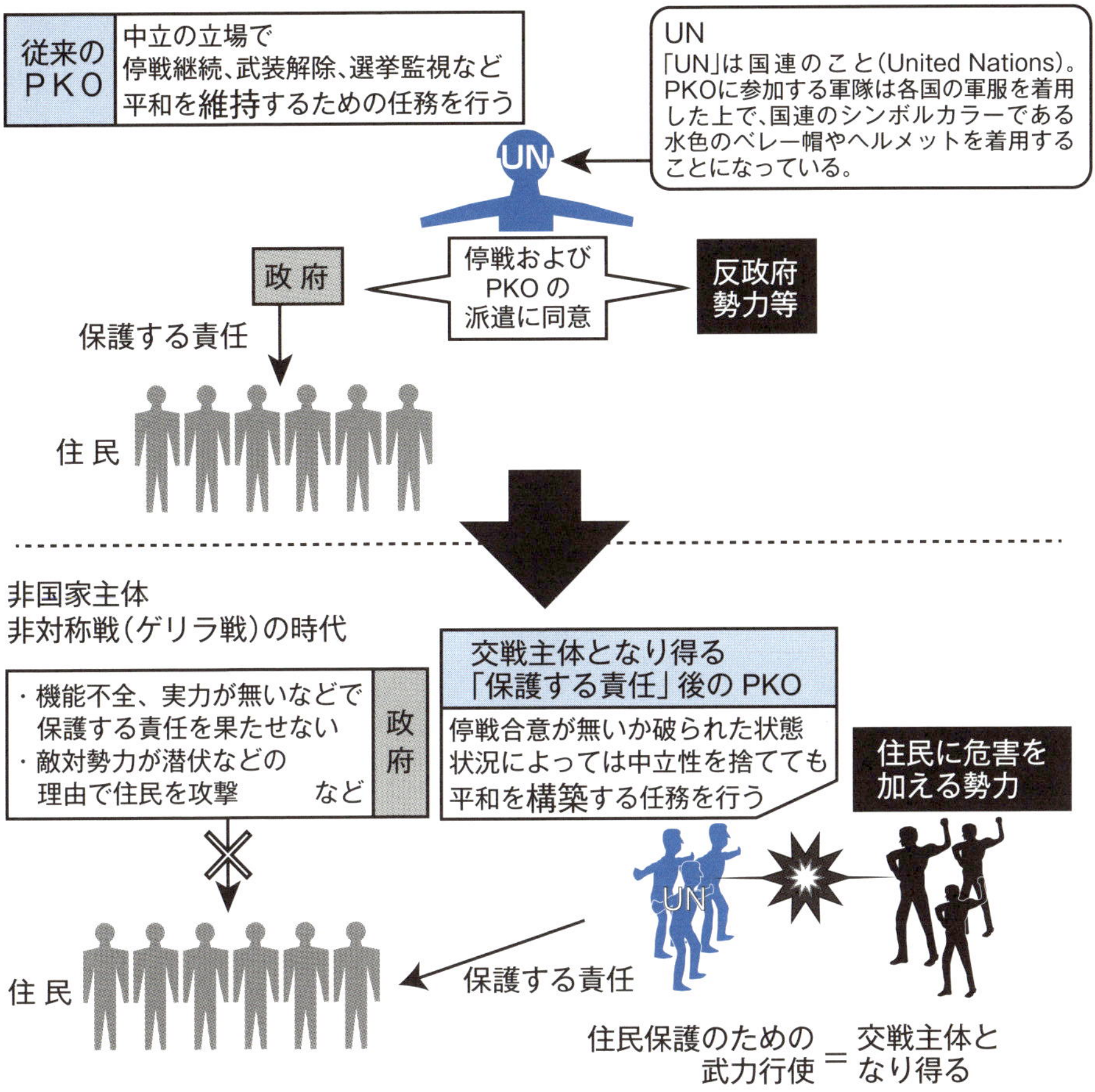
従来のＰＫＯ
中立の立場で
停戦継続、武装解除、選挙監視など
平和を維持するための任務を行う
UN
「UN」は国連のこと(United Nations)。PKOに参加する軍隊は各国の軍服を着用した上で、国連のシンボルカラーである水色のベレー帽やヘルメットを着用することになっている。
UN
政府
停戦および
PKOの
派遣に同意
反政府
勢力等
保護する責任
住民
非国家主体
非対称戦（ゲリラ戦）の時代
・機能不全、実力が無いなどで
保護する責任を果たせない
・敵対勢力が潜伏などの
理由で住民を攻撃　など
政府
交戦主体となり得る
「保護する責任」後のPKO
停戦合意が無いか破られた状態
状況によっては中立性を捨ててでも
平和を構築する任務を行う
住民に危害を
加える勢力
UN
住民
保護する責任
住民保護のための武力行使 = 交戦主体となり得る

「保護する責任」の提起

ルワンダで約2,500人のPKF（国連平和維持軍）を指揮していたのは、カナダのR・ダレール将軍。組織的殺人の兆候を察知したダレールは、武器や人が集められている場所を押さえることを許可するよう国連本部に要請するも、「中立を維持しての停戦監視」という任務を超えるとして却下され、逆に撤退を命じられる。各国部隊が撤退し虐殺が実行に移されるなか、ダレールは命令を無視し、300人程度にまで減ってしまった部隊と共に現地に留まったものの、武力介入を禁じられ多勢に無勢では虐殺を止めることはできなかった。この経験からダレールは後年、国際社会の「保護する責任」を積極的に唱えるようになる。

力による現状変更——実現されない国連憲章の理念

一九九〇年代ー現在

国際秩序の構造転換が進む

東西冷戦終結後、東側陣営の崩壊《ほうかい》と共に役割を終えたかに見えた西側の軍事同盟（ＮＡＴＯ）は、中近東で民族・宗教紛争が表面化すると、旧東側諸国をも巻き込み、国際的な安全保障の連合体として新たな役割を担《にな》うようになった。

しかし二〇〇六年、米国がイランのミサイル攻撃を想定し、旧東側陣営だったポーランドとチェコに基地を建設するミサイル防衛（ＭＤ）計画を発表すると、経済低迷を脱して国力を増強させていたロシアが強く抗議。米国・ＥＵとの緊張が高まって、一時は〝新冷戦時代の到来〟とも言われた。

米国が終わりの見えないテロとの戦いに疲れて〝世界の警察官〟の立場を放棄《ほうき》し始める一方で、ロシアでは国民の圧倒的な支持を背景にＶ・プーチン大統領が強権《きょうけん》的政治を進める。プーチン大統領は、ロシアが〝世界を率《ひき》いる大国〟として復活することを目指していると公言してはばからない。

ロシアはなぜ強硬姿勢をとるのか？

ロシア民族には伝統的に、ローマ帝国の継承《けいしょう》者としての帝国意識が根付いている。つまり欧州や中近東は本来、ロシアの支配下にあるべきとする論法だ。

二〇一四年二月、ロシアは黒海に面した東欧《とうおう》ウクライナの政変に乗じて軍事介入を図り、ウクライナからの独立を宣言したクリミアの求めに応じる形で自国に編入した。これに対してＥＵと米国はロシアに金融《きんゆう》など四分野の制裁を行い、日本も追随《ついずい》した。ロシア経済は停滞を余儀《よぎ》なくされたが、閉塞《へいそく》状態から一気反転して国際社会をリードすべくプーチンが選んだのが、ＩＳ（イスラーム国）や反政府勢力による内戦で混乱したシリアへの航空攻撃だった。

米国中心の有志連合軍が穏健派反政府勢力を支援しつつシリアのアサド政権とＩＳを攻撃する中、ロシアは一四年九月以降、アサド政権の勢力拡張を狙《ねら》い、ＩＳ攻撃に参戦するという名目で、実際には穏健派反政府勢力を攻撃してきた。国際社会の非難を無視して軍事行動を展開するロシアの〝新帝国主義〟のきざしとも言える。

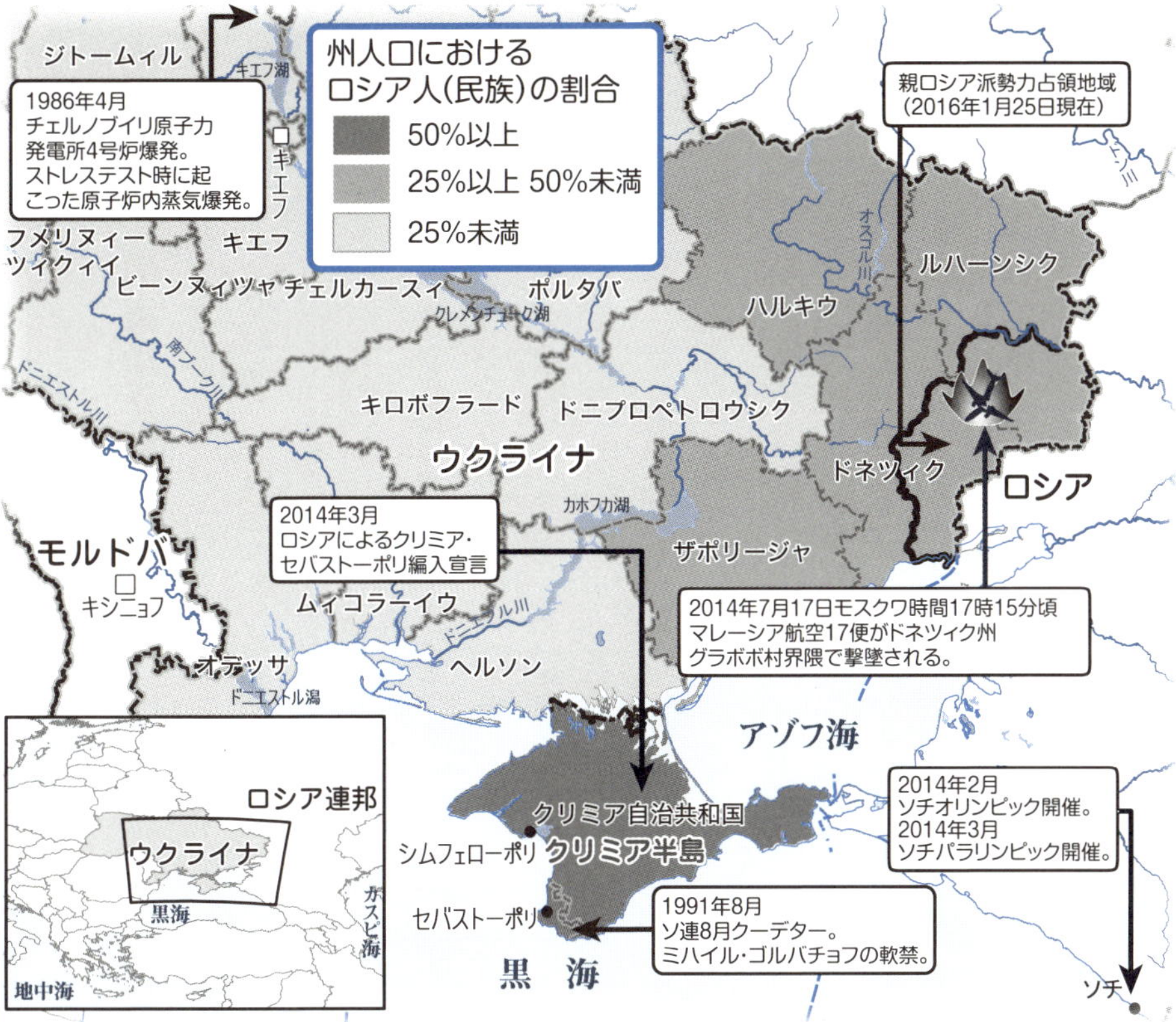

■ウクライナ（南東部中心）

■ウクライナをめぐる国際関係

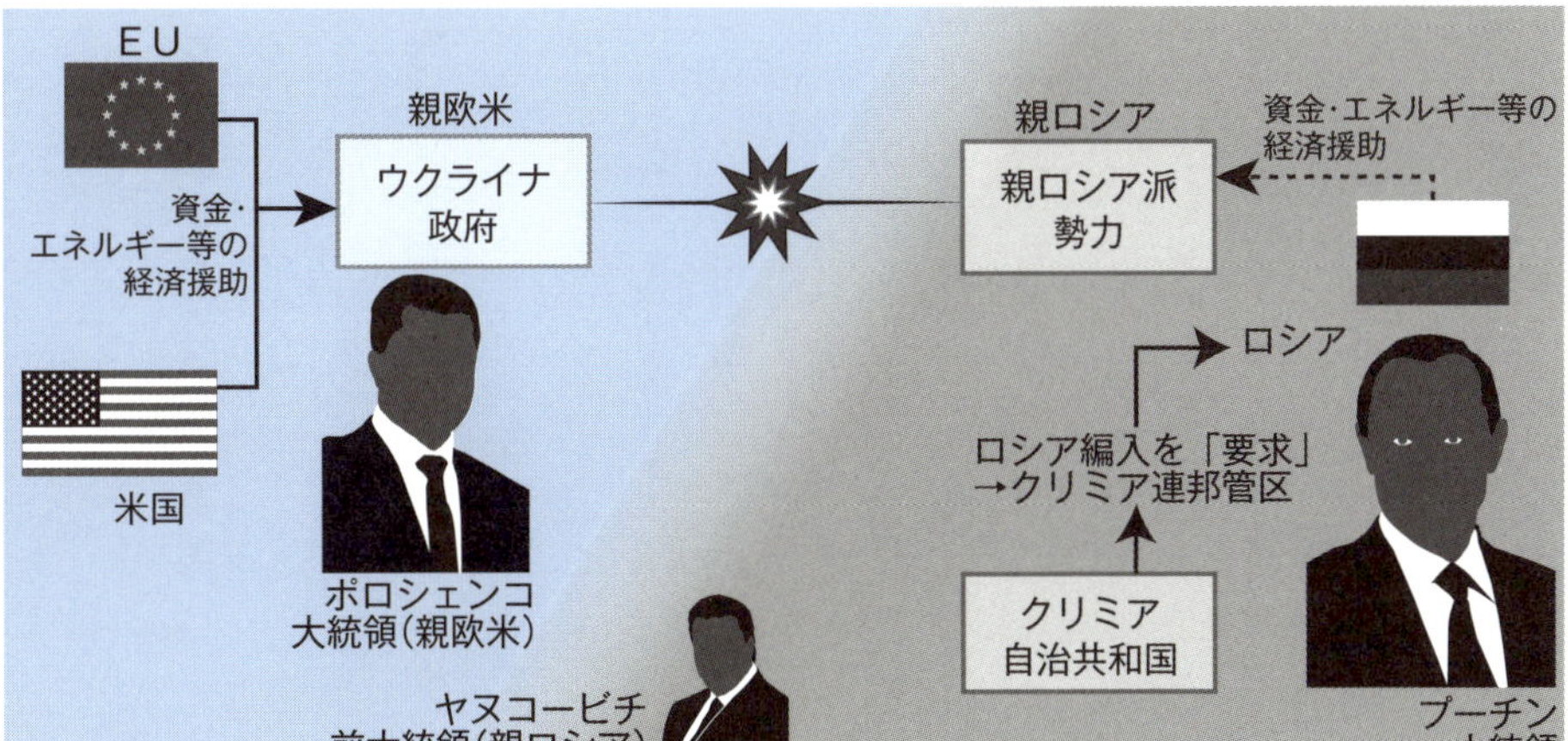

参考：ウクライナ情勢

2014年１月、ロシア寄りの政策を取っていたヤヌコービチ大統領に対する親欧米派のデモが騒乱となり、ヤヌコービチはロシアに逃亡（本人はクーデターであるとし辞任を認めず）。この混乱からロシアのクリミアへの軍事介入が始まり、3月にはロシア系住民の多いクリミア・セバストーポリのウクライナからの分離独立・ロシア編入が「住民投票」で決まった。以降、東部の親ロシア派勢力とキエフ政権の間で内戦状態が続く。

南シナ海での実効支配を強める中国

近年、国際社会の関心を集めているのが南シナ海の領有権をめぐる国際紛争だ。中国とASEAN諸国などが対立している。中でもスプラトリー（中国名・南沙《なんさ》）諸島は中国・台湾・ベトナム・フィリピン・マレーシア・ブルネイが、パラセル（同・西沙《せいさ》）諸島は中国・台湾・ベトナムが、それぞれ領有権を主張して譲らない。

一九七四年と八八年には、スプラトリー諸島をめぐって中国軍とベトナム軍が交戦した。中国は九二年、南沙・西沙諸島などが中国領であると明記した「領海および接続水域法」を制定。さらに〇九年には領有権を主張すべく地図（五三年作成）を国連に提出したが、そこで示した〝九段線〟（p. 167）は国際法上の根拠があいまいだと指摘された。

しかし中国は、主張を取り下げるどころか、南シナ海での実効支配《じっこう》を強めるようになる。二〇〇二年、ASEANの働きかけにより中国との間で「南シナ海に関する行動宣言（DOC）」が合意されたが、これは法的拘束力を持たない宣言だった。

「深刻な懸念《けねん》」を表明したASEAN

「行動宣言」の実効性を高めるための「ガイドライン」が採択されたのが二〇一一年。その後、法的拘束力を持つとされる「行動規範（COC）」策定に向けた公式協議を三回開催（一四年時点）。その一方で、中国は石油掘削活動や埋め立て工事を進めるなどの実効支配を強化し、さらには中国艦船による威嚇《いかく》や攻撃事件が多発した。

一四年五月、中国とベトナムの船舶が対峙《たいじ》した。ASEAN首脳会議および外相会議で「深刻な懸念《けねん》」が表明され、同年八月と一一月にも、南シナ海の緊張を高める事態にASEAN首脳の懸念が重ねて表明された。一五年九月の米中首脳会談後の記者会見で、中国の習近平《しゅうきんぺい》国家主席は「南シナ海のすべての領土は古代から中国の固有の領土」と発言し、**オバマ米大統領の怒りを買った。**[1]

しかし中国は、態度を軟化《なんか》させようとしない。ASEAN諸国は、地域の多国間安全保障の枠組《わくぐ》みとしてもASEANの活用を図《はか》っているが、ロシア同様に〝世界を率《ひき》いる大国〟を目指す中国の存在がネックだ。

1 翌10月、米国は"航行の自由（FON）"作戦を発動した。（左ページ下欄参照）

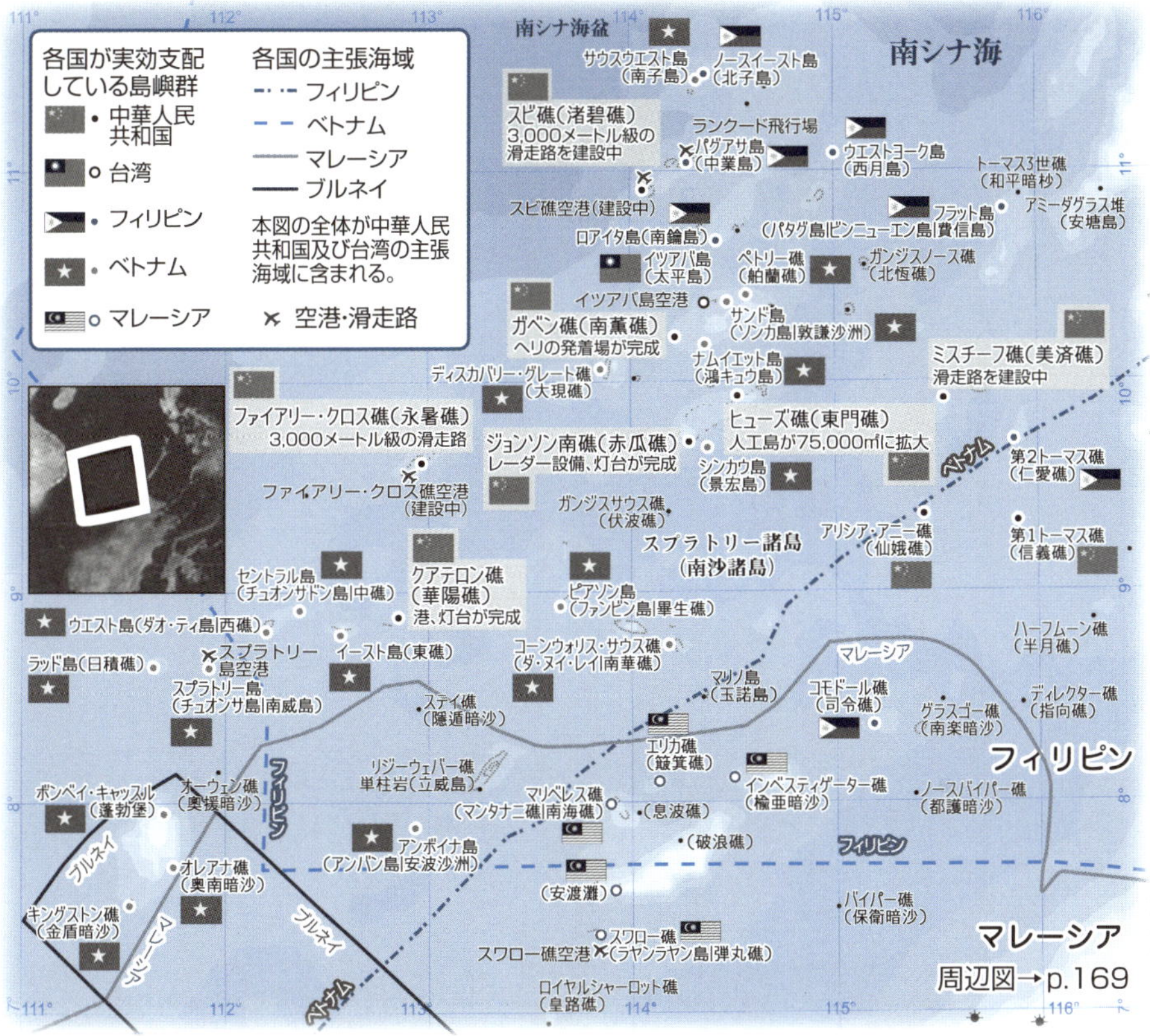

■スプラトリー諸島での各国の主張

■南シナ海における主な軍事衝突および事件

1974年	中国･ベトナム	中国がベトナム支配下のスプラトリー諸島を占拠。 この戦闘で中国軍側兵士18人が死亡。
1988年	中国･ベトナム	中国およびベトナム海軍がスプラトリー諸島のジョンソン礁において衝突。 ベトナム軍の艦船数隻が沈没し海兵70人以上が死亡。
1992年	中国･ベトナム	中国軍がダラク環礁に上陸したとベトナムが非難。 6月から9月にかけて香港からベトナムへ向かう輸送船を20隻近く拿捕。
1995年	中国･フィリピン	フィリピンが領有権を主張するミスチーフ礁を中国が占拠。 4月にフィリピン軍は中国を退去させ、(中国領を示す)標識を破壊。
2000年	中国･フィリピン	5月に中国漁船がフィリピン軍の艦船と接触し沈没。 8月にも別の中国漁船がフィリピン軍の戦艦と接触し沈没。
2014年	中国	ジョンソン南礁で中国が滑走路および軍事基地を建設中。
2015年	中国	ファイアリークロス(永暑)礁にて、3本の3000メートル級滑走路が完成。
2015年	米国･中国	米国の駆逐艦が中国の人工島･スビ礁沿岸の12カイリ以内に 数時間とどまる(FON作戦)。
2016年	中国	ファイアリークロス(永暑)礁で中国が発着試験。民間機2機が着陸。
2016年	米国･中国	米国の駆逐艦が中国の実効支配下にあるトリトン島の 周辺12カイリ以内を航行する(FON作戦)。

参考：FON(Freedom of Navigation：航行の自由)作戦
大陸や島から12カイリ(約22.2km)以内は、沿岸国の主権が及ぶ領海だが、この人工物は中国の領有権が確定しているわけでもなく、領海を持たない。米艦の行動は、中国が「島」だと主張する人工島を「島」と認めないという意思表示である。

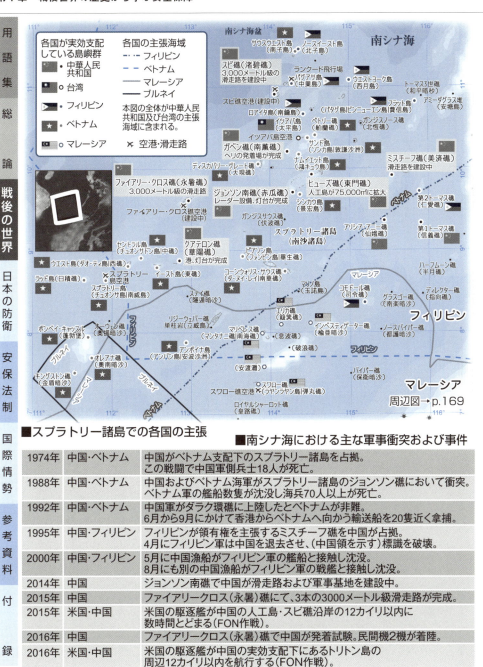

無力があらわになった国連憲章

強大な経済力と軍事力を背景にした米国の〝一極支配〟が弱まると共に、ロシアと中国が台頭《たいとう》してきた二一世紀。パワーバランスの変化は、当然ながら国連にも反映している。

例えば、シリアのIS（イスラーム国）に対する対応だ。本来、国連憲章の定めにより安保理《あんぽり》決議が必要なはずのシリアでの軍事作戦には、常任理事国のうち米国・英国・フランス・ロシアが参加している。残り一ヶ国の中国だけが不参加だが、もし安保理で採決を行えば、中国は決議に賛成しないとしても拒否権は発動できない。世界の脅威《きょうい》であるISを攻撃することに反対すれば、国際世論を敵に回すことになる。したがって、決議は少なくとも拒否権行使を受けることなく、賛成多数で採択されるはずだ。しかし、それをせずに常任理事国四ヶ国は軍事活動を行っており、その足並みもそろっていない。一方で中国もまた、周辺の海洋において国際法に基づく秩序の〝力による変更〟を進めようとしている。

改革が求められてきた国連安保理

設立から七〇年、冷戦終結から二五年あまりが経った現在、国連は、世界の戦争防止という役割を果たし得ていないどころか、国連憲章の規制を受けない〝非国家主体〟の存在に戸惑《とまど》ってさえいる。しかも安保理常任理事国は、多くの場合、自国の国益《こくえき》を優先する行動を取ってきた。

強力な権限を持つ常任理事国が拒否権を有するという構造が安保理の機能不全を招いたという指摘は、冷戦時代からあった。安保理改革を求める声は国際紛争が起きるたびに高まったが、一旦《いったん》手にした既得権益《きとくけんえき》を常任理事国が手放すとはなかなか考えにくく、改革は永遠の課題となっている。国連加盟国全体が直面する難問だ。

世界の平和と安全の維持という国連憲章の理念が実現せず、むしろそれから遠ざかるかのような〝非国家主体〟〝力による秩序への挑戦〟といった困難な状況が山積《さんせき》しているというのが、残念ながら世界の現状であると言わざるを得ない。

国連安保理における拒否権とは

国連安保理の表決方法は国連憲章27条で規定されており、議題が「手続事項[1]」でない場合、「常任理事国の同意投票を含む9理事国の賛成投票によって」決定を行うとある。非難や制裁など実効力を伴う採決では、5常任理事国のうち1ヶ国でも反対票を投じれば決議には至らない[2]。保持しているだけでも威力を発揮する常任理事国のこの強大な権限を、拒否権と通称している。安保理機能不全の元凶として批判を集める拒否権だが、当初の想定としては、5大国が一致することで安保理決議の実効性を確保するために導入された制度だった。実際には間もなく冷戦が始まり、5大国が一致することはなかった。

安保理は毎年5ヶ国ずつ改選される10の非常任理事国[3]をあわせた15ヶ国から成るので、全体の構成や事前の根回しからそもそも9ヶ国以上が賛成する状況でなければ、拒否権行使とはならない。拒否権は安保理決議が成立する見込みのときに投じられる常任理事国の反対票と言うことができ、過去の行使事例では制度がなければ国連による何らかの措置がとられていたということになる。拒否権行使をちらつかせることで、反対する決議案を骨抜きにするとか、提議そのものを断念させることも行われてきた。

冷戦終結後には、安保理が機能を回復するのではと期待された時期もあったが、現実はそう理想的には進まなかった。常任理事国が自国・自陣営の利益ばかり追求する態度を改めず、拒否権制度が据え置かれたままでは、安保理が国連憲章の理念を体現して正常に機能する日は、まず訪れないだろう。

■拒否権の発動回数（1946年～2015年）

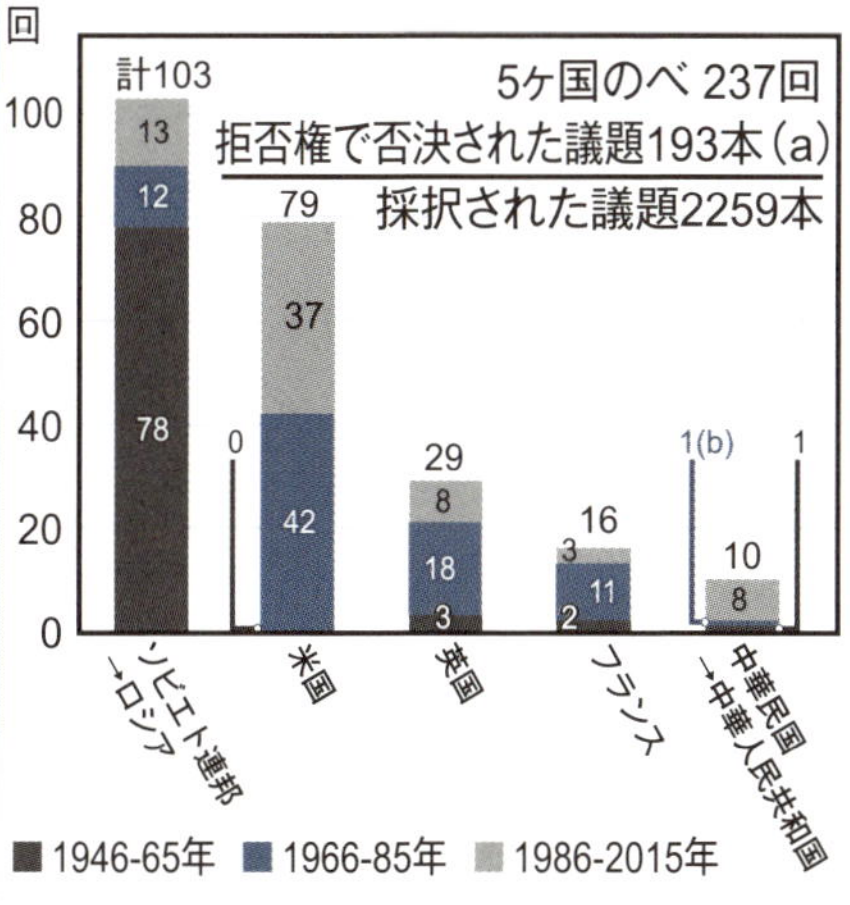

a. 複数国が同時に拒否権を行使することもあるので、拒否権発動回数と否決された議題の数は一致しない。
b. 中華人民共和国として。

■国連分担金（2016年）

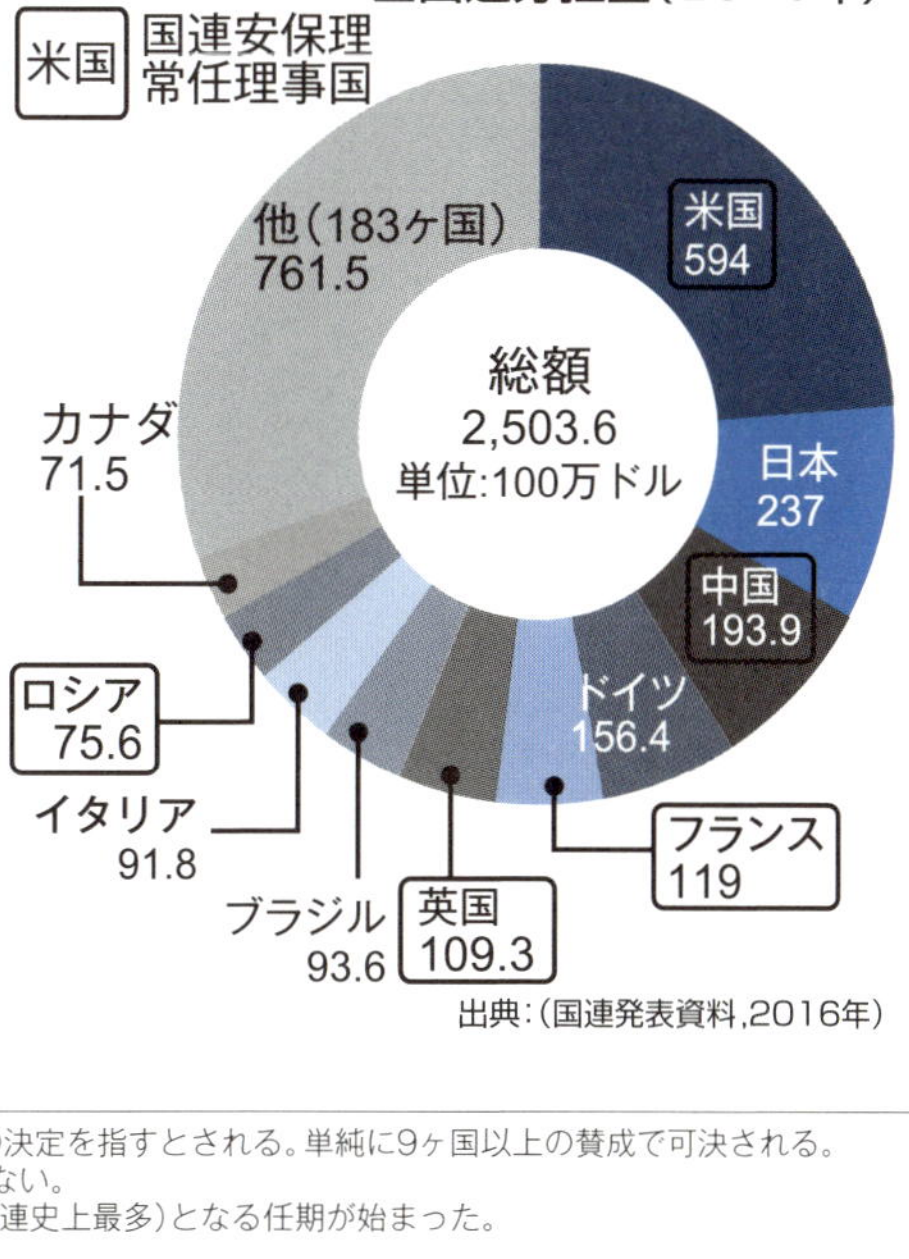

出典：（国連発表資料,2016年）

1 安保理開催の時期や場所・議長の選任方法・紛争当事国の参加勧誘などの決定を指すとされる。単純に9ヶ国以上の賛成で可決される。
2 棄権や欠席は同意投票ではないが、慣例として拒否権行使とは見なされない。
3 任期2年。日本はこれまで10期20年間務め、2016年1月には11期目（国連史上最多）となる任期が始まった。

国際連合憲章　本章に関連する条文

第1章　目的及び原則

第2条　この機構及びその加盟国は、第1条に掲げる目的を達成するに当っては、次の原則に従って行動しなければならない。

1. この機構は、そのすべての加盟国の主権平等の原則に基礎をおいている。
2. すべての加盟国は、加盟国の地位から生ずる権利及び利益を加盟国のすべてに保障するために、この憲章に従って負っている義務を誠実に履行しなければならない。
3. すべての加盟国は、その国際紛争を平和的手段によって国際の平和及び安全並びに正義を危うくしないように解決しなければならない。
4. すべての加盟国は、その国際関係において、武力による威嚇又は武力の行使を、いかなる国の領土保全又は政治的独立に対するものも、また、国際連合の目的と両立しない他のいかなる方法によるものも慎まなければならない。
5. すべての加盟国は、国際連合がこの憲章に従ってとるいかなる行動についても国際連合にあらゆる援助を与え、且つ、国際連合の防止行動又は強制行動の対象となっているいかなる国に対しても援助の供与を慎まなければならない。(第6項略)
7. この憲章のいかなる規定も、本質上いずれかの国の国内管轄権内にある事項に干渉する権限を国際連合に与えるものではなく、また、その事項をこの憲章に基く解決に付託することを加盟国に要求するものでもない。但し、この原則は、第7章に基く強制措置の適用を妨げるものではない。

第7章　平和に対する脅威、平和の破壊及び侵略行為に関する行動

第41条　安全保障理事会は、その決定を実施するために、兵力の使用を伴わないいかなる措置を使用すべきかを決定することができ、且つ、この措置を適用するように国際連合加盟国に要請することができる。この措置は、経済関係及び鉄道、航海、航空、郵便、電信、無線通信その他の運輸通信の手段の全部又は一部の中断並びに外交関係の断絶を含むことができる。

第42条　安全保障理事会は、第41条に定める措置では不充分であろうと認め、又は不充分なことが判明したと認めるときは、国際の平和及び安全の維持又は回復に必要な空軍、海軍または陸軍の行動をとることができる。この行動は、国際連合加盟国の空軍、海軍又は陸軍による示威、封鎖その他の行動を含むことができる。

第43条 1. 国際の平和及び安全の維持に貢献するため、すべての国際連合加盟国は、安全保障理事会の要請に基き且つ1又は2以上の特別協定に従って、国際の平和及び安全の維持に必要な兵力、援助及び便益を安全保障理事会に利用させることを約束する。この便益には、通過の権利が含まれる。(第2項略)

3. 前記の協定は、安全保障理事会の発議によって、なるべくすみやかに交渉する。この協定は、安全保障理事会と加盟国との間又は安全保障理事会と加盟国群との間に締結され、且つ、署名国によって各自の憲法上の手続に従って批准されなければならない。

第45条　国際連合が緊急の軍事措置をとることができるようにするために、加盟国は、合同の国際的強制行動のため国内空軍割当部隊を直ちに利用に供することができるように保持しなければならない。これらの割当部隊の数量及び出動準備程度並びにその合同行動の計画は、第43条に掲げる1又は2以上の特別協定の定める範囲内で、軍事参謀委員会の援助を得て安全保障理事会が決定する。

第49条　国際連合加盟国は、安全保障理事会が決定した措置を履行するに当って、共同して相互援助を与えなければならない。

第51条　この憲章のいかなる規定も、国際連合加盟国に対して武力攻撃が発生した場合には、安全保障理事会が国際の平和及び安全の維持に必要な措置をとるまでの間、個別的又は集団的自衛の固有の権利を害するものではない。この自衛権の行使に当って加盟国がとった措置は、直ちに安全保障理事会に報告しなければならない。また、この措置は、安全保障理事会が国際の平和及び安全の維持または回復のために必要と認める行動をいつでもとるこの憲章に基く権能及び責任に対しては、いかなる影響も及ぼすものではない。

左ページ顔写真:日本の安全保障政策に携わった主な内閣総理大臣
左上より右下へ 吉田茂(1946-47、1948-54)、岸信介(1957-60)、佐藤栄作(1964-72)、中曽根康弘(1982-87)、宮沢喜一(1991-93)、橋本龍太郎(1996-98)、小渕恵三(1998-2000)、小泉純一郎(2001-06)、鳩山由紀夫(2009-10)、野田佳彦(2011-12)、安倍晋三(2006-07、2012-)　(　)内は在任期間
左ページ背景写真:1960年のいわゆる"安保闘争"で国会前を埋め尽くす人々

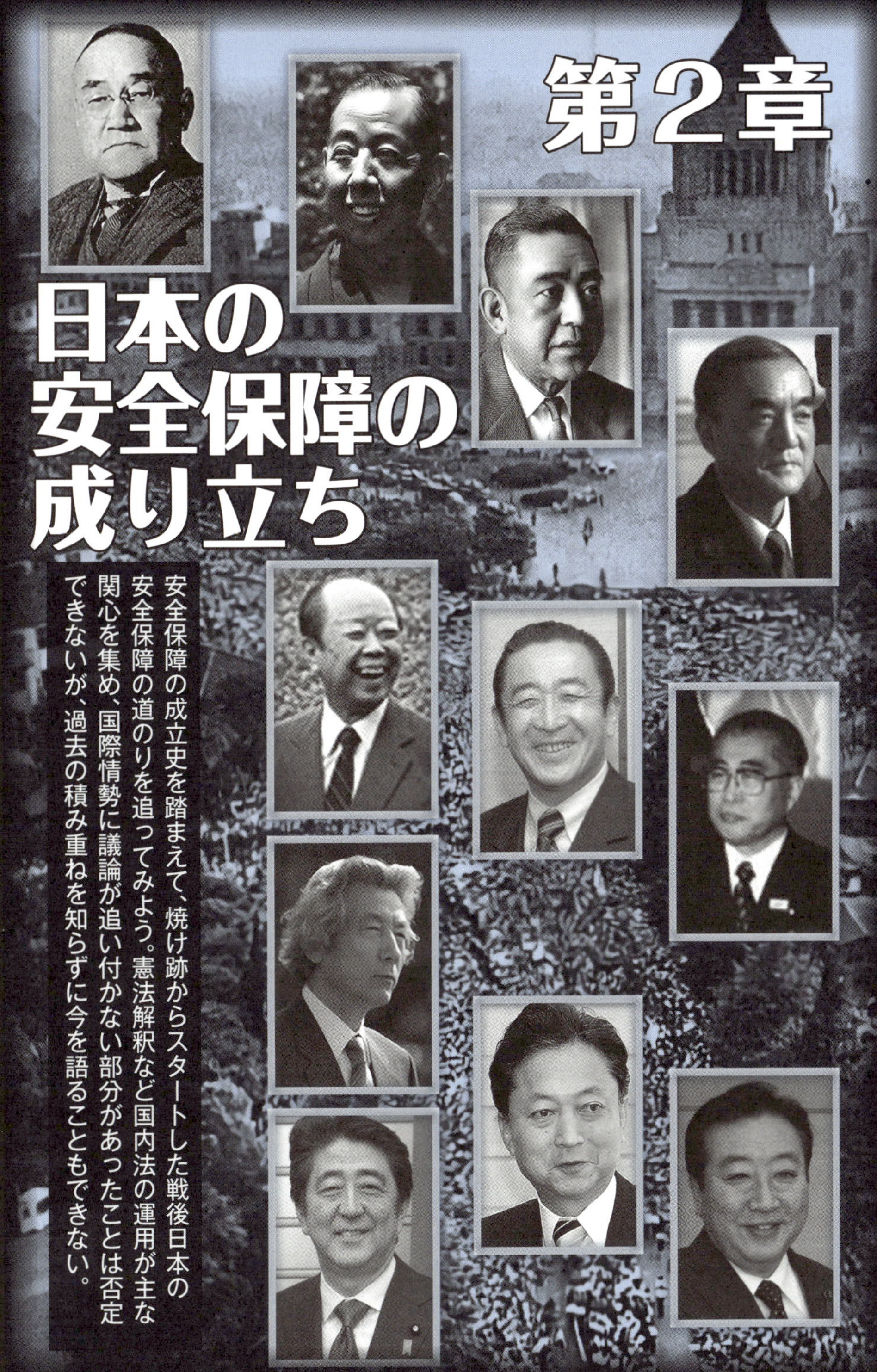

第2章

日本の安全保障の成り立ち

安全保障の成立史を踏まえて、焼け跡からスタートした戦後日本の安全保障の道のりを追ってみよう。憲法解釈など国内法の運用が主な関心を集め、国際情勢に議論が追い付かない部分があったことは否定できないが、過去の積み重ねを知らずに今を語ることもできない。

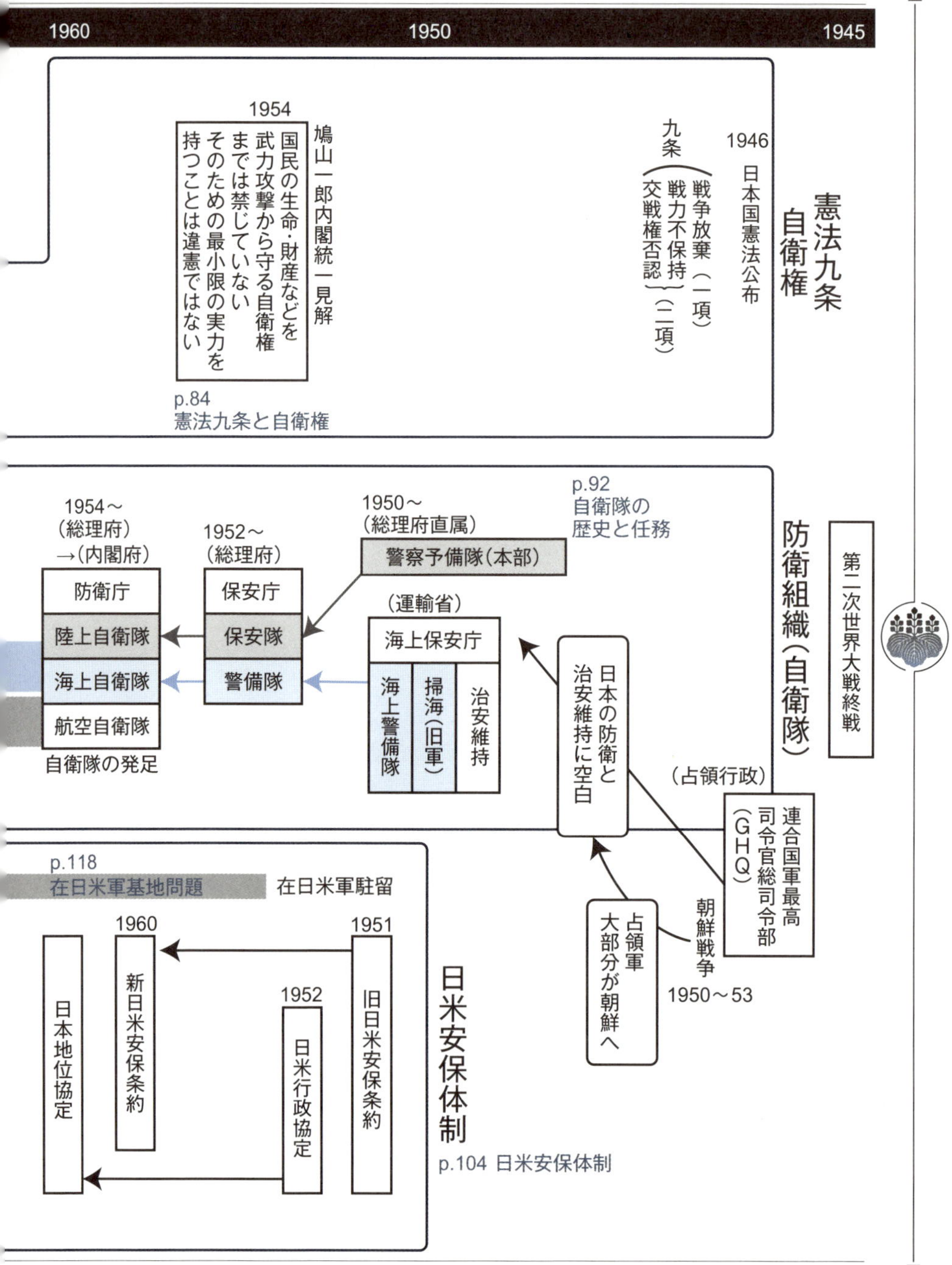
1960
1950
1945
憲法九条
自衛権
1946
日本国憲法公布
九条
戦争放棄（一項）
戦力不保持
交戦権否認（二項）
1954
鳩山一郎内閣統一見解
国民の生命・財産などを武力攻撃から守る自衛権までは禁じていない
そのための最小限の実力を持つことは違憲ではない
p.84
憲法九条と自衛権
第二次世界大戦終戦
防衛組織（自衛隊）
p.92
自衛隊の歴史と任務
（占領行政）
連合国軍最高司令官総司令部（GHQ）
日本の防衛と治安維持に空白
朝鮮戦争
1950～53
占領軍大部分が朝鮮へ
（運輸省）
海上保安庁
治安維持
掃海（旧軍）
海上警備隊
1950～
（総理府直属）
警察予備隊（本部）
1952～
（総理府）
保安庁
保安隊
警備隊
1954～
（総理府）
→（内閣府）
防衛庁
陸上自衛隊
海上自衛隊
航空自衛隊
自衛隊の発足
日米安保体制
p.104 日米安保体制
在日米軍駐留
p.118
在日米軍基地問題
1951
旧日米安保条約
1952
日米行政協定
1960
新日米安保条約
日本地位協定

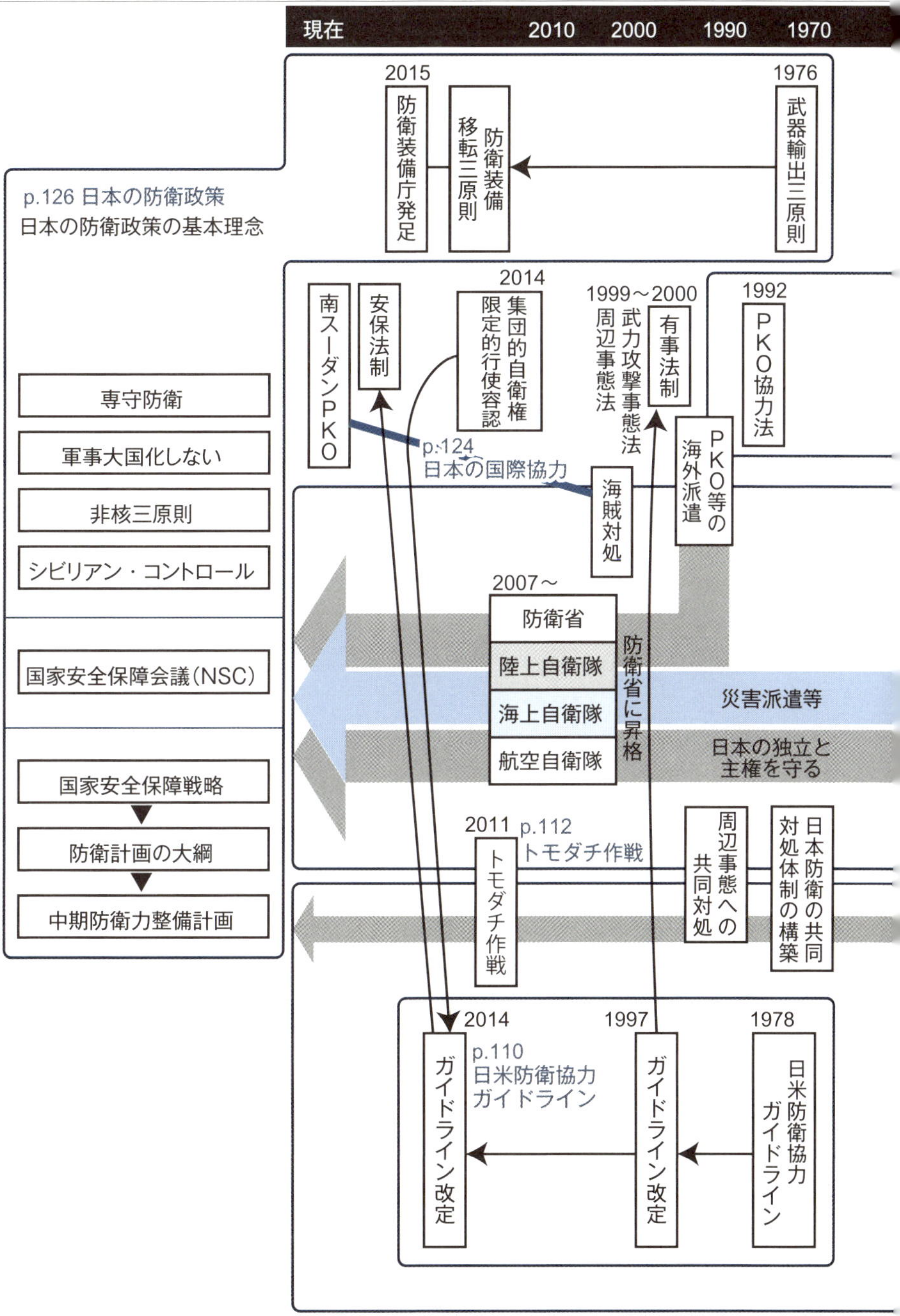
現在
2010
2000
1990
1970
2015
1976
防衛装備庁発足
防衛装備移転三原則
武器輸出三原則
p.126 日本の防衛政策
日本の防衛政策の基本理念
専守防衛
軍事大国化しない
非核三原則
シビリアン・コントロール
国家安全保障会議（NSC）
国家安全保障戦略
防衛計画の大綱
中期防衛力整備計画
2014
南スーダンPKO
安保法制
集団的自衛権限定的行使容認
1999～2000
有事法制
武力攻撃事態法
周辺事態法
1992
PKO協力法
PKO等の海外派遣
p.124
日本の国際協力
海賊対処
2007～
防衛省
陸上自衛隊
海上自衛隊
航空自衛隊
防衛省に昇格
災害派遣等
日本の独立と主権を守る
2011
p.112
トモダチ作戦
周辺事態への共同対処
日本防衛の共同対処体制の構築
2014
1997
1978
p.110
日米防衛協力ガイドライン
ガイドライン改定
ガイドライン改定
日米防衛協力ガイドライン

憲法九条と自衛権

一九四六年─現在

モデルは国際連盟の「不戦条約」

第二次世界大戦の終結後二年あまりの一九四六年一一月三日に公布《こうふ》された「日本国憲法」は、前文と一一章一〇三条で構成される。

前文には、〝国民主権の宣言〟と〝不戦の決意〟が述べられている。この〝不戦の決意〟を条文で示したのが「第二章 戦争の放棄《ほうき》」で、国際紛争を解決する手段としての武力による威嚇《いかく》又は武力の行使の放棄(九条一項)、陸海空軍その他の戦力の不保持及び交戦権の否認(同二項)を定めている。

憲法の前文及び九条一項に見える不戦の規定は、国際連盟時代の「不戦条約」(二八年)を引用してその趣旨《しゅし》を生かし、さらに国連憲章の規定を加味したものだ(左ページ参照)。不戦条約は、国際連盟に加盟していた国の大半が批准《ひじゅん》した条約なので、同じ趣旨の戦争放棄条項を含む憲法を持つ国は、実は数多い。〝戦争放棄〟は、日本国憲法に独特の規定では必ずしもないのだ。

自衛権論議の争点は九条二項

日本国憲法改正論議の最大の争点は九条だが、「不戦条約」及び国連憲章を反映《はんえい》した一項については、〝改正の必要がない〟あるいは〝改正すべきでない〟という意見が、政党を問わず国会議員の大勢《たいせい》を占めている。争点になるのは、二項の〝戦力の不保持と交戦権の否認〟だ。

憲法草案審議の際、小委員会の**芦田均**《あしだひとし》[1]委員長によって二項の冒頭《ぼうとう》に付け加えられた「前項の目的を達するため、」という文言(芦田修正)の解釈が問題となる。この修正により、〝「国際紛争を解決する手段」以外、すなわち自衛のための戦力・交戦権の保持を担保《たんぽ》した〟とする主張と、〝前文と九条全体の趣旨からみて、自衛のためでも認められない〟とする主張の対立が生じた。

政府の解釈は主として後者に立っているが、どちらの主張によっても、現行の条文はあいまいさを残すものと言える。自衛権の行使あるいは自衛隊の合憲性を論じる上で、常にキーとなってきたのがこの九条二項の解釈だ。

1 のち民主党(1947~50年)初代総裁、首相(任期1948年3月10日~10月15日)。

不戦条約（抜粋）　1928年8月27日署名、パリ

第1条　締約国ハ、国際紛争解決ノ為戦争ニ訴フルコトヲ非トシ、且其ノ相互関係ニ於テ国家ノ政策ノ手段トシテノ戦争ヲ放棄スルコトヲ、其ノ各自ノ人民ノ名ニ於テ厳粛ニ宣言ス。

第2条　締約国ハ、相互間ニ起ルコトアルベキ一切ノ紛争又ハ紛議ハ、其ノ性質又ハ起因ノ如何ヲ問ハズ、平和的手段ニ依ルノ外、之ガ処理又ハ解決ヲ求メザルコトヲ約ス。

※漢字は現在通用しているものに改め、濁点と句読点を補った。

日本国憲法（抜粋）　1946年11月3日公布、1947年5月3日施行

第9条　日本国民は、正義と秩序を基調とする国際平和を誠実に希求し、国権の発動たる戦争と、武力による威嚇又は武力の行使は、国際紛争を解決する手段としては、永久にこれを放棄する。

2. 前項の目的を達するため、陸海空軍その他の戦力は、これを保持しない。国の交戦権は、これを認めない。

第13条　すべての国民は、個人として尊重される。生命、自由及び幸福追求に対する国民の権利については、公共の福祉に反しない限り、立法その他の国政の上で、最大の尊重を必要とする。

第25条　すべて国民は、健康で文化的な最低限度の生活を営む権利を有する。

2. 国は、すべての生活部面について、社会福祉、社会保障及び公衆衛生の向上及び増進に努めなければならない。

改憲と護憲

安倍晋三首相は憲法改正を悲願としていると言われるが、そもそも自由民主党は1955年、日本国憲法を連合国軍の「押し付け憲法」としてそれに代わる自主憲法制定を党是とし、当時の保守政党日本民主党と自由党が合同して結成された政党だ。2009年の衆院選で大敗して野党に転落した時期に発表した憲法改正草案では、現9条1項の規定を残しつつ、自衛権を明示した上で自衛隊を「国防軍」と改め、それに伴って戦力不保持・交戦権否認の現9条2項は削除。「国防軍」の任務に「国際社会の平和と安全を確保するために国際的に協調して行われる活動」を盛り込むなど、2015年の日米防衛協力ガイドラインや安保法制の方向性は自民党の改憲草案に類似している。

一方で、社会民主党や日本共産党は、憲法改正を認めない立場をとっている。一般的に革新主義といわれる政党が護憲派を自認し、保守政党が改憲を唱えるというのが、近年の日本の政党政治の構図となっている。

裁判所による唯一の憲法九条解釈
——砂川《すながわ》裁判とは？

憲法九八条は、「この憲法は、国の最高法規であつて、その条規に反する法律、命令、詔勅《しょうちょく》及び国務に関するその他の行為の全部又は一部は、その効力を有しない。」と、憲法を他の法令の上位に位置づけている。法律などが憲法に合致するかどうかは、裁判所に判断する権利がある（憲法八一条など。違憲審査権《いけんしんさけん》という）。国際条約と憲法の関係については学説が分かれているが、憲法の規定が優先されるとする考えが通説だ。

憲法九条に関するこれまで唯一の最高裁判所の解釈とされたのが、砂川事件（左ページ参照）における判例《はんれい》だ。当時の旧日米安保条約に基づく在日米軍の駐留《ちゅうりゅう》を〝憲法九条違反〟とした東京地裁判決を最高裁が覆《くつがえ》し、「九条は日本が主権国として持つ固有の自衛権を否定しておらず、同条が禁止する戦力とは日本国が指揮・管理できる戦力のことであるから、外国の軍隊は戦力にあたらない」とした（一九五九年一二月）。

憲法解釈が最優先

砂川事件の最高裁判決は、政府の「自衛権」に関する憲法解釈[1]の根拠とされてきた。それは「国として個別的自衛権を行使することはできるが、集団的自衛権を行使することは憲法の許すところではない」というもので、一九七二年に政府見解として公表され、二〇一四年七月までの歴代内閣に継承《けいしょう》されてきた。

個別及び集団的自衛権は「国連憲章」に明文化《めいぶんか》（五一条）されたものであるから、当然、日本にも国際法上の権利はある。にもかかわらず集団的自衛権の行使を容認しなかったのは、憲法解釈を優先させたことによる。

国家の根本原理としての憲法には、簡単に変えられないようにつくられた〝硬性《こうせい》憲法〟があり、「日本国憲法」はその代表的なものであると言われる。憲法改正の最終判断は立法権を有する国会でなく、例外的に国民投票にゆだねられている。国民投票は衆参両院の総議員の三分の二以上の賛成で発議され、改正には投票した国民の過半数の賛成が必要となる。

1 政府による憲法解釈を「行政解釈」あるいは「有権解釈」と呼ぶ。
2 法律の定める手続きによらなければ生命・自由を奪われ、またはその他の刑罰を科せられないことを定める。

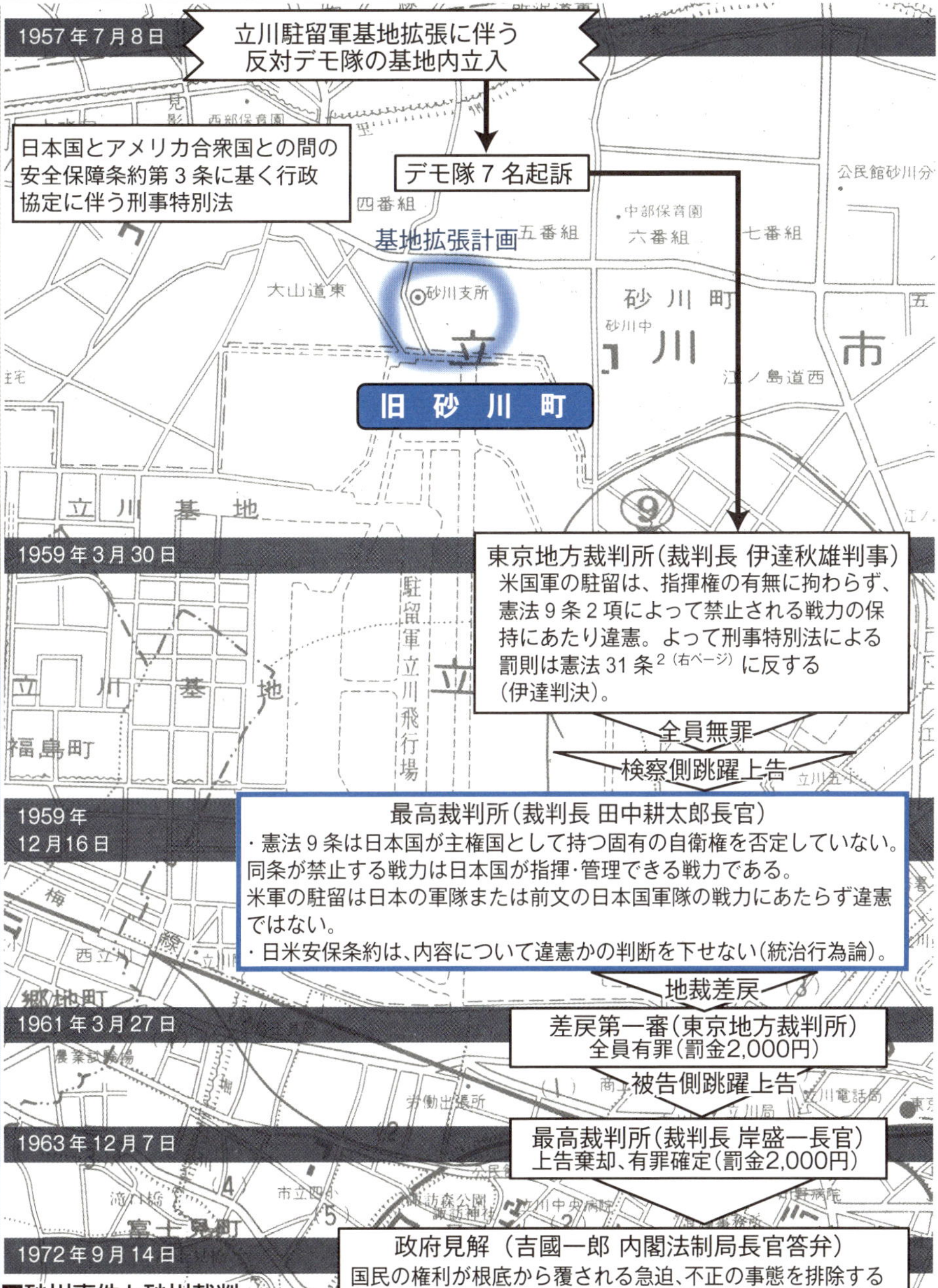
1957年7月8日
立川駐留軍基地拡張に伴う
反対デモ隊の基地内立入
日本国とアメリカ合衆国との間の
安全保障条約第３条に基く行政
協定に伴う刑事特別法
デモ隊７名起訴
基地拡張計画
旧　砂　川　町
1959年3月30日
東京地方裁判所（裁判長 伊達秋雄判事）
米国軍の駐留は、指揮権の有無に拘わらず、憲法９条２項によって禁止される戦力の保持にあたり違憲。よって刑事特別法による罰則は憲法31条[2]（右ページ）に反する
（伊達判決）。
全員無罪
検察側跳躍上告
1959年
12月16日
最高裁判所（裁判長 田中耕太郎長官）
・憲法９条は日本国が主権国として持つ固有の自衛権を否定していない。
同条が禁止する戦力は日本国が指揮・管理できる戦力である。
米軍の駐留は日本の軍隊または前文の日本国軍隊の戦力にあたらず違憲ではない。
・日米安保条約は、内容について違憲かの判断を下せない（統治行為論）。
地裁差戻
1961年3月27日
差戻第一審（東京地方裁判所）
全員有罪（罰金2,000円）
被告側跳躍上告
1963年12月7日
最高裁判所（裁判長 岸盛一長官）
上告棄却、有罪確定（罰金2,000円）
1972年9月14日
政府見解（吉國一郎 内閣法制局長官答弁）
国民の権利が根底から覆される急迫、不正の事態を排除するためのやむを得ない措置として、必要最小限度の範囲に限り、自衛権の行使（武力行使）を認める。
西部保育園
四番組
五番組
中部保育園
六番組
七番組
公民館砂川分
大山道東
砂川支所
砂川町
砂川中
江ノ島道西
立川基地
駐留軍立川飛行場
福島町
西立川
郷地町
農業試験場
労働出張所
立川局
市立四中
富士見町

■砂川事件と砂川裁判
地図：『ROYAL 東京道路地図』
（若木書房発行第6版 ,1965年）

参考：統治行為論
統治に関する高度な政治性を持つ国家の行為（統治行為）については、主権者である国民の判断に依拠し、違憲審査権にかかわらず、裁判所による法律判断の対象外とする理論。

参考：砂川裁判と米国の介入
米軍駐留を違憲とする一審判決後、米国が藤山愛一郎外相や田中最高裁長官と秘密裏に交渉していたことが、2008年以降、判明した。翌1960年に控えていた日米安保条約改定への影響を懸念したものといわれる。

政府見解で示された〝武力行使の三要件〟

一九七二年の政府見解には、日本国憲法の下で集団的自衛権の行使は認められないとする論理が細かく展開されていた。

日本が武力を行使できるのは、「日本国民の権利が他国からの武力攻撃により根底から覆《くつがえ》される急迫《きゅうはく》・不正の事態に対処《たいしょ》するため、やむを得ない場合」であり、そのような事態とは「日本に対する急迫・不正の侵害に対処する場合」だから、「他国への武力攻撃」を武力で阻止すること、つまり集団的自衛権はここに含まれないと結論している。

八五年九月二七日の内閣答弁書では、九条のもとで許容《きょよう》されるいわゆる〝武力行使の三要件〟(左図)が示された。七二年の政府見解を引き継いで、日本が自衛の措置《そち》として武力を行使できる条件を三ヶ条に示したもので、「事態が該当《がいとう》するか否《いな》かの判断は政府が行う」とした。

日本独自の集団的自衛権の〝解釈〟

その二九年後の二〇一四年七月一日、第二次安倍内閣が「安全保障法制の整備について」と題する閣議決定を行い、その中で〝武力行使の三要件〟の拡大を提示した。「自衛のために必要最小限度の範囲で集団的自衛権の行使を認める」としたことで、国会内外で集団的自衛権をめぐる論議が高まった。特に国民的関心を集めたことは初めてだったといってよい。

自国への攻撃に対処するための個別的自衛権が憲法上認められるかどうかですら議論の的《まと》となってきた日本で、自国が攻撃されていない場合の武力行使を認める集団的自衛権が議論になる素地《そじ》はほとんど無かった。しかし東西冷戦後の世界の安全保障環境の急激な変化、緊迫の度を増しつつある近年の極東《きょくとう》情勢などから、外交・防衛上の抑止《よくし》力としての日米同盟強化のために、日本独自の〝解釈〟による集団的自衛権に踏み込む必要があったということなのだ。

■自衛権と自衛隊に関する主な政府見解(要旨)

●鳩山一郎内閣統一見解 1954年

自衛権は独立国が当然に保有する権利で、憲法はこれを否定しない。憲法により放棄される戦争、武力の行使および武力による威嚇は「国際紛争を解決する手段としては」であり、他国からの武力攻撃を武力で阻止することは含まれず、違憲ではない。

●大村襄治防衛庁長官答弁 1954年

憲法9条は、独立国として日本が自衛権を持つことを認めているので、自衛隊のような自衛のための任務を有し、その目的のため必要相当な範囲の実力部隊を設けることは、違憲ではない。

●参議院決算委員会提出資料 1972年

日本が国際法上、集団的自衛権(自国と密接な関係にある外国に対する武力攻撃を、自国が直接攻撃されていないにもかかわらず、実力をもって阻止することが正当化されるという地位)を有していることは、主権国家である以上当然。しかし国権の発動としてこれを行使することは、以下の考え方により、憲法の容認する自衛の措置の限界を超えるものであって許されない。

①憲法前文および13条より、日本がみずから存立を全うし国民が平和のうちに生存することまでも放棄していないことは明らかで、そのために必要な自衛の措置を禁じているとは解されない。

②しかし、平和主義を基本原則とする憲法が、その自衛の措置を無制限に認めているとは解されない。自衛の措置は、外国の武力攻撃によって国民の生命、自由および幸福追求の権利が根底から覆されるという急迫・不正の事態に対処し、国民の権利を守るためのやむを得ない措置としてはじめて容認されるので、そのために必要最小限度の範囲に留まるべきだ。

③そうだとすれば、憲法上武力の行使が許されるのは、日本に対する急迫・不正の侵害に対処する場合に限られ、したがって、他国に加えられた武力攻撃を阻止することを内容とする集団的自衛権の行使は、憲法上許されない。

●森清衆議院議員の質問主意書に対する内閣答弁書　武力行使の三要件　1985年

憲法9条の下で認められる自衛権発動としての武力行使は、政府は従来から

①日本に対する急迫・不正の侵害があること
②これを排除するために他の手段がないこと
③必要最小限度の実力行使にとどまるべきこと

という三要件に該当する場合に限られると解しており、該当するか否かの判断は政府が行う。

●安倍晋三内閣閣議決定　武力行使の三要件①の拡大　2014年

……現在の安全保障環境に照らして慎重に検討した結果、日本に対する武力攻撃が発生した場合のみならず、**日本と密接な関係にある他国に対する武力攻撃が発生し、これにより日本の存立が脅かされ、国民の生命、自由及び幸福追求の権利が根底から覆される明白な危険がある場合**[1]において、これを排除し、日本の存立を全うし、国民を守るために他に適当な手段がないときに、必要最小限度の実力を行使することは、**従来の政府見解の基本的な論理**[2]に基づく自衛のための措置として、憲法上許容されると考えるべきであると判断するに至った。

1 2015年の「安保法制」で“存立危機事態”とされた事態。
2 1972年政府見解の①および②を指す。

湾岸戦争で受けた日本政府のトラウマ

東西冷戦期、日本は国連平和維持活動（ＰＫＯ）に対して消極的だった。日本を守る最小限度の〝自衛力〟として存在する**自衛隊が、海外に出ることは想定されていなかった**[1]からだ。しかし冷戦終結後に起きた湾岸戦争（一九九一年）では、米ソ協調のもとで国連安保理が機能し、武力行使を担保《たんぽ》したため、日本は多国籍軍への明確な支持、つまり〝人的貢献《こうけん》〟を求められる。日本は初めて自衛隊の海外派遣《はけん》という難題に正面から向き合うことになった。

自民党政権は〝人的貢献〟を法制化すべく「国連平和協力法案」を急ぎ国会に提出したが、参議院の過半数割れなどで政権基盤が弱かったため廃案《はいあん》に。結果、湾岸戦争における日本の国際貢献は、多国籍軍への一三〇億ドルの資金提供となった。この金額は多国籍軍の戦費総額の二四％にのぼったが、〝人的貢献〟をしない日本に米英を中心として批判が起きた。加えて戦争終結後、クウェート政府の感謝決議から日本は除外され、〝お金を出しても評価されない〟ことが日本政府のトラウマになった。

自衛隊の海外派遣と「ＰＫＯ協力法」

湾岸戦争は一九九一年二月に終結したが、その一ヶ月前、「自衛隊法」を根拠にした航空自衛隊輸送機による難民輸送が政令で認められている。さらに戦争終結の二ヶ月後には、同法の枠内《わくない》での海上自衛隊掃海《そうかい》部隊がペルシャ湾の機雷除去（掃海）活動に派遣された。これらのことにも、〝人的貢献〟を求める国際世論を無視できなかった日本政府の苦慮《くりょ》が読み取れる。

国会が、国連その他の国際機関が行う人道的な国際救援活動に参加するための文民や自衛隊海外派遣の根拠となる「ＰＫＯ協力法」を成立させたのは九二年六月である。〝自衛隊による海外での武力行使〟とならないよう、「ＰＫＯ参加五原則」（左図）が定められた。これでＰＫＯへの自衛隊の部分的な参加が認められ、同年九月、政府は第二次国連アンゴラ監視団に三名の選挙監視要員を、さらに国連カンボジア暫定《ざんてい》統治機構にＰＫＯ要員として自衛隊初の海外派遣となる約六〇〇名の施設部隊などを派遣した。

1 防衛庁・自衛隊発足直前の1954年6月には、参議院で「自衛隊の海外出動を為（な）さざることに関する決議」が行われている。

■日本のPKO参加5原則※(→p.73)

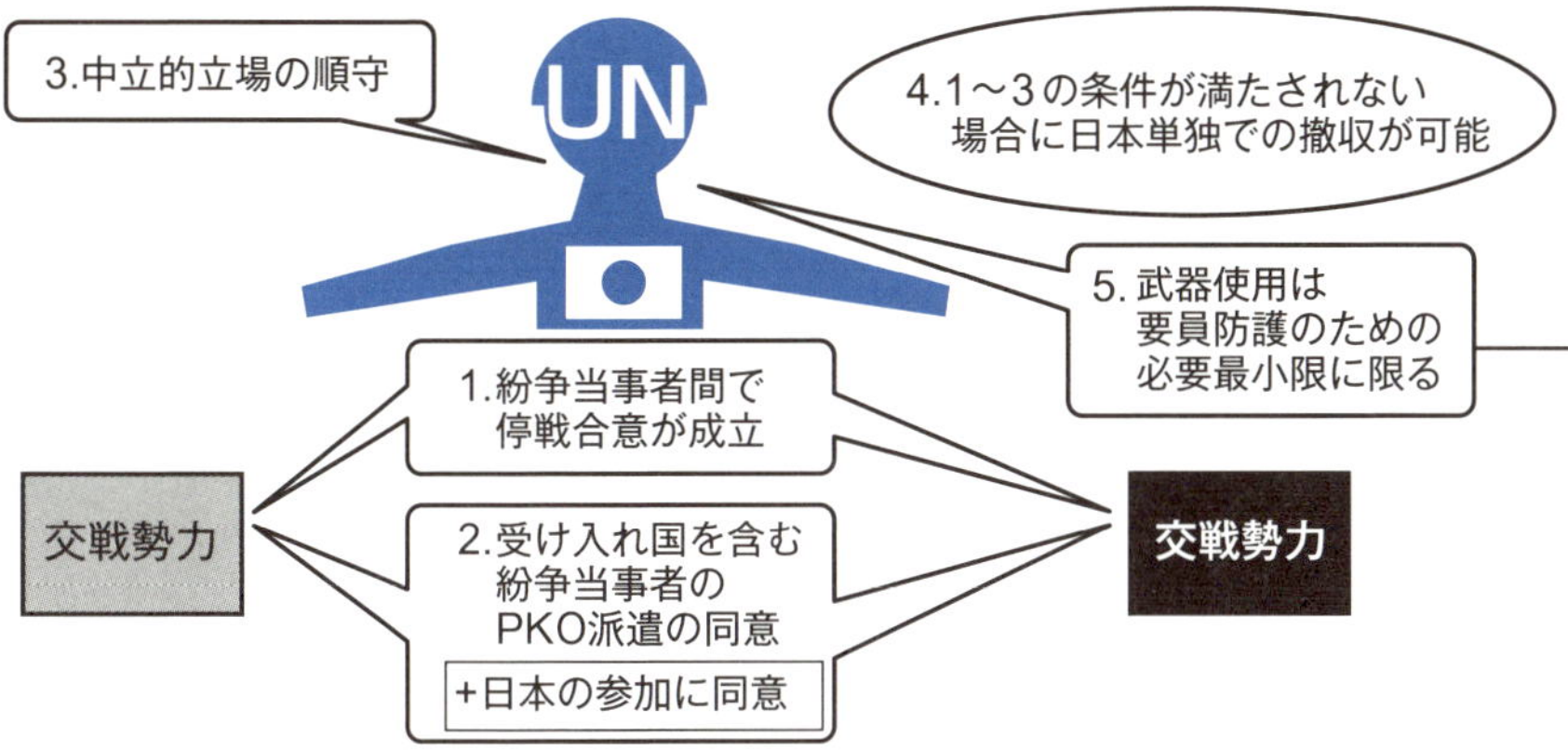
3.中立的立場の順守
UN
4.1～3の条件が満たされない
場合に日本単独での撤収が可能
5. 武器使用は
要員防護のための
必要最小限に限る
1.紛争当事者間で
停戦合意が成立
交戦勢力
2.受け入れ国を含む
紛争当事者の
PKO派遣の同意
+日本の参加に同意
交戦勢力

■自衛隊海外派遣に関する主な出来事

1954年 6月	参院、自衛隊の海外出動を為さざることに関する決議
1958年	国連レバノン監視団へ非武装の停戦監視要員として自衛官10名の派遣を要請されるが、法律違反の恐れがあるとして拒否
1990年 8月	イラク、クウェートに侵攻
1990年10月	国連平和協力法案、国会に提出
1990年11月	国連平和協力法案が廃案 PKO協力法案、国会に提出
1991年 4月	ペルシャ湾機雷掃海活動に海上自衛隊を派遣
1991年12月3日	PKO協力法案、衆院で可決
1991年 1月	湾岸戦争(～2月)
1992年 6月	
1992年 9月 ～93年 9月	国連カンボジア暫定統治機構に停戦監視要員8名とカンボジア派遣施設大隊600名を派遣 (初のPKO参加)
1997年 9月	日米防衛協力ガイドライン改定
1998年 6月	改正PKO協力法成立
2006年12月	防衛庁を省に昇格させ、海外派遣を本来任務とする改正防衛省設置法・自衛隊法成立
2007年 1月	防衛省発足

1992年6月

5日未明	参院特別委員会で動議により審議を打ち切り、修正議決
6日未明 ～ 7日	参院本会議開会 参院議運委員長解任決議案の採決で野党が牛歩(11時間半以上) 参院特別委員長問責決議の採決で野党が牛歩(13時間)
8日夜	社会党などが牛歩とりやめ決断
9日未明	参院で修正可決、衆院へ回付
15日	PKO協力法、衆院で修正可決成立

武器の使用と武力行使の関係について政府統一見解　1991年

- 火器、火薬類、刀剣類その他人を直接殺傷し、又は武力闘争の手段として物を破壊することを目的とする機械、道具、装置をその物の本来の用途に従って用いること
- 自己又は自己とともに現場に所在する我が国要員の生命又は身体を防衛することは、いわば自己保存のための自然権的権利というべきもの
- 自衛隊員の上官のもとでいわば個々の隊員の持つ権限を束ねる形で武器を使用することはあり得る

※「UN」についてはp.73参照

警察予備隊の発足《ほっそく》

一九四五年八月、敗戦国になった日本に、米極東《きょくとう》軍を主体とした連合国の占領軍がやって来て、陸・海軍の解体と武装解除を行った。占領軍の任務は敗戦で混乱した国内の治安維持《ちあんいじ》と、外国の侵攻に備える防衛だった。ところが五〇年六月に朝鮮半島で戦争が起き、駐日《ちゅうにち》占領軍は朝鮮国連軍として派遣される。この思わぬ事態で、日本国内の治安・防衛は空白を生じた。

その空白を埋めるべく連合国軍最高司令官総司令部（GHQ）は、日本国民による警察予備隊を発足させる。これより前の四八年、洋上警備・救難及び交通の維持を担当する文民組織として海上保安庁が設置されている。そのモデルになったのは、米国の湾岸警備隊だ。五〇年には海上警備力の強化のための増員が図《はか》られた。

警察予備隊は当初、GHQ民事局の軍事顧問《こもん》団の指導下にあった。最初の緊急募集では五倍以上の競争率の中、一八歳から三五歳までの七万四一五八名が入隊した。

警察権と自衛権

その名が示すように警察予備隊は、国民の生命・財産及び公共の秩序《ちつじょ》を守るという〝警察権〟を行使するのが目的だった。したがって、装備は隊員個人が持つ小銃と四八〇台の車両のみ、隊員すべてが二等巡査《じゅんさ》であり、正規の幹部は任命されなかった。装備の非力《ひりき》さと組織の統率力の弱さは、日本の再軍備に否定的だったGHQ司令官のD・マッカーサー元帥《げんすい》の意向《いこう》を反映《はんえい》したものだといわれる。

しかし、朝鮮戦争において北朝鮮支援のために中国人民義勇軍が参戦したことで、米極東軍司令官を兼務していたマッカーサーは危機感をつのらせる。その結果、警察予備隊は重装備化へと方針転換した。駐日占領軍の主力が朝鮮半島に派遣されて弱体化した日本の防衛力を、警察予備隊で補《おぎな》おうとしたのである。この方針転換は、日本が独立国家として自ら主権を守る〝自衛権〟の行使へ一歩近付いたことを意味していた。

用語集
総論
戦後の世界
日本の防衛
安保法制
国際情勢
資料
カラー地図

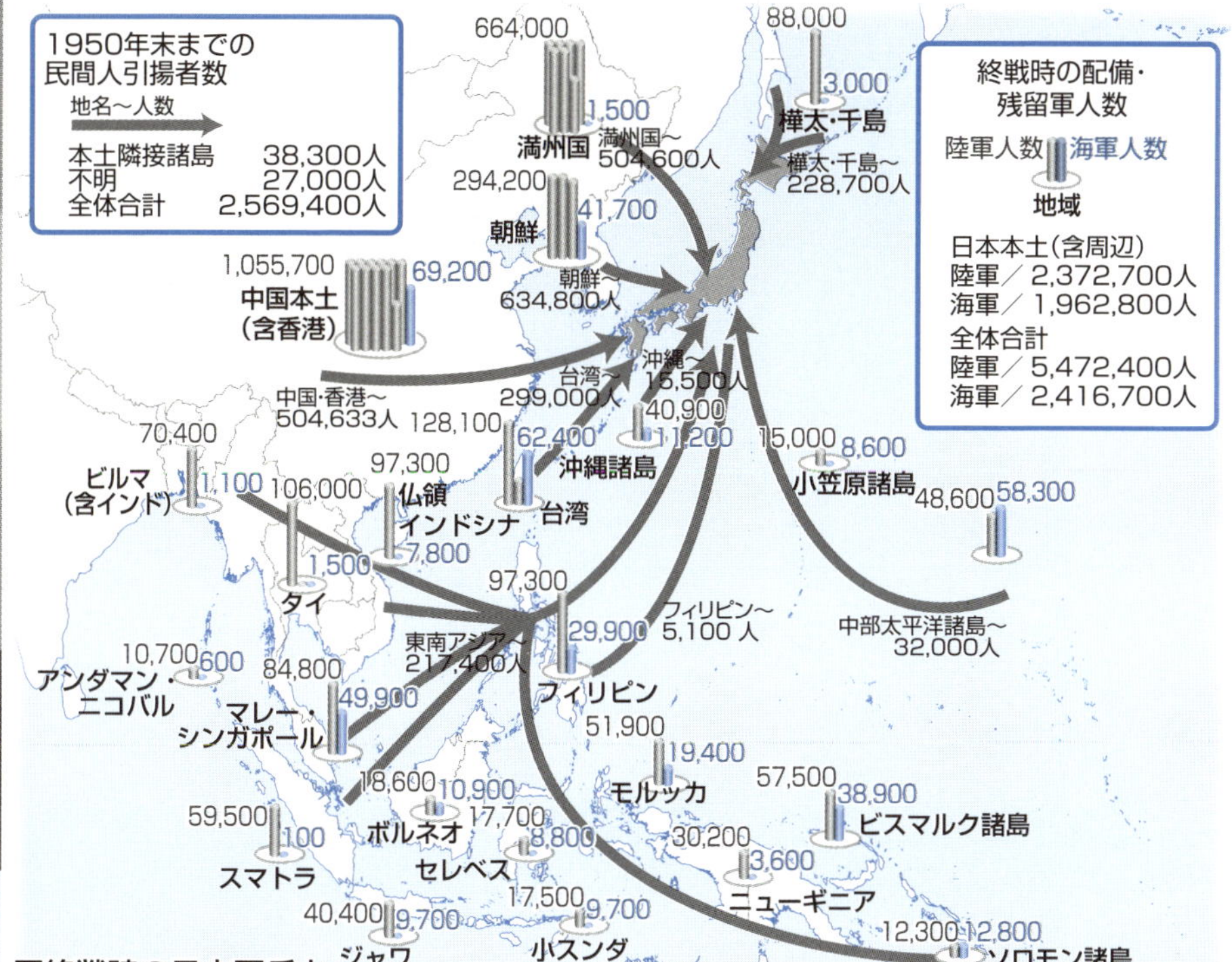

■終戦時の日本軍兵力

■警察予備隊の組織図

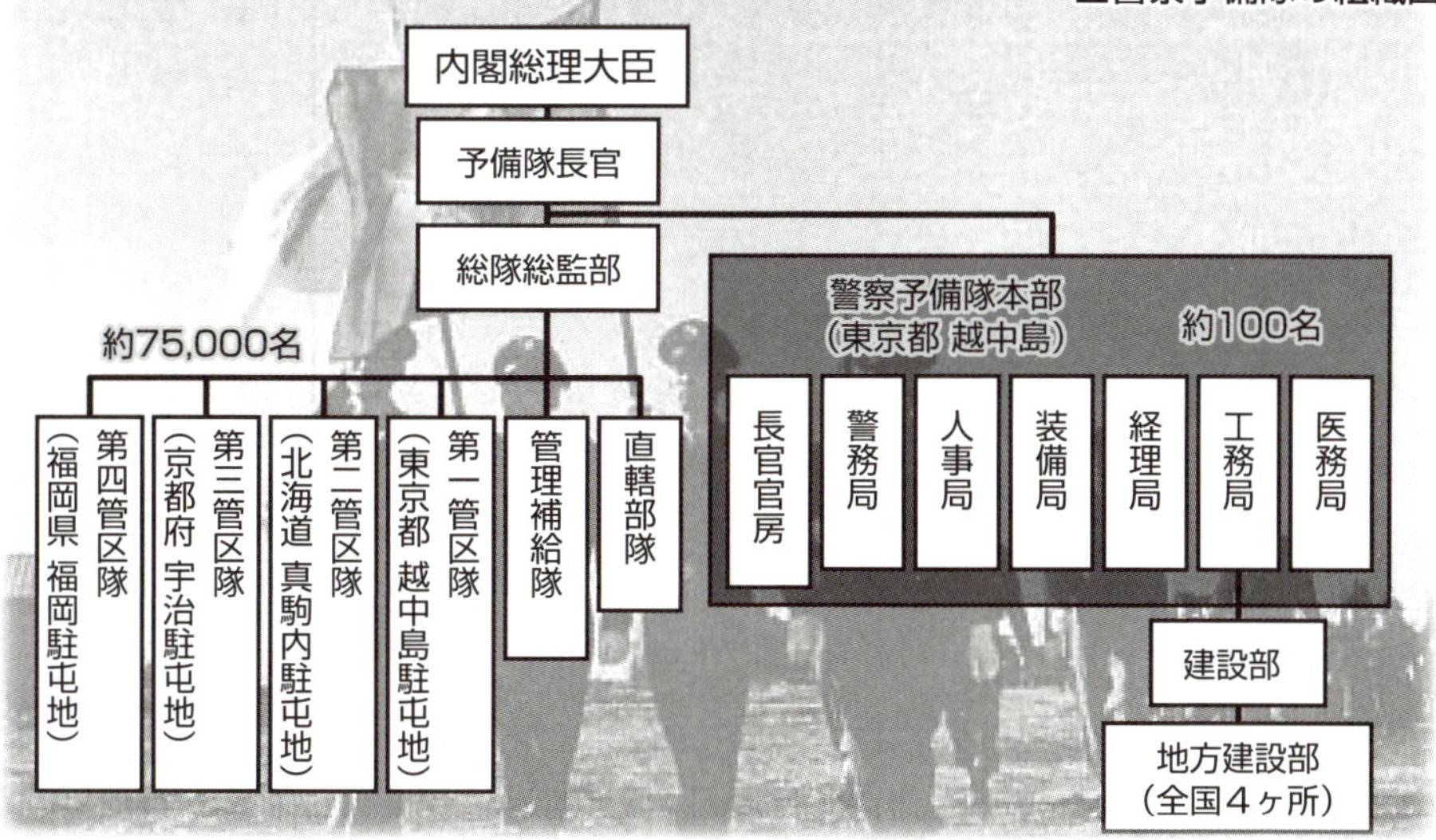

保安隊を経て陸上自衛隊に

一九五二年七月、駐日占領軍《ちゅうにち》の撤退《てったい》に伴《ともな》い「保安庁法」が制定され、翌八月に保安庁が発足《ほっそく》。警備隊と、警察予備隊を再編した保安隊が置かれる。この法律で保安隊は、〝自衛のための部隊〟として位置づけられた。

当初「警察力の不足を補《おぎな》う」ことを目的にしていた警察予備隊が再編されたことで、〝警察権〟と〝自衛権〟の行使主体の分離が行われたのだ。ちなみに当時の警察機構は、国家地方警察と自治体（市町村）警察の二本立てだったが、五四年施行の「警察法」のもとで警察庁・都道府県警察に一本化され、現在に至っている。

五四年三月、「日米相互防衛援助協定」が結ばれ、日本は〝自国の防衛力の増強〟の義務を負《お》うことになる。これを受けて同年六月に「自衛隊法」と「防衛庁設置法」が制定され、防衛庁が発足した（七月）。保安隊は〝国防〟という新たな任務を与えられた陸上自衛隊に改編されることになり、全隊員の六％（約七三〇〇名）が宣誓《せんせい》拒否をして辞職した。

海上保安庁から派生《はせい》した海上自衛隊

四方を海に囲まれた日本の海上警備は、米国の沿岸警備隊をモデルにした海上保安庁（一九四八年発足）が担《にな》っていた。中核になったのは高等商船学校の出身者だったが、五二年に海軍兵学校出身の旧海軍士官を中核とする海上警備隊が庁内に設置され、同年の保安庁発足と同時に掃海《そうかい》部隊と共に移管、警備隊となった。この警備隊が、防衛庁発足に伴い海上自衛隊の母体となったのだ。

現在、海上保安庁は国土交通省の外局《がいきょく》として、領海及び排他《はいた》的経済水域（ＥＥＺ）の保安や消防活動などを主な任務とし、対処《たいしょ》目標は民間船舶に限られる。それに対して海上自衛隊は主に他国の軍艦・軍用機・ミサイルなどを対処目標とし、防衛大臣の海上警備行動の発令を受けて洋上の警備行動を行う。また海上保安官と海上自衛官の国家公務員としての立場は、前者が一般職であるのに対し、後者は特別職という違いがある。

他方、**航空自衛隊**[1]には前身組織がなく、米軍の協力のもとで新設された。

1 1951年に警察予備隊への航空機導入が決まり、米軍・対日軍事顧問団（1953年設置）等の協力で教育・準備が始まった。前身を持たない新しい組織として発足した当初は、保有する航空機はすべて米軍から提供されたものだった。

用語集
総論
戦後の世界
日本の防衛
安保法制
国際情勢
参考資料
付録地図

■保安庁設置当初の組織
（1952年8月1日）

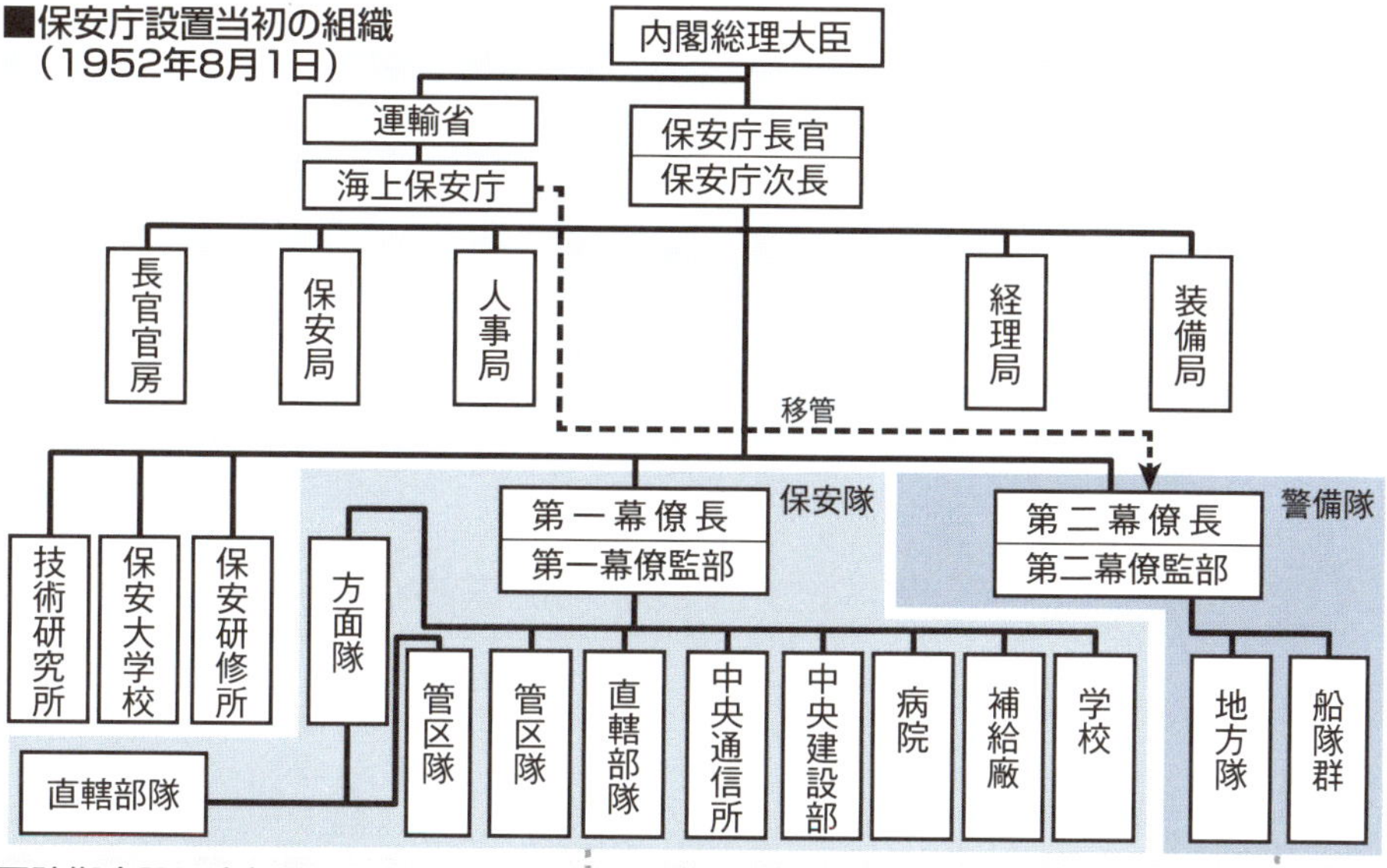

■防衛庁設置当初の組織
（1954年8月10日）

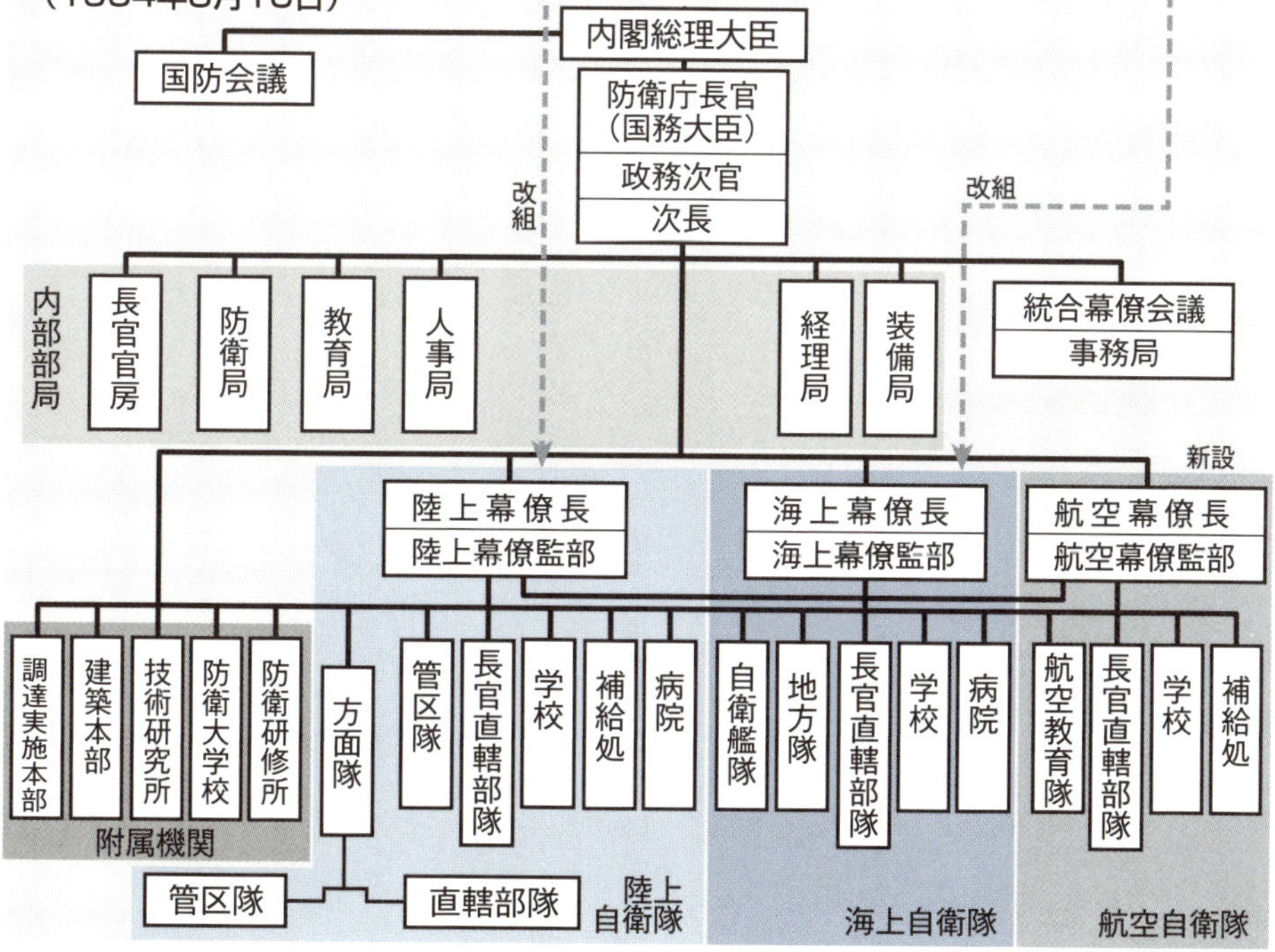

「憲法違反」の批判の中で

自衛隊が文字通り自衛権の行使主体として存立《そんりつ》したことで、国内では〝憲法違反〟との声が高まった。なかでも憲法九条二項の「陸海空軍その他の戦力は、これを保持しない。国の**交戦権**[1]はこれを認めない。」という条文を根拠にした自衛隊批判が巻き起こったのだ。

憲法にこの条文が加えられた背景には、日本の再軍備を阻止《そし》しようとする連合国軍最高司令官総司令部（GHQ）の意思と、それに同意した日本政府の〝不戦〟の思いがあった。しかし前述のように、朝鮮戦争が憲法の理念とかけ離れた現実をもたらし、その対応のためにGHQ及び米国の意向《いこう》を受けて自衛隊が発足《ほっそく》したという経緯《けいい》を無視するわけにはいかない。

無論、法的にも外交上も自衛隊は軍隊でないことになってはいるが、装備や部隊編成、階級制など外形上は軍隊そのものである。〝憲法違反〟という声に対し、政府は「自衛隊は必要最小限度の〝自衛力〟であり、限度を超えるものが〝戦力〟である」と説明してきた。

国民が支持した災害派遣

政府は、自衛隊の〝自衛力〟につき、他国からの武力攻撃に自衛権を行使して対処《たいしょ》する必要最小限度の武力を行使する能力として例外的に認められるとしてきた。国家の主権を脅《おびや》かす武力攻撃や侵略《しんりゃく》が行なわれた場合に、阻止《そし》する手段は武力しかないからだ。

戦後七〇年間、日本は幸いにも武力行使の局面を迎えることがなかった。その意味では憲法の理念が実現していると言えるが、自衛隊の存在抜きには語れない。隊員は〝国を守る志《こころざし》〟を抱いて入隊し、有事には命がけでことにあたると宣誓《せんせい》し、訓練を受けているのだ。

憲法に矛盾《むじゅん》するとの自衛隊批判は今なお存在するものの、国民の大多数は自衛隊を容認するようになった。その大きな理由が、災害時の自衛隊の活動である。近くは二〇一一年三月一一日に発生した東日本大震災で一〇万名規模の災害派遣を行い、多くの人命を救い、インフラ復旧に尽力《じんりょく》した。その様子をテレビで見た国民からは、献身《けんしん》的な隊員の姿に感動したという声が数多く寄せられた。

1 政府の解釈では、戦いを交える権利という意味ではなく、「交戦国が国際法上有する種々の権利の総称」であり、「日本を防衛するため必要最小限度の実力行使として相手国兵力の殺傷および破壊等を行うことは、交戦権の行使としてそれを行うこととは別の観念のもの」としている（1981年政府答弁書）。

■自衛隊災害派遣までの流れ

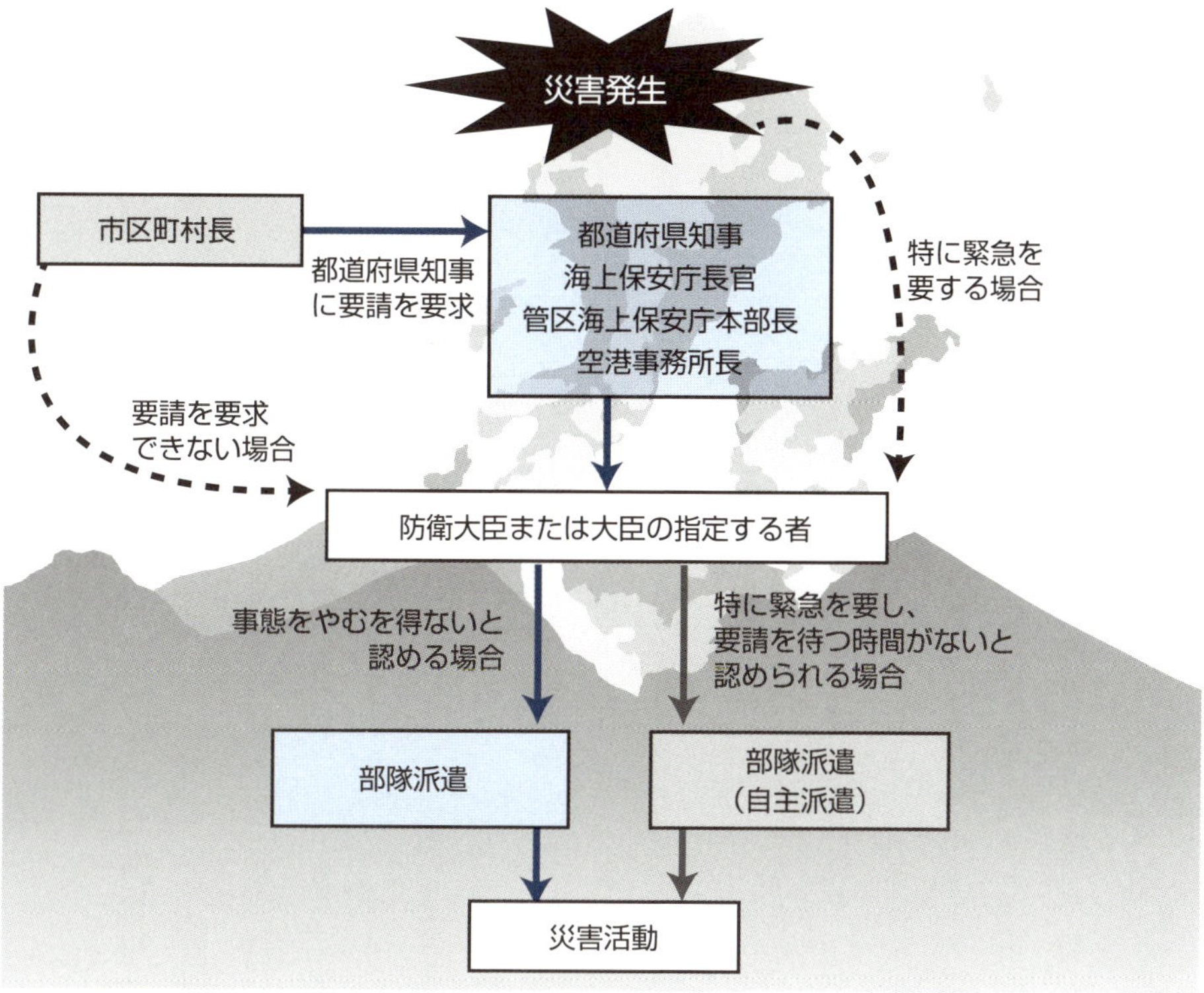

■災害派遣などにおける自衛隊の待機態勢

共通	●待機 震度5以上の地震が発生した場合は、速やかに情報収集できる態勢
陸上自衛隊	●待機（人員約2800人、車両約470両、航空機約30機） 全国で初動対処部隊が24時間待機、命令受領後、1時間を基準に出動
海上自衛隊	●艦艇待機 地方総監部所在地ごとに、1隻の初動対応艦を指定 ●航空機待機（約20機） 各基地において、15分～2時間を基準に出動
航空自衛隊	●対領空侵犯措置のための待機 ●航空救難および緊急輸送任務のための待機（約20機） 各基地において、15分～2時間を基準に出動 ※震度5強以上の地震が発生した場合は、 待機している航空機を任務転用して情報収集などを実施

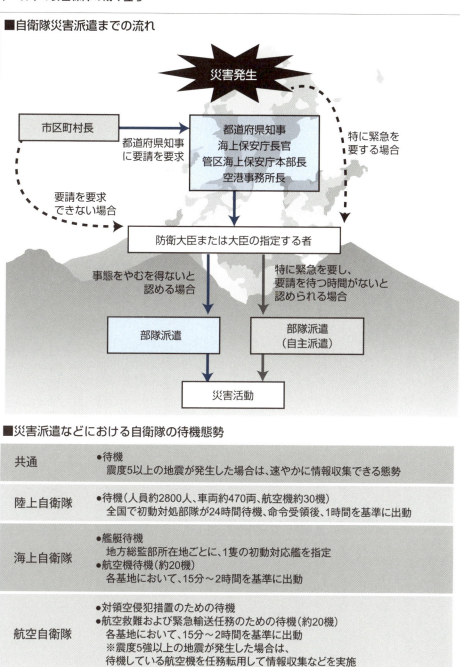

自衛隊の任務——国家の主権を守り、安全を保つ

自衛隊の任務は、「我が国の平和と独立を守り、国の安全を保つため、我が国を防衛することを主たる任務とし、必要に応じ、公共の秩序《ちつじょ》の維持に当たる」ことである（「自衛隊法」三条）。

したがって、国家の主権を脅《おびや》かす武力による攻撃や侵略《しんりゃく》に備え、有事の際はそれに対処《たいしょ》するのが主要任務で、領土・領海・領空の防衛を目的に陸上・海上・航空の三自衛隊が配置されている。

日本は六八〇〇余の島々で構成され、世界六位の排他《はいた》的経済水域（ＥＥＺ）を有する広大な海域に囲まれているため、自衛隊は平素《へいそ》から領海・領空とその周辺の海・空域で常時継続的な情報収集及び警戒監視を行っている。

国際法上、国家はその領空に対して完全かつ排他的な主権を持つ。領空侵犯《しんぱん》の恐れに対しては、公共の秩序を維持するための〝警察権〟の行使として航空自衛隊が〝対領空侵犯措置《そち》〟を行う（「自衛隊法」八四条）。

〝シビリアン・コントロール〟の原則に基づく

自衛隊は〝文民統制《とうせい》〟の原則のもと、**文民**[1]で構成される内閣、立法府である国会の統制下にある。この原則は〝シビリアン・コントロール〟ともいい、民主主義国家における軍事に対する政治の優先を意味する。内閣には安全保障に関する重要事項の審議《しんぎ》機関として国家安全保障会議（ＮＳＣ）が置かれ、国会は自衛官の定数、主要組織などを法律・予算の形で議決し、「防衛出動」などの承認《しょうにん》を行う。

自衛隊の最高指揮監督権は内閣の長である総理大臣が持ち、防衛大臣が隊務を統括《とうかつ》する。防衛大臣が自衛隊に対して命令できるのは「海上警備行動」以下で、それより上位の「警護出動」や「治安出動」、最上位の「防衛出動」の命令権は総理大臣にある。防衛大臣の下で自衛隊を統合運用するために置かれているのが統合幕僚監部《ばくりょうかんぶ》で、陸・海・空の三幕僚長から選任される統合幕僚長が統括する。

1 日本政府による定義では「旧陸海軍の職業軍人の経歴を有する者であって、軍国主義思想に深く染まっていると考えられる者」及び「自衛官の職に在る者」以外の者を指す（1973年 内閣法制局資料）。なお英語の"civilian"は、軍人や聖職者との対比において「一般人、民間人」という意味。

■自衛隊の任務

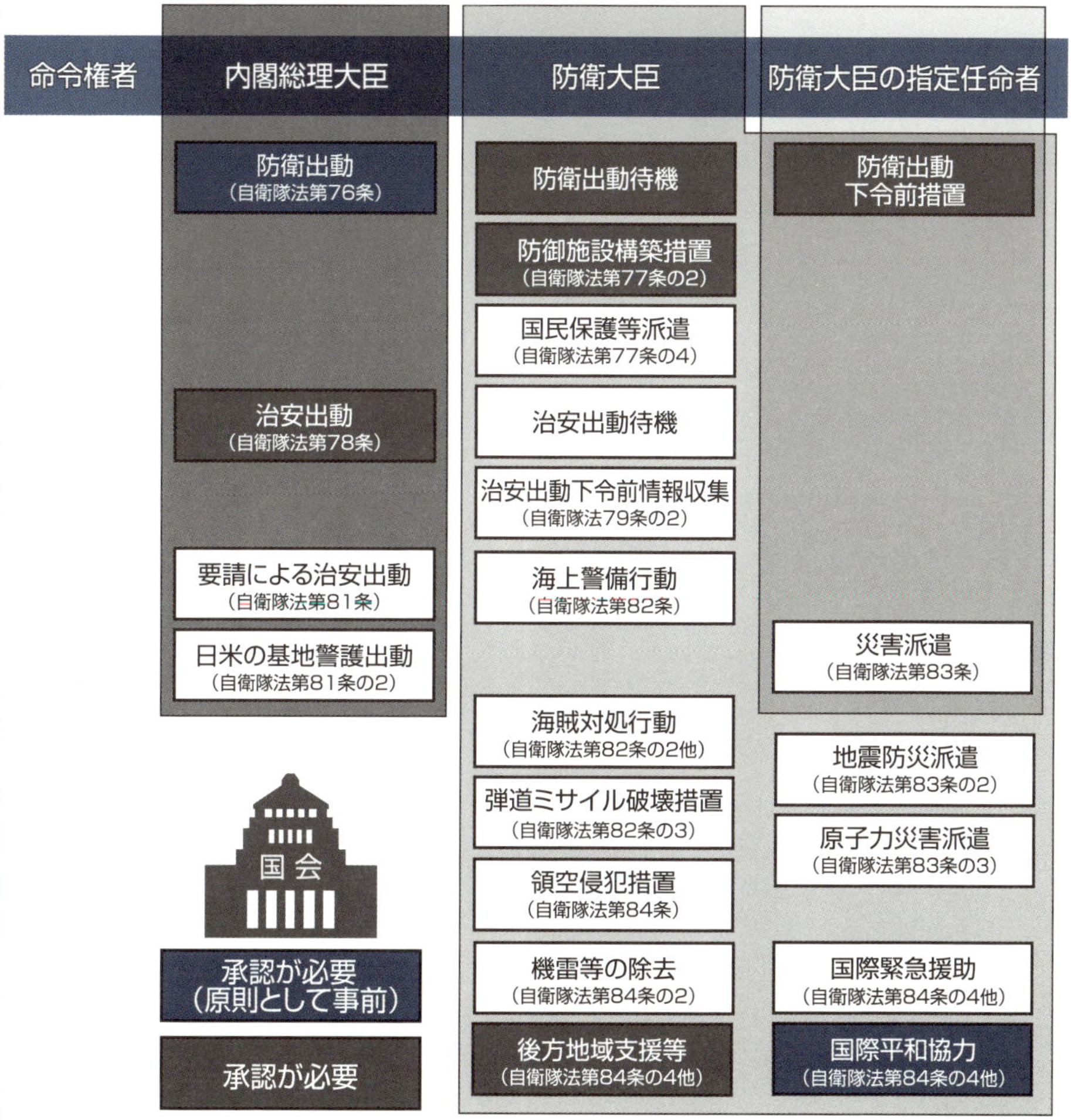

自衛官の階級

自衛隊は「軍隊」ではないことを前提に、階級の呼称を旧軍とは異なるものにしている。

—陸上自衛隊の例—

階級（現在）	※幕僚長	将	将補	1佐	2佐	3佐	1尉	2尉	3尉	准尉	曹長	1曹	2曹	3曹		士長	1士	2士
旧陸軍の階級（廃止時）	大将	中将	少将	大佐	中佐	少佐	大尉	中尉	少尉	准尉	曹長		軍曹	伍長	兵長	上等兵	一等兵	二等兵

自衛隊旗

陸軍御国旗

※ 法令上は階級ではないが、一般の将とは区別して大将相当の扱いを受ける。

〝本来任務〟になった国際平和協力活動

自衛隊は一九九二年九月の国連カンボジア暫定統治《ざんてい》機構への施設部隊派遣を一回目として、国連平和維持活動（ＰＫＯ）に関わってきた。以来、カンボジア、ゴラン高原、東ティモール、ネパール、南スーダンなどで国際平和協力活動を実施し、高い評価を得ている。

当初、国際平和協力は自衛隊の〝付随《ふずい》的な業務〟とされてきたが、防衛庁が防衛省へ昇格した二〇〇七年に〝本来任務〟と位置づけられた。また、人道的な貢献《こうけん》やグローバルな安全保障環境の改善という観点から、国際協力の推進を目的にした国際緊急援助活動にも取り組んでいる。

この活動には、災害の規模や要請内容に応じて①応急治療、防疫《ぼうえき》活動などの医療活動 ②ヘリコプターなどによる物資・患者・要員などの輸送活動 ③浄水装置を活用した給水活動 などの協力に加え、自衛隊の輸送機・輸送艦などを活用した人員や機材の被災地までの輸送などが含まれる。

予防外交・紛争防止を旗印《はたじるし》に

自衛隊のＰＫＯ活動が開始された一九九二年、国連のＢ・ガリ事務総長は「平和への課題」と題する提案を行い、武力による紛争が発生する前に平和維持部隊を緊張地域に派遣する〝予防展開〟という構想を打ち出した。その中で、新しい概念《がいねん》として提起《ていき》されたのが「予防外交」である。これは国内的または国際的な紛争の発生や拡大を未然に防止するための非強制的（非軍事的）な活動によって、平和的紛争解決を図《はか》ることを意味する。

二〇〇九年、日本政府はＰＫＯへのより積極的な参加を目指し、ＰＫＯの展開に際して国連から加盟国に対する要員派遣の打診《だしん》の迅速《じんそく》化・円滑《えんかつ》化を目的とする国連待機制度（ＵＮＳＡＳ）に登録した。その内容は輸送・施設・司令部要員などの派遣である。ちなみに、陸上自衛隊では先遣《せんけん》隊が派遣予定地に展開して活動準備ができる体制を整え、待機部隊は各方面隊などから持ち回りで派遣候補要員をあらかじめ指定している。

用語集
総論
戦後の世界
日本の防衛
安保法制
国際情勢
参考資料
付録地図

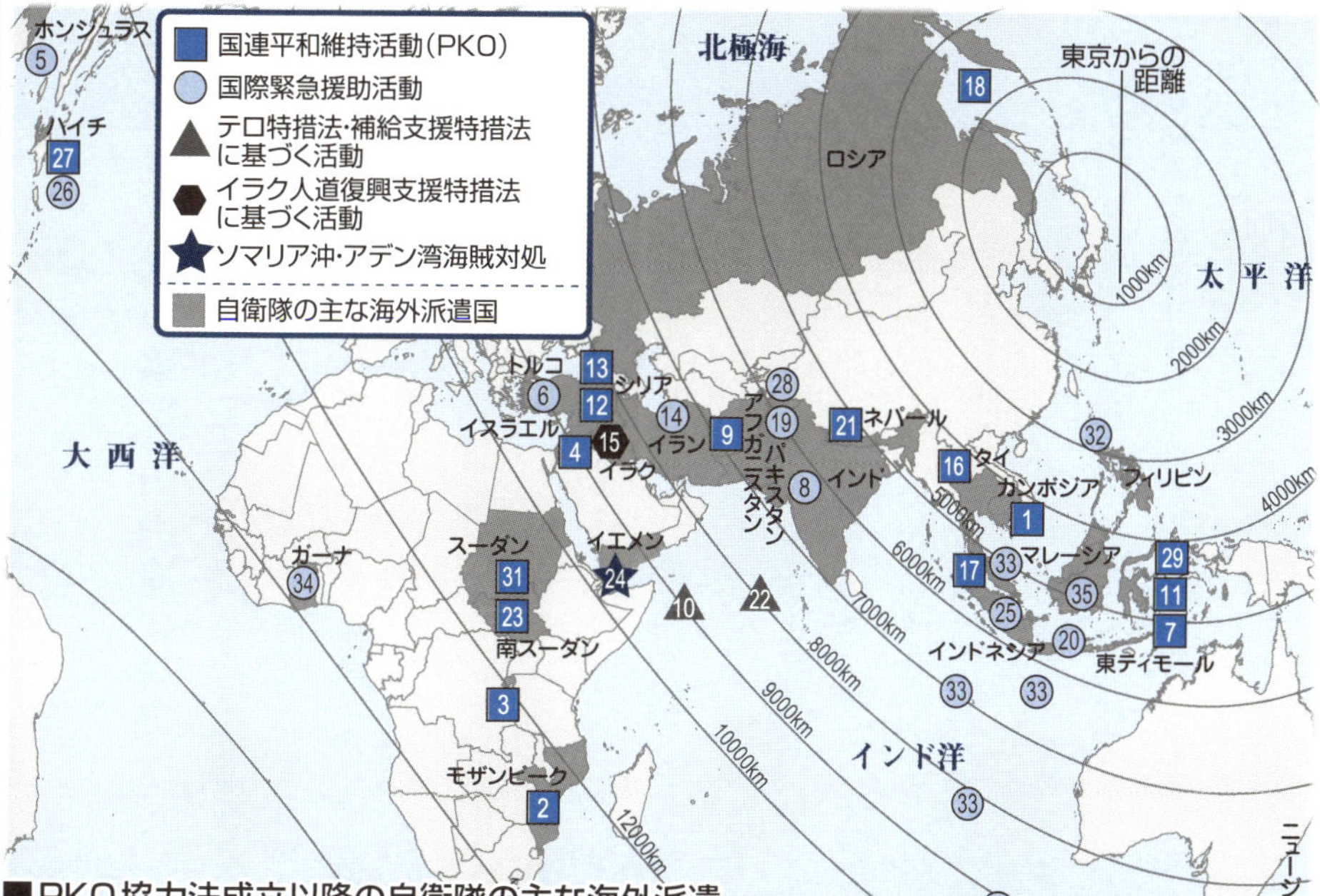

■PKO協力法成立以降の自衛隊の主な海外派遣

1	1992年 9月～93年 9月	国連カンボジア暫定機構
2	1993年 5月～95年 1月	国連モザンビーク活動
3	1994年 9月～94年12月	ルワンダ難民救援
4	1996年 2月～13年 1月	国連兵力引き離し監視隊
5	1998年11月～98年12月	ホンジュラス国際緊急援助活動
6	1999年 9月～99年11月	トルコ国際緊急援助活動に必要な物資輸送
7	1999年11月～00年 2月	東ティモール難民救援
8	2001年 2月～	インド国際緊急援助活動
9	2001年10月～	アフガニスタン難民救援
10	2001年11月～07年11月	テロ特措法に基づく協力支援活動
11	2002年 2月～04年 6月	国連東ティモール暫定行政機構
12	2003年 3月～03年 4月	イラク難民救援
13	2003年 7月～03年 8月	イラク被災民救援
14	2003年12月～04年 1月	イラン国際緊急援助活動に必要な物資輸送
15	2003年12月～09年 2月	イラク人道復興支援特措法に基づく活動
16	2004年12月～05年 1月	タイ国際緊急援助活動
17	2005年 1月～05年 3月	インドネシア国際緊急援助活動
18	2005年 8月～	ロシア連邦カムチャッカ半島沖国際緊急援助活動
19	2005年10月～05年12月	パキスタン国際緊急援助活動
20	2006年 6月～	インドネシア国際緊急援助活動
21	2007年 3月～11年 1月	国連ネパール政治ミッション
22	2008年 1月～10年 2月	補給支援特措法に基づく補給活動
23	2008年10月～11年 9月	国連スーダンミッション
24	2009年 3月～現在	ソマリア沖・アデン湾での海賊対処
25	2009年10月～	インドネシア国際緊急援助活動
26	2010年 1月～10年 2月	ハイチ国際緊急援助活動
27	2010年 2月～13年 2月	国連ハイチ安定化ミッション
28	2010年 8月～10年10月	パキスタン国際緊急援助活動
29	2010年 9月～12年 9月	国連東ティモール統合ミッション
30	2011年 2月～11年 3月	ニュージーランド国際緊急援助
31	2011年11月～現在	国連南スーダン共和国ミッション
32	2013年11月～13年12月	フィリピン国際緊急援助活動
33	2014年 3月～14年 4月	マレーシア国際緊急援助活動
34	2014年12月～	西アフリカ国際緊急援助活動に必要な物資輸送
35	2014年12月～15年 1月	インドネシア国際緊急援助活動

求められる〝有事〟への迅速《じんそく》な対処

自衛隊は〝立法主義《りっぽう》〟を規範とし、その活動は憲法に基づいた法律が根拠で、法律として明文化されていない行動は制限される。実は、ここに自衛隊が抱《かか》えてきたジレンマがある。法律は、一般法(恒久法《こうきゅう》)と特別措置法《そち》(特措法《とくそ》)に大別される。特措法とは、主に緊急事態に関して現行法では適切に対処《たいしょ》できない場合、期限や適用対象を限定して制定・適用される法律(時限立法《じげんりっぽう》)である。

自衛隊の海外派遣の根拠法は一九九二年成立の「PKO協力法」だが、この法律では対処できない事態に対し「テロ対策特措法」(二〇〇一—〇七年)とその後継《こうけい》の「補給支援特措法」(〇八—一〇年)、「イラクの人道復興支援特措法」(〇三—〇九年)などが制定された。特措法は、そのつど法案として国会で審議し、立法化する必要があるので、素早い対処が困難で、日本は諸外国に遅れて活動に参加することになる。したがって、〝有事〟の際に起こり得る**あらゆる事態を想定した一般法の整備**[1]が、急務の課題とされてきた。

一国のみで平和は守れない

日本の安全保障環境は、グローバル(地球規模)なパワーバランスの変化、技術革新の急速な進展、大量破壊兵器や弾道ミサイルの開発及び拡散、国際テロなどの脅威《きょうい》にさらされている。

さらに近年はアジア太平洋地域における問題や緊張が生み出され、海洋・宇宙空間・サイバー空間に対する自由なアクセス及びその活用を妨《さまた》げるリスクが拡散し、深刻化している。もはや日本が、一国のみで平和が守れる状況ではないのだ。

このような中、自衛隊の任務を迅速《じんそく》かつ効果的に遂行《すいこう》するための防衛省改革が進められている。その一つが、自衛隊の統合運用基盤の強化である。従来の陸・海・空の三自衛隊の縦割《たてわ》りによる防衛力整備を排《はい》し、全体の最適化を目指している。いわゆる**制服組**[2]トップの統合幕僚《ばくりょう》長には、自衛隊の運用に関して軍事専門的観点から防衛大臣の補佐を一元的に行う権限が新たに付与《ふよ》された。

1 いわゆる安保法制として2015年に成立した「国際平和支援法」が、これにあたる。→p. 150
2 防衛政策事務を担当する防衛省官僚(文官、背広組)に対し、防衛実務にあたる自衛官を指す。法制上は背広組も含めて「自衛官」として扱われる。

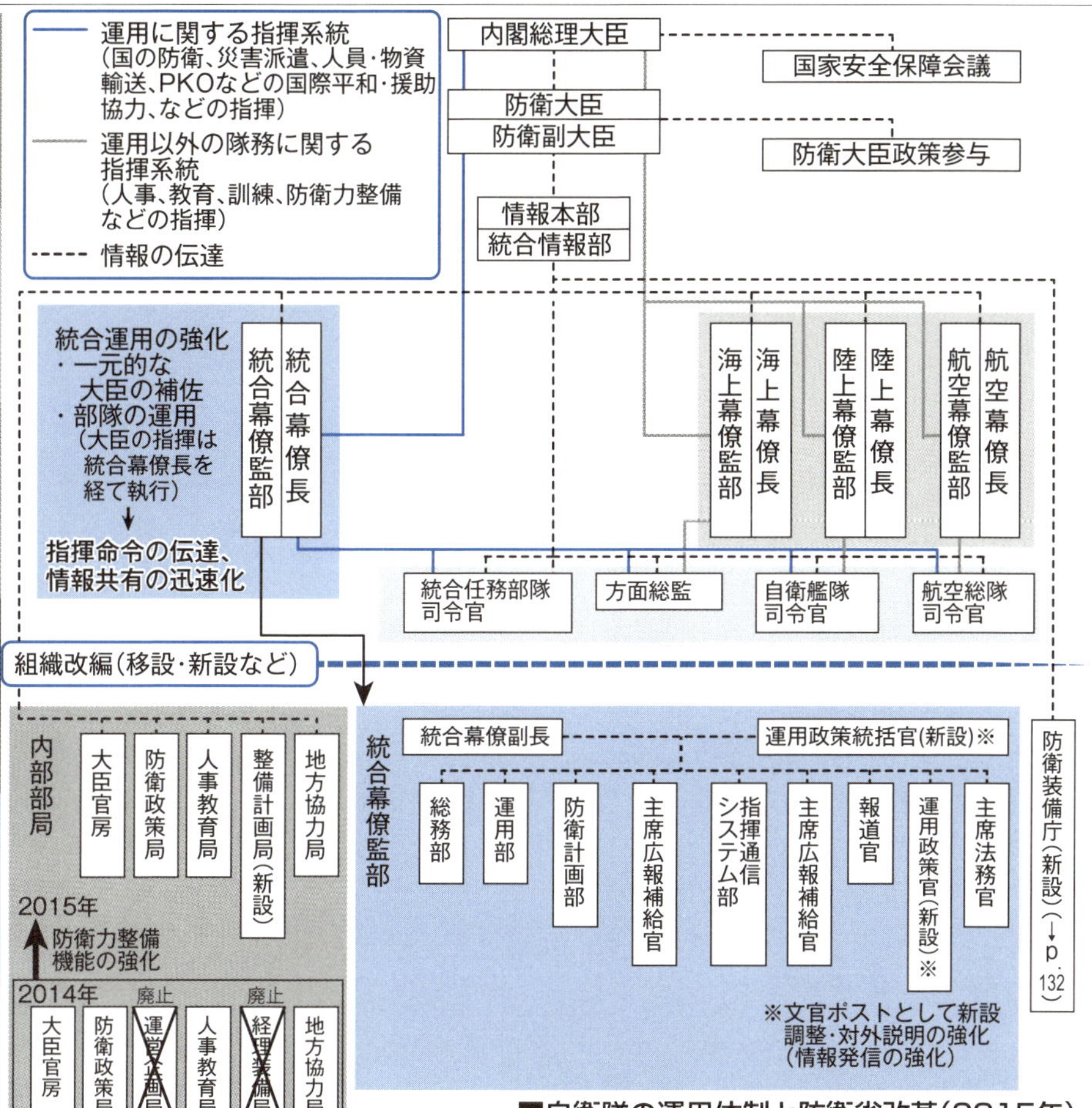

■自衛隊の運用体制と防衛省改革(2015年)

ポジティブ・リストとネガティブ・リスト

規則には、「してもよいこと」を定めるポジティブ・リスト方式と、「してはいけないこと」を定めるネガティブ・リスト方式の2種類がある。実際には2つが混在する規則が多い(例えば交通法規：青信号＝進んでもよい、赤信号＝進んではいけない)。

一般に、軍隊の行動規則はネガティブ・リストで作られる。状況が目まぐるしく変化する紛争の現場では、取りたい行動が「してもよいこと」に合致するかどうかゆっくり検討していられない。「してはいけないこと」を定めておき、それを超えない範囲で判断を行っていくのだ。

対して、自衛隊の行動を規定する自衛隊法などの法律は、ポジティブ・リストになっている。法律に「してもよい」と書いていないことは、してはいけない。現実に起きる状況は、法律の文言をストレートに適用できるとは限らない。危険な状況で難しい判断を迫られることも想定され、懸念する識者もいる。

日米安保体制

一九五一年—現在

「日米安保条約」五条の〝片務《へんむ》〟的条文

日本の安全保障政策の基軸《きじく》となっているのが、日米安保体制である。日本と米国は「日米安保条約」(一九六〇年締結)によって強固な同盟関係を保ち、東西冷戦終結後の九六年には、アジア・太平洋地域の情勢を踏まえて同盟の重要性を再確認する「日米安全保障共同宣言」が両国首脳によって発表された。

日米安保条約は全一〇条で構成され、前文で「両国が国際連合憲章《けんしょう》に定める個別的又は集団的自衛の固有の権利を有することを確認し」ている。北大西洋条約のような集団防衛条約では、〝権利〟である集団的自衛権を相互に行使することを〝義務〟としているが、日米安保条約五条では、共同防衛行動を〝日本の施政《しせい》下において日米いずれか一方に対する武力攻撃があった場合〟(趣旨)とし、日本の領域が攻撃されたときは米国が防衛するが、米国の領域が攻撃されても日本には防衛の義務がないという〝片務《へんむ》〟的な条文になっている。ここに、日米安保条約の特殊性がある。

米軍の国内施設・区域の使用を認めた六条

〝有事〟における米国の日本防衛義務を定めた五条に続く六条は、その見返りに米軍の日本国内の施設及び区域を使用する権利を与えるというものだ。六条は「極東条項《きょくとう》」ともいわれ、米軍の日本駐留《ちゅうりゅう》の目的を日本の安全のみならず「極東における国際の平和及び安全の維持に寄与《きよ》するため」としている。

この条文における極東とは、〝大体においてフィリピン以北、日本及びその周辺地域〟とされているが、日本政府は〝周辺地域には大韓民国及び台湾も含まれる〟と解釈している。そのため台湾の領有権を主張する中国は、この条約の極東の定義に対して反発している。

五条の〝片務性〟に関しては東西冷戦時代から米国内で批判する声があったため、日本政府は在日米軍基地を安定的に運用するうえでの経済及び政治的コストを払ってきた。この負担の中にはHNSや自衛隊の米国製兵器購入も含まれ、これも〝片務性〟をできるだけ少なくしようとする政策の一環《いっかん》なのである。

■新旧日米安全保障条約の比較（主な改訂）

旧日米安全保障条約 （1951年9月8日署名）	問題点	日米安全保障条約 （1960年1月19日署名）
前文 日本国は、本日連合国との平和条約に署名した。日本国は、武装を解除されているので、平和条約の効力発生の時において固有の自衛権を行使する有効な手段をもたない。 無責任な軍国主義がまだ世界から駆逐されていないので、前記の状態にある日本国には危険がある。よつて、日本国は平和条約が日本国とアメリカ合衆国の間に効力を生ずるのと同時に効力を生ずべきアメリカ合衆国との安全保障条約を希望する。（下略）	←日本が十分な防衛力を持たなかったために、占領米軍の駐留延長を求めたもので、日本の立場が弱い。 1954年に自衛隊が発足し、実態にそぐわなくなった。	改訂 第三条 締約国は、個別的に及び相互に協力して、継続的かつ効果的な自助及び相互援助により、武力攻撃に抵抗するそれぞれの能力を、憲法上の規定に従うことを条件として、維持し発展させる。
	→相手国への武力攻撃も自国の平和・安全の脅威と見なし、行動することを義務化。	改訂 第五条 各締約国は、日本国の施政の下にある領域における、いずれか一方に対する武力攻撃が自国の平和及び安全を危うくするものであることを認め、自国の憲法上の規定及び手続に従つて共通の危険に対処するように行動することを宣言する。（第2項略）
第一条 平和条約及びこの条約の効力発生と同時に、アメリカ合衆国の陸軍、空軍及び海軍を日本国内及びその附近に配備する権利を、日本国は、許与し、アメリカ合衆国は、これを受諾する。この軍隊は、極東における国際の平和と安全の維持に寄与し、並びに、一又は二以上の外部の国による教唆又は干渉によつて引き起された日本国における大規模の内乱及び騒じようを鎮圧するため日本国政府の明示の要請に応じて与えられる援助を含めて、外部からの武力攻撃に対する日本国の安全に寄与するために使用することができる。	←日本国内の内乱等を鎮圧する可能性が米軍にある。（内乱条項） 削除 ←米軍が日本を防衛することが義務ではない。	アメリカの日本防衛義務化に伴う日本からの便宜提供。（片務性の緩和） 第六条 日本国の安全に寄与し、並びに極東における国際の平和及び安全の維持に寄与するため、アメリカ合衆国は、その陸軍、空軍及び海軍が日本国において施設及び区域を使用することを許される。（第2項略）

■吉田茂
旧日米安保条約に署名した首相。

■岸信介
新日米安保条に署名した首相。

対等なパートナーシップに向けて

日米安保体制が目指すのは、日本の安全のみならず、〝極東《きょくとう》における平和及び安全の維持〟である。これは米国の対極東戦略の根幹《こんかん》であり、在日米軍の存在の根拠になっている。

しかし前ページのように、日米安保条約で米国は日本を防衛する一方的な〝片務《へんむ》的義務〟を負《お》っているため、日本政府は憲法九条の行政解釈の範囲内で、米国の極東戦略に関して、でき得る限り対等なパートナーシップに向けた努力をしてきた。

その一例が一九七八年度から実施している「在日米軍駐留《ちゅうりゅう》経費負担（ＨＮＳ）」だ。米軍の駐留を円滑《えんかつ》かつ安定的にするための施策《しさく》として、財政事情に配慮しつつ日本政府が自主的に行なってきたものである。さらに二〇〇七年からは、米海軍を主体にした艦艇《かんてい》が域内各国を訪問し医療活動や土木事業及び文化交流などを行う「パシフィック・パートナーシップ」[1]へ、自衛隊医官や部隊などを派遣している。

日本政府が自主的に負担する米軍の駐留経費

在日米軍の駐留経費として日本政府が自主的に負担をしているのは、①駐留軍等労働者の福利費等（一九七八年度から）②提供施設整備費等（七九年度から）③労務費（八七年度から）③光熱水料等（九一年度から）④訓練移転費（九六年度から）である。

二〇〇七年には在日米軍再編を促進するための特別措置《そち》法（再編特措法）が施行《しこう》され、再編が実施される地元市町村に対する再編交付金や、公共事業に関する補助率の特例などの制度が設けられた。なお一〇年には、ＨＮＳの〝包括《ほうかつ》的見直し〟が行なわれ、日米両政府は経費負担全体の水準について特別協定の有効期間中（一一年度～一六年度）は一〇年度予算額（一八八一億円）を目安《めやす》に維持することとした。したがって一七年度予算では、ＨＮＳに対する見直しが行なわれることになる。これによって、日本政府が米国の対極東戦略に今後どのように関わるかが判明すると言ってもよいだろう。

1 2007年より行われている活動。米国海軍を主体とする艦艇が域内各国を訪問し、医療活動、文化交流を行う。その際に各国政府、軍、国際機関、NGOとの協力を通じ、参加国の連携強化、災害支援活動の円滑な運用を図る。

■日本政府による在日米軍関係経費（平成27年度（2015）防衛省予算）

在日米軍の駐留に関する経費（防衛関係予算3,725億円）

- ・周辺対策　590億円
- ・施設の借料　971億円
- ・リロケーション　7億円
- ・その他（漁業補償など）　258億円

計1,826億円

在日米軍駐留経費負担（1,899億円）

- ・提供施設整備（FIP）　221億円
- ・労務費（福利費など）　262億円

計483億円

ホストネーションサポート（HNS）

SACO関係経費（46億円）

- ・土地返還のための事業　5億円
- ・訓練改善のための事業　2億円
- ・騒音軽減のための事業　3億円
- ・SACO事業円滑化事業　25億円

計34億円

米軍再編関係経費（1,426億円）

- ・在沖米海兵隊のグアムへの移転　17億円
- ・沖縄における再編のための事業　271億円
- ・米陸軍司令部の改編に関係した事業　1億円
- ・空母艦載機の移駐などのための事業　926億円
- ・訓練移転のための事業（施設整備関係など）　0.2億円
- ・再編関連措置の円滑化を図るための事業　158億円

計1,374億円

特別協定による負担（1,481億円）

- ・労務費（基本給など）　1,164億円
- ・光熱水料等　249億円
- ・訓練移設費（NLP）　3億円

計1,416億円

- ・訓練移転費　12億円（訓練改善のための事業の一つ）
- ・104号越え射撃訓練
- ・パラシュート降下訓練

- ・訓練移転のための事業　52億円
- ・米軍再編にかかる米軍機の訓練移転

防衛省関係予算以外

- ・財務省、環境省予算分（基地交付金など）
- ・提供普通財産借上試算

四捨五入しているため、合計値については計算が合わないことがある。

在日米軍関係経費

在日米軍の維持に必要な労働力は、「日米地位協定」により“日本の援助を得て充足される”ことになっている。地位協定および「日米地位協定第24条についての特別な措置を定める協定（特別協定）」を根拠に、“日米安保体制の円滑かつ効果的な運用を確保するための日本の自主的な努力”によって在日米軍の駐留を補助するために負担している経費を“ホストネーションサポート（HNS、「接受国支援」などと訳す）”と呼ぶ（本文参照）。為替相場の変動や物価の上昇により在日米軍基地で働く日本人の賃金（円で支払われる）が高騰したことから1978年に地位協定の規定外の予算計上が始まり、87年に初めて特別協定が結ばれた。78年当時の金丸信・防衛庁長官の言葉から“思いやり予算”と呼ばれることもあるが、批判的な文脈で用いられることが増えたため、政府はホストネーションサポートを“在日米軍駐留経費”と呼んでいる。

SACO関係経費とは、「SACO（沖縄に関する特別行動委員会）最終報告」に基づく沖縄県民の負担軽減策（→p.120）を実施するための経費、米軍再編関係経費とは、米軍再編に伴う移転に際する地元の負担軽減措置に関わる経費だ。

問題視されてきた「日米地位協定」

日米安保条約六条を受けて、在日米軍の施設・区域の使用のあり方や米軍の地位について定めた国会承認条約が、「日米地位協定」だ。この条約は全二八条からなり、その前身は旧安保条約下で締結《ていけつ》された「日米行政協定」（一九五二年）である。この協定は旧日米安保条約の改定の際（六〇年）、国会で強行採決され、十分に審議《しんぎ》されないまま今に至っている。

現在、日本国内にはおよそ一三〇ヶ所の米軍基地が置かれ、約五万名の米兵・軍属《ぐんぞく》、その家族約四万名が駐留《ちゅうりゅう》している。これらの地位（身分）や権利を保証するのが「地位協定」で、国際協定として認められている。しかし日米地位協定は、基地や米軍が日本の法律のコントロール（規制）を受けない不平等協定として長らく問題視されてきた。その要点は、①基地が期限の定めなく使用目的や条件を厳しく限定しないままであること ②米軍や米兵・軍属にさまざまな特権が与えられていること である。

刑事裁判管轄《かんかつ》権をめぐる対応

日米地位協定における最大の論点は、一七条に定める刑事裁判管轄権である。ここでは、在日米軍の兵士・軍属が日本で起こした事故や刑事事件の裁判権が日米のどちらにあるかという競合《きょうごう》関係を細かく設定しているが、被疑《ひぎ》者の身柄《みがら》引き渡しに関して日米間でトラブルが生じることが多い。米兵・軍属が〝公務外〟で罪を犯した場合、日本の警察が現行犯逮捕すれば、被疑者の身柄は日本側が確保し続け、第一次裁判権は日本にあるとしている。

他方、「公務執行中の作為《さくい》又は不作為《ふさくい》から生ずる罪」に対しては、米国が被疑者の身柄を拘束《こうそく》し第一次裁判権を行使する。例えば二〇〇四年八月、沖縄国際大学の敷地内に米海兵隊のヘリコプターが墜落《ついらく》したケースでは幸い死傷者は出なかったが、もし日本人の被害者が出た場合の第一次裁判権は米国にあると解釈される。それを裏づけるように、墜落事故の消火作業後に米軍が現場を封鎖《ふうさ》し、特に沖縄県民の反発を買った。

参考：ドイツとNATO軍の地位協定
基本となる条約及び規定：北大西洋条約（1949年）、地位協定発効年：1955年／改正年：1971年、1981年、1993年
防衛戦力の主体：ドイツ国防軍を含むNATO軍
施設・区域の提供と返還：ドイツ国防軍と同等のドイツ国内法の制限がある。環境保全の責務を駐留外国軍にも負わせる。
刑事責任（米国軍法とドイツ法令との差異がある場合／公務外としても施設内に容疑者がいる場合／公務執行中の認定／差押、証拠検証権限）：派遣国で死刑が科せられる犯罪については、ドイツの裁判権が認められ（死刑制度は無い）、それ以外もドイツは、派遣国に対し裁判権を求めることができる。

■日米地位協定の主な内容

基本となる条約及び規定

日米安全保障条約(地位協定発効年:1960年～　改正なし)
防衛戦力の主体:米国軍(安保条約の片務性)

刑事責任

・公務中の犯罪──►米国にて裁判権の行使
・公務外の犯罪──►基本的に第1次裁判権は日本が有す
・米国軍法と日本法令に差違のある場合──►米国の法令で裁けないものは日本の法令で裁ける
例外──►米国財産、安全に関わるもの、
公務執行中の作為、不作為
・公務外で容疑者が室内にいる場合──►日本が起訴するまでの間、米国が拘束(身柄は米国にあり)
・差押・証拠・検証権限──►操作の実施・証拠収集実施。相互に援助、但し双方が定める期間内に還付

民事上の損害賠償責任

・公務中は日本が国家賠償法により100%賠償
・公務外は米国75%、日本25%の割合で賠償

気象情報の提供

・日本は、米軍に地上・海上気象、気象庁資料、航空気象、地震観測資料(津波を含む)を提供する

施設・区域の提供と返還

・施設区域の使用許諾──►日米合同委員会による施設区域の提供
・当該国施設の利用(試用期間等は非公開)──►日本の臨時使用扱い(米軍提供施設)
米軍の一時使用扱い(日本提供施設)
・返還復旧──►米軍が不要とした場合、返還および原状回復義務を負う
(環境保全、環境アセスメントに伴う補償義務は負わない)

船舶・航空機の出入り

・日本の空港の無償使用、着陸料免除(米軍航空機)
・航空交通管理および通信体系は日本の様式に合す
(航空法特例で米軍機は、航空安全の日本国内法の適用外としているが、運用にて安全を確保と定めている)
・日本の港湾の無償使用(米軍提供施設)
・水先案内の免除(通常日本に通告)
・航行補助施設は日本の法律と合す

軍用車両等の移動

・米軍として認識できるように米軍の認識票とする
・私有車両は、日本国民に適用されるものと同等とする
・軍用車両の移動等については、通行料その他課徴金は免除される
・積載物の検閲基本として日本に通告する

軍人※1・軍属※2および家族の生活

・旅券・査証などは日本の法令適用外(米軍構成員※3)
・日本の外国人登録および管理の適用外(米軍構成員)
・運転免許証は米軍で発行
・輸入品または、軍需品は関税その他課税の免除(赴任等)
・使用する財産については関税を課すが以下例外を除く
例外──►輸入品(最初の赴任時)
車両、部品の輸入品(使用目的)
日常用と目される輸入品
・日本に所有する有体、無体の動産の保有、使用及び移転、死亡による移転において、日本の租税の対象とはならない。しかし、投資、事業における財産は、その対象ではない

※1 正規軍事組織に所属し、正規の軍事訓練を受け、国家により認められ階級を与えられた者
※2 軍人以外で軍隊に所属する者
※3 軍属・軍人とその家族

参考:大韓民国と米軍の地位協定
基本となる条約及び規定:米韓相互防衛条約(1954年)、地位協定発効年:1967年/改正年:1991年、2001年
防衛戦力の主体:米韓両国軍
施設・区域の提供と返還:環境保全の責務を米軍にも負わせる。その為、環境管理基準を２年ごと作成。基地内への大韓民国側立ち入り手続きをとることができる。
刑事責任:殺人強姦等悪質な犯罪を犯し、大韓民国側が逮捕した場合、米国は、身柄引き渡し要求をしない。

日米防衛協力ガイドライン（日米防衛協力のための指針）

一九七八年ー現在

日米両国の行動枠組みを策定

日米安保体制の具体的な方向性・内容を示すために策定《さくてい》されているのが「日米防衛協力のための指針」（以下、ガイドライン）と、その実効性を確保するための諸施策《しさく》である。

ガイドラインでは、日米両国が日本への武力攻撃などに迅速《じんそく》に対応することを目的に、あらかじめお互いの役割を協議し行動枠組《わくぐ》みを決定している。

最初のガイドラインは一九七八年、東西冷戦という当時の国際情勢を背景に、日本に対する武力攻撃への共同対処《たいしょ》方法を中心に策定された。すなわちソビエト連邦の脅威《きょうい》に対する日米両国の行動枠組みが決められ、それに基づき日米の共同防衛体制がとられていたのだ。

ソ連の解体に伴《ともな》う冷戦の終結で、このガイドラインは見直しを迫《せま》られる。冷戦後の同盟力強化をうたった「日米安全保障共同宣言」（九六年）を受けて改定作業が進められ、翌九七年に新たなガイドラインが打ち出された。

国際情勢に対応するための〝見直し〟

九七年のガイドライン改定は、北朝鮮の脅威など〝周辺事態〟への対応と協力を拡大させることを主眼にしていた。ここでは日米間の役割や協力のあり方を、①平素《へいそ》②日本に対する武力攻撃 ③周辺事態 に区分して規定すると共に、適時《てきじ》かつ適切《てきせつ》に〝見直し〟を行うこととされた。

その後、日本を取り巻く安全保障環境には、周辺国の軍事活動の活発化、国際テロ組織の脅威、海洋・宇宙・サイバー空間といった国際公共財（グローバル・コモンズ）の安定利用に対するリスクの顕在《けんざい》化などのさまざまな課題が発生した。さらに自衛隊の活動も海賊対処活動、PKO、国際緊急援助活動というようにグローバルな規模に拡大している。そのため日米防衛協力のあり方を、これらの情勢の変化に対応させる必要が生じた。

二〇一三年の日米首脳会談で、日本政府は米国に対してガイドラインの〝見直し〟の意向《いこう》を伝え、両国間で政策協議が開始された。

■1978・97年の日米防衛協力ガイドライン概要比較

安全保障環境の変化

1989年　冷戦終結

1989年12月、米国のジョージ・H・W・ブッシュ大統領とソ連のゴルバチョフ書記長がマルタ会談において「冷戦の終結」を宣言した。

1993年　北朝鮮核危機

1993年、IAEAによる特別査察の受入を拒否し、同年NPTからの脱退を宣言した。
北朝鮮が準中距離弾道ミサイル「ノドン1」を日本海に向けて発射。

1996年　中台危機

1996年、台湾で初の住民による総統選挙が行われ李登輝政権が発足。
台湾と中国は、お互いに中国は一つであると主張し、一時期は緊張状態がほぐれているかのように見えていたが、李登輝政権で民主化の動きや台湾独立派の動きが活発化し、「一つの中国」を認めない考え方を持つ勢力が増した。中国はその台湾の動向を激しく非難し、台湾独立に対する機運を武力による威嚇によって押さえつけようとした。※1

1997年　日米安全保障共同宣言（本文参照）

↓ 周辺の安全保障環境の変化の影響

1978年ガイドライン 初の「ガイドライン」 日本有事への対応が中心	→	1997年ガイドライン 安全保障環境の変化に対応 日米安保体制の信頼性向上 周辺事態へ協力が拡大
侵略を未然に防止するための姿勢 ・日本は自国のための必要な範囲内で適切な規模の防衛力を保持し、その最効率の運用を確保する姿勢を整備・保持する ・米国は核抑止力の保持・即応部隊を前方展開し、日本に来援するその他兵力を保持する	維持しつつ連携を強化	**平素からの日米協力** ・情報交換・政策協議の実施 ・国際的な軍備官吏やPKO等の分野での協力 ・相互協力計画についての検討や共同訓練の強化
日本に対する武力行使に際しての対処行動力 ・日本は限定小規模侵略を独力で排除独力での排除が困難ならば米軍の来援を待つ	日本の主体性を強調	**日本に対する武力攻撃に際しての対処行動等** ・日本が**主体**となって防衛作戦を行い、米国がこれを補完・支援
日本以外の極東における事態で日本の安全に重要な影響を与える場合の日米間の協力 ・日本は米軍に対し便宜を供与する	日本の役割を拡大	**周辺事態※2における協力** ・救難活動及び避難民への対応、非戦闘退避員活動、船舶検査等で協力 ・米軍に対する施設の提供や後方支援（補給・輸送・整備・衛生・警備・通信等） ・警戒監視、機雷除去の協力

※1 第3次台湾海峡危機
※2 日本周辺地域における事態で、日本の平和と安全に重要な影響を与える事態（→p.144）

共同対処《たいしょ》の成功例「トモダチ作戦」

日米の防衛協力は、軍事面に限ったことではない。二〇一一年三月に起きた東日本大震災では、米軍は「トモダチ作戦」による自衛隊との共同対処《たいしょ》に従事した。その支援活動は、最大時で人員約一万六千名、艦船一五隻、航空機約一四〇機を投入するなどのかつてない規模で行われ、被災者の救助や支援、被災地の復旧に寄与《きよ》したのだった。この共同対処の成功の要因の一つに挙《あ》げられたのが、米軍が日本に駐留《ちゅうりゅう》することで日本の地理・文化に精通《せいつう》していたことだ。

災害時における日米協力体制の整備はさらに進められ、一三年に策定《さくてい》された「南海トラフ巨大地震の対処計画」に日米共同対処要領《ようりょう》が記載されると共に、一四年には日米共同防災訓練（高知県主催）、津波災害対応実践訓練（和歌山県主催）、震災対処訓練（陸上自衛隊東北方面隊主催）などに在日米軍が参加し、災害対応における自衛隊との連携強化が促進された。

共同作戦で必要な同盟調整メカニズム

在日米軍の指揮権は、米太平洋軍司令官が持つ。同軍は米国が保有する九つの**統合軍**[1]の一つで、陸軍・海兵隊・海軍太平洋艦隊・空軍で構成され、司令部はオアフ島（ハワイ）にある。「トモダチ作戦」での在日米軍の指揮は、太平洋軍司令官から指揮権を移譲《いじょう》された太平洋艦隊司令官が、在日米軍横田基地でとっていた。基地内には自衛隊との共同調整所が臨時に設置され、共同作戦計画が策定された。

だが事前の定めがなかったため、共同調整所をはじめとする〝同盟調整メカニズム〟を整えるのには思わぬ時間がかかってしまった。同盟調整メカニズムとは、いわば日米間の意思疎通《そつう》の仕組みのことだ。九七年ガイドラインで初めて設《もう》けることとされた日米の同盟調整メカニズムは、日本の有事および周辺事態の際のみを想定していた。「トモダチ作戦」は、日米共同対処のあり方の課題も明らかにしたのだ。その結果、同盟調整メカニズムを平素《へいそ》から十分に機能させることが、新ガイドライン制定の方向性の一つとなった。

1 大規模作戦行動時の円滑な運用を目的に、陸・海・空軍などの軍種を統合した軍。統合軍司令部が各軍種の垣根を越え、作戦指揮にあたる。米軍は全世界を6つの地域に分けて6統合軍を配置し、さらにいわゆる特殊部隊である特殊作戦軍、核・宇宙・サイバーを担当する戦略軍、大規模な戦略輸送を行う輸送軍を加えた合計9統合軍から構成されている。

■トモダチ作戦に従事する米軍人から記念旗を贈られる北澤俊美防衛大臣（当時、右端）
2011年4月4日、米空母ロナルド・レーガンの上級士官室にて。

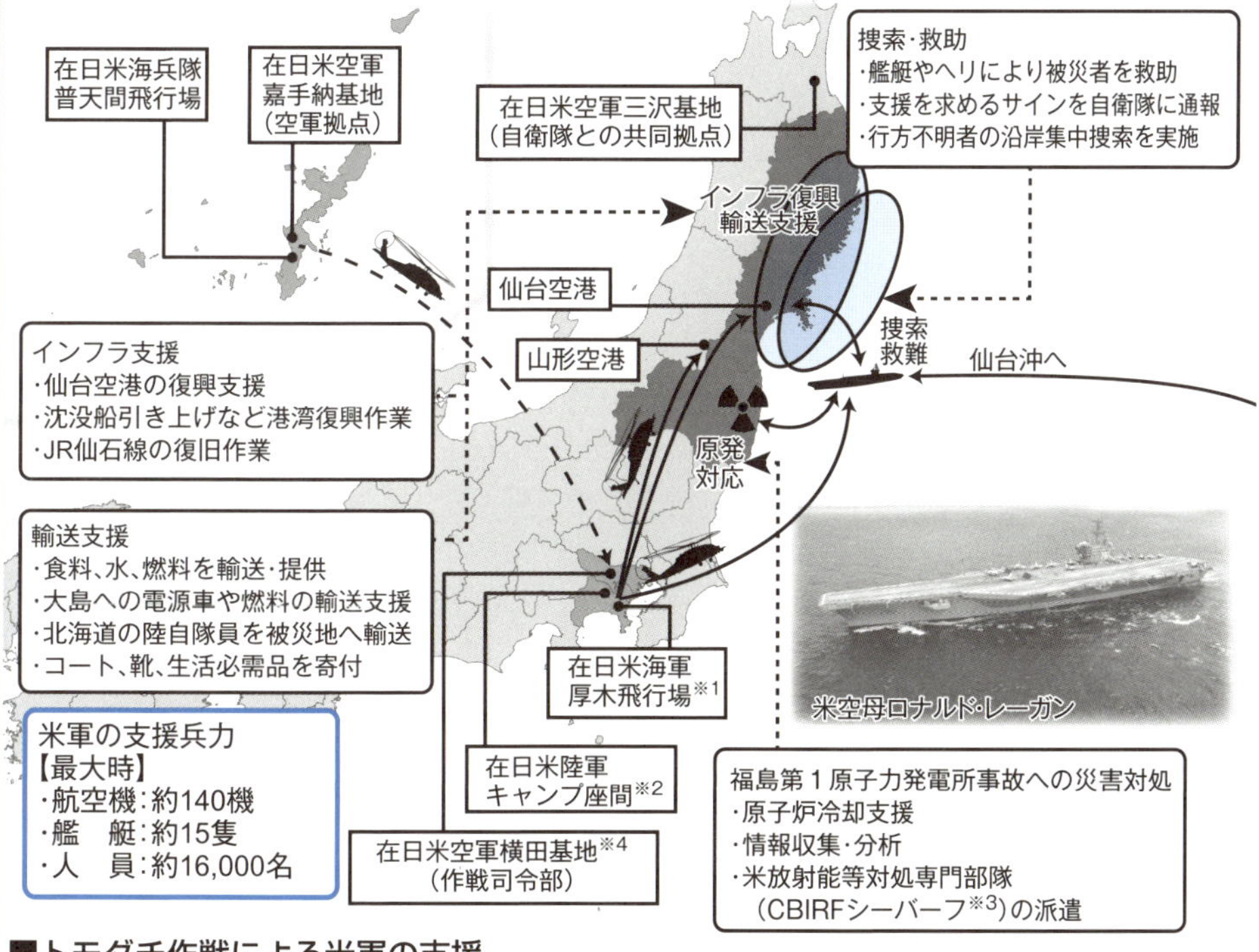

■トモダチ作戦による米軍の支援

※1 米海軍の被災地への人員・物資輸送支援の拠点。沖縄の普天間飛行場から来たヘリコプターや貨物輸送機などが、物資をここから山形空港や東北沖の太平洋上にいる空母ロナルド・レーガンなどに輸送。
※2 米陸軍第１軍団前方司令部。保健物理及び化学生物核放射線プログラム（シーバーフによる放射能の検知・識別、被災者の捜索・搬出、医療除染対処）。
※3 米国海兵隊の化学生物事態対処部隊。生物兵器、化学兵器、核兵器、放射能兵器、高爆発物などによる汚染地域の検知や偵察観測、除染作業や死傷者の搬出や救護などを行う。
※4 防衛省とともに日米調整所の機能を有する。

新ガイドラインの策定《さくてい》に向けて

一九九七年ガイドラインの〝見直し〟作業は、日本の「防衛大綱《たいこう》」及び米国の「四年ごとの国防計画の見直し」（ＱＤＲ）も踏まえつつ行なわれた。

新ガイドラインでは、日米同盟を現代に適合したものとし、また、平時から緊急事態までのあらゆる段階における抑止《よくし》力・対応力を切れ目なく強化し、より力強い同盟関係と、より大きな責任の共有のための戦略を明らかにすることを目標とした。

ガイドラインは両国政府にとって法的権利や義務を生じさせるものではないが、二国間協力のための実効的な態勢《たいせい》の構築を目指している。そのため、日本政府はこれまでのガイドラインでは解消し得ていなかった、日米安保条約で米国が一方的に日本を守る義務を負《お》うという〝片務性《へんむせい》〟の是正《ぜせい》に一歩、踏み込んだ。それが、二〇一四年七月の「自衛のために必要最小限度の範囲で集団的自衛権の行使を認める」とする閣議決定だった。

同盟の実効性を高めるための自衛権解釈

日本政府が「憲法上、集団的自衛権を行使できない」としてきた見解を変え、国家の存立《そんりつ》危機事態に際しては行使できるとしたのは、日米同盟の実効性を高めるための措置《そち》に他ならない。違憲とする批判はあるが、この集団的自衛権は国際法上で認められる権利の全体を指すのではなく、日本の従来の憲法解釈上での極めて狭い範囲に限定されたものなのだ。例えば、日本の周辺で日本防衛のための活動をしている米軍が第三国に攻撃された場合、それが日本の存立に関わる事態ならば自衛隊が米軍を守ることができるということで、他国の領域において日本が自衛隊を派遣《はけん》して武力を行使することは、この**政府見解変更後でも許されない**[1]。

新ガイドラインは二〇一五年四月、日米安全保障協議委員会（ＳＣＣ）が了承したことで決定した。この中核となる方向性が〝日本の平和と安全を確保するため、平時から緊急事態まで、切れ目のない（シームレスな）協力を実現する〟ことである。

1 政府は、いわゆる海外派兵（武力行使の目的をもって武装した部隊を他国の領土・領海・領空に派遣すること）は「自衛のための必要最小限度を超える」ため憲法上許されてないとしている（p.140～143）。

■1997年、2015年のガイドライン概要比較

1997年ガイドライン

- 平素から行う協力
- 日本に対する武力攻撃に際しての対処行動等
- 周辺事態における協力

安全保障環境の変化

日本を取り巻く安全保障環境の厳しさ
- グレーゾーン事態（→p.153）、周辺国の軍事力が強化 ― 中国の軍事力強化　北朝鮮による核ミサイル開発など

グローバルな課題への対応
- 国際テロ、サイバー、宇宙 ― ISなどによる無差別テロ攻撃　アノニマスによる財務省、厚生省サイトへサイバー攻撃　中国による人工衛星の破壊実験←アメリカの反発

自衛隊活動と任務のグローバルな拡大
- PKO、海賊、国際緊急援助活動 ― フィリピンの台風被害やハイチ大地震など派遣・援助　中国四川地震に対する消防救助（自衛隊の派遣は中国側による拒否で見送り）

日本の政策変更
- 集団的自衛権、限定的行使容認（→p.149）

拡大

2015年ガイドライン

日本の平和・安全の切れ目ない維持のための協力強化
- 平時
- 日本に対する脅威への対処
- 日本に対する武力攻撃への対処
- 日本以外の国に対する武力攻撃への対処 ― 存立危機事態　重要影響事態
- 日本の大規模災害での協力

地域間およびグローバルな平和と安全のための協力強化
- 国際共同対処事態への対処
- PKOの拡大
- 国際人道支援
- 国際協力（武力破棄支援等）
- 日本の大規模災害での協力

日米同盟の抑止力・対処力の強化

同盟調整メカニズム（連絡体制の強化）
共同取組（→p.134）

日米安保体制の方向転換

新ガイドラインの策定《さくてい》は、二一世紀において新たに発生している安全保障上の課題に対処《たいしょ》すべく、日米二国間の防衛協力を多様な分野において強化するためのイニシアチブ（構想）や地域協力の推進、及び在日米軍再編の前進をもたらすことなどを目的としている。

この策定に先立つ二〇一一年、在日米軍再編のための「日米ロードマップ」における計画調整が行われ、日米両政府は米海兵隊の沖縄からグアムへの移転、及びその結果として生じる嘉手納《かでな》基地以南の土地返還の双方を、普天間《ふてんま》飛行場の代替《だいたい》施設に関する進展から切り離すことなどを決定した。米国は、国防戦略の重要な柱の一つとしてアジア・太平洋地域での〝リバランス〟（統合軍の配置の見直し）を掲《かか》げ、それに伴《ともな》う在日米軍再編を推進している。

同盟関係にある日本が在日米軍再編に応じた防衛力の強化・拡大を図《はか》ることは、すなわち日米安保体制の方向転換を意味していた。

新しい安全保障法制（安保法制）の整備

日本独自の集団的自衛権行使に踏み込んだ閣議《かくぎ》決定は、「自衛隊法」をはじめとする安全保障関連法の改正を必要とした。

改正法案の作成は内閣官房国家安全保障局が担当し、防衛省・自衛隊も大臣を委員長とする安全保障法制整備検討委員会を立ち上げて検討を行った。その結果、一〇の改正法案を一括《いっかつ》した「平和安全法制整備法」と、「国際平和支援法」（新法）が国会に提出され、審議を経て二〇一五年九月一九日に成立した。

新法は、従来の特別措置《そち》法による後方支援活動が一般法（恒久《こうきゅう》法）でできるようになった点で画期《かっき》的といえる。「武力攻撃事態法」の改正では、集団的自衛権の行使要件として〝存立《そんりつ》危機事態〟を新設した。自衛隊が米軍を後方支援するための「周辺事態法」は「重要影響事態法」になり、〝日本周辺〟という地理的制限なく自衛隊を派遣《はけん》できるとし、後方支援の対象を米軍以外にも広げた。これらの安全保障法制の施行《しこう》は、一六年三月二九日だ。

用語集
総論
戦後の世界
日本の防衛
安保法制
国際情勢
参考資料
付録地図

■2015年のガイドラインの改正点と安保法制の関連

日本の平和と安全	2015年ガイドライン	安保法制（→第3章）
平時 （グレーゾーン事態を含む）	**警戒監視** 何か起きた、又は何か起きそうな時には、すぐに必要な行動を開始できるように、日本の領域とその周辺を、常に見張っているという活動。 **米艦などアセット防護** 日本を防衛している米軍の艦船や戦闘機など武力攻撃から自衛隊が守ること。（米軍が攻撃をまだ受けていないのに自衛隊が米軍を防護すること）。	自衛隊法改正
重要影響事態	**後方支援の拡大** 日本の周辺で緊急事態（武力攻撃など）が発生したときに、自衛隊によるアメリカ軍の行動の支援を拡大。	周辺事態法改正
存立危機事態 （集団的自衛権）	**機雷掃海** 機雷とは水中に設置され、通り掛かった船舶に反応して起爆する爆発兵器。機雷には主に3種類ある（係維、沈底、浮遊）。掃海とは機雷を除去する作業。 **弾道ミサイル防衛** 弾道ミサイルが発射し飛来するおそれがある場合に、ミサイルを爆発前に打ち落とすこと。 **船舶検査** 日本国領海または日本国周辺の公海で、排他的経済水域を含む不審船または工作船とみられる船の検査。船内に立ち入り積荷及び目的地を検査・確認し、必要に応じて船舶の航路または目的地の変更を要請する活動。	自衛隊法改正 武力攻撃事態法改正
武力攻撃事態 （個別的自衛権）	**島嶼防衛** 島嶼とは大小さまざまな島のこと。情報収集、警戒監視、兆候を早期に察知し、ミサイルなどの武力攻撃から島を守ること。	（同上）
国際社会の平和と安全	国際的な紛争で米軍や多国籍軍を後方支援	国際平和支援法（新法）
	人道復興支援活動 治安維持活動	PKO協力法改正
	船舶検査による海洋安全保障	船舶検査法改正

在日米軍基地問題

一九五一年—現在

在日米軍基地とは？

米軍基地は日本国内におよそ一三〇ヶ所あり、八〇ヶ所余りが米軍専用、他は自衛隊と用地を共用している。

米軍が戦略上で特に重視している基地が、空軍の三沢《みさわ》（青森県）と嘉手納《かでな》（沖縄県）、海軍の横須賀《よこすか》（神奈川県）と佐世保《させぼ》（長崎県）である。空軍は三沢にF-16の、嘉手納にF-15の二つの大きな戦術航空団があり、在日米軍司令部がある横田《よこた》（東京都）は、極東《きょくとう》地域全体の輸送中継ハブ基地（兵站《へいたん》基地）としての機能を持つ。なお横田基地には朝鮮戦争（休戦中）における国連軍後方司令部が置かれ、二〇一二年以降は航空自衛隊の航空総隊司令部なども常駐《じょうちゅう》し、日米両国が共用している。

在日米陸軍の主な基地は相模原《さがみはら》、座間《ざま》（共に神奈川県）などであるが、いずれも戦闘部隊ではない。在日米海軍も戦闘部隊ではなく、第七艦隊が日本に停泊《ていはく》する際、艦船や航空機の整備その他の後方支援を行う部隊として存在する。

在日米軍駐留に関する枠組《わくぐ》み

米軍には陸・海・空軍及び海兵隊・沿岸警備隊の五軍がある。海兵隊の在日基地は、キャンプ富士《ふじ》（静岡県）と岩国《いわくに》航空基地（山口県）以外はすべて沖縄県にあり、在日米軍基地問題は沖縄関連で語られることが多い。

在日米軍施設・区域および在日米軍の行政上の地位に関しては「日米地位協定」に規定されている。これには、在日米軍が使用するための施設・区域の提供に関する定め、在日米軍が必要とする労務需要《ろうむじゅよう》の充足に関する定めなどがある。

施設・区域の提供は、日本政府が日米合同委員会を通じた両国政府間の合意によって行い、民有地や公有地は所有者との間で賃貸借《ちんたいしゃく》契約などを結んでいる。しかし合意が得られない場合は「駐留《ちゅうりゅう》軍用地特措《とくそ》法」に基づき、土地所有者に対する損失補償《ほしょう》を行った上で、使用権原《けんげん》を取得することとしている。また、在日米軍を維持するために必要な従業員は、日本政府が雇用《こよう》している。

参考：米国が直接防衛する国

太平洋に浮かぶ島国、パラオ・マーシャル諸島・ミクロネシア連邦は、自国の軍隊を持たず、米軍に防衛を委任している。これらの国々は、国際連盟時代に日本が「委任統治」を行っており、第2次世界大戦後、米国による「信託統治」（p.36 注1参照）に移行した。その後1994年までに、3ヶ国と米国との間に「自由連合盟約」が締結され、国家の防衛権及び外交権の一部を米国の管轄下においたまま独立国となったものである。

■在日米軍基地の兵員数推移（1952～2014年）

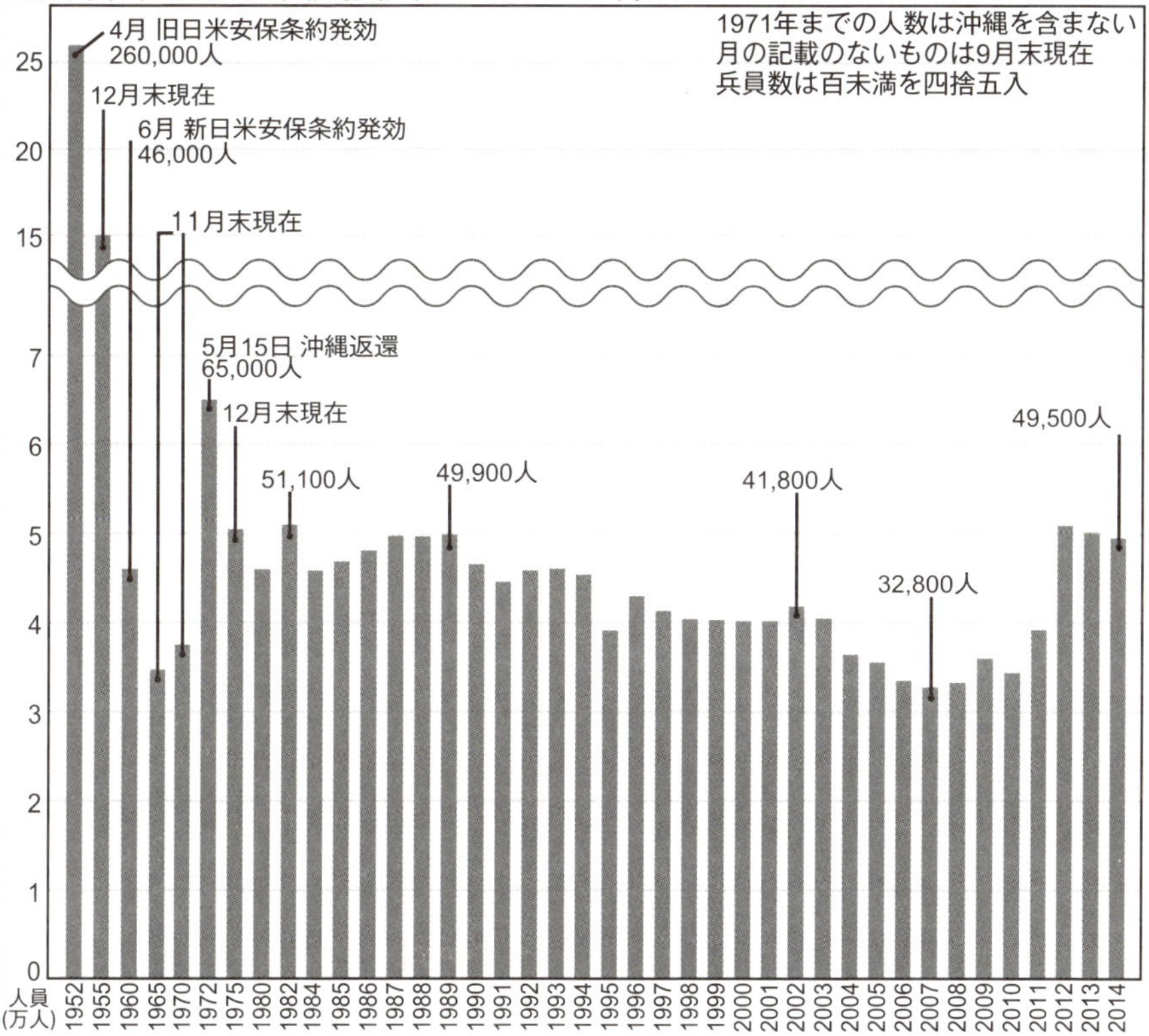

■在日、在韓、太平洋地域の米軍兵員数（2015年）

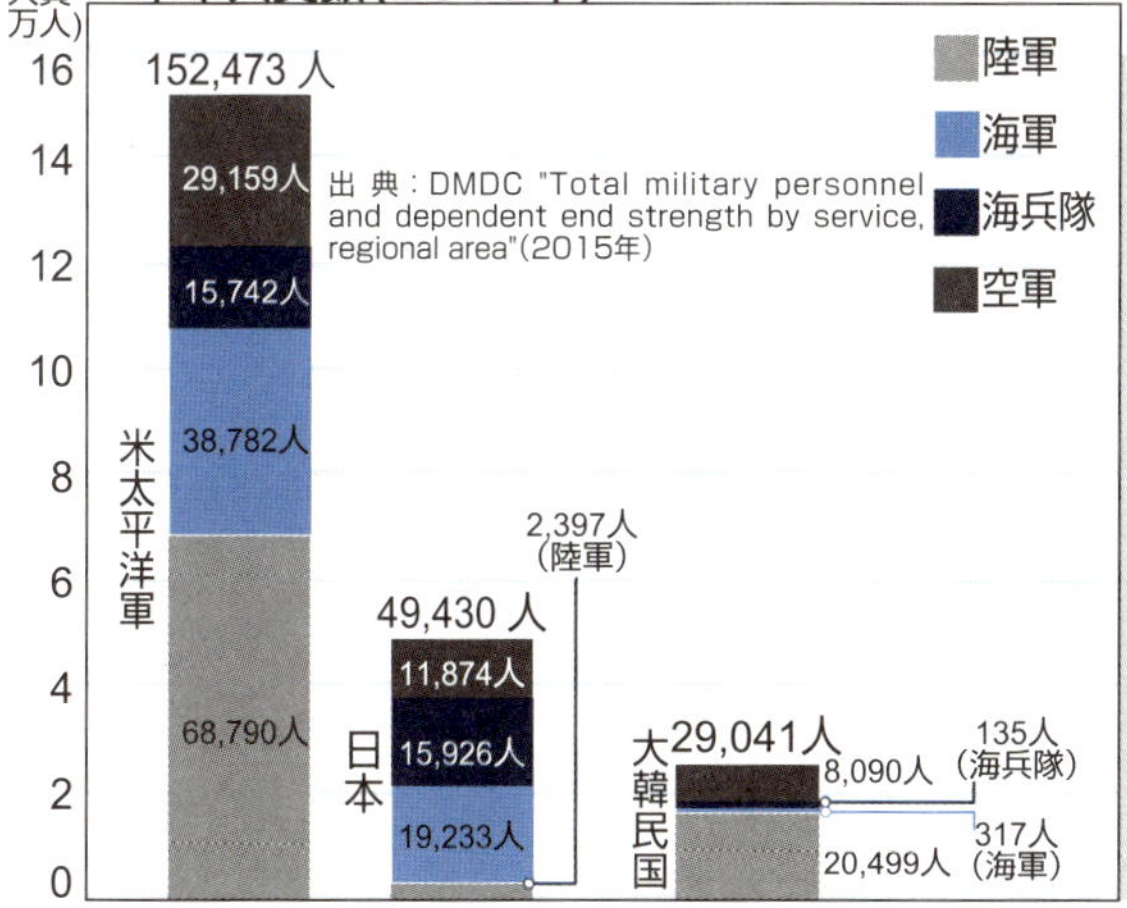

■中国・北朝鮮兵員数（2015年）

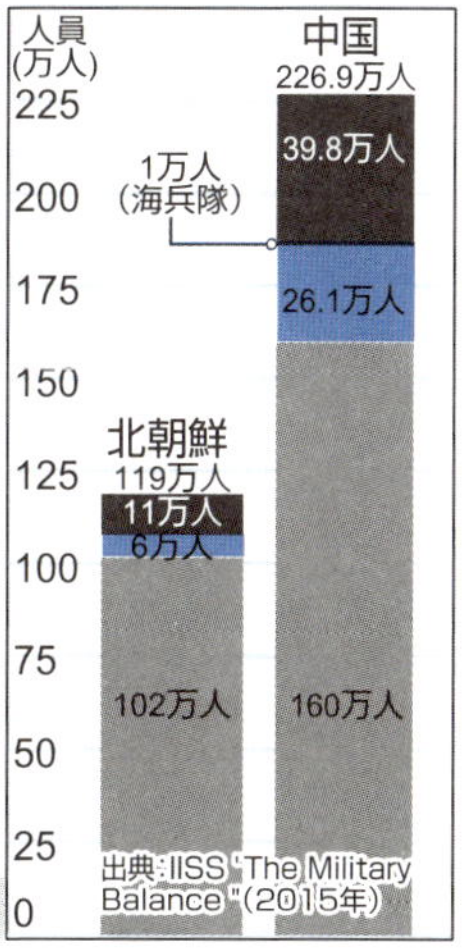

参考：洋上の機動部隊・第７艦隊
米海軍の艦隊の一つで、米本国の反対側に当たる地球の約半分を活動範囲とする空母機動部隊。平時の兵力は約2万だが、戦時には約6万、50～60隻の艦船、350機の航空機を展開し、米海軍艦隊最大の規模と戦力を誇る。海上自衛隊、大韓民国海軍、フィリピン海軍などと戦略上の同盟関係にある。

経費負担額は年間約一九〇〇億円

日米安保体制の円滑《えんかつ》かつ効果的な運用を確保する目的で、日本政府は一九五三年度以降、在日米軍基地の福利《ふくり》費などの労務《ろうむ》費・提供施設整備費を負担してきた。さらに八七年以降は地位協定の経費負担原則の特例措置《そち》として日米両国間で「特別協定」を締結《ていけつ》し、基本給、光熱水料、訓練移転費などを負担することになった。だが、その後の日本政府の財政事情の悪化により、経費負担額は減少していく。

二〇一〇年に行った包括《ほうかつ》的な見直しで、日米両政府は在日米軍駐留《ちゅうりゅう》経費負担全体の水準を五年間に限定して一八八一億円を目安とした(一五年度まで)。ちなみに、一五年度予算は①提供施設整備費二二一億円 ②労務費(福利費など)二六二億円、特別協定による負担として③労務費(基本給など)一一六四億円 ④光熱水料二四九億円 ⑤訓練移転費三億円 の合計一八九九億円で、在日米軍駐留に関連する防衛省関係予算の五割強を占《し》める。

沖縄の基地負担の軽減へ

沖縄は米本土やハワイ、グアムなどに比べ東アジア各地域に近く、南西諸島のほぼ中央に位置するなど、極東の安全保障上極《きわ》めて重要な位置にある。このような地政学《ちせい》的特徴を持つ沖縄に、高い機動力を有し緊急事態に対応できる海兵隊をはじめとする米軍が駐留していることで、日米同盟の実効性・抑止《よくし》力が高まり、日本のみならずアジア・太平洋地域の平和と安全が守られるとされている。

日本政府は一九七二年の沖縄県の復帰に伴《ともな》い、八三施設、面積にして約二七八平方キロメートルを在日米軍施設・区域(専用施設)として提供した。二〇一五年一月時点で、沖縄の米軍基地は国内の施設・区域面積の約七四%、沖縄本島の約一八%を占めている。こうした基地の集中が県民生活に多大な影響を及ぼしているとして、整理・統合・縮小が強く求められてきた。在日米軍再編のための「日米ロードマップ」でも、抑止力を維持しつつ、沖縄における負担の軽減のための施策が講じられることになった。

■沖縄の在日米軍・自衛隊基地

在日米軍再編に伴《ともな》う土地返還

一九九〇年、日米両政府は沖縄の米軍基地の施設・区域のうち地元の要望が強い二三事案について、返還に向けた調整・手続きを進めることに合意した。九五年には、いわゆる〝**沖縄三事案**[1]〟について解決に向けて努力することになった。

また、諸課題を協議する目的で、国と沖縄県との間に「沖縄米軍基地問題協議会」が、日米間に「沖縄に関する特別行動委員会(SACO)」が設置され、九六年、①土地の返還 ②訓練や運用方法の調整 ③騒音軽減 ④地位協定の運用改善 を骨子《こっし》とする「SACO最終報告」において関連施設・区域が示された。

二〇一三年四月、日米両政府は「沖縄における在日米軍施設・区域に関する統合計画」に合意した。ここでは、嘉手納《かでな》以南の米軍六基地の各施設を再編統合したうえで、空《あ》いた土地を順次、日本に返還することとし、返還時期が明示された。しかし普天間《ふてんま》飛行場返還と移転をめぐって、国と沖縄県が対立したのである。

最大の基地問題を抱《かか》える〝普天間《ふてんま》〟

宜野湾《ぎのわん》市の中央部に位置する海兵隊普天間飛行場は、市面積の二五%を占《し》め、周囲に人家が密集しているため〝最も危険な在日米軍基地〟と言われてきた。沖縄の米軍再編は主に海兵隊の強化を目指しており、飛行場の返還に伴《ともな》う基地移設は米国にとって戦略上の重大問題だ。特に普天間は、**ティルト・ローター機**[2]オスプレイの駐留《ちゅうりゅう》と運用が主要機能で、各部隊や他の機能との相互連携上、代替《だいたい》施設の移設先は沖縄県内が望ましいとされてきた。

移設先は長い交渉の末、一九九九年に沖縄本島中央部**キャンプ・シュワブ**[3]の名護《なご》市辺野古《へのこ》に決定。二〇一三年一二月、埋立てによる建設工事を仲井眞弘多《なかいまひろかず》知事(当時)が承認したが、一五年一〇月、辺野古移設反対を公約に当選した翁長雄志《おながたけし》知事が承認を取り消した。一六年三月現在、国と県は福岡高裁《こうさい》那覇支部の和解案を受け容《い》れたものの、依然として相互に裁判に訴え合う事態となっている。代替施設完成は予定より遅れることが予想され、普天間飛行場の返還はその二年後と見込まれている。

1 那覇港湾施設の返還、読谷(よみたん)補助飛行場の返還、県道104号越え実弾射撃訓練の移転。
2 機体に対する回転翼の角度を変えることで、ヘリコプターのように垂直離着陸が可能な航空機。
3 太平洋戦争末期の沖縄戦で1945年に戦死し、名誉勲章を授与されている米海兵隊のアルバート・E・シュワブ一等兵の名前にちなんでいる。

■普天間基地移設問題の主な経過

1996年12月	SACO最終報告が普天間飛行場返還と本島東海岸への海上基地建設で合意最終報告
1997年12月	名護市でヘリコプター基地建設を問う市民投票にて反対票が優勢
1999年12月	普天間代替施設を「キャンプ・シュワブ水域内名護市辺野古沿岸域」と閣議決定
2004年 8月	沖縄国際大学に米軍ヘリコプターが墜落
2005年10月	普天間代替施設を日米政府がキャンプ・シュワブ沿岸案で合意
2006年 4月	名護市、基地滑走路2本での「V字滑走路」案で政府と合意
2006年 5月	日米両政府が、「再編実施のための日米ロードマップ」に合意。普天間飛行場の辺野古移設と海兵隊グアム移転の完了後、米軍嘉手納基地以南の施設・区域を返還すると明記
2008年 7月	沖縄県議会が辺野古移設に反対決議
2009年 5月	在沖縄米海兵隊の「グアム移転協定」が国会で承認
2009年 8月	鳩山由紀夫首相が普天間移設先を「国外、最低でも県外」と発言
2010年 5月	鳩山首相、「勉強するほど海兵隊の抑止力の重要性がわかった」として発言を撤回
2013年 4月	日米両政府が普天間返還を22年度以降とする計画で合意
2013年12月	仲井眞沖縄県知事が普天間飛行場の5年以内の運用停止を要望。安倍晋三首相、沖縄振興予算を21年度まで毎年3,000億円計上すると確約。仲井眞知事が辺野古埋め立て承認
2014年 4月	政府が名護市の辺野古漁港使用許可を申請、名護市は反発
2014年 8月	普天間基地の米空中給油機部隊を山口県の岩国基地に移駐
2015年10月	翁長沖縄県知事が辺野古埋め立て承認取り消しを表明
2015年11月	政府が沖縄県の埋め立て承認取り消しの撤回を求める（代執行訴訟）
2015年12月	沖縄県が政府の埋め立て承認取り消しの効力停止の違法性を主張（抗告訴訟）
2016年 2月	沖縄県が国地方係争処理委員会の審査却下を不服とし高裁に提訴（係争委訴訟）
2016年 3月	辺野古埋め立て工事中止と和解協議の開始

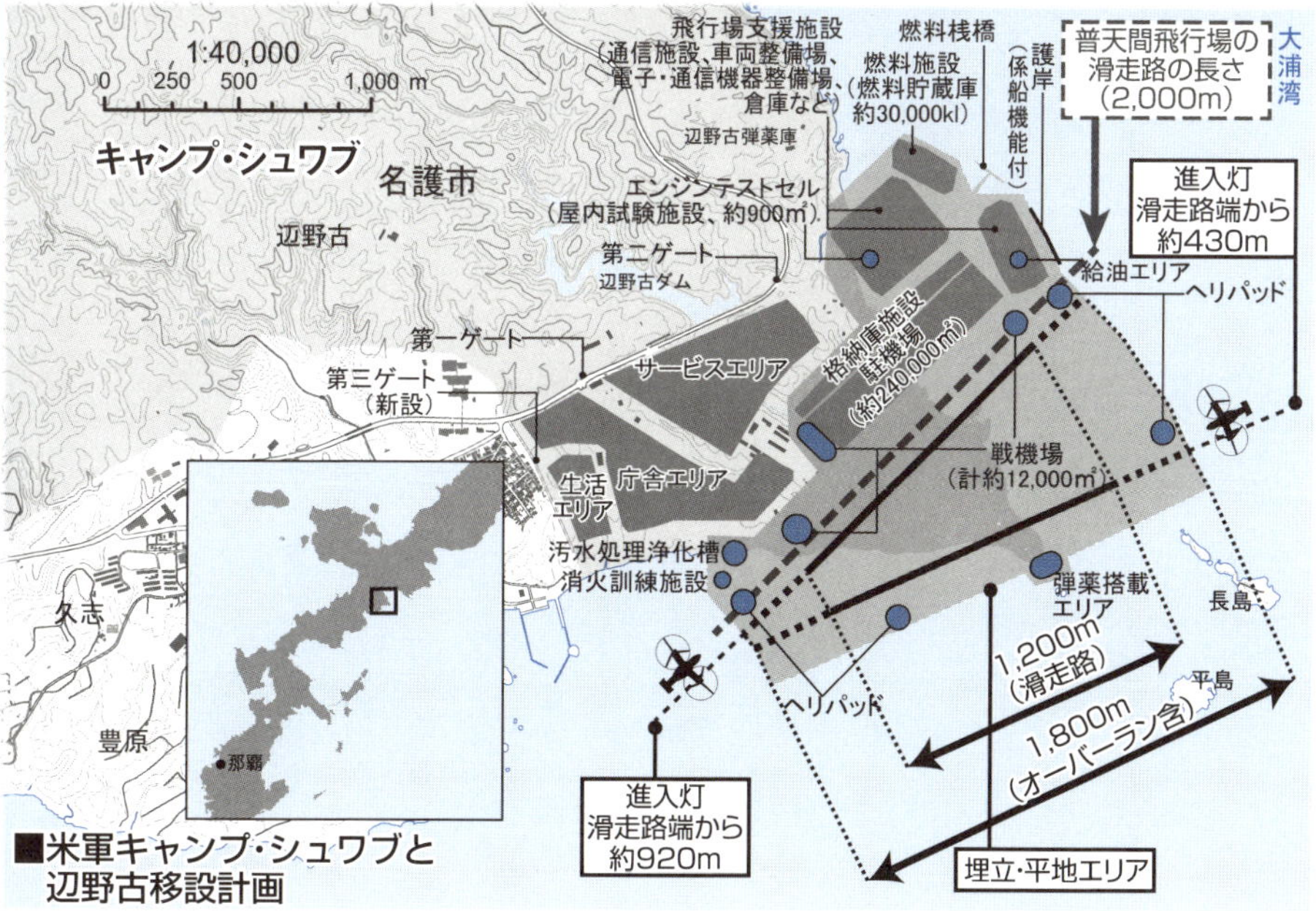

■米軍キャンプ・シュワブと辺野古移設計画

参考：普天間移設と3つの機能
普天間飛行場は①ヘリコプターによる輸送機能 ②空中給油機運用機能 ③緊急時の使用機能 の3つの機能を持っており、このうち②は岩国飛行場（山口県）に移転済（2014年8月）。③は航空自衛隊築城（福岡県）・新田原（宮崎県）両基地に移転することになっている。

海洋安全保障のための海賊対処《たいしょ》

国際社会において今や、一国のみでの対応が困難な課題が増加している。なかでも海洋国として国家の生存と繁栄の基盤である資源・食料の多くを海上輸送に依存《いぞん》する日本にとって、〝海賊行為〟は看過《かんか》できない問題だ。

二〇〇九年三月、アフリカのソマリア沖・アデン湾での海賊行為から日本船舶を防護するために海上警備行動が発令され、護衛艦《ごえいかん》二隻が、六月には警戒監視にあたるP-3C哨戒《しょうかい》機が派遣された。七月に「海賊対処法」が施行《しこう》されてすべての国の船舶を防護できるようになり、合理的に必要な限度内で武器の使用も可能になった。海賊を逮捕《たいほ》・取調べする必要がある場合に備え、護衛艦には〝警察権〟を持つ海上保安官が同乗する。自衛隊の護衛のもとでは、一五年四月末時点で三六〇〇余りの船舶が、一隻の被害も受けずにアデン湾を通過した。

自衛隊派遣部隊は、一三年より海賊対策のための多国籍部隊に参加(左ページ参照)。情報共有を進め、共同訓練の機会も増えるなど、各国部隊との連携が強化されている。

南スーダンでのPKO活動

陸上自衛隊は二〇一一年以来、アフリカの国連南スーダン共和国ミッション(UNMISS)に司令部要員や約三五〇名の施設隊を派遣し、国連PKO活動に大きく寄与《きよ》してきた。

一四年五月、国連で国づくり支援から文民保護を中心にした安保理決議が採決されたことで、自衛隊の派遣施設隊の任務も、インフラ整備から国連部隊の文民保護活動の支援へと移行した。活動の現場で自衛隊はオーストラリア軍と協力体制を組んでいるが、文民の保護活動をする外国軍の支援の障害として浮上したのが〝駆《か》け付け警護ができない〟〝偵察《ていさつ》任務ができない〟といった国内法の制約だった。

しかし一五年九月一九日に国会で成立した、いわゆる「安保法制」でこれらの制約が解消され、任務遂行《すいこう》のための武器使用が認められたことで、自衛隊の国際協力活動は新たな展開を迎えることになった。

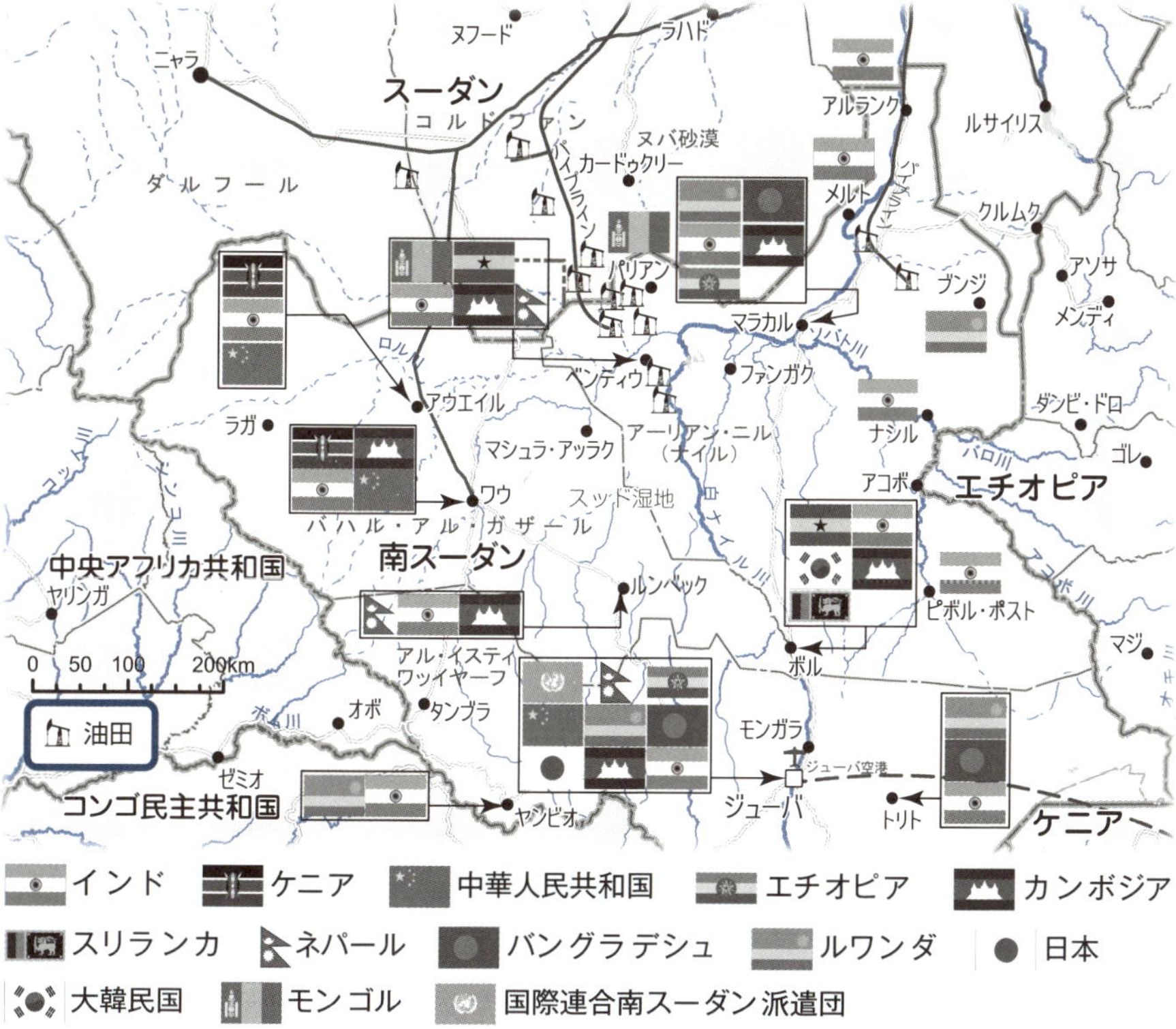

■南スーダンへの各国の派遣状況(2015年12月)

ソマリア沖・アデン湾の海賊対処と自衛隊ジブチ拠点

2007年頃から海賊による被害が多発し始めたソマリア沖・アデン湾海域では、国連安保理決議に基づき、これまでに約30ヶ国が船舶防護のための軍艦・軍用機の派遣を行ってきた。自衛隊派遣も、この活動の一環となる。

国際的な取組みとしては、中東に展開する多国籍の連合海上部隊(CMF、米海軍中心)傘下の第151連合任務部隊(CTF151)の活動、欧州連合のアタランタ作戦、NATOのオーシャン・シールド作戦などがある。日本は13年7月よりCTF151に参加しており、15年5月には同部隊司令官及び司令部要員を派遣した。自衛官がこうした多国籍部隊の司令官を務めるのは、自衛隊創設以来初となる。

時期は前後するが、11年6月、アデン湾に面するジブチ国際空港(フランス軍及び米軍の基地が併設されている。それぞれ1932年、2001年開設)の一角で自衛隊施設の運用が始まった。派遣海賊対処行動航空隊の効率的運用を目的としたもので、自衛隊が現地国との地位協定を有する事実上の海外基地を持つのはもちろん初めて。13年の防衛大綱では「一層活用するための方策を検討する」としており、現に南スーダンPKOの物資輸送拠点など多目的な用途で運用中だ。

「専守防衛《せんしゅぼうえい》」を基本理念に

これまで日本は憲法のもとで「専守防衛」に徹《てっ》し、他国に脅威《きょうい》を与えるような軍事大国にならないことを、国家の基本理念としてきた。したがって防衛政策は、この基本理念に基づいて策定《さくてい》されている。

憲法九条二項では「国の交戦権は、これを認めない。」と規定をしているが、ここでの交戦権とは〝戦いを交《まじ》える権利〟という意味ではなく、国際法上で有するさまざまな権利の総称であり、相手国兵力の殺傷《さっしょう》と破壊、相手国の領土の占領などの権能を含むものである。

他国が一方的に攻撃をしてきた場合、日本は自衛のため必要最小限度の実力行使をするが、そのときの相手国兵力の殺傷と破壊は交戦権の行使とは別の概念《がいねん》のものである。ただし、相手国の領土の占領などは自衛のための必要最小限度を超《こ》えるものと考えられるので、認められない。

以上が、交戦権に関する政府見解（「防衛白書」による）のあらましである。

日米安保体制下の「非核《ひかく》三原則」

日本の防衛政策は、①日米安保体制の堅持《けんじ》 ②軍事大国とならないこと ③非核三原則の順守《じゅんしゅ》 ④文民《ぶんみん》統制の確保の四点を柱にしている。なかでも非核三原則の「核兵器を持たず、作らず、持ち込ませず」は、一九七八年から八二年にかけて国会決議で「国是《こくぜ》」とされた。このうち「持たず、作らず」の二原則は、「日米原子力協定」とそれを受けた「原子力基本法」（ともに五五年）、「核兵器不拡散《ふかくさん》条約（NPT）」の批准《ひじゅん》（七六年）などで法的に禁止されている。

残る一つの原則「持ち込ませず」は、法的拘束《こうそく》力がない国会決議のままにとどまった。「日米安保条約」には**事前協議制度**[1]があり、在日米軍基地の配置・装備の重要な変更や戦闘作戦行動を行う際は、米国側から通告することになっている。事前協議において、米国が装備の重要な変更として〝核兵器の持ち込み〟を通告してくれば、日本政府は常に拒否するとしてきた。

その一方、日米安保体制下で日本が米国の核抑止《よくし》力に依存《いぞん》してきたことも事実である。

1 岸信介首相とハーター米国務長官との間で1960年に交わされた交換公文（こうぶん）において、本文に記した事項について事前に協議を行うことが確認された。「配置・装備の重要な変更」の具体的な内容は、「一個師団程度（相当）の陸上・空軍部隊、一個機動部隊程度の海軍部隊の配置」「核弾頭及び中・長距離ミサイル持込み並びにそれらの基地の建設」をいう。

■日本の防衛政策の基本

専守防衛

・相手から武力攻撃を受けた時にはじめて防衛力を行使
・保持する防衛力も自衛のための必要最小限のものに限る
・憲法の精神に則った受動的な防衛戦略

軍事大国とならないこと※

自衛のための必要最小限の軍事力は超えてはならない
他国に脅威を与えるような強大な軍事力は保持しない

シビリアンコントロール

・民主主義国家における軍事に対する政治の優先
（軍事力に対する政治の統制）
・国会が自衛官の定数・組織などの法律及び予算を議決、
防衛出動等を承認
・内閣総理大臣、その他国務大臣は、憲法上で文民となる

非核三原則

1967年12月11日
佐藤栄作首相が衆議院予算委員会の答弁で表明

核兵器を持たず、……日本は核兵器を所有しない
作らず、……日本は核兵器を製造しない
持ち込ませず……日本は核兵器を搭載する機体の通過、寄港、離着陸を許可しない

基本政策の四つの柱

■佐藤栄作
1961年撮影。

「持ち込ませず」の真相

非核三原則が発表された当初から、核を「持ち込ませず」の原則が実現しているか疑う声が繰り返し上がった。事前協議制度があるとはいえ、米国は核兵器の所在を核抑止戦略上公表しておらず、日本にだけ開示するということは現実的でなかったからだ。

「持ち込ませず」の実態についてはかつてしばしば国会論争の種になり、また米艦が日本に寄港する際の一時的な核持ち込みを認めたラロック元米海軍少将の米国議会での証言（1974年）、ライシャワー元米駐日大使による同趣旨の発言（81年）もあった。日米両政府は当時、「事前協議制度を順守している」という見解に終始。軍事的には米艦が核兵器を搭載していることは“常識”で、「持ち込ませず」を冷ややかに見る向きもあった。92年に米国が地上発射式・艦船搭載の戦術核兵器（冷戦時代には射程距離500km以内のものと定義されていた）の撤去完了を宣言したため、寄港などによる日本への核持ち込みの可能性は無くなったとされ、議論の対象になることも少なくなった。

2010年、一時的な核持ち込みを認める日米政府間の「密約」が存在していたことが、外務省と有識者委員会による前年からの調査で明らかになった。もっとも、米国で機密解除された公文書からすでに判明していたことで、調査に先立って協力を要請された米国のキャンベル国務次官補は、理解と協力を示した上で、「密約」の存在は既知の事実であるとし、ことさらに取り合わなかった。

※ 軍事大国という概念の明確な定義はないが、“自衛のための必要最小限度を超えて、他国に脅威を与えるような強大な軍事力を保持しないこと”とされており、「専守防衛」と表裏一体の内容といえる。

国家安全保障会議（日本版NSC）

日本の防衛政策の柱の一つ〝シビリアン・コントロール（文民《ぶんみん》統制）〟は、軍事に対する民主主義的な政治による統制を指す。この制度を採用したのは、第二次世界大戦終戦までの軍国主義による行為や経緯《けいい》に対する反省もあって、自衛隊が国民の意思によって整備・運用されることを確保するためである。

国家安全保障に関する外交・防衛政策の基本方針を審議するために内閣に設置されているのが、「国家安全保障会議」（NSC）である。NSCは総理大臣、内閣官房長官、外務大臣、防衛大臣を基本構成とし、例えば大規模災害が発生したときは国土交通大臣や国家公安委員長などが加わるというように、事態に応じて参加する大臣が定められている。また、内閣官房の国家安全保障局がNSCを恒常《こうじょう》的にサポートし、防衛省をはじめとする関係行政機関が国家安全保障に関する資料や情報を適切に提供している。

国家安全保障戦略（日本版NSS）

二〇一三年一二月、日本政府は、外交政策及び防衛政策を中心とした国家安全保障の基本方針として「国家安全保障戦略」（NSS）を初めて策定《さくてい》した。ここでは、概《おおむ》ね一〇年程度の長期的視点から国益《こくえき》を見極《きわ》めた上で、今後どのように対応していくべきかが導き出されている。

戦略の骨子《こっし》は、①国際協調主義に基づく積極的平和主義を理念とする ②日本を取り巻く安全保障環境と国家安全保障上の課題 ③日本がとるべき国家安全保障上の戦略的アプローチ（実現のための方法）である。この戦略的アプローチで特筆すべきは、①韓国、オーストラリア、ASEAN諸国及びインドとの外交・安全保障協力の強化 **②中国との戦略的互恵《ごけい》関係**[1]の構築・強化及び力による現状変更の試みと見られる対応への冷静かつ毅然《きぜん》とした対応 ③ロシアとの安全保障及びエネルギー分野などでの協力の推進 ④欧州諸国、新興《しんこう》国、湾岸諸国、アフリカ諸国との協力関係の強化である。

1 「日中両国がアジア及び世界に対して厳粛な責任を負うとの認識の下、アジア及び世界に共に貢献する中で、お互い利益を得て共通利益を拡大し、日中関係を発展させること」を基本精神とする（外務省）。

■国家安全保障戦略・防衛大綱・中期防の関係

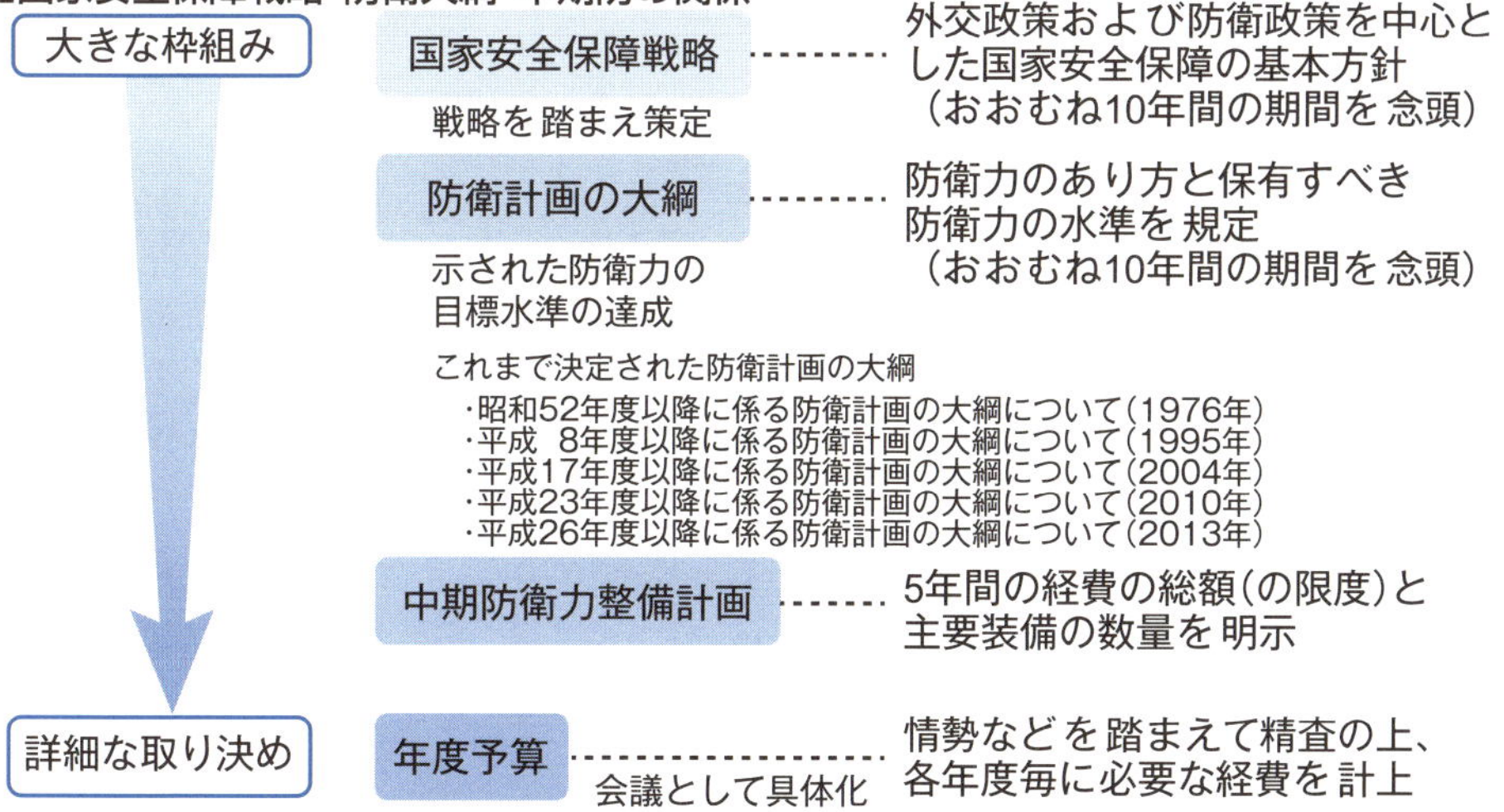

■国家安全保障会議［日本版NSC］（2014年）

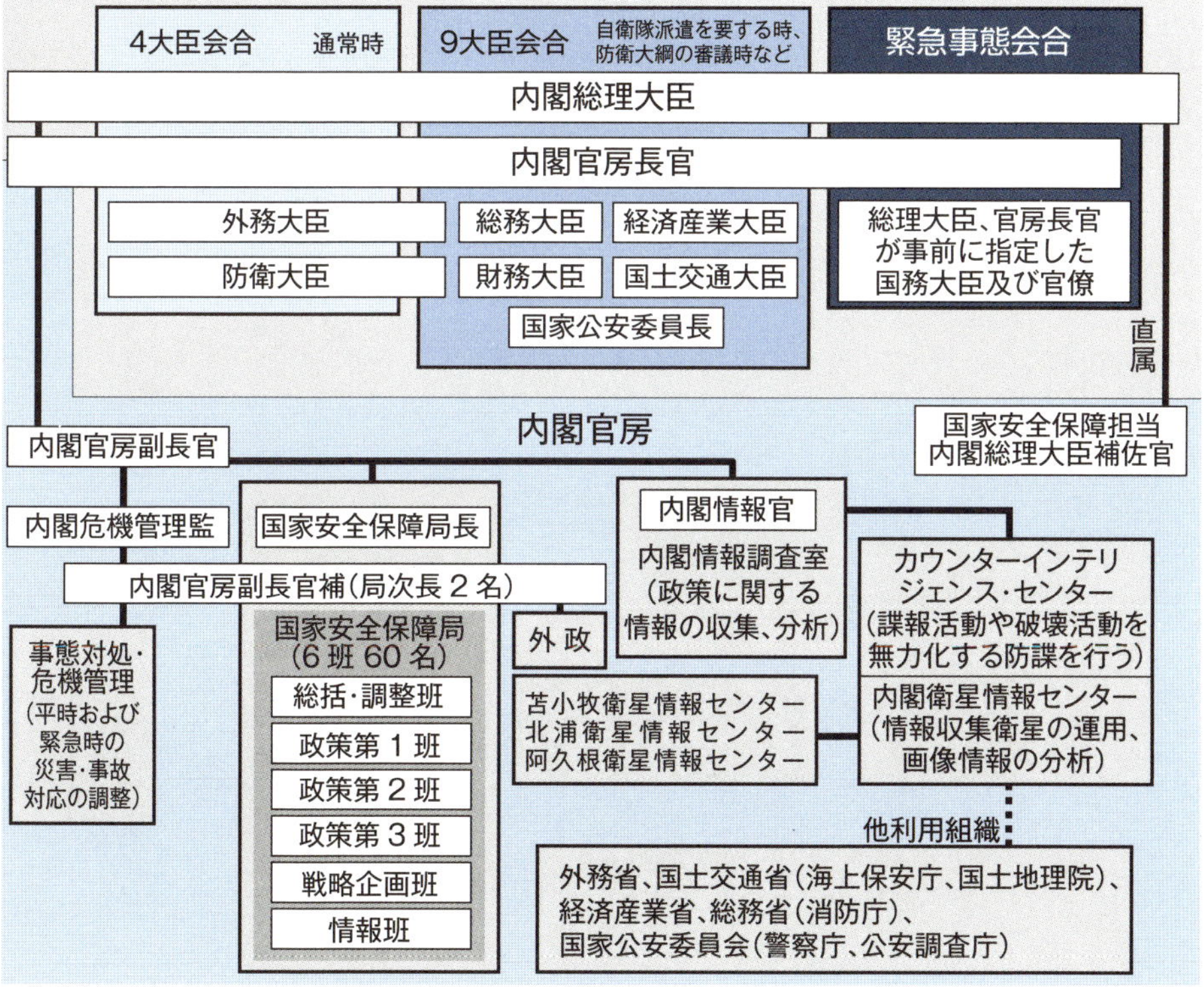

統合機動防衛力《とうごうきどう》構築を目指す「防衛大綱《たいこう》」

「国家安全保障戦略」(NSS)を踏まえて策定《さくてい》されるのが、「防衛計画の大綱」(防衛大綱)である。日本を取り巻く安全保障環境が一層厳しさを増すなか、領域主権や権益などをめぐって、純然たる平時でも有事でもない事態(グレーゾーン事態)を含めて自衛隊の対応が求められる事態が増加すると共に、事態が長期化しつつある。

二〇一三年の防衛大綱の基本的な考え方は、日本の平和と安全を守る中核として、新たに「統合機動防衛力」を構築《こうちく》することである。防衛大綱では、統合運用をより徹底し、装備の運用水準を高め、その活動量を増加させつつ、防衛力の質・量の確保によって抑止《よくし》力・対応力を高めることを主眼《しゅがん》にしている。

そのためにも、自衛隊全体の機能・能力に着目した統合運用の観点から能力評価を実施し、併《あわ》せて後方支援基盤を従来以上に幅広く強化して最も効果的に運用できる態勢《たいせい》を構築するとしているのである。

防衛力の目標水準達成に向けた「中期防」

概《おおむ》ね以後一〇年間を視野に入れ、防衛力のあり方と保有すべき防衛力の水準を策定した「防衛大綱」で示された防衛力の目標水準の達成のために、五ヶ年の経費総額の限度と主要装備数量を明示したのが「中期防衛力整備計画」(中期防)だ。中期防をもとに「年度予算」が計上され、国会の承認を得て事業として具体化される。

一三年に策定された防衛大綱では、①警戒・監視機能の強化によるリスクや脅威《きょうい》の未然防止 ②リスク発生時の対応能力の強化 などが新たな課題として強調されており、中期防に反映《はんえい》されている。その重要な柱は、①ミサイル防衛 ②日米協力のもとで行う自衛隊の対処能力の強化である。

これに伴《ともな》い基幹部隊の見直しが行なわれ、例えば陸上自衛隊は部隊の迅速《じんそく》・柔軟な全国運用を可能にする陸上総隊、島嶼《とうしょ》部の脅威に即応できる水陸機動団や沿岸監視部隊・警備部隊を新たに編成することになった。

■2015年12月17日国家安全保障会議決定及び、閣議決定

米国のリバランス
（抑止力が弱まる）

台頭する日本周辺における脅威

中国
海空域における活動の活発化が
国際社会における安全保障上の懸念に

北朝鮮
核・ミサイル技術の向上を図り、重大な
脅威となっている

安全保障環境が一層厳しさを増す

↓

自衛隊の対応が求められる

防衛大綱の基本方針

わが国自身の努力
日米同盟の強化
安全保障協力の積極的な推進

↓

統合機動防衛力の構築

平時でも有事でもない
グレーゾーンの事態に対応するため
防衛力の質と量の確保

海上優勢　航空優勢　の強化

①周辺海空域における安全確保
②島嶼部に対する攻撃への対応
③弾道ミサイル攻撃への対応
④宇宙空間およびサイバー空間における対応
⑤大規模災害などへの対応

↓ 装備の拡充

		2013年度末	変更点	10年後を目途に
陸上自衛隊		機動運用部隊 1個機甲師団 地対空誘導部隊 8個高射特科群	1個旅団を改編 旅団内に高射特科連隊を新設	機動運用部隊 中央即応師団 地対空誘導部隊 7個高射特科群/連隊
海上自衛隊		護衛艦 47隻 掃海艦艇 25隻	佐世保第16護衛隊 館山第6潜水隊新設	護衛艦 54隻 掃海艦艇 18隻
航空自衛隊	戦闘機部隊	戦闘機部隊 12個飛行隊 戦闘機数 約260機	航空偵察部隊 1個飛行隊を廃止 戦闘機部隊に 13個目の飛行隊を新編	戦闘機部隊 13個飛行隊 戦闘機数 約280機
	航空警戒管制部隊	警戒管制部隊 8個警戒群 20個警戒隊 警戒航空部隊 2個飛行隊	警戒航空部隊に 1個飛行隊を新編	警戒管制部隊 28個警戒隊 警戒航空部隊 3個飛行隊
	空中給油・輸送部隊	空中給油・ 輸送部隊 1個飛行隊	1個飛行隊を新編	空中給油・ 輸送部隊 2個飛行隊

防衛装備移転三原則

日本は、国際紛争当事国等への武器輸出を認めないという**「武器輸出三原則」**[1]を国家の方針としてきた。一九八〇年代以降、武器や武器製造関連設備の輸出を原則としてすべて認めない運用となり、日本の平和主義を象徴する政策として一定の評価を受けていた。

しかし、武器価格高騰《こうとう》に伴《ともな》って先進諸国では国際共同開発や生産が主流となり、そうした枠組《わくぐ》みに参加できない弊害《へいがい》が現れ始めた。また二〇一三年一二月、南スーダンPKOで活動中の陸上自衛隊が、保有する弾薬一万発を国連等の要請によって提供した際は、例外化措置《そち》を取らざるを得なかった。それ以前に、PKO参加のため自衛隊が武器を携行《けいこう》して海外に渡航することは「武器輸出」にあたるため、そのつど例外化措置を取ってきたのだ。

こうした状況を受け、一三年の「国家安全保障戦略」に基づいて政府は翌一四年四月、「防衛装備移転三原則」及びその運用指針を決定した。これによって、防衛装備の国際共同生産、**防衛装備品の海外移転が可能に**なった。

防衛装備庁の新設

二〇一五年一〇月、防衛省改革の一環《いっかん》として「防衛装備庁」が新設された。防衛装備品等の開発・取得・生産・価格管理・調達・改善・海外移転(輸出)などを一括《いっかつ》して担《にな》う組織を作ったのだ。その理由は様々にあるが、「防衛装備移転三原則」改定以来、日本の国際協力が急速に広がったことへの対応が必要になったことが大きい。国際化が進むなか、国家の安全保障戦略に即《そく》して一貫《いっかん》した防衛政策を進める上で、装備や技術面での総合的な調整・補佐を行える機構が求められたのだ。

このような要請から防衛装備庁では、これまで防衛省内の各部署に分散していた右の各分野をまとめて管理するプロジェクト管理方式を導入。防衛産業との調整機能も重視されている。政策決定や国際協力に役立てるため、防衛装備に関する情報収集や分析も行う。調達・輸出に関わる権限が集中するため、汚職《おしょく》や腐敗《ふはい》を防ぐ措置として庁内に二〇名規模の監察・監査担当者が置かれているほか、部外からの監察体制も強化されている。

1 1967年、当時の佐藤栄作首相が表明した。巻頭「用語集」も参照。
2 輸送・警戒・監視・哨戒(しょうかい)・掃海(そうかい)の各分野。

用語集
総論
戦後の世界
日本の防衛
安保法制
国際情勢
参考資料
付録地図

武器輸出三原則（武器輸出を原則として禁じる、必要に応じて例外措置を設定）
→巻頭「用語集」参照

↓問題点

●国内の防衛産業の低調：
日本政府の調達分のみの生産により単価高騰→調達減・発注減→単価高騰の悪循環
生産基盤および技術レベル維持に支障（日本の防衛力に支障の恐れもあり）

●国際共同開発参加への壁：
武器の高機能化により開発・生産から運用・維持にいたるまでコストがかさむため、
国際共同開発や生産が先進諸国で主流になっているが、それに参加できない
（価格高騰、技術の遅れ等で上記問題にもつながる）

●PKOによる変化：
PKO部隊が武器を装備して海外に出ると「武器輸出」となるので、
そのたびごとに例外化措置を設定しなければならない　など

↓2014年4月、国家安全保障戦略に基づき、武器輸出三原則を改訂

防衛装備移転三原則（防衛装備＝武器＋武器の設計・製造・使用にかかわる技術）

1　以下の場合、防衛装備の移転を認めない。
①日本が締結した条約等の国際約束に基づく義務に違反する場合
②国連安保理の決議に基づく義務に違反する場合
③紛争当事国への移転となる場合
（紛争当事国：国連安保理による措置の対象国）

2　防衛装備移転が可能な場合を以下に限定し、透明で厳格な審査を行う。
特に慎重を要する案件は国家安全保障会議（NSC）で審議し、情報公開を図る。
①平和貢献・国際協力の積極的な推進に資する場合
②同盟国等との国際共同開発・生産の実施
③(a)同盟国等との安全保障・防衛分野における協力の強化、(b)装備品の維持を含む自衛隊の活動、(c)邦人の安全確保、の観点から日本の安全保障に資する場合等
（同盟国等：米国を始め、日本と安全保障面での協力関係がある諸国）

3　目的外使用及び第三国移転について、日本の事前同意を相手国政府に義務付ける。ただし、平和貢献・国際協力の積極的な推進のため適切とされる場合、部品等を融通し合う国際的なシステムに参加する場合等では、相手国の管理体制を確認して適正な管理を確保することも可能とする。

↓

先進技術協力や、大型装備移転・能力構築協力などでの
同盟国等とのパートナーシップ強化が図られる

■同盟調整メカニズム(AGM)

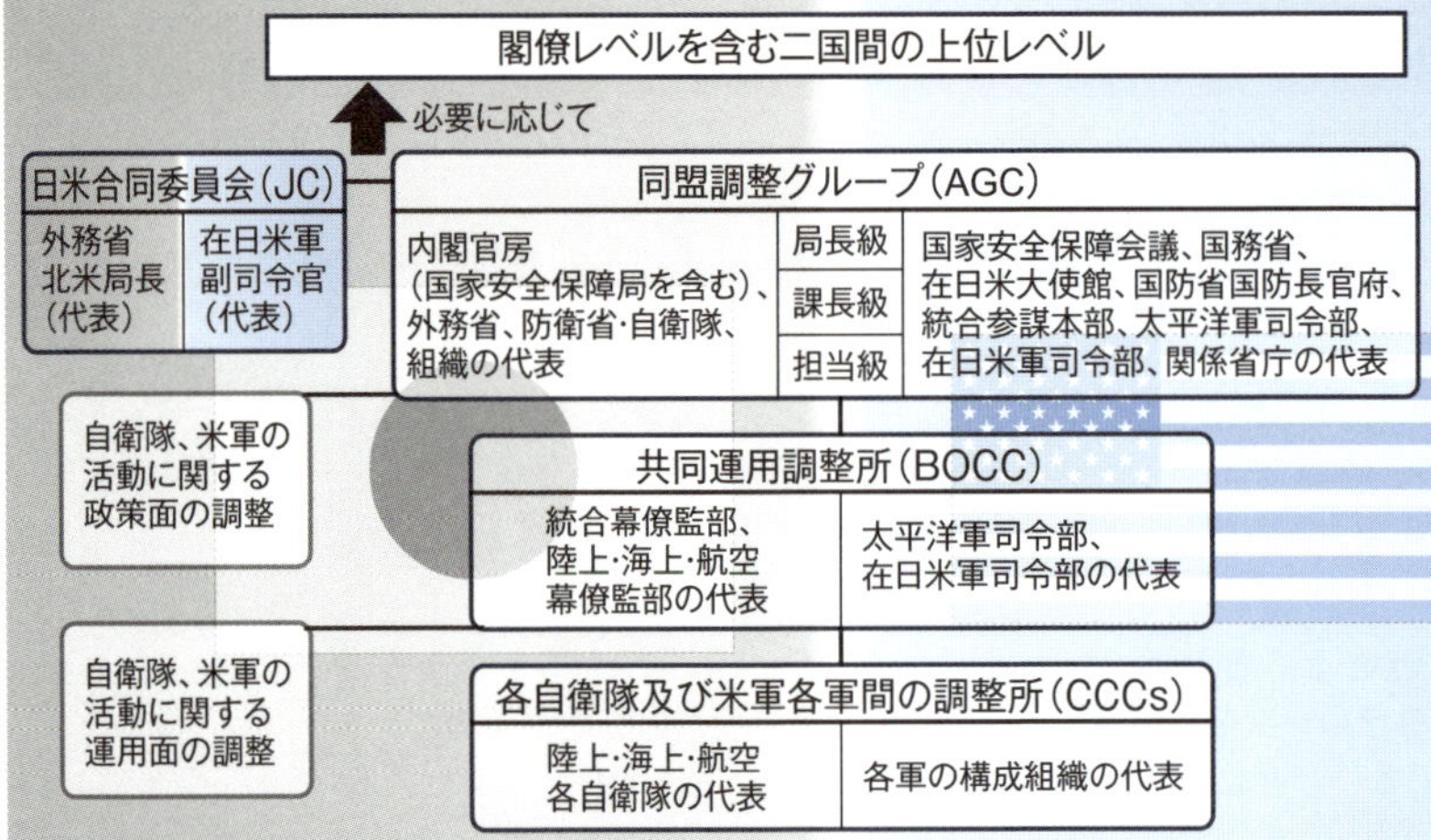

■共同計画策定メカニズム(BPM)

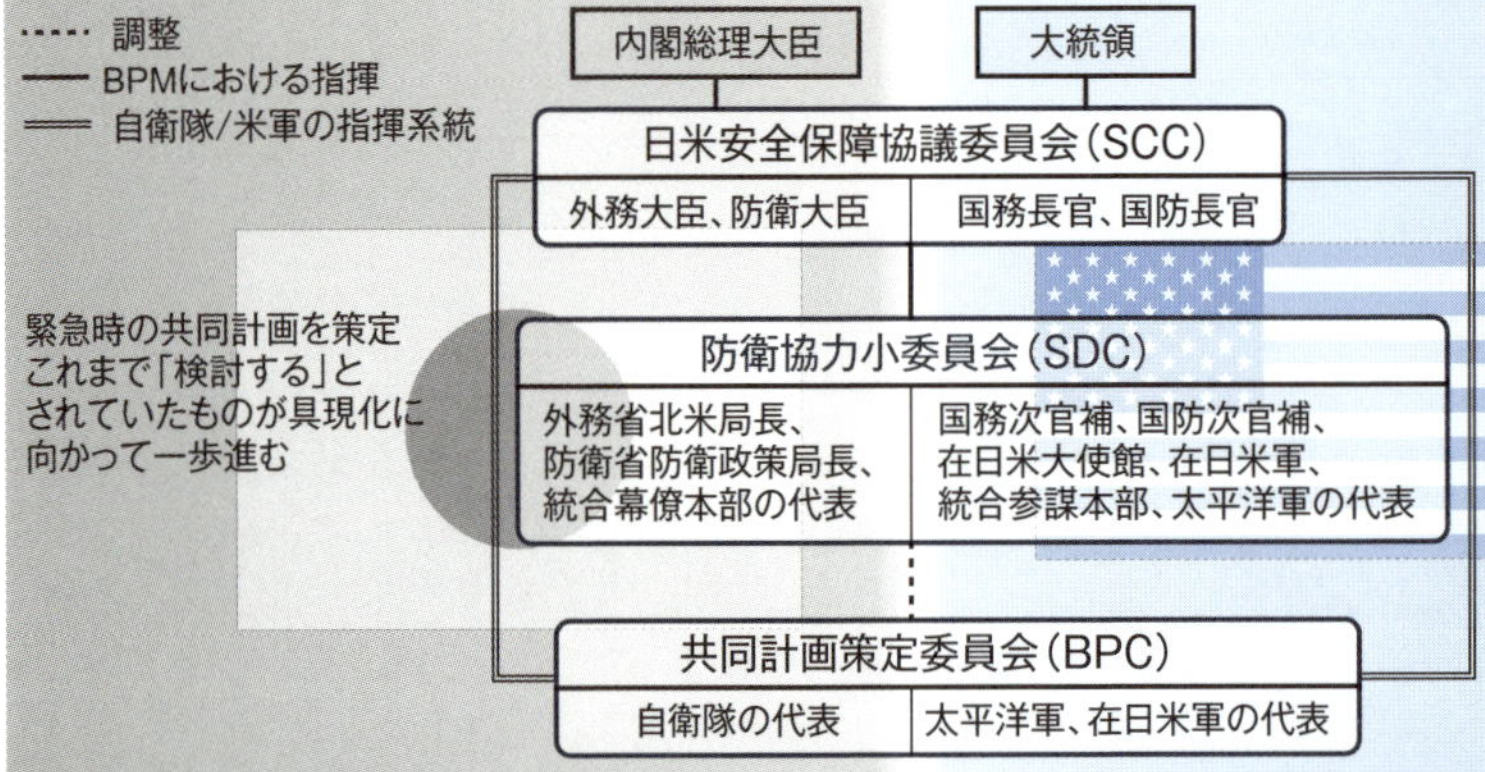

■米軍·大韓民国軍の連絡体制

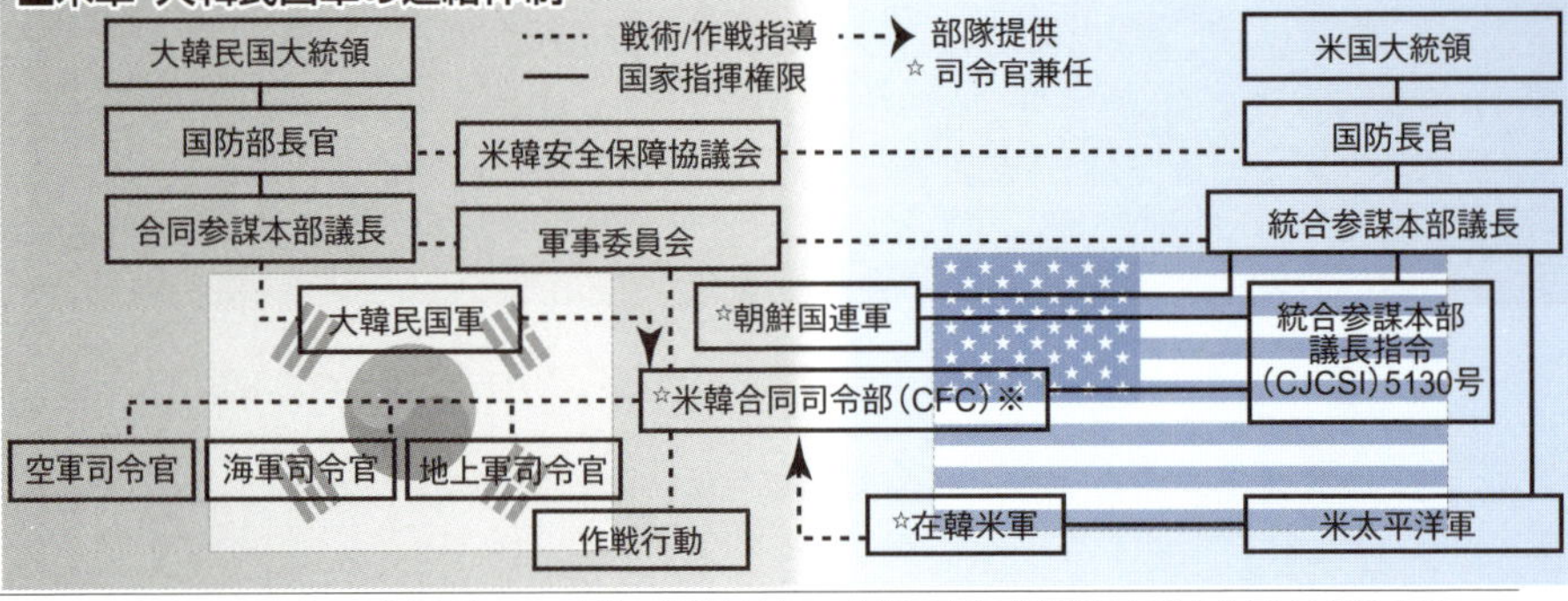

※ 米軍と大韓民国軍は合同司令部を設けているが、日米間にはない。大韓民国軍の指揮権は、平時には同国大統領、有事にはCFC司令官が有する。(→p.38)

左ページ写真:戦闘機を整備する航空自衛隊員(上)、東日本大震災後、宮城県東松島市で共同対処する陸上自衛隊員及び米海兵隊員(中)、米海軍駆逐艦に燃料を補給する海上自衛隊補給艦「ときわ」(下)

左ページ切手:帝国議会議事堂(国会議事堂)完成記念切手(上、1936年発行)、米国連邦議会議事堂を描く切手(下、1923年発行)

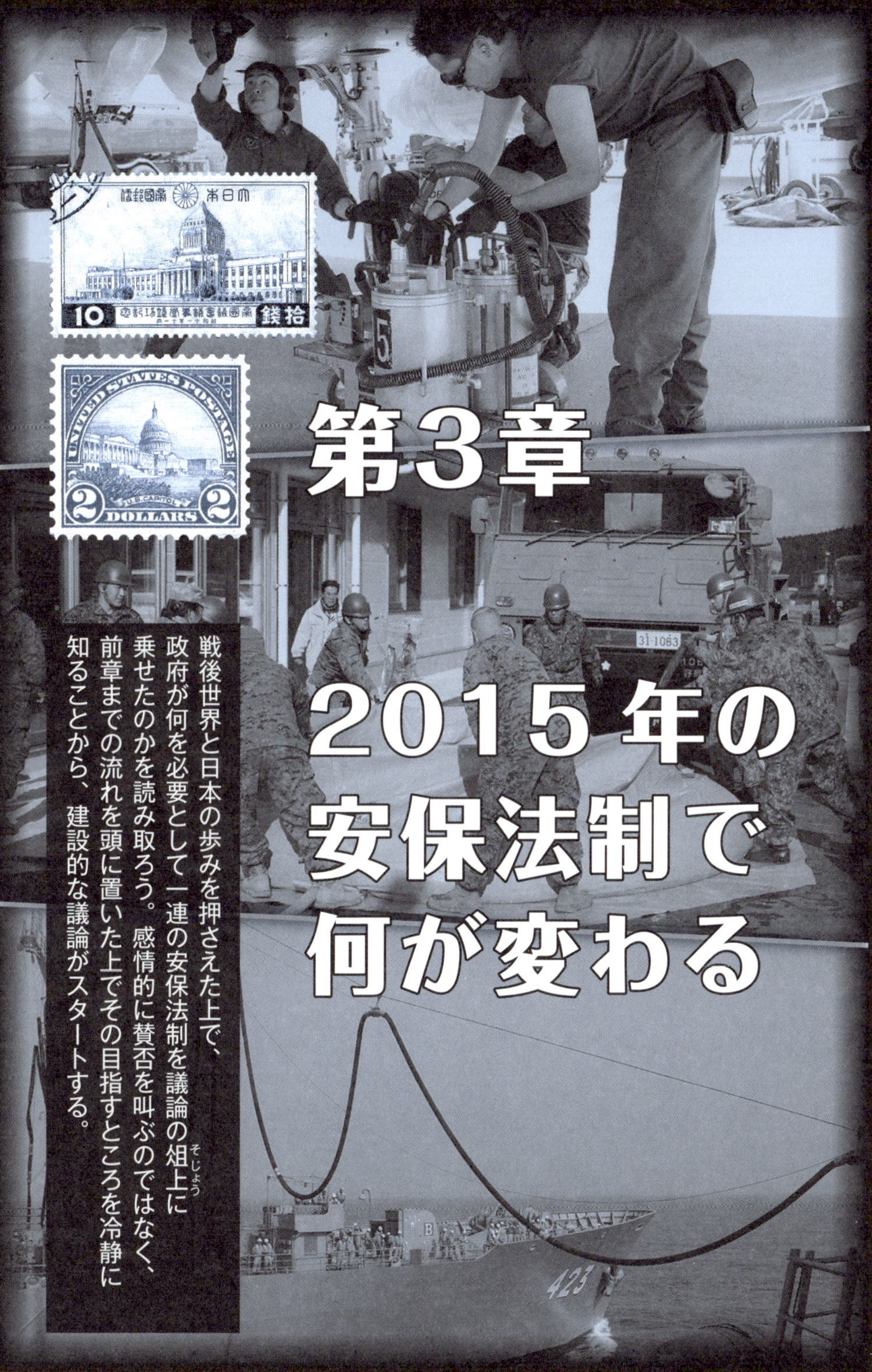

第3章

2015年の安保法制で何が変わる

戦後世界と日本の歩みを押さえた上で、政府が何を必要として一連の安保法制を議論の俎上《そじょう》に乗せたのかを読み取ろう。感情的に賛否を叫ぶのではなく、前章までの流れを頭に置いた上でその目指すところを冷静に知ることから、建設的な議論がスタートする。

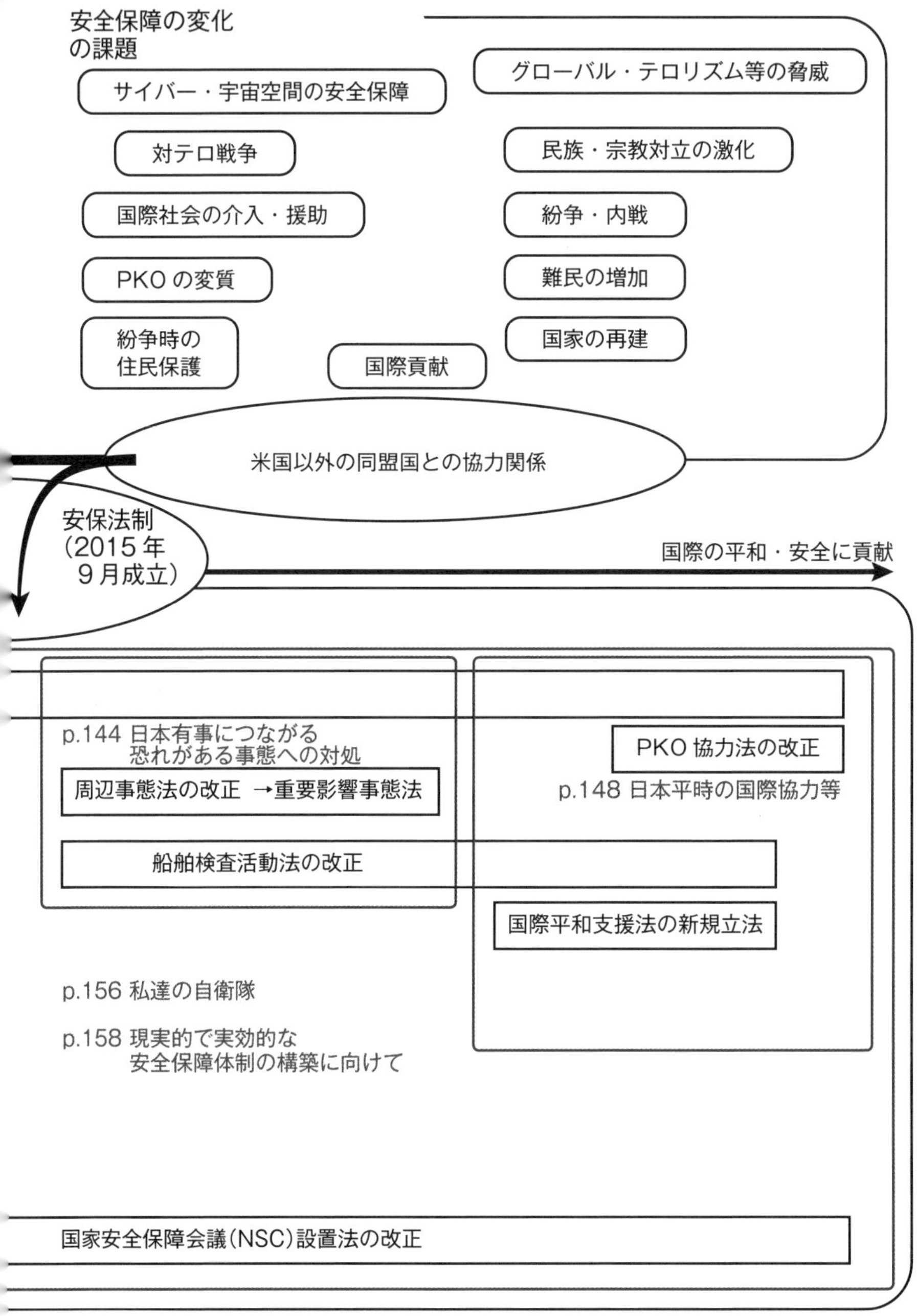
安全保障の変化
の課題
サイバー・宇宙空間の安全保障
グローバル・テロリズム等の脅威
対テロ戦争
民族・宗教対立の激化
国際社会の介入・援助
紛争・内戦
PKO の変質
難民の増加
紛争時の
住民保護
国家の再建
国際貢献
米国以外の同盟国との協力関係
安保法制
（2015 年
9 月成立）
国際の平和・安全に貢献
p.144 日本有事につながる
恐れがある事態への対処
PKO 協力法の改正
周辺事態法の改正 →重要影響事態法
p.148 日本平時の国際協力等
船舶検査活動法の改正
国際平和支援法の新規立法
p.156 私達の自衛隊
p.158 現実的で実効的な
安全保障体制の構築に向けて
国家安全保障会議（NSC）設置法の改正

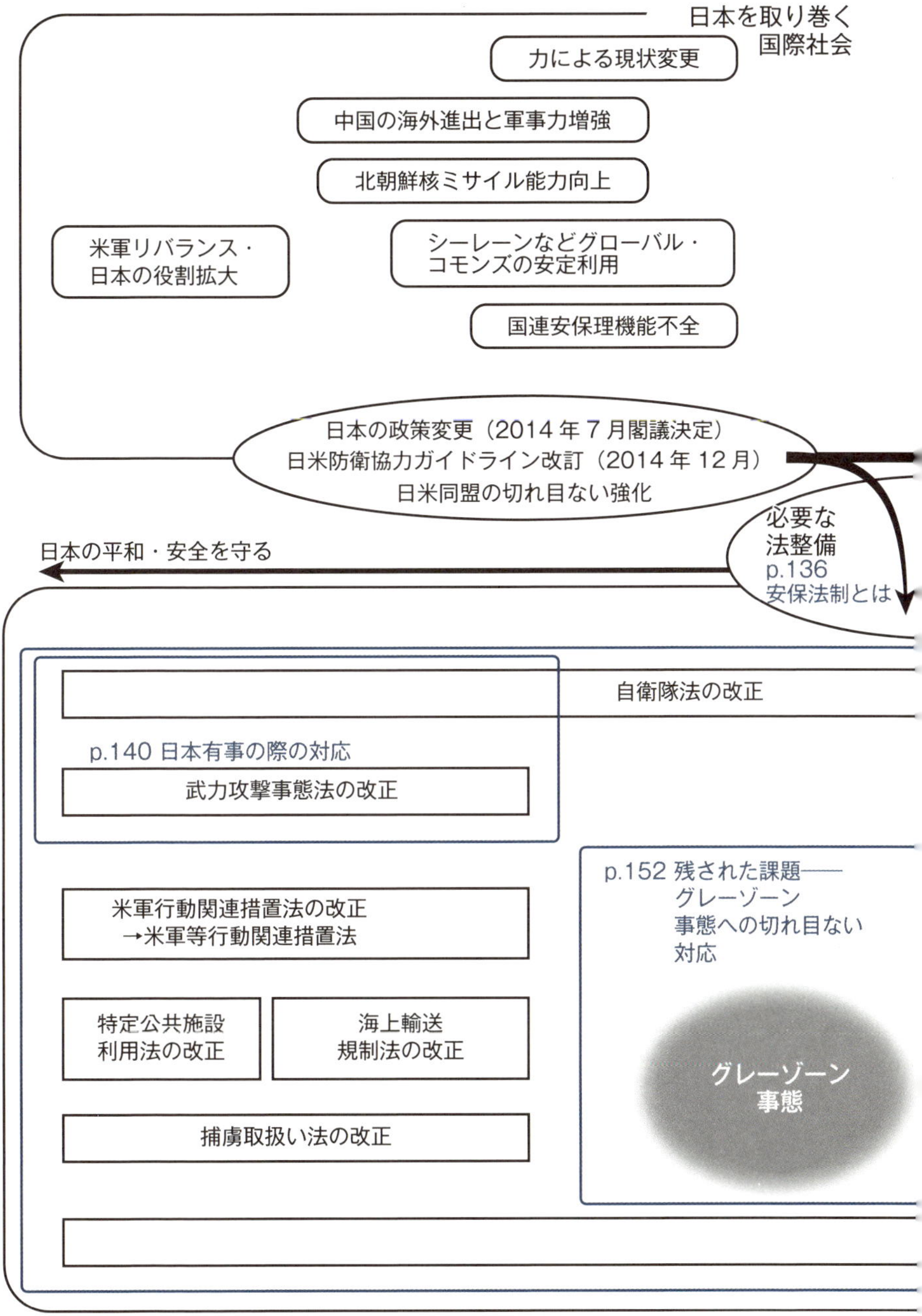
日本を取り巻く
国際社会
力による現状変更
中国の海外進出と軍事力増強
北朝鮮核ミサイル能力向上
米軍リバランス・
日本の役割拡大
シーレーンなどグローバル・
コモンズの安定利用
国連安保理機能不全
日本の政策変更（2014 年 7 月閣議決定）
日米防衛協力ガイドライン改訂（2014 年 12 月）
日米同盟の切れ目ない強化
必要な
法整備
p.136
安保法制とは
日本の平和・安全を守る
自衛隊法の改正
p.140 日本有事の際の対応
武力攻撃事態法の改正
米軍行動関連措置法の改正
→米軍等行動関連措置法
特定公共施設
利用法の改正
海上輸送
規制法の改正
捕虜取扱い法の改正
p.152 残された課題——
グレーゾーン
事態への切れ目ない
対応
グレーゾーン
事態

安保法制の全体像

二〇一五年九月一九日に成立した、平和安全保障法制(いわゆる安保法制)とは、「平和安全法制整備法」及び「国際平和支援法」という二本の法律を指す。前者は、「自衛隊法」など既存の法律一〇本の改正を一括《いっかつ》したものだ。したがって、実質的には合計一一の法律が改正または新設されている。政府は法案の国会への提出理由を、〝我が国及び国際社会の平和及び安全の確保に資《し》する〟ための体制を整えることと説明した。

政府が数十年来の憲法解釈を改め、これまで「憲法上認められない」としてきた集団的自衛権の行使を限定的に容認することとした一四年七月一日の閣議《かくぎ》決定以来、国民的関心を呼んできたこの法制は、安全保障政策にまつわる広くさまざまなテーマを含んでいる。本章では、この法制によって日本の安全保障体制がどのように変わり、それが現状のどのような課題に対応しようとしたものなのか、いくつかのタイプに分類しながら読み解いてみたい。

■本章の主な用語

有事

広義には国家や社会を揺るがす事態全般。安全保障の文脈では、戦争など、武力による紛争が生じている状態。

平時

「有事」でなく、社会の平穏が保たれているとき。

グレーゾーン事態

不法入国など日本の主権を侵害する行為のうち、武力攻撃には至っていないが、相手方が多数である、または武装が強力であるなどの理由で、警察権(警察・海上保安庁)の範囲での対応が難しい事態。「有事」ではないが、純然たる平時とも言えない。法令用語ではなく、厳密な定義があるわけではない。

武力攻撃

国家の意思として組織的・計画的に行われる武力の行使。

武力攻撃事態等(法令用語)

日本に対する武力攻撃が発生、またはその明白な危険が切迫している事態(以上、武力攻撃事態)、及び武力攻撃事態には至っていないが、事態が緊迫し日本に対する武力攻撃が予測される事態(武力攻撃予測事態)の総称。

存立危機事態(新設、法令用語)

日本と密接な関係にある他国に対する武力攻撃が発生し、それにより日本の存立が脅かされ、日本国民の生命や自由、幸福追求の権利が根底から覆される明白な危険がある事態(日本に対する武力攻撃には至っていない)。

重要影響事態(新設、法令用語)

そのまま放置すれば、日本に対する武力攻撃などの軍事的影響が及ぶおそれがある、他国における紛争などの事態(存立危機事態には至っていない)。経済的影響など、非軍事的な影響のみでは認定されないとされている。

■安保法制と呼ばれる2つの法律

平和安全法制整備法

以下の既存の法律 10 本を改正する法律
（内容は改正前のもの）

①自衛隊法
自衛隊の任務、組織及び編成、
行動及び権限、隊員の身分取扱等を定める。

②PKO 協力法
自衛隊を紛争国に海外派遣し、国連 PKO
活動等に協力する手続きなどを定める。

③周辺事態法
「周辺事態」における米軍への支援を定める。

④船舶検査活動法
周辺事態法が定める船舶検査の方法や手続き、
武器使用などについて定める。

⑤武力攻撃事態法
「有事」を定義し、その際の国・地方公共団体の
対処を定める。

⑥米軍行動関連措置法
日本国内で米軍が自衛隊と共同作戦を実施する
際に、米軍に対して自衛隊と同様の措置をとれ
る保証を与える。

⑦特定公共施設利用法
自衛隊と米軍が共同作戦を実施する際に効果的な
作戦行動をとれるように、特定公共施設を優先
使用することができるよう定める。

⑧海上輸送規制法
敵国の軍用品取得を防止するため、敵国の軍用品を海上輸送している船に対する
停船検査、回航措置等を定める。

⑨捕虜取扱い法
捕虜等の取扱いに関し必要な事項を定め、捕虜などの待遇を定めたジュネーブ条約
などの国際人道法の的確な実施を確保する。

⑩国家安全保障会議（NSC）設置法
国家安全保障政策を審議する国家安全保障会議を設置する。

国際平和支援法（新法）

国際社会の平和・安全に関する脅威を除去するために、
国際社会が共同して取組む活動に
自衛隊などを派遣するルールを定める法律

■安保法制成立までの過程

2014年 6月
安倍晋三首相の私的諮問機関「安全保障有識者懇談会」が集団的自衛権の行使を容認すべきなどとした報告書をまとめる。

2014年 7月
安倍内閣が集団的自衛権の限定的行使を容認する閣議決定を行う。

2014年12月
1997年以来、18年ぶりの改定となる日米防衛協力ガイドラインが合意。

2015年 5月
安保法案が国会に提出され、衆議院での審議が始まる。

2015年 6月
衆院憲法調査会において、参考人の憲法学者3名（与党推薦の参考人を含む）が集団的自衛権行使を違憲と発言。国民の関心が一挙に高まった。

2015年 7月
安保法案が衆議院本会議で可決、参議院へ送付。

2015年 9月
安保法案が参議院本会議で可決、成立。

日本有事の際の対応

“存立《そんりつ》危機事態”での武力行使を可能に

これまで日本が武力を行使し得るのは、日本が他国から受けた武力攻撃を阻止《そし》する個別的自衛権の発動としてのみだった。今回「武力行使の三要件」が改められ、新たに「**存立危機事態**[1]」が付け加わった。日本と関係の深い他国への武力攻撃が起き、それがあたかも日本が武力攻撃を受けたかのように日本の存立を危《あや》うくすると判断される場合にも、自衛隊が武力を行使して対処《たいしょ》できるよう定めたのだ(「主たる任務」として位置づけ)。日本への武力攻撃事態に比べてあいまいさを残すので、政府には、日本の存立危機であり武力行使以外に阻止する方法がないことを国民に説明する義務が負《お》わされている。

日本が武力攻撃を受けていない以上、このような場合の武力行使は、国際法上は集団的自衛権が根拠になるというのが政府の立場だ。ただし、国際法上の集団的自衛権の行使を全面的に認めるのではない。NATOが義務と定めるような、条約に加盟する他国への攻撃を、自国への影響がなくても自国に対する攻撃と同様に扱って集団的自衛権を行使することは、今回の安保法制では認められていない。

日米安保条約の片務《へんむ》性を縮小

存立危機事態として具体的に想定されているのは、日本防衛のために行動している米軍に対する攻撃だ。日米安保条約により米国は日本有事の際の防衛義務を負っており、そのために日本近海には米艦《かん》が配備されている。日本を狙ったミサイルが日本海上空を飛行しているような事態では、日本海にいる米艦が、海上自衛隊と共同で対処にあたる。この米艦が**公海**[2]上で攻撃を受けたとすると、そこは日本の領域ではないため、個別的自衛権しか認めないこれまでの「武力行使の三要件」では、日本がその攻撃を阻止するための武力を用いることはできない。だが、日本を守る米艦が大打撃を受ければ防衛力が激減して日本の存立が危なくなる。何の手立ても打てないならば「自衛の措置《そち》」が不十分なだけでなく、日米同盟も危《あや》うくなるという考え方が出てきていた。

さらには、日本を守る米軍の防衛に日本が参加する仕組みさえ無かったのは、あえて情緒《じょうちょ》的な表現をすると「忍《しの》びない」という発想があった。もしもの時には武力行使して協力して守る用意をしたとするのは、日米安保条約の片務性を縮小しようとする試みに他ならない。

1 左ページ「武力行使の新三要件」①の下線部に相当する。
2 どの国の領海にも属さない海域のこと。

安倍晋三内閣閣議決定　2014年7月1日（参考：旧三要件→p.89）

自衛の措置としての武力の行使の新三要件

①日本に対する武力攻撃が発生したこと、または日本と密接な関係にある他国に対する武力攻撃が発生し、これにより日本の存立が脅かされ、国民の生命、自由及び幸福追求の権利が根底から覆される明白な危険があること

②これを排除し、日本の存立を全うし、国民を守るために他に適当な手段がないこと

③必要最小限度の実力行使にとどまるべきこと

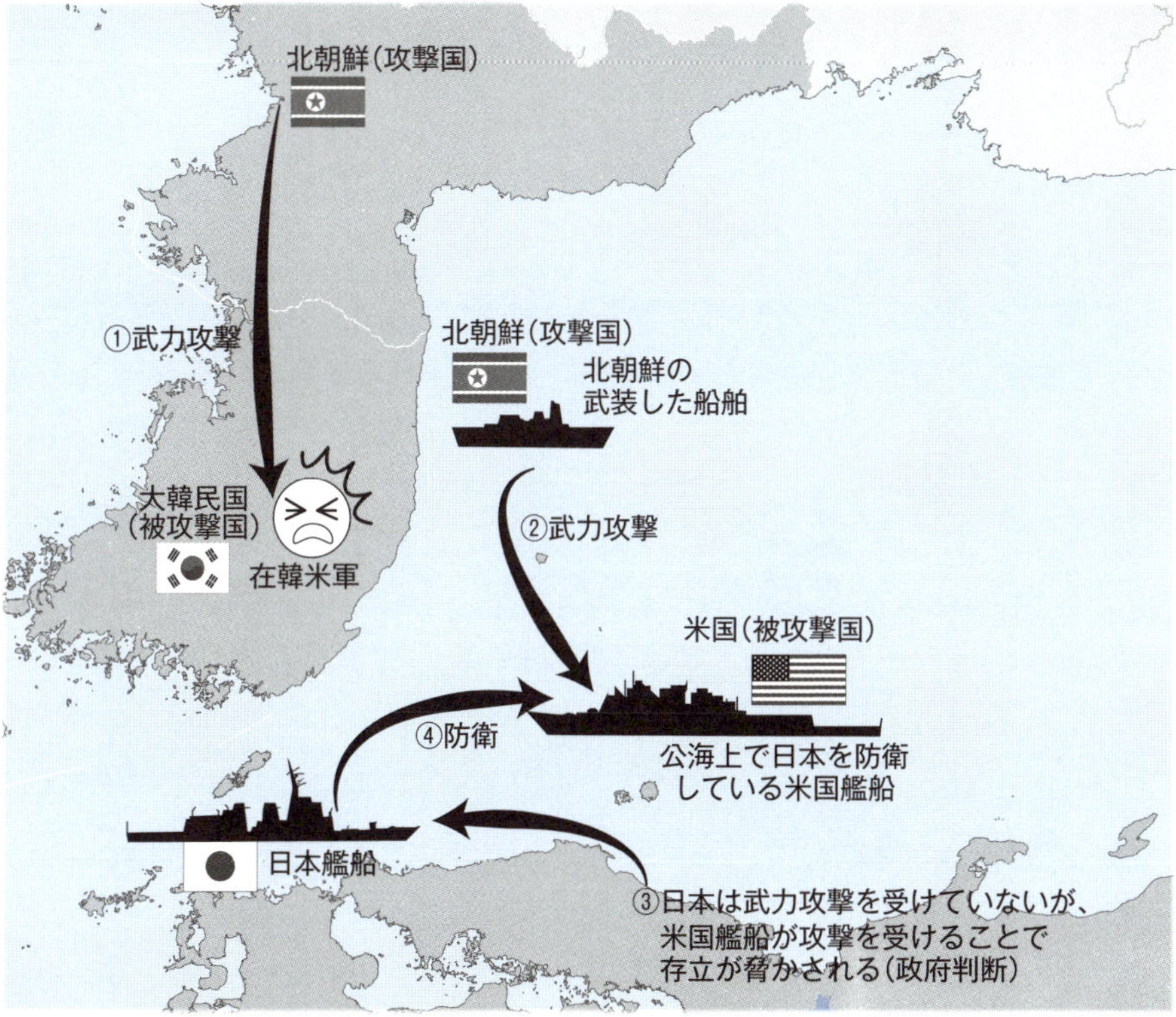

■存立危機事態における集団的自衛権の限定的行使の例

この他、集団的自衛権行使の国際法的要件として、
攻撃を受けた国（この場合、米国）の要請等が必要（→p.56）

個別的自衛権では対処できない“存立《そんりつ》危機事態”

存立危機事態については“この場合の日本による自衛権の発動は、結局「日本のため」なのだから個別的自衛権で説明でき、長年の憲法解釈を変更してまで集団的自衛権を解禁《かいきん》する必要はない”とする見解が、国会での審議を含めて多く聞かれた。第一章でも触れたが、集団的自衛権の内容には議論の分かれる部分もあり、そのための混乱だとも言える。

政府は「自国の領域に対する武力攻撃」を個別的自衛権の行使要件と解釈しており、存立危機事態はそれにあたらない。自国が武力攻撃を受けていないのに、個別的自衛権の発動と称する武力行使が正当化されるならば、かつて侵略《しんりゃく》戦争を正当化した論理と同じになってしまう。

こうして、存立危機事態に限って集団的自衛権の「限定的」行使を認めるという憲法解釈の変更がなされたのだ。仮に存立危機事態であっても、他国の領域への「海外派兵《はへい》」は「専守《せんしゅ》防衛」を超えるものであるとして認めていない。

一九七二年政府見解の読み替え

これまで憲法九条の下で許される自衛措置《そち》としての武力行使を規定するときに言及《げんきゅう》されてきたのは、前文や一三条に基づく“国民の平和的生存権等を守る国家の義務”だった。一九七二年政府見解では、武力行使が許されるのは「国民の諸権利が根底から覆《くつがえ》される急迫《きゅうはく》・不正の事態」(A)への対処としてであって、Aとは「日本に対する急迫・不正の侵害」(B)だとした。その上で、国際法上の集団的自衛権行使はBに対する措置ではないから認められないとしたのだ。最初から「個別的自衛権ならばOK、集団的自衛権ならばだめ」と、国際法上の概念《がいねん》によって線引きしたわけではなかった。

今回の解釈変更は、国際情勢の変化から、BでなくてもAは起こり得るという考え方による。それが存立危機事態だが、それに際して国民の諸権利を守るために武力を用いるならば、その国際法上の根拠は集団的自衛権になる。集団的自衛権の中でもAへの対処になるケースにのみ行使を認めることは、これまでの**政府見解の「基本的論理**[1]」からの逸脱《いつだつ》ではないと政府は繰り返し説明した。

1 左図1972年政府見解の①②、本文の表現でいえば「自衛の措置としての武力行使は、憲法上Aへの対処としてのみ許容される」という部分に相当する。集団的自衛権の限定的行使容認について政府・与党は、“国際情勢などから判断して、従来の政府見解の「基本的論理」の枠内で「当てはめ」を改めたもの”と表現した。

■政府による集団的自衛権限定的行使を合憲とする説明

**1972年 参議院決算委員会
提出資料（政府見解、要旨）**

①憲法前文・13条より
自衛の措置は合憲

②しかし自衛の措置は、外国の武力攻撃によって **国民の生命、自由および幸福追求の権利が根底から覆されるという急迫・不正の事態** に対処するやむを得ない措置としてはじめて容認される。

③そうだとすれば、憲法上許される武力行使は 日本に対する急迫・不正の侵害 への対処に限られ、それにあたらない集団的自衛権は認められない。

**2014年 安倍晋三内閣
閣議決定（要旨）**

日本に対する武力攻撃が発生した場合のみならず、**日本に密接な関係にある他国に対する武力攻撃によって国民の生命、自由および幸福追求の権利が根底から覆される明確な危険**がある場合、日本の存立を全うし、国民を守るために他の手段がない時に、必要最小限度の実力を行使することは、1972年の政府見解①・②に基づく自衛の措置として憲法上許容される。

他国への武力行使が契機となるので **国際法上は集団的自衛権が根拠** となるが、**憲法上はあくまで日本の存立を全うし、国民を守るため、すなわち日本を防衛するためのやむを得ない措置** として初めて許容される。

憲法9条のもとで許容される武力行使

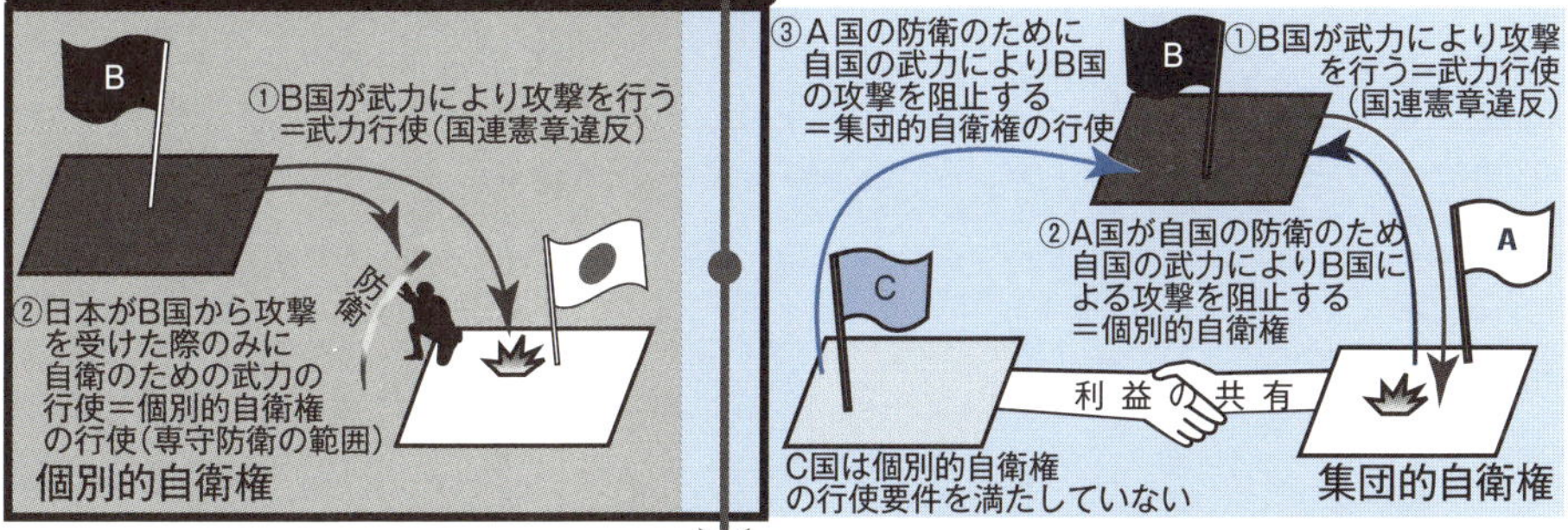
B
①B国が武力により攻撃を行う
＝武力行使（国連憲章違反）
防衛
②日本がB国から攻撃を受けた際のみに自衛のための武力の行使＝個別的自衛権の行使（専守防衛の範囲）
個別的自衛権
③A国の防衛のために自国の武力によりB国の攻撃を阻止する
＝集団的自衛権の行使
B
①B国が武力により攻撃を行う＝武力行使（国連憲章違反）
②A国が自国の防衛のため自国の武力によりB国による攻撃を阻止する
＝個別的自衛権
A
C
利益の共有
C国は個別的自衛権の行使要件を満たしていない
集団的自衛権

存立危機事態における日本の武力行使

国際法上の根拠:集団的自衛権

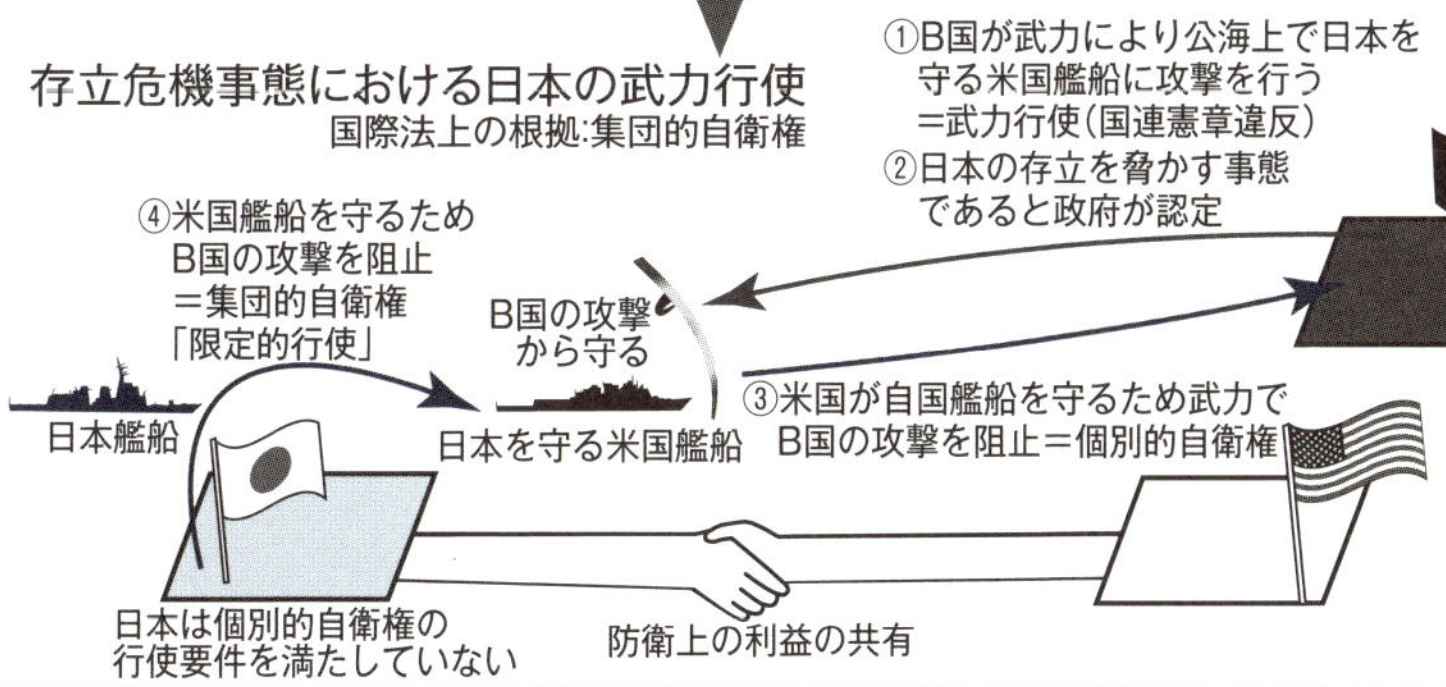
①B国が武力により公海上で日本を守る米国艦船に攻撃を行う
＝武力行使（国連憲章違反）
②日本の存立を脅かす事態であると政府が認定
B
④米国艦船を守るため
B国の攻撃を阻止
＝集団的自衛権
「限定的行使」
B国の攻撃から守る
日本艦船
日本を守る米国艦船
③米国が自国艦船を守るため武力でB国の攻撃を阻止＝個別的自衛権
日本は個別的自衛権の行使要件を満たしていない
防衛上の利益の共有

日本有事につながる恐れがある事態への対応

周辺事態が拡大された〝重要影響事態〟

〝存立《そんりつ》危機事態〟と同様に、今回新たに設けられた事態が〝重要影響事態〟だ。字を見ただけでは何とも抽象《ちゅうしょう》的で、存立危機事態以上にイメージしにくいのは確かだが、その定義は、「そのまま放置すれば日本に対する直接の武力攻撃に至るおそれのある事態等、日本の平和及び安全に重要な影響を与える事態」となっている。すなわち日本の有事、つまり日本が他国から武力攻撃を受けたか、それと見なし得るほどの危機が日本に降りかかるような事態(=存立危機事態)ではないが、〝他国で紛争が生じており、放置すればいずれ日本への軍事的影響にもつながりかねない〟という事態を指している。

実はこの重要影響事態は、一九九九年にできた「周辺事態法」で規定された〝周辺事態〟から「日本周辺の地域における」という地理的制約《せいやく》を取り払ったものだ。これに伴《ともな》って、周辺事態法も「重要影響事態法」に名前が改められた。旧周辺事態(法)は、具体的には朝鮮半島の有事を想定したものだった。

日米協力を中核に外国との連携を強化

一九九七年の日米ガイドライン改定は、冷戦終結後の東アジア情勢、特に核・ミサイル開発を進め、国際社会に対して挑発《ちょうはつ》的な態度をとる北朝鮮の脅威《きょうい》を強く意識していた。もし北朝鮮が暴発し、朝鮮戦争再開というような事態に陥《おちい》れば、北朝鮮による在日米軍への攻撃という恐れがある。朝鮮半島の有事は、放置すれば日本に対する武力攻撃に発展する危険があると認識されていた。この脅威に対して日米共同で対処する役割分担を定めた九七年ガイドラインに基づく旧周辺事態法で、日本は米軍に対する後方地域支援等を行うこととされた。日米安保体制の運用上の効果を上げるための法制だった。

重要影響事態(法)では、周辺事態の地理的制約をなくし、また後方支援の対象を米軍から「**国連憲章の目的**[1]の達成に寄与する活動を行う外国の軍隊」等にも拡大した。日本〝周辺〟でなくても、紛争を放置すれば日本有事につながる恐れがあると判断されれば、後方支援等を行うことが可能になった。

1 ここでは、「国際社会の平和と安定の維持」と解される。

安倍晋三内閣閣議決定　2014年7月1日

いわゆる後方支援と「武力の行使との一体化」

・他国が「現に戦闘行為を行っている現場」ではない場所で実施する補給、輸送などのわが国の支援活動については、当該諸国の「武力の行使と一体化」するものではないという認識を基本とした以下の考え方に立って、わが国の安全の確保や国際社会の平和と安定のために活動する他国軍隊に対して必要な支援活動を実施できるようにするための法整備を進める。

・わが国の支援対象となる他国軍隊が「現に戦闘行為を行っている現場」では、支援活動は実施しない。

・仮に、状況変化により、わが国が支援活動している現場が「現に戦闘行為を行っている現場」となる場合には、直ちにそこで実施している支援活動を休止または中断する。

■周辺事態法から重要影響事態法へ

	周辺事態法（1999年）	重要影響事態法
事態	そのまま放置すれば日本に対する直接の武力攻撃に至るおそれのある事態等、日本周辺の地域における日本の平和・安全に重要な影響を与える事態	そのまま放置すれば日本に対する直接の武力攻撃に至るおそれのある事態等、日本の平和・安全に重要な影響を与える事態
支援対象	日米安保条約の目的の達成（極東の国際平和・安全の維持）のために活動する米軍	①日米安保条約の目的の達成（極東の平和・安全の維持）のために活動する米軍 ②その他の国際連合憲章の目的の達成（国際平和・安全の維持）のために活動する外国の軍隊 ③その他これに類する組織
日本の活動	①後方地域支援 補給、輸送、修理および整備、医療、通信、空港及び港湾業務、基地業務 ・武器・弾薬の提供は不可 ・戦闘作戦行動のために発進準備中の航空機への給油・整備は不可 ・輸送、輸送中の医療を除き、日本の領域内で行う ②捜索救助活動 ③船舶検査活動法に規定する船舶検査活動 ④その他事態に対応するために必要な措置	①後方支援活動 補給、輸送、修理および整備、医療、通信、空港及び港湾業務、基地業務、宿泊、保管、施設の利用、訓練業務 ・弾薬の提供が可能に（武器は不可） ・戦闘作戦行動のために発進準備中の航空機への給油・整備が可能に ②捜索救助活動 ③船舶検査活動法に規定する船舶検査活動 ④その他事態に対応するために必要な措置
日本の活動実施区域	日本領内ならびに、現に戦闘（国際紛争の一環として人を殺傷または物を破壊する行為）が行われておらず、かつ活動期間を通じて戦闘が行われないと認められる日本周辺の公海（EEZを含む）およびその上空 要件を満たさなくなった場合、現地の部隊長等による一時休止、防衛大臣による中断・実施区域指定変更	・「現に戦闘行為が行われている現場」以外（安全が確保される限り、既に開始している救助活動を除く） ・外国の領域で活動が可能に（現地国の同意が必要） 要件を満たさなくなった場合、現地の部隊長等による一時休止、防衛大臣による中断・実施区域指定変更

青字:改正前
黒太字:改正後

重要影響事態における後方支援

重要影響事態法で定める後方支援活動とは、「補給、輸送、修理及び整備、医療、通信、空港及び港湾《こうわん》業務、基地業務、宿泊、保管、施設の利用、訓練業務」であり、武器の提供は含まない。ただし、改正前は不可能だった弾薬《だんやく》の提供や、戦闘作戦行動のために発進準備中の航空機に対する給油及び整備、また、外国領域での活動の実施（現地国等の同意がある場合に限る）が可能になった。

この他、遭難《そうなん》者の捜索《そうさく》救助活動や、船舶検査活動についても改められた。船舶検査活動とは、紛争発生時に民間船舶の積荷及び目的地を検査・確認し、必要に応じ船舶の航路、目的港もしくは目的地の変更を要請する活動のことだ。主に武器輸送の規制を徹底するために、自衛隊によって行われる。根拠法として、周辺事態法とセットとなる「船舶検査活動法」（二〇〇〇年制定）があったが、重要影響事態法および国際平和支援法（→p.150）の目的に合わせて改正された。

“武力行使との一体化”の回避

後方支援には“武力行使との一体化”の問題がつきまとう。重要影響事態は「武力行使の新三要件」にあてはまる日本への武力攻撃でも存立《そんりつ》危機事態でもなく、かつ後方支援部隊は他国の領域内で活動することもあり得るため、武力行使をしてはならないのだ。このため、「現に戦闘が行われている現場」での活動は行わないとしており、また活動中の安全が確保できなくなると判断されるときには、部隊長等の判断で活動の一時休止、もしくは防衛大臣の判断でその地域での活動を中断することが定められている。ただし、自衛隊が活動する場所で戦闘が行われていないとはいえ、現に戦闘を行う外国軍隊への後方支援を行う以上、敵対勢力から見れば「武力行使と一体化しない」と言い張るのは無理だとか、後方支援こそ敵から狙われやすいといった批判は根強い。

また、武器使用は**自己保存型**[1]、すなわち自分や仲間の隊員などを守るためのみに限定されている。

1 p.150 注1参照。

■自衛隊の後方支援活動等

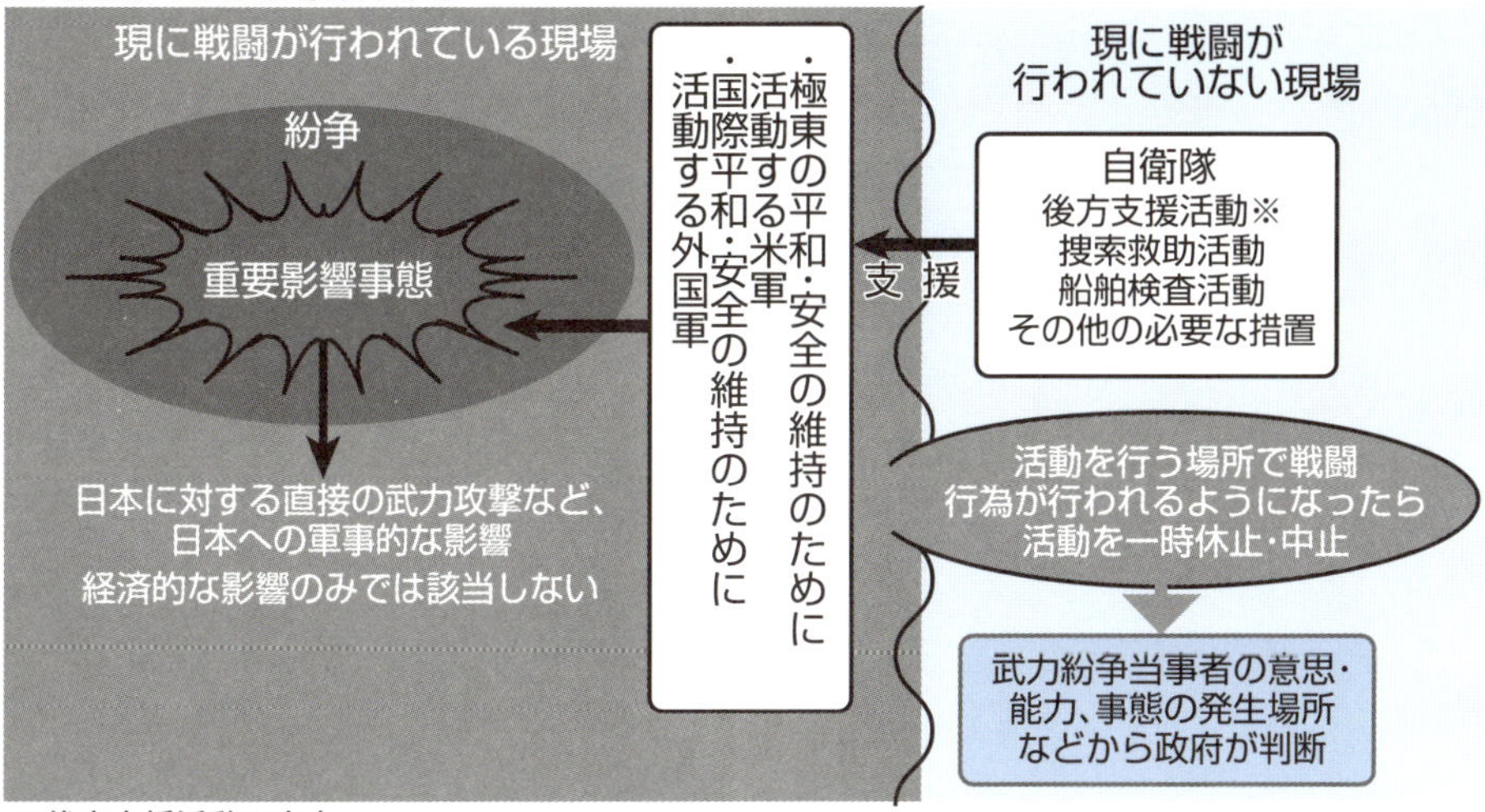

日本への軍事的な影響
経済的な影響のみでは該当しない

武力紛争当事者の意思・能力、事態の発生場所などから政府が判断

※後方支援活動の内容

補給	食料、水、被服などの提供	宿泊	宿泊設備及び入浴設備の利用、寝具類
輸送（空輸含む）	人又は物の輸送、輸送用資材の提供	保管	倉庫又は冷蔵貯蔵室における一時的保管
修理・整備	修理及び整備、整備用機器の提供	施設の利用	建物、訓練施設及び駐機場の一時的利用
医療	診療、衛生機具の提供、衛生業務	訓練業務	指導員の派遣、教育訓練用資材・訓練用消耗品
通信	通信設備の利用、通信機器の提供		
空港・港湾業務	航空機の離発着、艦船の出入港に対する支援		
基地支援	廃棄物の収集及び処理、洗濯、給電		

弾薬の提供が可能に

戦闘作戦行動のために発進準備中の航空機への給油・整備が可能に

安保法制に含まれるその他の法改正

p.138で述べたように、安保法制によって既存の法律10本が改正された。ここでは本文で触れられなかった法律の改正点についてまとめておく（それぞれの法律が定める内容についてはp.139図参照）。いずれも、「武力攻撃事態対処法」等の改正に連動した改正だ。

米軍等行動関連措置法	・武力攻撃事態等において日本を守る米軍への支援	・米軍以外の外国軍隊に対する支援 ・存立危機事態における米軍含む外国軍隊に対する支援
海上輸送規制法	・武力攻撃事態等において武力を行使する外国軍部隊等への海上輸送の規制	・存立危機事態においても適用 ・実施海域を、日本領海、外国の領海（同意が必要）、または公海
捕虜取扱い法	・武力攻撃事態等において捕虜等の拘束・抑留	・存立危機事態においても適用
特定公共施設利用法	・国民の生命、身体、財産の保護	・存立危機事態においても適用
国家安全保障会議設置法	・新設された存立危機事態・重要影響事態・国際平和共同対処事態への対処 ・PKO等参加時の「安全確保」「駆け付け警護」の実施計画の決定・変更 ・PKO参加各国部隊が実施する業務の統括業務に従事するための自衛官の国連への派遣 ・在外邦人の保護措置の実施を国家安全保障会議（NSC）の審議事項に追加	

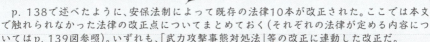

国際平和への積極的な貢献《こうけん》

安保法制で拡充《かくじゅう》されるのは、日本の平和や安全に対する脅威《きょうい》への対処《たいしょ》だけではない。思い出してほしい。政府が説明した安保法制の提案理由は、「我が国及び国際社会の平和及び安全の確保に資《し》する」ことだった。安倍晋三《あべしんぞう》首相が〝積極的平和主義〟という言葉で強調する、国際平和への貢献の強化がそれにあたる。〝世界の警察官〟として国際社会のリーダーシップをとってきた米国の国力が弱まり、同盟国にも応分《おうぶん》の負担を求めるようになってきた中、世界の平和に対する脅威への対処という面でもこれまで以上に貢献が求められるようになったという背景がある。それに応えることが日米同盟の強化につながり、結局は日本みずからの独立と主権を守る上でも重要だと、政府は考えている。

ここに至る布石《ふせき》として、二〇〇〇年代の実績は外せない。二〇〇三年から〇九年にかけ、日本はイラクに自衛隊を派遣して、人道復興支援・安全確保支援を行った。この時の根拠法は、時限立法の「イラク**特措法**《とくそ》[1]」だった。

拡大した国際協力

イラク派遣は、さまざまな意味で画期《かっき》的な活動だった。初めて「戦闘地域」かどうか議論が分かれる海外地域に派遣されたこと、目的が復興支援とはいっても国連PKOの指揮下ではなかったことなどである。PKO協力法成立(一九九二年)以来、日本は数多くのPKOに人員を派遣して国際的にも評価を受けており、国内世論も当初とは比較にならないほどPKO派遣に対する抵抗感が減っていたが、従来のPKO協力法の枠内《わくない》に収まらないこの派遣については議論が百出した。特措法を成立させて派遣には漕《こ》ぎ着けたが、対テロ戦争後の国際情勢の中で、今後も一歩踏み込んだ国際貢献が求められることが予想された。日米同盟を重視する立場からは、必要な事態ごとに審議する時限的な特措法ではなく、一般法(恒久法《こうきゅう》)としてこうした活動の根拠を定めることが急務となっていた。

新法の「国際平和支援法」(p. 150)は、まさにこの観点から、日本が行う国際平和への貢献のあり方を一般法として定めたものなのだ。

1 特別措置法の略。期間・対象を限定して作られる法律のこと(対義語:一般法・恒久法)。期間を限った法律を時限立法と呼ぶ。

安倍晋三内閣閣議決定　2014年7月1日

国際的な平和協力活動にともなう武器使用
国際連合平和維持活動などの「武力の行使」をともなわない国際的な平和協力活動におけるいわゆる「駆け付け警護」にともなう武器使用および「任務遂行のための武器使用」のほか、領域国の同意に基づく邦人救出などの「武力の行使」もともなわない警察的な活動ができるよう、以下の考え方を基本として、法整備を進める。

・国際連合平和維持活動等については、PKO参加5原則（→p.91）の枠組みの下で、受入れ同意をしている紛争当事者以外の「国家に準じる組織」が敵対する者として登場することは基本的にないと考えられる。
・自衛隊の部隊が、領域国政府の同意に基づき、邦人救出などの「武力の行使」をともなわない警察的な活動を行う場合には、領域国政府の同意が及ぶ（権力が維持されている）範囲で活動することは当然であり、その範囲においては「国家に準ずる組織」は存在していない。
・受入れ同意が安定的に維持されているかや領域国政府の同意が及ぶ範囲については、国家安全保障会議における審議等に基づき、内閣として判断する。

■自衛隊海外派遣のための特別特措法

テロ対策特別措置法	米国の9.11テロに対する協力支援活動、捜索救助活動、被災民救援活動、国際的なテロの防止・根絶	2001年11月～2007年11月
イラク人道復興支援特別措置法	国家の速やかな再建、国民の生活の安定と向上、民主的な手段による統治組織の設立	2003年 8月～2009年 7月
補給支援特別措置法	国際的なテロ対策海上阻止活動を行う諸外国の軍隊への給油・支援、テロ活動の防止・根絶（テロ対策特別措置法の失効による再立法）	2008年 1月～2010年 1月

邦人救出

安保法制の中で、日本平時における自衛隊の任務拡大のもう一つの柱は、在外日本人の保護措置だ。これまでは、緊急時に在外日本人の「輸送」を行う任務のみが定められていたが、自衛隊みずから在外日本人の保護を行えるようになり、任務遂行のための武器使用も認められた。

2015年初頭、IS（イスラーム国）に拘束された日本人ジャーナリストら2名が相次いで殺害される事件があったこともあり、この「邦人救出」もこうした事態を想定しているのかと思いきや、そうではない。現地政府や治安当局が安全や秩序の維持にあたっており、かつ戦闘行為が行われないと認められる場合で、現地政府等の同意があり、現地政府や治安当局との間の連携・協力ができる場合にのみ、自衛隊部隊による保護措置が認められる。したがって、IS支配地域のように協力可能な当局が存在しない状況では、今回の改正による「邦人救出」は行えない。

在外日本人の保護には、現地当局が責任を持つのが大原則だ。政府が想定しているのは、たとえば1997年にペルーで発生した日本大使公邸人質事件のような事件があったとき、現地当局の能力不足などから協力要請を受けるというようなケースだ。そのような場合に要請に応じる根拠となる法制を整えておくことが、今回の改正の意図である。

参考：イラン・イラク戦争（1980年～88年）時の邦人輸送
1985年3月17日、イラクは「48時間後よりイラン上空を飛行する航空機は無差別に撃墜できる」と宣告。航空機による救援が遅れた在イラン邦人約200名は、イランから出国できずにいた（政府は日本航空へチャーターを依頼したが、危険性を理由とした労働組合の反対により断念）。当時の自衛隊では海外活動を認めておらず、イランまでノンストップで飛べる航空機も保有していなかった。結果的に、自国民より優先して日本人に座席を割り振ったトルコの協力により、期限まで約1時間を残して邦人の脱出が完了した。

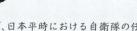

国際協力のためのルールを定めた新たな一般法

国際平和支援法は、〝国際平和共同対処事態〟として、「国際社会の平和及び安全を脅《おびや》かす事態で、その脅威《きょうい》を除去するために国際社会が国連憲章の目的に従い共同して対処する活動を行い、我が国が国際社会の一員としてこれに主体的かつ積極的に寄与《きよ》する必要がある」事態を定めた。一定の条件の下、日本はこうした事態に対処する他国の軍隊に対する協力支援活動を行えることになるが、武器の提供は含まない。

また、捜索救助活動や船舶検査活動も規定されている。「武力行使との一体化」の恐れに配慮して、「現に戦闘が行われている地域」での活動はできないことや、安全が確保できない際の休止・中止が規定されており、具体的な内容としては重要影響事態法に似ている。つまり、国連のお墨付《すみつ》きがあることを条件として、紛争中の軍隊への後方支援などを行うことを可能としたのだ。先述の特措法の内容をカバーする一般法ということになる。

PKO協力法の改正

新法の国際平和支援法と紛《まぎ》らわしいこともあり、本書ではより一般的な「PKO協力法」という略称を用いてきたが、政府が使う正式の略称は「国際平和協力法」だ。今回の改正で、実態として「PKO協力法」よりも政府の略称の方がふさわしくなったかもしれない。元々PKO以外の活動をも射程に入れていた法律ではあったが、その部分をより拡充《かくじゅう》したのだ。その表れとして、「国際連携平和安全活動」の実施が挙げられる。これは、PKOと異なり国連が統括《とうかつ》しない形での国際的な平和協力活動だ。拒否権などの問題によって国連決議が無い場合であっても、一定の条件の下で、有志連合による活動に参加することを可能としている。

PKOへの参加についても、任務の拡大がみられる。「安全確保」「駆《か》け付《つ》け警護」の規定がそれだ。それに伴《ともな》って、これまでは原則として**自己保存型**[1]の武器使用しか許されなかったものが、必要に応じて**任務遂行《すいこう》型**[2]の武器使用が認められるようになっている。

1 自分自身や仲間の隊員、自分の管理下に入った者や武器を防護するためにやむを得ない場合、必要な限度内で武器の使用が認められる。相手に危害を加えても許されるのは、正当防衛または緊急避難にあたる場合に限る。
2 任務への妨害を排除するためにやむを得ない場合、必要な限度内で武器の使用が認められる。相手に危害を加えても許される場合は、自己保存型と同じ。

■国際平和支援法の概要

目的

国際平和共同対処事態において
当該活動を行う諸外国の軍隊等に対する協力支援活動等の実施
国際社会の平和及び安全の確保

要件

国連決議（総会又は安保理）が必要
①支援対象となる外国が国際平和共同対処事態の活動を行うことを決定し、要請し、勧告し、又は認める決議
②①のほか、当該事態が平和に対する脅威又は平和の破壊であるとの認識を示すとともに、当該事態に関連して国連加盟国の取組を求める決議

補給、輸送、修理および整備、医療、通信、空港及び港湾業務、基地業務、宿泊、保管、施設の利用、訓練業務、建設

国会承認が必要

例外なき事前承認
７日以内の各議院の議決の努力義務
対応措置の開始から２年を超える場合には再承認が必要
（再承認の場合は、国会閉会中又は衆議院解散時は事後承認を許容）

日本の活動実施区域

「現に戦闘行為が行われている現場」以外（安全が確保される限り、既に開始している救助活動を除く）
要件を満たさなくなった場合、現地の部隊長等による一時休止、防衛大臣による中断・実施区域指定変更

■PKO協力法（国際平和協力法）の改正

国際連携平和安全活動（非国連統括型）

PKO参加５原則（→p.91）を満たした上で次のいずれかが存在する場合

① **国連の総会、安全保障理事会又は経済社会理事会が行う決議**

② **次の国際機関が行う要請**
- ・国連
- ・国連の総会によって設立された機関又は国連の専門機関で、政令で定めるもの（国連難民高等弁務官事務所など）
- ・当該活動に係る実績もしくは専門的能力を有する地域的機関（国連憲章52条に規定）又は多国間の条約により設立された機関で、政令で定めるもの（欧州連合など）

③ **当該活動が行われる地域の属する国の要請**
- ・国連の主要機関（国連憲章7条１項に規定）の支持を受けたものに限る

業務の拡充

停戦監視、被災民救援等

追加

安全確保業務
駆け付け警護
司令部業務
統治組織の設立
再建援助の拡充

武器使用権限見直し
自己保存型に加え任務遂行型の武器使用が認められた

隊員の安全確保

安全配慮規定、業務の中断及び危険を回避するための一時休止など協力隊員の安全を確保する措置を定めた実施要領を策定

国会承認が必要

自衛隊の部隊等が行う停戦監視業務・安全確保業務
事前の国会承認が必要（閉会中又は衆議院が解散されている場合は事後承認可）

残された課題――グレーゾーン事態への切れ目ない対応

グレーゾーン事態とは

安保法制の成立で、存立危機《そんりつ》事態を含む有事、日本の有事に発展する恐れのある他国の事態（重要影響事態）、平時の国際貢献等という三つのケースに関する法制は、おおむね整った。今後、米国をはじめとする諸外国と協調しながら、その円滑《えんかつ》な運用を図《はか》っていくことになる。

だが、これで日本が直面する安全保障上の課題にすべて解決策が与えられたわけではない。特に、喫緊《きっきん》の課題として認識されているのが、いわゆる〝グレーゾーン事態〟への対応だ。〝有事でも平時でもない事態〟と言われることもある。

たとえば、ある離島に外国の民間船がやってきたら――これは不法入国だから、出入国管理法などの国内法に基づき、警察や海上保安庁が警察権を行使して取締りにあたる。だが、その集団が重武装しており、警察や海上保安庁の装備では対抗できなかったら――このように、〝武力攻撃を受けたわけではないが、警察権の範囲では対処が難しい事態〟がグレーゾーン事態だ。

領域侵犯《しんぱん》に対する法律上の〝段階〟

不審船の接近時にはまず海上保安庁が対応するが、能力を超えると判断された場合、国土交通大臣から防衛大臣に要請が出され、閣議《かくぎ》決定を経て海上自衛隊に「海上警備行動」が発令されることになる。海上警備行動は、ソマリア沖に海賊対処部隊を派遣するために発令された他には、これまでに**二度発令されたことがある。**[1] 海上自衛隊が海上保安庁の警察行動を肩代わりするもので、武器使用の基準などは海上保安庁法などに準じる。防衛大臣に命令権があるのはここまでだ。

警察による対応が困難な実力集団が離島に上陸・占拠《せんきょ》などという事態では、内閣総理大臣の命令権による「治安出動」の発令となる。これも自衛隊が警察権を行使するものであって、武器使用の基準も警察官職務執行法等に従う。それでも対処《たいしょ》できない、すなわち日本に対する**武力攻撃**[2]だと認定される事態には、「防衛出動」（自衛権の行使）が発令される。治安出動も防衛出動も国会承認が必要で、自衛隊発足以来、一度も発令されたことはない。

1 北朝鮮不審船事件（1999年）、中国潜水艦領海侵犯事件（2004年）。
2 原則として、国家の意思による「組織的・計画的な武力行使」を指す。

安倍晋三内閣閣議決定　2014年7月1日

武力攻撃に至らない侵害への対処

- 警察や海上保安庁などの関係機関が、それぞれの任務と権限に応じて緊密に協力して対応するとの基本方針の下、対応能力を向上させ連携を強化するなど、各般の分野における必要な取組を一層強化する。
- 近傍に警察力が存在しない場合や警察機関が直ちに対応できない場合における、治安出動や海上における警備行動の早期の下令や手続きの迅速化の方針について検討する。

■日本の領域警備における対応

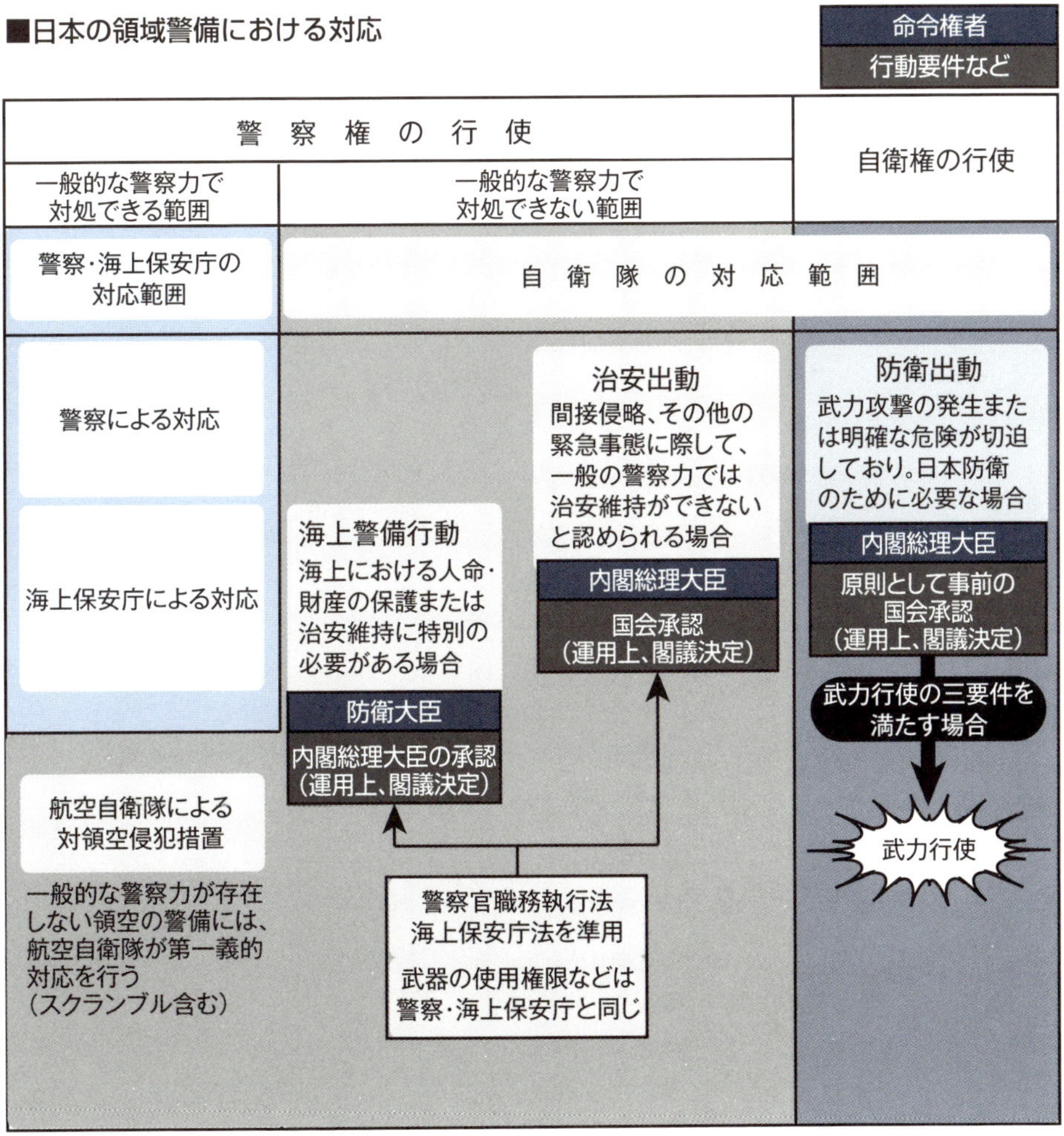

グレーゾーン事態への対応の難しさ

現実に発生し得る事態は、必ずしも法律の筋《すじ》書《が》き通りに進むとは限らない。昨今の国際紛争は、大規模テロや非国家の武装集団による侵害行為のように、対応するべきは軍事力（防衛力）なのか警察力なのか、判然としないケースが急増しているのが特徴だ。事態発生後直《ただ》ちに相手の武装レベルや意図《いと》を判定できるとは限らないし、事態の進展に伴って省庁間での権限移譲《けんげんいじょう》が生じるため、切れ目なく柔軟《じゅうなん》な対応を確保することは、簡単な問題ではない。

今回の安保法制には、グレーゾーン事態における警察・海上保安庁・自衛隊の連携《れんけい》や権限移譲などを定める法制は含まれておらず、二〇一五年五月の閣議決定で〝治安出動・海上警備行動などの発令手続の迅速《じんそく》化（臨時閣議開催が間に合わない場合に電話確認による閣議決定を行う等）〟を定めただけに留まっている。国家公安委員長（警察）・国土交通大臣（海上保安庁）・防衛大臣（自衛隊）という三者に権限が分かれている現状で、相互の関連性を一概《いちがい》に法制化することには困難もある。

●国籍不明の潜水艦が日本領海内に潜航した場合※

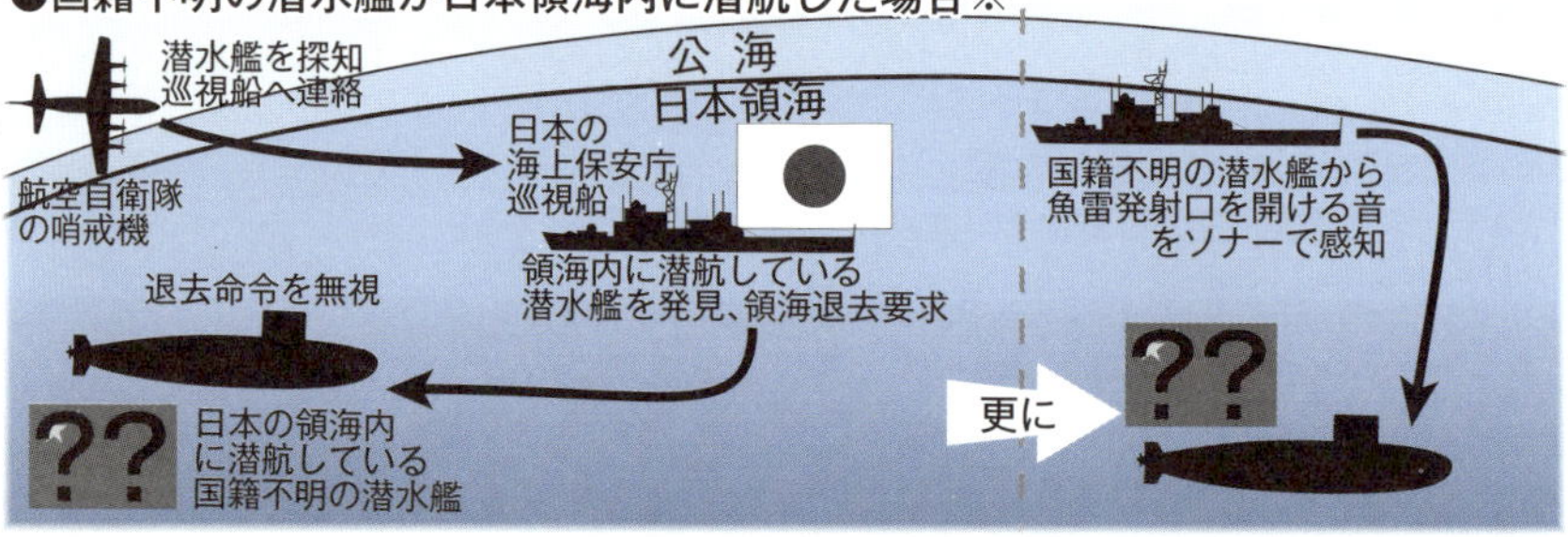

公海
日本領海
潜水艦を探知
巡視船へ連絡
航空自衛隊
の哨戒機
日本の
海上保安庁
巡視船
領海内に潜航している
潜水艦を発見、領海退去要求
退去命令を無視
日本の領海内
に潜航している
国籍不明の潜水艦
更に
国籍不明の潜水艦から
魚雷発射口を開ける音
をソナーで感知

●武装した多数の民間船舶が日本領海を侵犯した場合

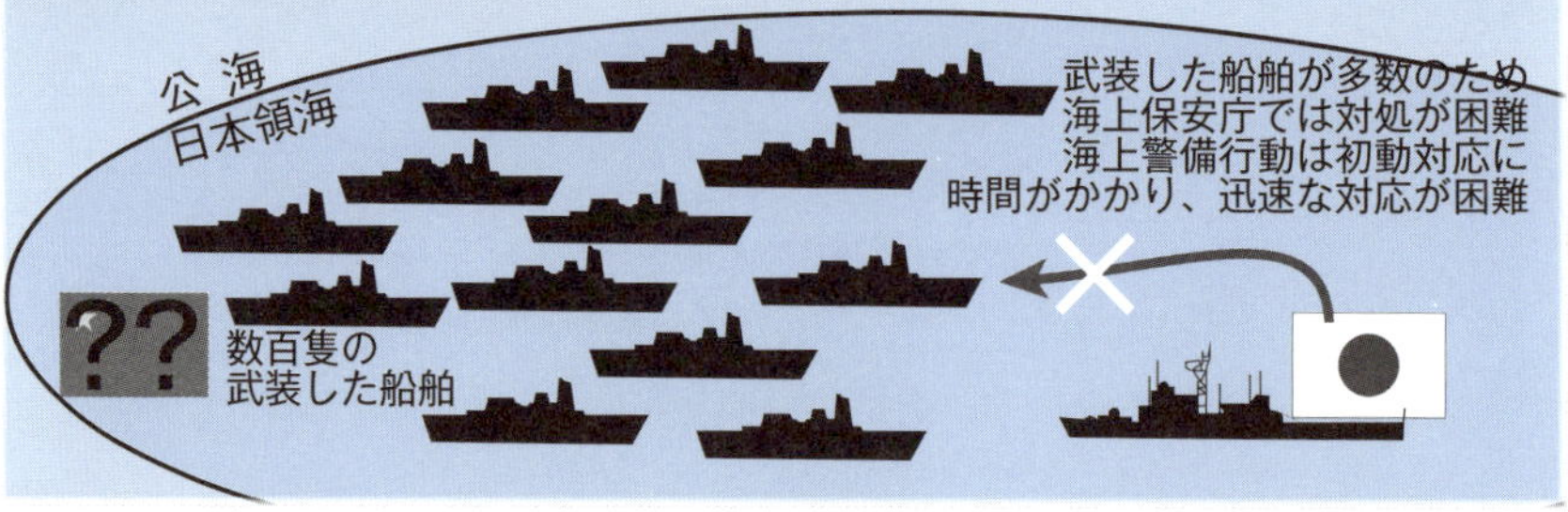

公海
日本領海
武装した船舶が多数のため
海上保安庁では対処が困難
海上警備行動は初動対応に
時間がかかり、迅速な対応が困難
数百隻の
武装した船舶

※ 国連海洋法条約では、潜水艦は他国の領海内では国旗を揚揚して海面上を航行することと定められている。日本は領海内で潜航する外国潜水艦を発見した場合、ただちに海上警備行動を発令し、浮上や国旗揚揚を求めるとしている。（1996年閣議決定ほか）。

用語集
総論
戦後の世界
日本の防衛
安保法制
国際情勢
参考資料
付録

■グレーゾーン事態の主な事例

●武装した船舶が急に接近してきた場合（公海上）

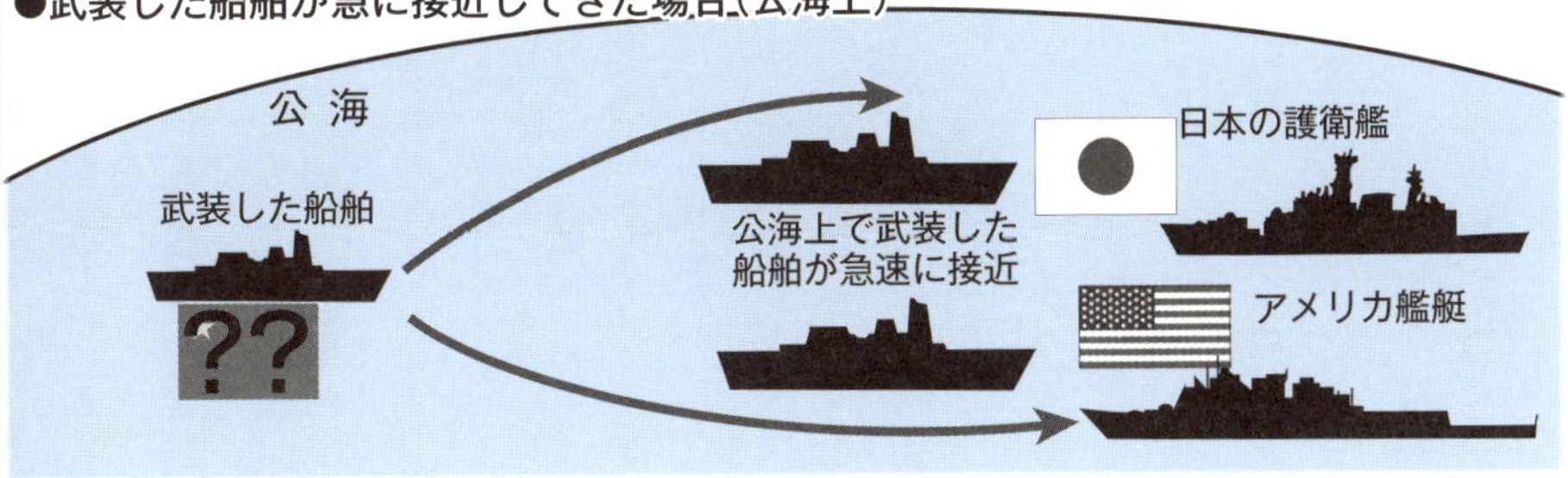

●武装した船舶が民間船へ攻撃を行った場合（公海上）

●日本施政下の離島に武装した自警団的な組織が不法上陸した場合

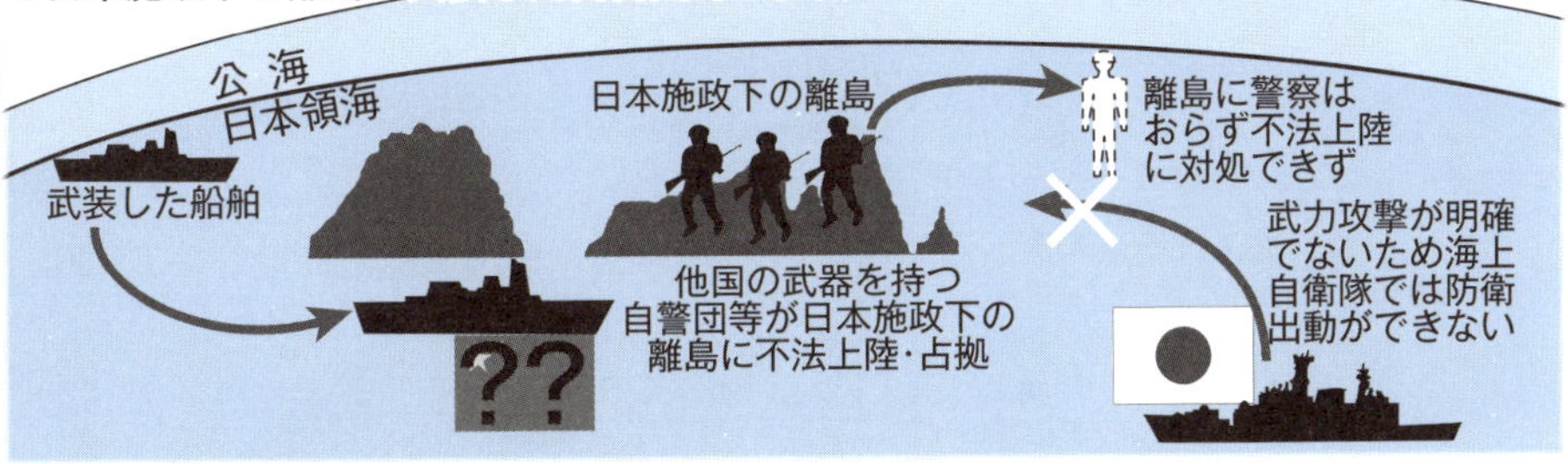

●未確認艦艇及び航空機に攻撃用の照準を向けられた場合（公海上）

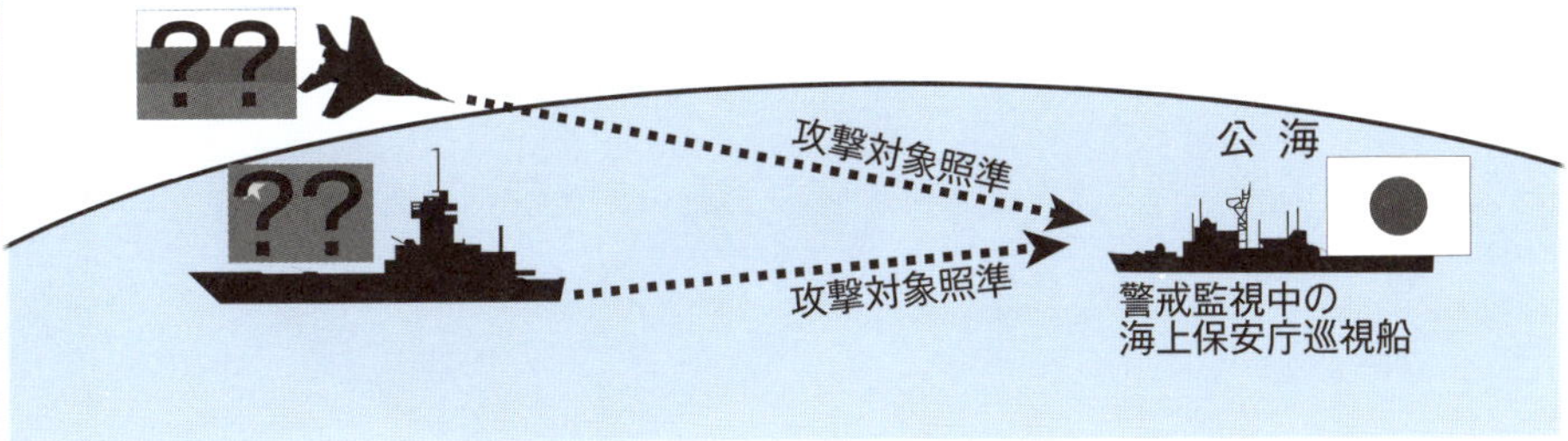

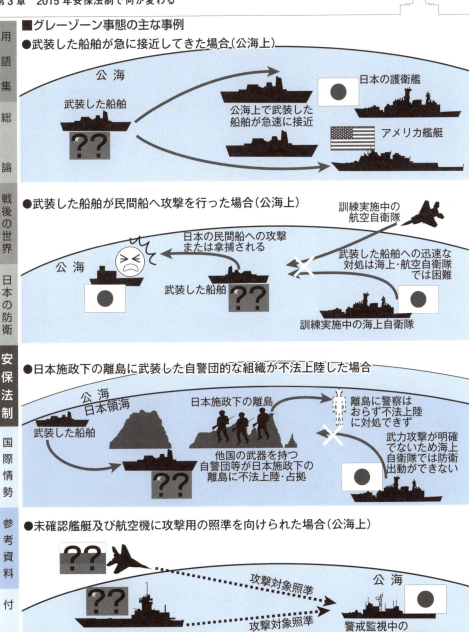

徴兵《ちょうへい》制論議は非現実的

自衛隊の任務が拡大すれば自衛官が不足するのではないか、また自衛官志願《しがん》者が減るのではないか。自衛官を確保するため、将来的に徴兵制の導入も考えているのではないか――そんな懸念《けねん》の声も聞かれた。

政府はこれまで、徴兵制は憲法一八条が禁じる〝意に反する苦役《くえき》〟にあたるため違憲だとしてきたが、自衛権に関する憲法解釈変更を批判する立場からは、いずれ徴兵制に関する憲法解釈も変えられるのではないかという声があった。安保法制に賛成の政治家の中には、「崇高《すうこう》な任務を帯びた自衛隊勤務を〝苦役〟と称するのは、現役自衛官にも失礼で不適切だ」などと発言する者もあった。

だが、自衛隊勤務の性質を問わず、年齢や健康状態など一定の要件を満たす者を、本人の意志に関係なく強制的に自衛隊に入隊させるならばそれは〝苦役〟であり、違憲性も明白だ。また、現状の自衛隊の規模では徴兵年齢を迎えた者を毎年受け入れる余裕はなく、高度にハイテク化された自衛隊の運用に習熟するには一定の期間と訓練が必要で、徴兵に兵器運用を任せるのはかえって危険なこともあるなど、徴兵制導入はまったく非現実的だ。

■防衛大学校および、陸・海・空各自衛隊等の教育訓練機関における外国人留学生受託教育の実績（1958年～2015年累計）

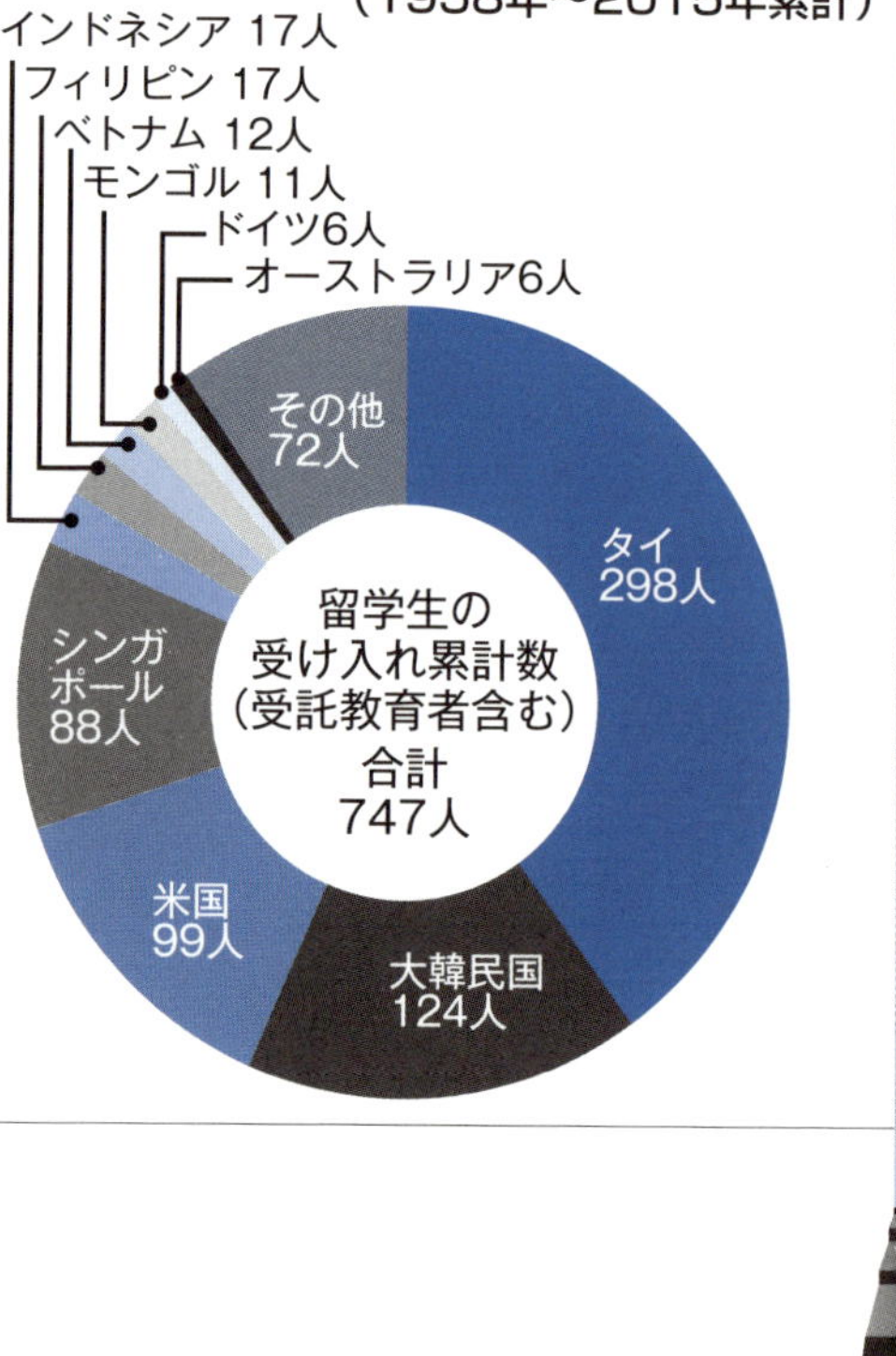

予備自衛官制度

有事に際しては、必要な自衛官の数も平時とは変わってくる。これに備え、自衛隊には一般の軍隊でいう予備役にあたる、予備自衛官制度等の制度がある（左図）。主に元自衛官を対象とした制度で、平時には一般企業などで働きながら所定の訓練等に参加し、有事や大規模災害などの際に招集があれば、規定に従って自衛官としての任務に就く。雇用企業など、周囲の理解と協力に支えられた制度である。

日本国憲法（抜粋）　1946年11月3日公布、1947年5月3日施行

第 18 条　【奴隷的拘束及び苦役からの自由】

何人も、いかなる奴隷的拘束も受けない。
又、犯罪に因る処罰の場合を除いては、その意に反する苦役に服させられない。

■自衛官の募集と採用

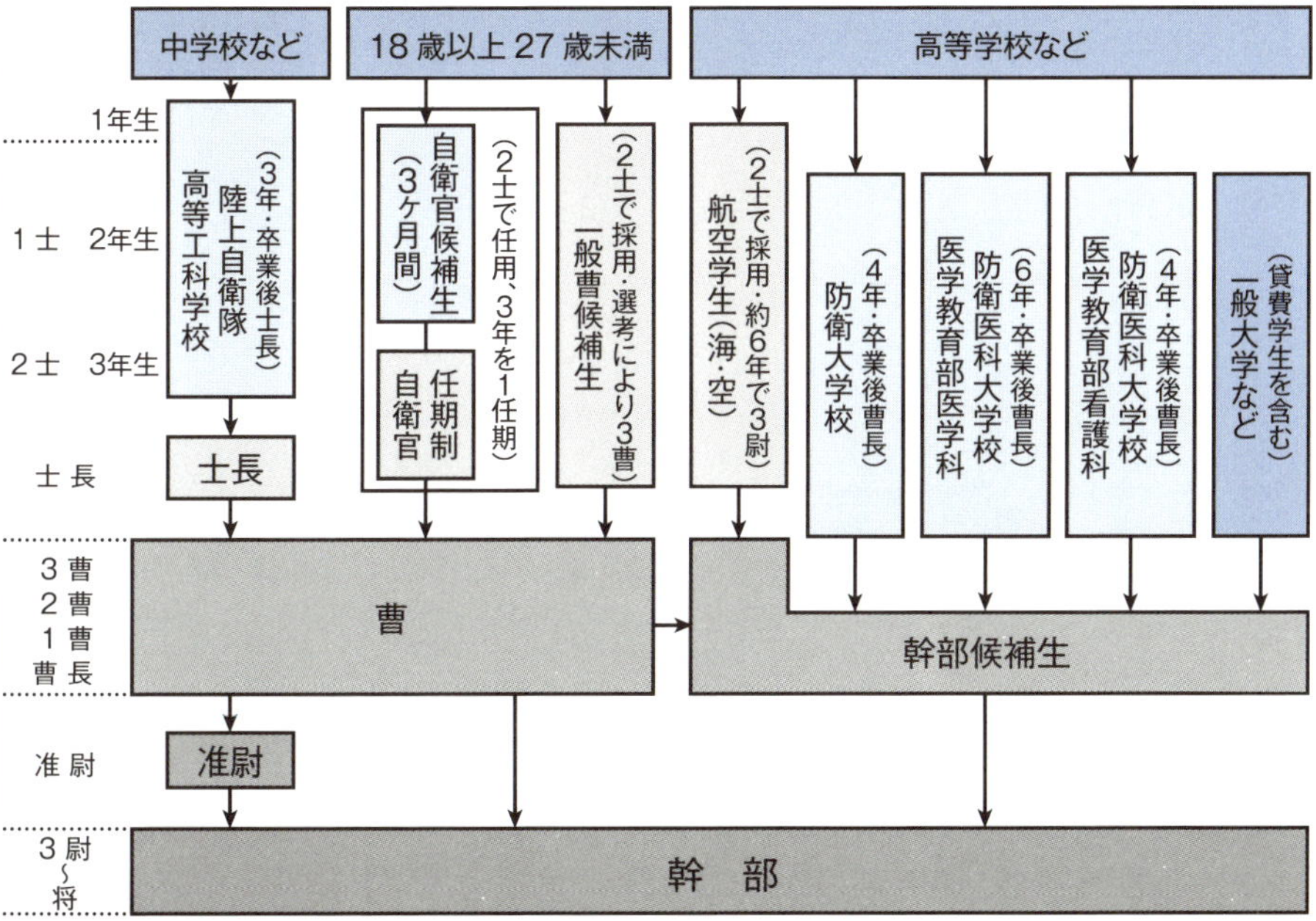

■予備自衛官等の制度

	即応予備自衛官（陸上自衛隊のみ）	予備自衛官	予備自衛官補
基本構想	防衛力の基本的な枠組みの一部として、防衛招集命令などを受けて自衛官となって、あらかじめ指定された陸上自衛隊の部隊において勤務	防衛招集命令などを受けて自衛官となって勤務	教育訓練終了後、予備自衛官として勤務
採用対象	元自衛官 元予備自衛官（元自衛官出身）	元自衛官、 元即応予備自衛官、 元予備自衛官	自衛官未経験者 （自衛隊勤務1年未満の者を含む）
採用年齢	士　：18歳以上32歳未満 幹・准・曹：定年年齢に3年を加えた年齢未満	士　：18歳以上37歳未満 幹・准・曹：定年年齢に2年を加えた年齢未満	一般：18歳以上32歳未満 技能：18歳以上で保有する技術に応じ53歳から55歳未満
任用期間	3年／1任期	3年／1任期	一般：3年以内 技能：2年以内
応招義務など	防衛招集、国民保護等招集、治安招集、災害招集、訓練招集	防衛招集、国民保護等招集、災害招集、訓練招集	教育訓練招集

現実的で実効的な安全保障体制の構築に向けて

二〇一四年七月の閣議決定以来、多くの国民にとって耳慣れない〝集団的自衛権〟という言葉が独り歩きした感があった。安保法制には〝存立《そんりつ》危機事態〟〝重要影響事態〟といった新たな法律上の事態がいくつも盛り込まれ、法律の条文を読んだだけではわかりにくく、かつ自衛隊の出動という重大な事項を規定するものでありながら必ずしも厳密な定義ではないため、時の政権によって恣意《しい》的に解釈される恐れがあるという批判は、審議終盤まで収まらなかった。実際に、存立危機事態として現政府が想定している事態についての答弁が二転三転した局面も見られた。

そうした批判を払拭《ふっしょく》するためには、運用面ではっきりした基準を設け、あるいは事態の内容をより明確に示すような条文の改正なども必要となるかもしれない。いずれにしても、〝安全保障〟というテーマが国民の広い関心を集めたことは久々のことで、今後とも国民的な議論を通して、現実にある課題に対して十分な備《そな》えができるような日本の安全保障体制が整えられていくことが望まれる。

■陸上自衛隊の方面隊と師団の部隊章

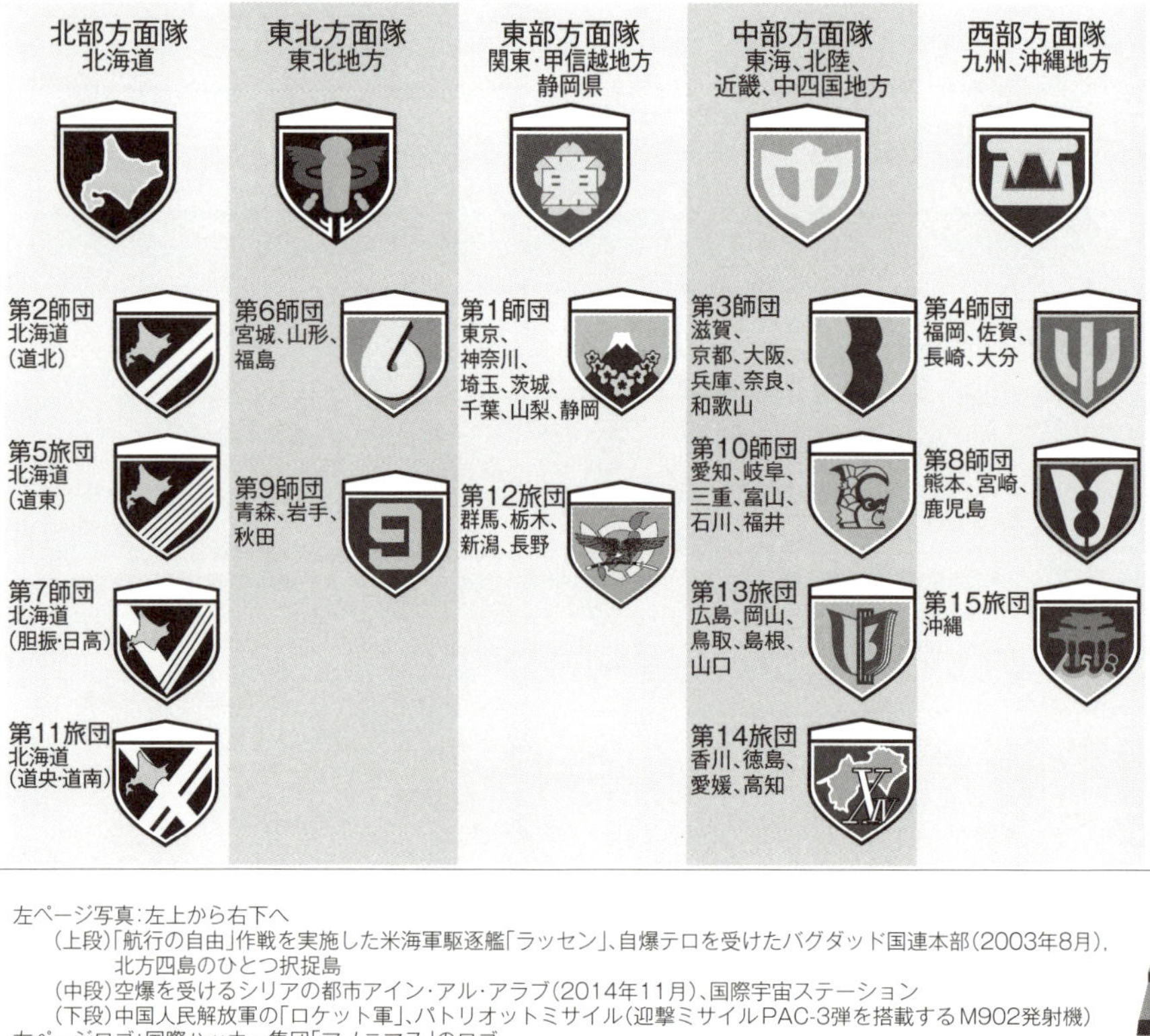

左ページ写真：左上から右下へ
（上段）「航行の自由」作戦を実施した米海軍駆逐艦「ラッセン」、自爆テロを受けたバグダッド国連本部（2003年8月）、北方四島のひとつ択捉島
（中段）空爆を受けるシリアの都市アイン・アル・アラブ（2014年11月）、国際宇宙ステーション
（下段）中国人民解放軍の「ロケット軍」、パトリオットミサイル（迎撃ミサイルPAC-3弾を搭載するM902発射機）
左ページロゴ：国際ハッカー集団「アノニマス」のロゴ

第4章 日本を取り巻く国際情勢

安保法制との関連を視野に入れながら、現在の国際情勢と日本がどのように関わっているのかを整理しよう。ここでも、危機や脅威をいたずらにあおりたてることなく、かといって根拠無く楽観することもなく、今われわれが現実として向き合っている世界を読んでみよう。

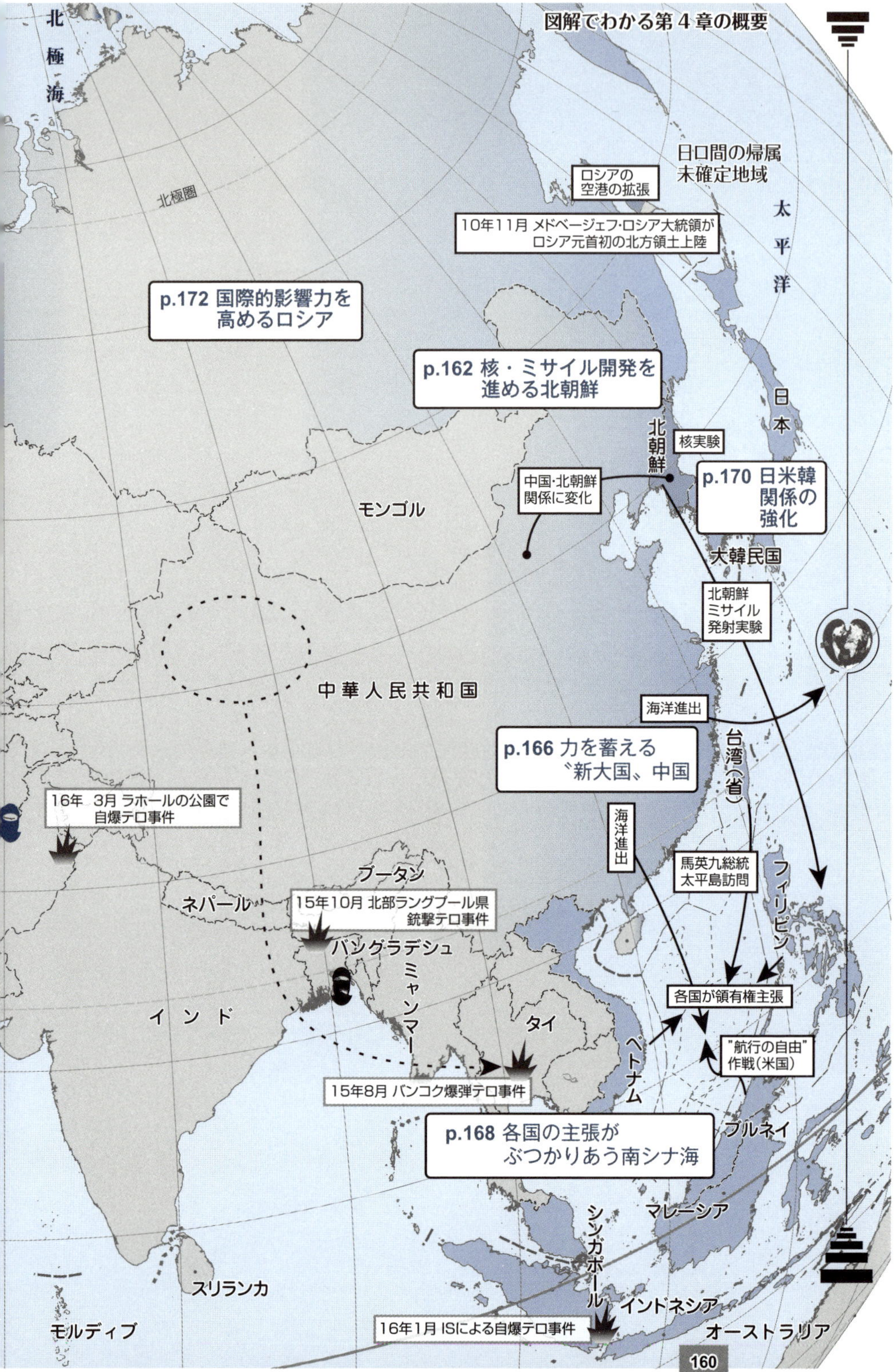
図解でわかる第４章の概要
北極海
北極圏
ロシアの
空港の拡張
日ロ間の帰属
未確定地域
10年11月 メドベージェフ・ロシア大統領が
ロシア元首初の北方領土上陸
太平洋
p.172 国際的影響力を
高めるロシア
p.162 核・ミサイル開発を
進める北朝鮮
日本
北朝鮮
核実験
中国･北朝鮮
関係に変化
p.170 日米韓
関係の
強化
モンゴル
大韓民国
北朝鮮
ミサイル
発射実験
中華人民共和国
海洋進出
p.166 力を蓄える
〝新大国〟中国
台湾（省）
16年 3月 ラホールの公園で
自爆テロ事件
海洋進出
馬英九総統
太平島訪問
フィリピン
ブータン
ネパール
15年10月 北部ラングプール県
銃撃テロ事件
バングラデシュ
ミャンマー
各国が領有権主張
インド
タイ
ベトナム
"航行の自由"
作戦（米国）
15年8月 バンコク爆弾テロ事件
p.168 各国の主張が
ぶつかりあう南シナ海
ブルネイ
マレーシア
シンガポール
スリランカ
インドネシア
モルディブ
16年1月 ISによる自爆テロ事件
オーストラリア

用語集
総論
戦後の世界
日本の防衛
安保法制
国際情勢
参考資料
付録

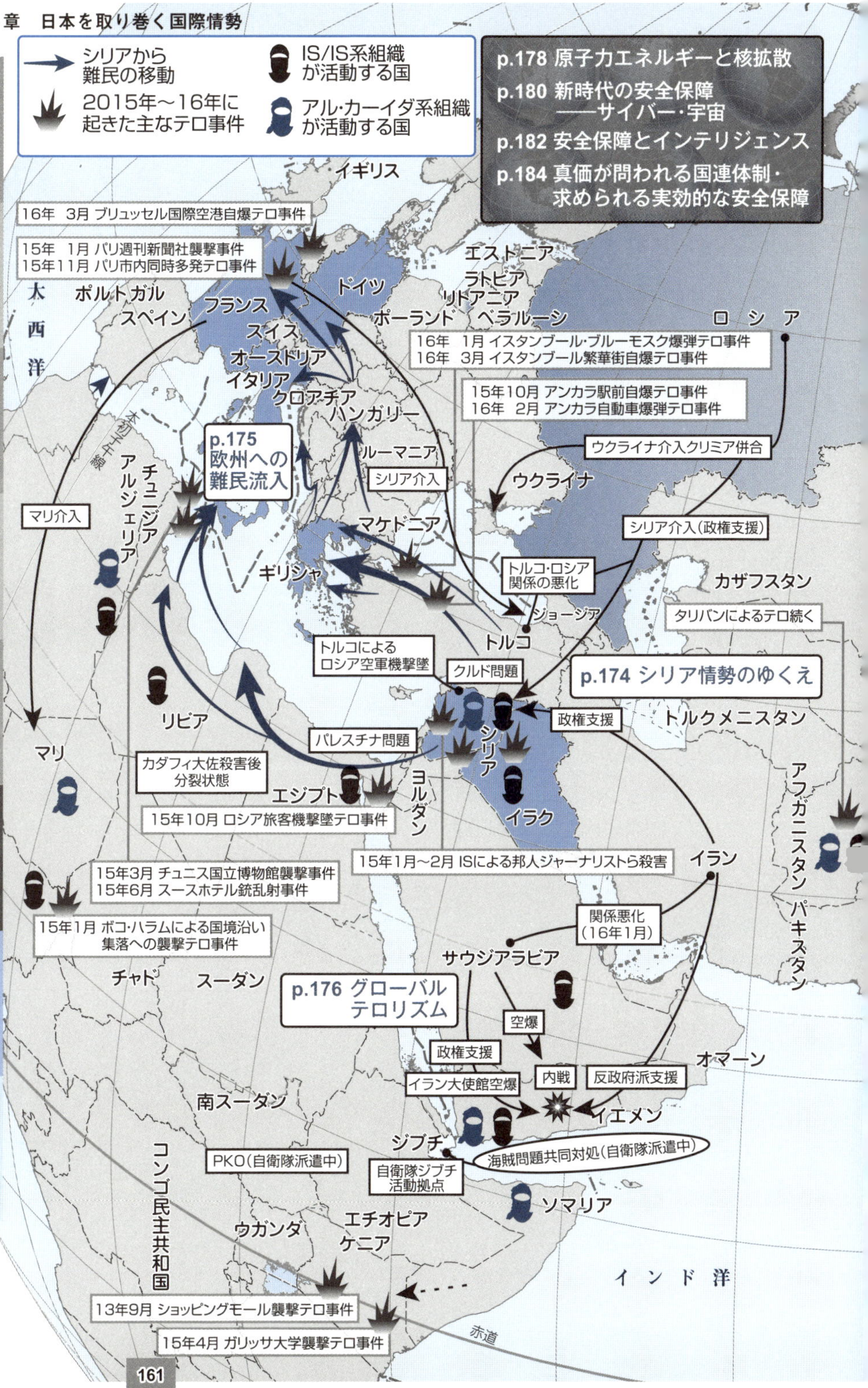

核・ミサイル開発を進める北朝鮮

北朝鮮の現状

朝鮮民主主義人民共和国(北朝鮮)は、朝鮮半島北部に位置し、南部の大韓民国と朝鮮半島を分断統治している。北朝鮮は東側陣営として、大韓民国は西側陣営としてほぼ同時に独立、間もなく〝朝鮮戦争〟(一九五〇年—)に突入した。五三年に〝休戦〟という形で戦闘は終結したが、戦争が終わったわけではない。**軍事境界線・DMZ**[1]を挟《はさ》んでの緊張は現在まで続く。朝鮮半島では東西冷戦がいまだに終わっていないとも言える。

二〇一一年、死去した金正日《キム・ジョンイル》の三男・金正恩《キム・ジョンウン》は、朝鮮労働党第一書記、新設の国防委員会第一委員長などに就任、最高指導者となった。粛清《しゅくせい》や人事異動を頻繁《ひんぱん》に行うことで政治の中枢に自分に近い人物を据《す》え、体制強化を図《はか》っている。その結果、政権内部はある程度安定しているものの、国内では貧富《ひんぷ》の差の拡大や、流入する国外情報などによる統制の緩《ゆる》みも指摘され、体制の崩壊とその後の不安定化も懸念《けねん》されている。

軍事最優先の〝先軍《せんぐん》政治〟

北朝鮮は、極めて深刻な経済状況が続いているにもかかわらず、軍事強化を優先して社会主義強国の建設を目指すという基本方針〝先軍政治〟を堅持《けんじ》している。国防費は、公表されているだけでも国家予算の約一六%という巨額。そうして維持される軍隊の大半が、DMZ周辺に展開している。

外交的には中国が

1 軍事境界線は"38度線"とも呼ばれるが、第2次世界大戦後の米ソによる分割統治時、それを引き継ぐ南北朝鮮独立時の境界線とは異なり、北緯38度線とは一致していない。軍事境界線の両側各2kmの幅が"非武装中立地帯(DMZ)"とされている。

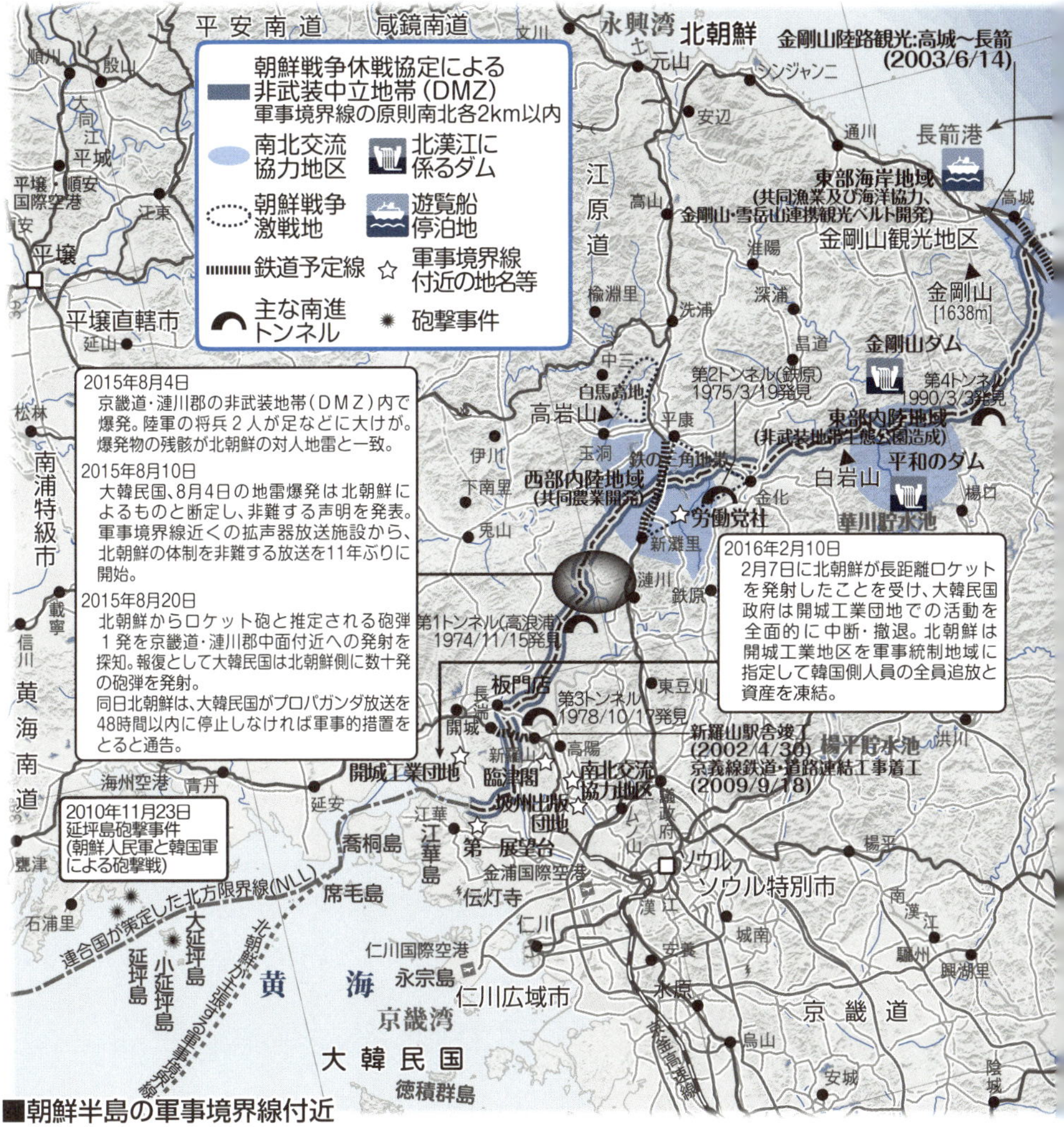

■朝鮮半島の軍事境界線付近

最も重要な相手で、貿易額の約七〇％が中国との取引、原油もほぼ一〇〇％を中国から輸入している。

一三〇〇kmに及ぶ国境で北朝鮮と接する中国は、北朝鮮を自国の防衛戦略の一環として利用している面もありつつ、地域の安定を望み、国際社会を代弁《だいべん》して北朝鮮に働きかけを行うことも少なくない。しかし近年は北朝鮮がそうした働きかけを無視するような姿勢がしばしばあり、両国関係に変化もみられる。

核開発・ミサイル開発推進の意味

東側陣営崩壊後の北朝鮮は、軍事的挑発《ちょうはつ》や大量破壊兵器の開発などを行い、国際社会での孤立を深めている。

北朝鮮は、核をはじめとする大量破壊兵器や弾道ミサイルの開発を推進し、かつ非常に大規模な特殊部隊を保持している。これは、対立勢力同士の軍事力や戦略に大きな差がある〝非対称戦争〟を想定しているためとされる。大量破壊兵器や長距離兵器、テロや破壊工作は、圧倒的な軍事力差を覆《くつがえ》す切り札《ふだ》となるからだ。

北朝鮮の核開発は、経済と核兵力の建設を並行して推進する〝並進路線《へいしん》〟の下で行われている。核開発は国際社会を揺さぶり、見返りを得るための外交カードと考えられていたが、体制維持のために必要な抑止力《よくし》としての意味合いが強いとの見方もある。

また、人工衛星の打ち上げといった名目での弾道ミサイルの発射実験を続けている。すでに**長距離弾道ミサイル**[1]によって米国本土への攻撃が可能になったと考えられ、約二〇〇基が実戦配備中とも言われる。日本の具体的な都市名を挙《あ》げて射程範囲内にあることを強調、米国には先制攻撃の権利を有するなど、広く東アジア情勢の重大な不安定要因の一つとなっている。

最近の動向と日本との関係

北朝鮮のミサイル技術は着実に進歩している。潜水艦発射弾頭ミサイル（SLBM）や、SLBMを搭載《とうさい》可能な潜水艦の開発も行い、二〇一五年五月、発射実験に成功したと発表したが、その実体は不明だ。ミサイル開発と歩調を揃《そろ》える形で、弾道ミサイル搭載用に核弾頭の小型化も進めている。

一六年一月には、北朝鮮にとって通算四度目となる核実験を約三年ぶりに実施。翌二月には人工衛星打ち上げと称してミサイル発射実験を行った。これに対し国連安保理は三月三日、北朝鮮に対するヒト・モノ・カネの流れを規制する今までにない厳しい安保理決議を採択した。

日本は、さらに日本人の**拉致《らち》問題**[2]も抱えており、多面的な外交が必要とされている。

1 長距離弾道ミサイル開発は、飛距離と共に、一度宇宙空間に出てから大気圏に再突入する技術が重要。
2 北朝鮮工作員による日本人拉致は1970～80年代に多発した。現在日本政府に17人が拉致被害者として認定されており、その他にも北朝鮮に拉致された可能性がある行方不明者がいる。2002年に北朝鮮は初めて日本人拉致を認め、5人の被害者が帰国したが、その後問題の進展がないまま、残る被害者及び家族の高齢化が進んでいる。

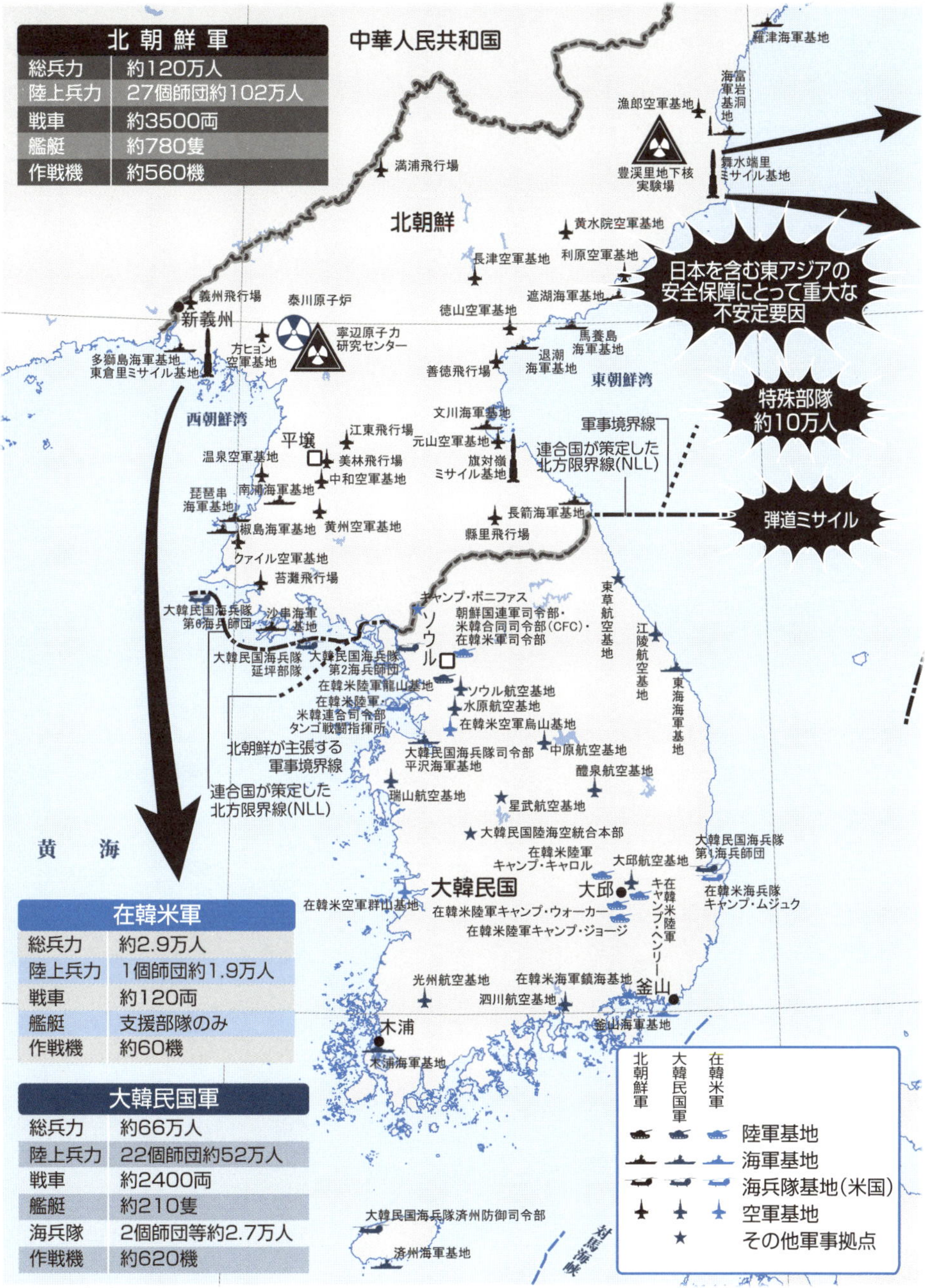

北朝鮮軍

総兵力	約120万人
陸上兵力	27個師団約102万人
戦車	約3500両
艦艇	約780隻
作戦機	約560機

在韓米軍

総兵力	約2.9万人
陸上兵力	1個師団約1.9万人
戦車	約120両
艦艇	支援部隊のみ
作戦機	約60機

大韓民国軍

総兵力	約66万人
陸上兵力	22個師団約52万人
戦車	約2400両
艦艇	約210隻
海兵隊	2個師団等約2.7万人
作戦機	約620機

■朝鮮半島の軍事状況

力を蓄える〝新大国〟中国

拡大する中国の軍事と〝一帯一路〟構想

長大な国境線と海岸線を有する中国は、一三億の人口を擁《よう》する大国だ。その長い国境線で一四もの国家と接し、多くの土地と民族を取り込んできた歴史の結果、今や五六の民族から構成される多民族国家である。

〝改革開放〟[1]以後、急速な経済成長を果たした中国は、近年、対外活動に積極的な姿勢を見せ、国際的な存在感を高めている。一方、〝平和的発展〟をうたいながら、周辺国との領土・領海問題のほか人権問題、少数民族問題などでも自国の利益を一方的に追求しており、その姿勢は国際社会からも懸念《けねん》されている。

中国は、多分野における軍事力の拡充を継続中だ。陸上兵力は一六〇万人と世界最大を維持。装備の保有状況や指揮系統などその多くは依然として不透明性が高いが、公表された国防費は、一九八九年度からほぼ毎年度一〇〜二五%の拡大を続け、二〇一五年度は約八九〇〇億元と発表されている。これは八八年度の約四一倍、一〇年前と比べても約三・六倍の規模となる。

海洋国家としての拡大を図《はか》る中国は、西太平洋の制海《せいかい》権を確保する目標として、第一・第二列島線を設定しており、海域での活動を活発化、他国（特に米国）からの干渉《かんしょう》を阻止《そし》すべく、A2／AD[2]の強化を図っている。これらは〝一帯一路《いったいいちろ》（陸海のシルクロード）〟構想の一部でもあり、中央・南西アジアへの影響力も高まりつつある。

日本との関係

中国は、日本固有の領土である尖閣《せんかく》諸島の領有権について独自の主張をしている。二〇一三年には、同諸島上空を含む「東シナ海防空識別圏」[3]を設定したと発表した。近年は、中国公船による領海侵犯《しんぱん》も常態化。派遣艦艇の大型化や武装化も図り、日本の支配力低下を狙っている。

海域では、天然ガスなど海底資源の採掘とそのための施設建設を、周辺国の抗議を無視して独自に進めているが、東シナ海でも、日本の再三にわたる抗議に耳を貸さず、日中中間線のすぐ近くでガス採掘《さいくつ》洋上プラットフォームを建設、一方的な資源開発を進めている。

1 鄧小平（とう・しょうへい）の下で1970年代末より進められた。社会主義市場経済の導入と、対外開放を併せて言う。
2 Anti-Access / Area Denialの略。それぞれ接近阻止、領域拒否の意。
3 “領空”（領海の上空）と異なり防空識別圏には国家の主権が及ばず、「公海上空における飛行の自由の原則」が適用されるため、航空機が中国の規則に従わない場合に中国軍がとるとする“防御的緊急措置”のような軍事的措置を行う根拠はない。中国がこのような運用を設定したことは、東シナ海防空識別圏全体を“中国の領空”であるかのように扱っていることを意味する。なお、生じ得る思わぬ衝突を避けるため、日中間で「海空連絡メカニズム」の調整が10年近く続いているが、なかなか運用開始に至らない。“防空識別圏”一般については巻頭「用語集」を参照。

■中国共産党と人民解放軍の位置づけ

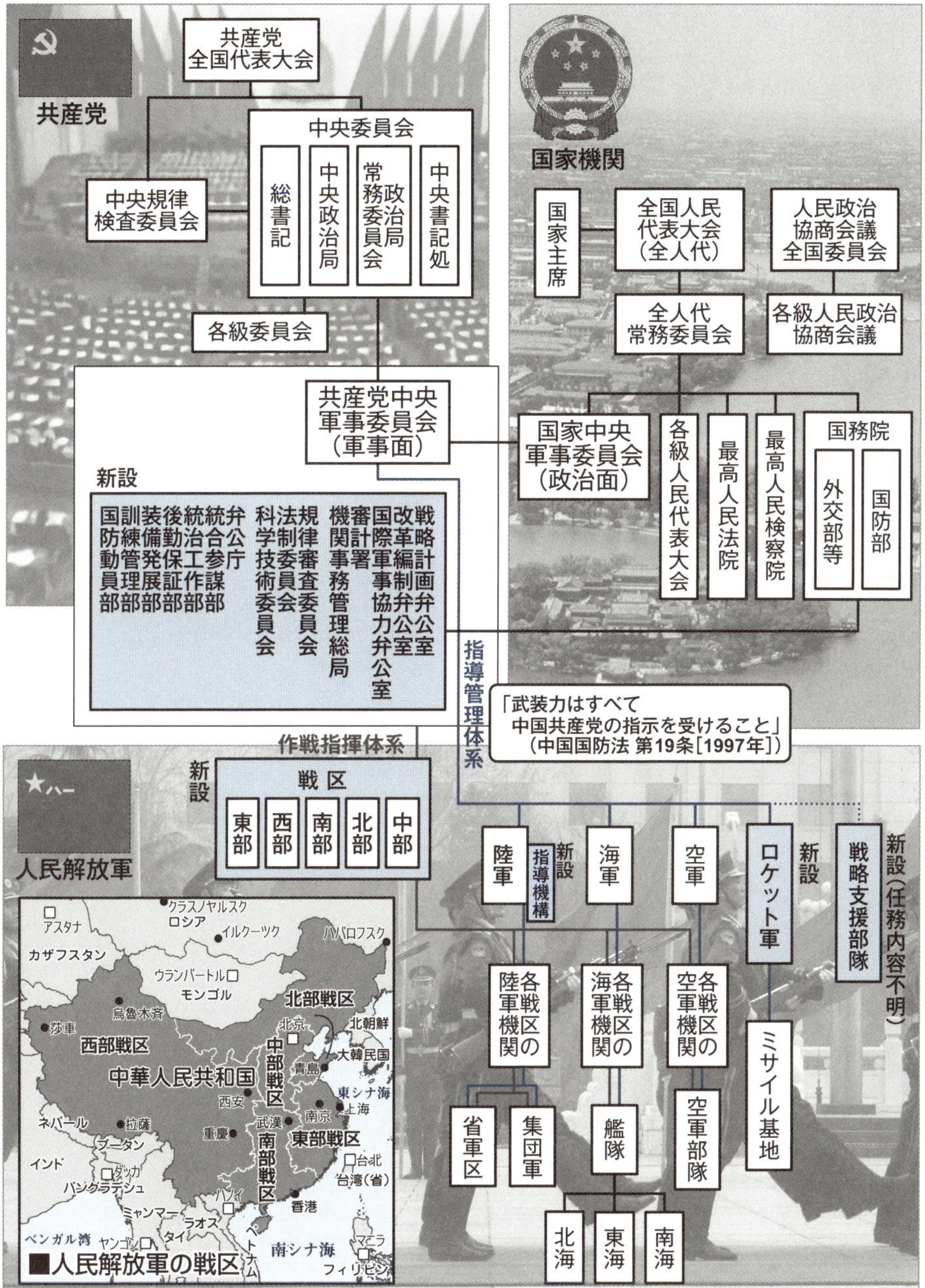

各国の主張がぶつかりあう南シナ海

南シナ海にある諸島

南シナ海は、中国、台湾、フィリピン、マレーシア、ベトナムなどに囲まれた海域である。数多くの島があり、中でも周辺国が特に関心を寄せているのがスプラトリー（中国名（以下同）・南沙《なんさ》）諸島だ。その近隣には、パラセル（西沙《せいさ》）諸島、プラタス（東沙《とうさ》）諸島、マックルズフィールド堆《たい》（中沙《ちゅうさ》諸島）があり、中国ではこれらをまとめて〝南海諸島〟と呼ぶ。中国はこの南海諸島全域を、自国の主権が及ぶ範囲とし、第一列島線内に含めている。

各国間で揺れるスプラトリー諸島

スプラトリー諸島では、周辺各国が主張する領有権の重複箇所が多数あり、各国がそれぞれに島々の実効支配を行っている。そして軍事・外交的手段を用いて自国の主張範囲を認めさせようとし、摩擦《まさつ》が表面化している。

その中で、特に中国が存在感を高めている。一九四七年、当時の中華民国は、〝十一段線〟と呼ばれる断続《だんぞく》的なラインを設定し、この範囲内に自国の主権が及ぶと一方的に宣言した。七〇年代には中華人民共和国もこれを引き継ぎ、ベトナム付近から二本の線を削除した〝**九段線**[1]〟内に自国の主権が及ぶとして一切譲《ゆず》らない。

中国は、満潮《まんちょう》時に海面下に沈む岩礁《がんしょう》を埋立てて造成《ぞうせい》した人工島を基点として領海を主張しているが、これは**国際法では認められない**。[2]さらに人工島に三千メートル級滑走路三本を建設するなど軍事拠点化を進め、南シナ海の制空《せいくう》権確保に動いており、アジア・太平洋諸国が強く懸念《けねん》している。〝力による現状変更〟という問題に加え、日本を含め各国の重要な**シーレーン**[3]であるこの海域の自由な航行が阻害《そがい》される恐れがあるからだ。

米国は二〇一五年一〇月、〝航行の自由〟作戦を発動、スプラトリー諸島の中国が占有する人工島の一二カイリ以内へ海軍艦艇を派遣し、中国の姿勢を容認しない姿勢を強く示した。一六年一月には一歩踏み込み、中国が実効支配するパラセル諸島の島に対しても派遣を実施。反発した中国は、同諸島に対空ミサイルや戦闘機、対空レーダーを配備し、海域全体での緊張が高まっている。

1 その形から“牛舌線”、“赤い舌”とも呼ばれる。国際法上根拠があいまいであると何度も指摘されているが、中国が主張を変える様子は見られない。2015年9月の米中首脳会談後に習近平（しゅう・きんぺい）中国国家主席が「南シナ海の全ての領土は古代から中国の固有の領土であり、中国は国家としての固有の権利を有している」と述べたため、かねてより計画していたという米国の“航行の自由”作戦発動へつながった。p.76も参照。
2 領海を持つ「島」の条件は、満潮時に水没せず、かつ自然に形成されたことである（国連海洋法条約）。
3 航路のこと。中でも、海上輸送上の重要度が高く、交通が滞れば周囲に多大な影響が及ぶ航路という含みがある。

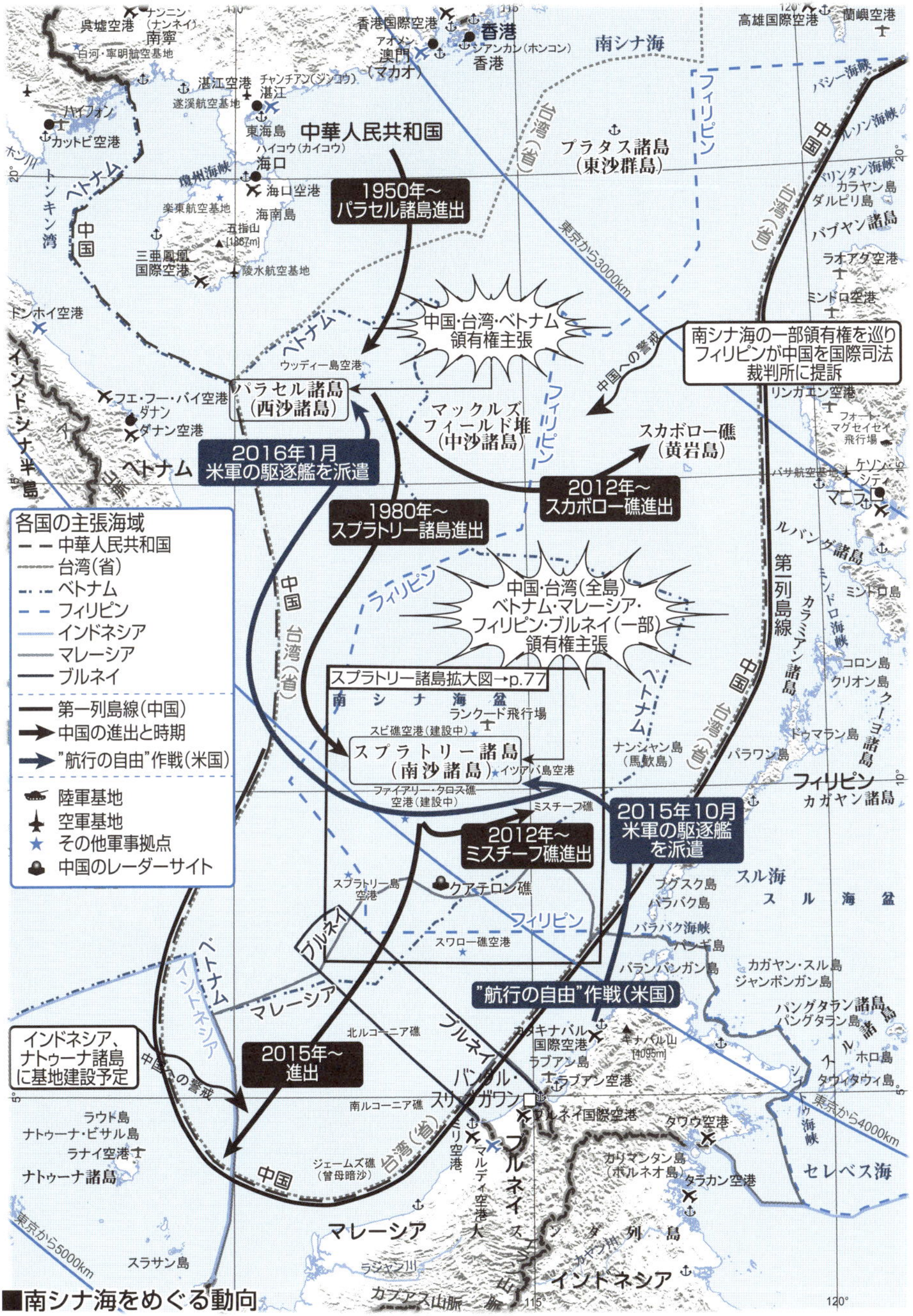

■南シナ海をめぐる動向

参考：南シナ海で複雑に絡みあう各国の主張

近年は中国の活動が著しい南シナ海だが、中国だけが周辺国と摩擦を抱えているわけではない。地図のように各国の主張範囲は複雑に重複しており、スプラトリー諸島の島々は5つの国と地域が実効支配している。漁業権や海底資源開発権をめぐる主張の対立は、一筋縄では行かない。最近になって中国の動向が特に注目を集めているのは、本文にもあるように、軍事力を急拡大させた中国が軍事拠点化を進め、また国連海洋法条約などの国際法への挑戦とも言える行動をとっているためである。従来のバランスとは異なる圧倒的な軍事力を背景に一方的に既成事実を作り上げ、「公海における航行の自由」、「公海上空における飛行の自由」の原則が侵害される恐れに、国際社会が懸念を示している。

日米韓関係の強化

米韓関係の現在

〝朝鮮半島の安定〟という共通の目標を持つ米韓同盟は、朝鮮半島の平和と安定のみならず、日本の安全にとっても極めて重要である。

米韓の安全保障関係における懸案《けんあん》事項の一つに、指揮権問題がある。大韓民国軍の指揮権は、朝鮮戦争に際してD・マッカーサー朝鮮国連軍司令官に移譲《いじょう》されたが、それが現在の**在韓米軍**[1]に継承されている。一九九四年に平時の作戦統制権のみが米国から大韓民国へと移譲されたが、有事の〝戦時作戦統制権〟はそのままにされた。

その後、国内で高まった自主国防を求める声を受け、大韓民国は有事の指揮権も要求している。しかし、米国が大韓民国の北朝鮮への対応能力を不安視していることと、協議が進もうとする時期に北朝鮮との軍事的緊張が高まることなどが重なり、移譲は延期を繰り返している。二〇一六年二月より、中断していた協議が再開された。

THAAD《サード》**ミサイル**[2]配備問題もある。米国は北朝鮮のミサイルに備え、在韓米軍へ配備する計画を進めているが、この運用のために配備される早期警戒レーダーが中国内陸部にまで届くことから中国が反対し、それを無視できない大韓民国は配備に二の足を踏んできた。しかし、大韓民国の対中政策は二〇一六年一月以降急速に現実主義的な対応へと変化し、それまで慎重だったTHAAD配備に関する米韓協議が同年三月に開始された。

連携を進める日米韓

大韓民国は日本にとり安全保障上重要な隣国だ。中国の拡大、北朝鮮問題といった問題に対処《たいしょ》するためにも、日米韓の三ヶ国関係は極めて重要である。米国としても日韓関係改善を大韓民国に促《うなが》してきたことや、中韓貿易が減少してきたこともあり、大韓民国の対中政策は急速にさめてきて、日米韓の緊密な連携がゆっくりと戻りつつある。外交・防衛面にもそれが表れており、二〇一五年一〇月には日韓防衛大臣会合が三年ぶりに、同年十一月には日韓首脳会談がこれも三年ぶりに、そして十二月には日韓外務局長協議、外務大臣会合などが行われた。

1 米太平洋軍に属し、在韓米陸軍司令官が全体の司令官を兼務。この司令官は朝鮮国連軍司令官及び米韓合同司令部（CFC）司令官をも兼ね、有事における大韓民国軍の指揮権を有している（大韓民国軍の参謀総長はCFC副司令官）。→p. 38, 134

2 米国が開発した迎撃ミサイルで、敵の弾道ミサイルが大気圏に再突入し終末段階を飛翔するところを狙う。

■日米韓の共同訓練・日米韓3ヶ国が参加した多国間共同訓練（2012年～15年2月）

年 月	訓練名	場 所	その他の参加国・備考
2012年 4月	米比共同演習（バリカタン12）	比	比、豪、ID、マレーシア
2012年 6月	RIMPAC（環太平洋合同演習）（～8月） 初のロシア海軍の参加	米国西岸、ハワイ	豪、カナダ、フランス、ロシア、英国など 初のロシア海軍の参加
2012年 6月	日米韓共同訓練（海上自衛隊・各国海軍）	朝鮮半島南方海域	
2012年 8月	多国間共同訓練（カーン・クエスト）	モンゴル	モンゴル、豪、カナダ、ドイツ、NZ、インド、SG
2012年 8月	日米韓共同訓練（海上自衛隊・各国海軍）	ハワイ	
2013年 2月	コブラ・ゴールド（東南アジア多国間協力訓練）	タイ	タイ、ID、マレーシア、SGなど
2013年 2月	西太平洋掃海訓練（～3月）	NZ	中国、豪、SGなど
2013年 5月	ASEAN地域フォーラム（ARF） 災害援助実動演習	タイ	ARF各国
2013年 5月	日米韓共同訓練（海上自衛隊・各国海軍）	九州西方海域	
2013年 6月	ADMMプラス（拡大ASEAN国防相会議） 人道支援・災害救援／防衛医学演習	ブルネイ	ASEAN10ヶ国、中国、豪、インド、NZ、ロシア
2013年 8月	多国間共同訓練（カーン・クエスト）	モンゴル	モンゴル、豪、カナダ、ドイツ、英国、フランス、インド、越、タジキスタン、ネパール
2013年 9月	ADMMプラス 対テロ演習	ID	ASEAN10ヶ国、豪、中国、インド、NZ、ロシア
2013年 9月	西太平洋潜水艦救難訓練	横須賀、相模湾	豪、SGなど
2013年 10月	ADMMプラス 人道支援・災害救援／ 防衛医学演習（防衛医学じ後研究会）	SG	ASEAN10ヶ国、中国、豪、インド、NZ、ロシア
2013年 10月	日米韓共同訓練（海上自衛隊・各国海軍）	九州西方海域	
2013年 12月	日米韓共同訓練（海上自衛隊・各国海軍）	アラビア半島周辺海域	
2014年 2月	コブラ・ゴールド（東南アジア多国間協力訓練）	タイ	タイ、ID、マレーシア、SG、中国など
2014年 5月	パシフィック・パートナーシップ（～7月）	越、カンボジア、比	豪、マレーシア、チリ
2014年 6月	多国間共同訓練（カーン・クエスト）（～7月）	モンゴル	モンゴル、カナダ、ドイツ、英国、インド、ID、ネパール、豪、パキスタン、SG、タイ、フランス、タジキスタン
2014年 6月	RIMPAC（環太平洋合同演習）（～8月）	米国西岸、ハワイ	豪、カナダ、フランス、中国、英国など 初の陸上自衛隊、中国の参加
2014年 7月	日米韓共同訓練	九州西方海域	
2014年 8月	多国間共同訓練GPOIキャップストーン演習（ガルーダ・シャンティ・ダーマ）（～9月）	ID	ID、豪、バングラデシュ、カンボジア、ヨルダン、マレーシア、モンゴル、ネパール、比、越、パキスタンなど
2015年 2月	コブラ・ゴールド（東南アジア多国間協力訓練）	タイ	タイ、ID、マレーシア、SG、中国、インドなど

■日米韓の防衛協力と交流（2012年～16年2月）

年 月	会合名	場 所	日米韓防衛相会談共同声明など
2012年 1月	日米韓防衛実務者協議		
2012年 6月	日米韓防衛相会談 （第11回シャングリラ会合）	SG	地域の安全保障情勢について認識を共有、 日米韓3ヶ国の防衛協力の価値を再確認
2013年 1月	日米韓防衛実務者協議	日本	
2013年 4月	日米韓初級幹部交流（陸上自衛隊・各国陸軍）	大韓民国	
2013年 6月	日米韓防衛相会談 （第12回シャングリラ会合）	SG	地域の安全保障情勢について認識を共有、 日米韓3ヶ国の防衛協力を拡大
2013年 12月	日米韓初級幹部交流（陸上自衛隊・各国陸軍）	日本	
2014年 4月	日米韓初級幹部交流（陸上自衛隊・各国陸軍）	大韓民国	
2014年 4月	日米韓防衛実務者協議	米国	
2014年 5月	日米韓防衛相会談 （第13回シャングリラ会合）	SG	北朝鮮を含む地域の安全保障情勢について認識を共有、 日米韓3ヶ国が引き続き緊密に連携
2014年 7月	日米韓参謀総長級会談	ハワイ	
2014年 4月	日米韓初級幹部交流（陸上自衛隊・各国陸軍）	日本	
2015年 4月	日米韓初級幹部交流（陸上自衛隊・各国陸軍）	大韓民国	
2015年 5月	日米韓防衛相会談 （第14回シャングリラ会合）	SG	北朝鮮の核兵器と核兵器の運搬手段の保有及び開発の継続は認めないという不変の立場を再度強調、 日米韓3ヶ国の安全保障上の問題について引き続き協議し、3ヶ国の協力を進めていく
2016年 2月	日米韓防衛当局長級情報共有テレビ会議	テレビ会議	北朝鮮のミサイル発射に関する情報交換及び米国による日韓に対する防衛上の関与堅持の確認

上の表で用いた略表記
比：フィリピン　越：ベトナム　ID：インドネシア　SG：シンガポール　豪：オーストラリア　NZ：ニュージーランド

国際的影響力を高めるロシア

ロシアの概況

〝強いロシアの復活〟を掲《かか》げ二〇〇一年に大統領に就任したV・プーチンは、メドベージェフ政権（〇八―一二年）での首相期間を挟《はさ》み、一二年に再び大統領に就任した。〝復活〟は果たされたとするプーチンは、ソビエト連邦の解体を〝地政《ちせい》学的悲劇〟と呼び、旧ソ連地域の再統合を目指す〝ユーラシア同盟構想〟を提唱《ていしょう》、近隣地域への影響力を強めている。ウクライナ問題、シリア問題での強硬《きょうこう》姿勢もその表れだ。北極圏での権益《けんえき》拡大も進めている。

命綱《いのちづな》である原油価格が低迷を続け、ウクライナ問題を契機とする欧米の経済制裁もあってロシアの経済状態が非常に厳しい中、プーチンは国民から高い支持を得ており、中国と共調を図《はか》りつつ反米路線の外交を展開している。

近代化を急ぐロシア軍

ロシアの「国家安全保障戦略」では、安全保障上の目標を〝世界の多極化とロシアの影響力拡大〟としている。そのため、かつての西側陣営の拡大を強く警戒し、NATO拡大や、米国が進めるMD（ミサイル防衛）システムの欧州への配備などに反対している。一方、旧ソ連地域統合の一定の枠組《わくぐ》みとして存在する独立国家共同体（CIS）諸国に軍を駐留《ちゅうりゅう》させ、影響力確保に努めている。

ロシア軍は軍のコンパクト化・近代化を急いでいるが、反面その遅れも自覚しており、米国との勢力均衡《きんこう》のため核戦力を重視している。戦略核戦力は現在も米国に次《つ》ぐ規模だ。日本周辺での活動も活発化しており、一四年度、航空自衛隊の対領空侵犯措置《しんぱんそち》は五〇〇回近くに及んだ。

北方領土問題

北方領土は、第二次世界大戦後からソ連・ロシアが不当に占拠《せんきょ》している日本の領土だ。一九七八年、当時のソ連が択捉《えとろふ》・国後《くなしり》・色丹《しこたん》島に地上部隊を再配備して以後、駐留が常態化。ロシアは北方領土及び千島《ちしま》列島を合わせて〝クリル諸島〟と呼び、現在も北方領土には防衛部隊が駐留する。近年は新たな部隊建設を含むインフラ投資を行うなど、北方領土の実効支配を内外に強くアピールしている。

※ 極東地域のロシア軍兵力は、かつてに比べると大幅に削減され、最近数年間でも減少傾向にあるが、戦略核部隊は即応態勢を維持し、新型装備の導入などの近代化も進められている。

■日米韓の防衛協力と交流（2012年～15年5月）

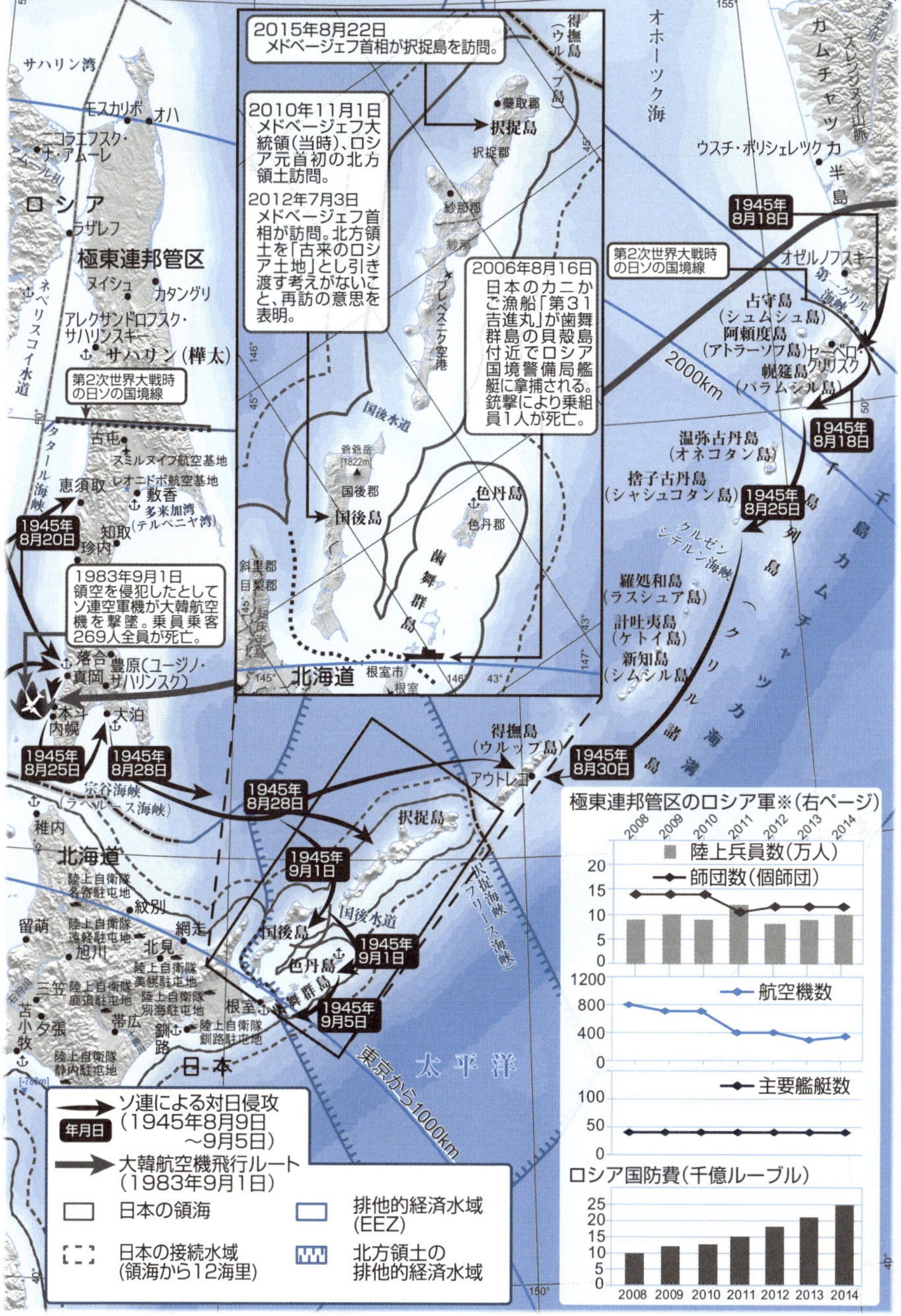

参考：北方領土問題の経緯

日ロ国境は1855年の「日露和親条約」によって択捉海峡と定められたが、当初サハリン（樺太）は所属が未確定で、日ロ混住地とされていた。1875年、日本はロシア帝国にサハリン全島の領有権を認め、代わりに千島列島全島の領有権を譲られた（「樺太・千島交換条約」）。その後、日露戦争のポーツマス講和条約（1904年）でサハリンのうち北緯50度以南（南樺太）を割譲され、第2次世界大戦を迎えた。敗戦により日本は千島列島の領有権を放棄したが、ソ連（ロシア）は“放棄された千島列島には北方四島も含まれる”とし、終戦前後に及んだ日ソ中立条約を破っての侵攻以来、実効支配を続けている。日本政府の立場は、北方四島を日本固有の領土として返還を求め、千島列島と南樺太を「所属未確定地」（領有権は放棄）とするものだが、「樺太・千島交換条約」を有効として千島列島全島を日本の領土と主張する立場もある。

シリア情勢のゆくえ

中東のシリアは強権《きょうけん》的なアサド大統領政権が支配していたが、〝アラブの春〟の影響が及んだ二〇一一年三月から、大統領の退陣を求める民主化運動が各地で続発した。政権は反体制派鎮圧《ちんあつ》のため、軍や治安部隊を派遣。**苛烈《かれつ》な内戦状態**[1]の混乱の中、IS（イスラーム国）やヌスラ戦線といったテロ組織が台頭《たいとう》し、勢力を拡大した。

一四年九月、米国・フランスや**アラブ諸国**[2]などがISへの空爆を開始。米国は穏健《おんけん》な反体制派を訓練し、地上戦を担《にな》わせようとした。これはアサド政権にも不利に働き、政権崩壊も間近《まぢか》と思われた一五年九月、ロシアが対IS航空攻撃に参加を表明。だがその実態は、元々関係の深かったアサド政権の勢力回復を意図《いと》した反体制派への攻撃だった。シリア国内のロシア基地に地対空ミサイルが配備されたため有志連合軍は身動きが取れなくなり、アサド政権は息を吹き返した。シリア情勢の主導権は、ウクライナから反転攻勢に出てきた**ロシア**[3]が握《にぎ》ることになった。

十六年二月二七日、ようやくアサド政権と反体制派の停戦が発効したが、ISやヌスラ戦線など停戦合意に加わっていない勢力もあり、先行きは極めて不透明だ。

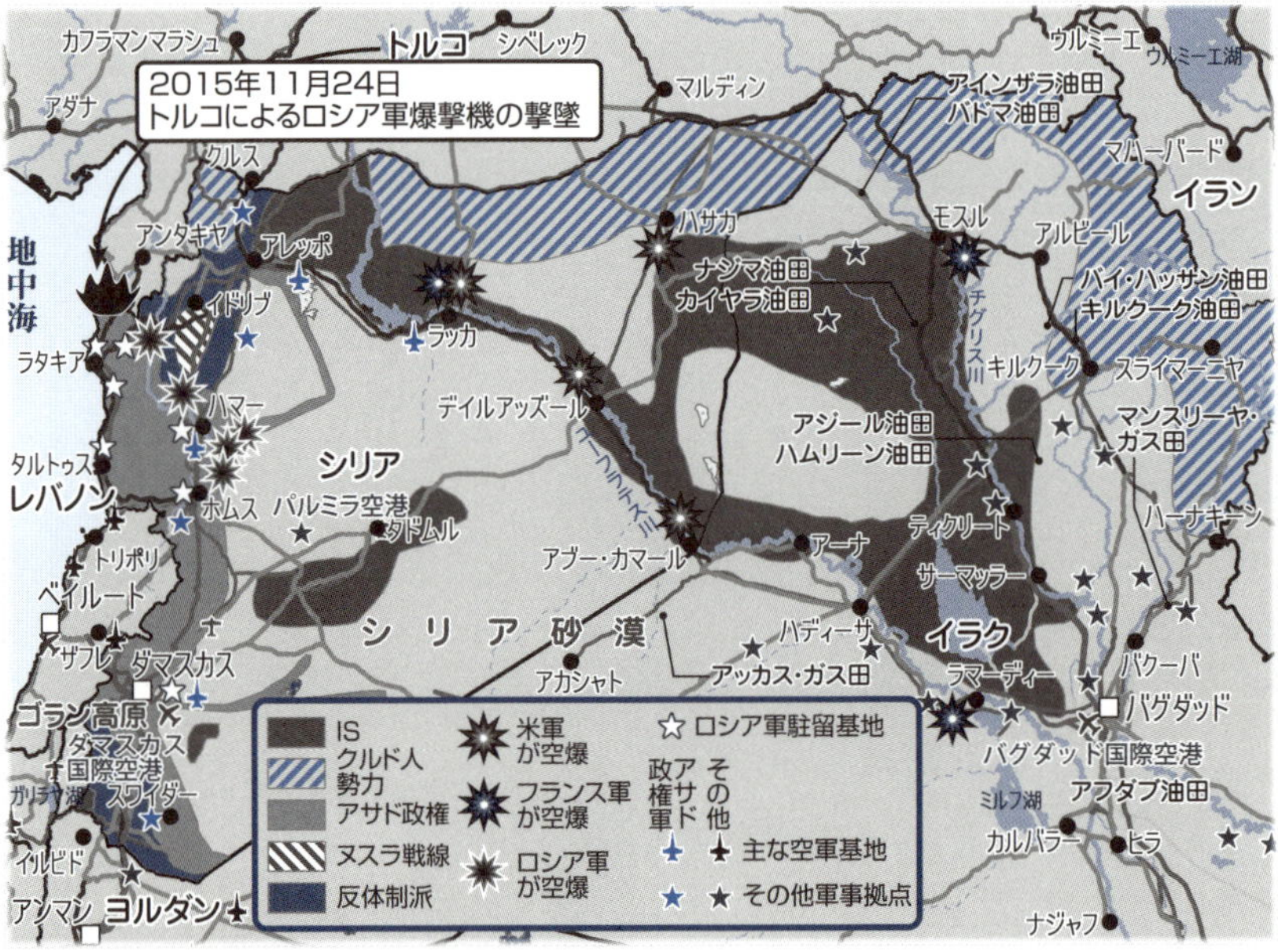

■シリアと周辺の情勢（2016年1月）

1 2013年8月には政権側による化学兵器サリンの使用が発覚。米国や旧宗主国のフランスが軍事介入を主張し、ロシアは反対。アサド政権は化学兵器の廃棄などに応じたが、欧米諸国はアサド大統領の退陣を求め経済制裁を実施した。その他、政権側の攻撃による民間人の犠牲者はテロ組織によるものを大きく上回るという指摘もある。

2 サウジアラビア・UAE・バーレーン・ヨルダンが空爆に参加、カタールが支援を行う。欧州の数ヶ国も米国などに同調して空爆を開始した。

3 2016年3月、ロシアはシリアでの航空作戦を撤収する決断を行ったが、アサド政権に対する支援を続け、シリア内の基地を維持している。

欧州への難民流入

難民流入の二つのルート

二〇一五年に欧州、特に欧州連合（ＥＵ）諸国への難民流入数は一〇〇万人を超え、一四年（二七・五万人）をはるかに上回る状況になった。

この難民流入のルートには、中東・湾岸（アフガニスタン・シリア・イラクなど）からトルコ・ギリシャを経由する西バルカンルート（セルビア・クロアチア・ハンガリー・オーストリア・ドイツへ）と、北・東アフリカからリビア経由で地中海を渡り、イタリア・ギリシャを経《へ》てドイツに至る地中海ルートがある（p. 161地図参照）。一四年から一五年にかけて欧州への難民流入が急増した理由はＩＳ（イスラーム国）の活動やシリア情勢の悪化のためと推定されるが、さらに移民や国内難民も混在する複雑な状況にある。

欧州へ流入する難民は、ギリシャ・イタリアなど最初の流入国で難民申請を提出し（**ダブリン規則**[1]）、査定《さてい》が認可された者はＥＵ加盟国の中を通過できる。認可されなかった者は原則として出身国に送還《そうかん》されることになっているものの、規則通りには行われていない。

ＥＵ分裂の危機

ＥＵは人権擁護《ようご》を基本理念とし、人道的責任を果たすために難民受入れを進めようとしているが、多数の難民流入により経済・環境・治安・雇用《こよう》・安全保障等の問題が深刻化し、一部では難民収容施設への襲撃《しゅうげき》事件も発生している。ハンガリー・チェコ・スロバキア・ルーマニアのように受入れに反対する国があり、また国境警備を強化する国が増えている。さらに、ドイツやフランスのように制限条件付きで難民を受入れている国の中にも反対者が増え始め、深刻な国内政治問題に発展しつつある。

難民流入問題はＥＵにとって最大の政治課題となっており、二〇一六年二月のＥＵ首脳会議では国境警備専門部隊の設置について協議が行われた。難民問題はＥＵ内に亀裂《きれつ》を生じつつあり、英国のようにＥＵ離脱問題が発生する国も出ている。国際社会は国連難民高等弁務官事務所（ＵＮＨＣＲ）などの国際機関への拠出《きょしゅつ》や難民受入れ国への援助、シリア停戦への働きかけ等に努めているものの、十分な効果が上がっていない。

1　最初に入国したEU加盟国で難民申請をすることを定めたEUの規則。難民申請をせずに別のEU加盟国に移動した難民は、最初に入国した国に送還される。大量の難民が押し寄せたドイツでは、当初シリア難民に対しては適用しない（ドイツでの難民申請を認める）としていたが、2015年10月21日をもってその措置を取りやめた。ダブリン協定とも。

グローバル・テロリズム

国境を越えるテロの脅威《きょうい》

二〇〇一年の米国同時多発テロ事件〝九・一一〟以来、国際社会は国境を越えたグローバル・テロリズムの脅威《きょうい》に正面から向き合うことを余儀《よぎ》なくされた。

〝九・一一〟を起こした国際テロ組織〝アル・カーイダ〟は、一九八〇年代のアフガニスタン紛争に世界から集まったムジャヒディーンたちを源流とし、特に湾岸戦争（九一年）以来反米意識を高め、各地でテロ活動を行ってきた。だが米国本土が攻撃の対象となったこの事件は、**〝グローバル・ジハード〟**[1]を標榜《ひょうぼう》する国際テロ組織の能力・規模・動向が新たな局面に入ったことを示していた。当時のブッシュ米大統領が〝米国に仕掛けられた戦争〟と称したように、それまで不法行為として警察が取り締まる対象だったテロ攻撃が、その枠《わく》を外《はず》れ始めたのだ。

ISなどの国際テロ組織

二〇一一年に本格化した民主化運動〝アラブの春〟は、アラブ諸国での民主政権樹立に寄与《きよ》した一方、それまで強権《きょうけん》的政府に抑制《よくせい》されていた宗派対立や党派対立を

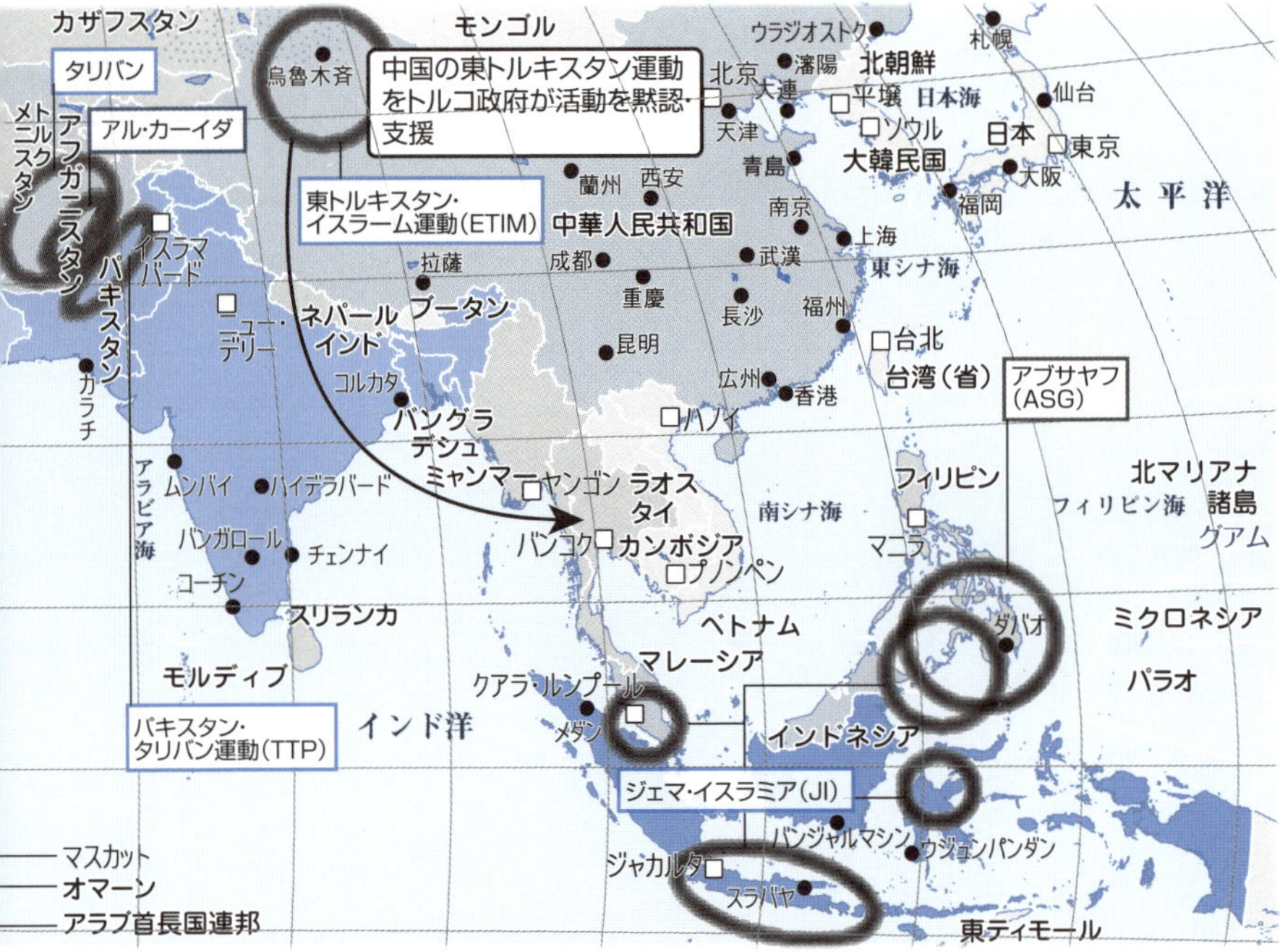

1 〝ジハード〟は〝聖戦〟と訳され、イスラーム社会を異教徒から守るための戦いと理解されている。その意味で、パレスチナや80年代のアフガニスタンなどにおけるジハードは民族闘争に通じるが、アル・カーイダをはじめとする国際テロ組織は、自らが〝イスラームの敵〟と認定した国や組織への国際的なテロ攻撃をジハードとして正当化し、重視してきた。

2 独自の政治・宗教的秩序の樹立（イスラーム国家の復興）を欧米諸国などへの攻撃よりも優先する点は、旧来のテロ組織にはなかった特徴であり、共感の得やすさ、ひいては資金力などにもつながっているとの指摘もある。

3 国外からの攻撃ではなく、国内の共感者によるテロを〝ホーム・グロウン型〟、組織に属さない共感者による単発的なテロを〝ローン・ウルフ型〟と呼び、特に欧米諸国で警戒されている。それぞれ「自家製、地元産、国産」、「一匹狼」の意味。

呼び覚《さ》まし、混乱も招いた。各国が統治不能となった地域にテロ組織が進出し、勢力を拡大。こうして巨大化した組織が〝ヌスラ戦線〟や〝イラク・レバントのイスラーム国（ISIL、現在はIS（イスラーム国））〟などで、その活動及び関連組織は既存《きぞん》の国境線と関係なく広がっている。

ISは現在の国際テロ組織の代表格とも言える。元は○四年結成の〝イラクのアル・カーイダ〟の流れを汲《く》み、一四年にシリアのスンニ派反体制派から装備・兵員の提供を受けたことで急速に拡大した。現在、シリア及びイラクの一部を支配下に置き、イスラームの教義に基づく**神権国家の建設**[2]を目論《もくろ》んでいる。もちろん、国際社会が承認するはずもないが、有効な対処《たいしょ》もできていない。

国際テロ組織は、現状に不満を持つイスラーム教徒の若者などの受け皿になってしまっている。欧米諸国などでも、格差や疎外《そがい》感を感じる若者の中に、インターネットを活用した広報活動に影響を受け、共感を抱《いだ》く者も増えている。欧米を中心に、こういった**共感者や、テロ組織に参加してから出身国に戻った者によるテロ事件**[3]が増加しており、各国は警備や入国管理に神経を尖《とが》らせている。そのために、移民・難民への風当たりまでも強まっている。

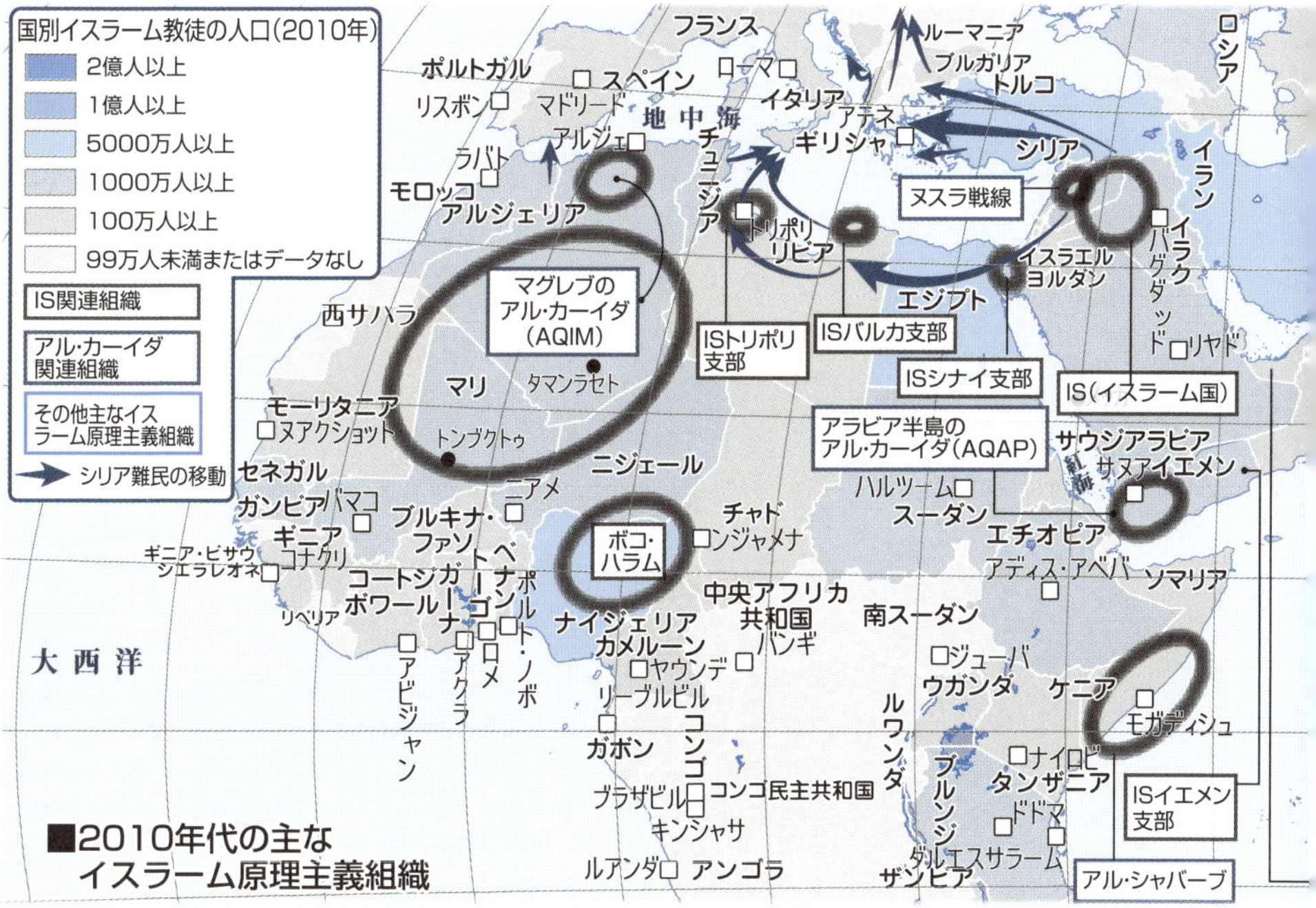

■2010年代の主なイスラーム原理主義組織

参考：ISの資金と組織

ISは、従来のテロ組織とは比較にならない豊富な資金と強力な軍事力を有する。資金については謎が多いものの、国連の試算によれば、ISが石油密輸によって1日に得る収入は84万～165万ドルにのぼる。その他、遺跡や美術品などの密売、通行税の徴収、人質をとっての身代金などが主な収入源と考えられている。また、スンニ派諸国の同志や支援者から資金援助を受けているとも言われる。

構成員には崩壊させられた旧フセイン政権の政府関係者が含まれるとされており、支配地域における徴税などの統治システム作成・運用に関与していると見られる。また、同様に旧イラク軍の将兵の参加も指摘される。巧みな広報戦略により、先進欧米諸国を含む多数の国から義勇兵を集めているのも大きな特徴だ。

原子力エネルギーと核拡散

日本と世界の原発問題

現在、世界には約四三〇基の原子力発電所がある。日本には五七基があり、うち一四基の廃炉《はいろ》が決定している。東日本大震災での東京電力福島第一原子力発電所事故のインパクトもあり、原発削減《さくげん》へと向かう国々もある。

日本政府は、二〇三〇年には原子力発電の割合を二〇～二二％にすることを目標とする。一〇年には三〇％近くあった原子力発電だが、一六年三月現在、稼動《かどう》中の原発は九州電力川内《せんだい》原発（鹿児島県）の二基のみだ。規制強化で再稼働が困難になるなかで目標を達成するには、本来四〇年で廃炉すべき原子炉を例外的に六〇年運転に切り替える必要があるが、長期間の稼動は電力供給の不安定化や大事故などが発生する恐れを高める。**原発そのものが安全保障上のリスク**[1]であることも見逃せない。

さらに、混乱した原子力行政のため核燃料サイクルが機能せず、核兵器の原料に転用可能なウランやプルトニウムなどを大量に含む核燃料廃棄《はいき》物の処理方法は事実上棚上げ。管理の不徹底に、世界が不審の眼差《まなざ》しを注《そそ》ぐ。

NPT体制とその限界

一九四五年八月六日、米国が史上初の原子爆弾を広島に、九日には長崎に投下した。ここから大国の核開発競争が始まる。〝キューバ危機〟（六二年）で米ソが全面核戦争直前まで緊張を高めたのを機に、六八年に「核兵器不拡散条約（NPT）」がまとめられ（七〇年発効）、米ソ英仏中の五ヶ国のみが**核兵器国**[2]の資格を有するとされた。

しかし、当時核開発を考えていたインドとパキスタンはNPTを〝不平等条約〟として加盟せず、その後実際に核兵器保有に至った。同じくNPT非加盟のイスラエルの核兵器保有は各種の分析から確実視されており、加盟国の中にも**核開発が疑われる国**[3]がある。かつてそうした疑惑国の一つだった北朝鮮は、二〇〇三年、核兵器保有を宣言してNPTを脱退してしまった。

核兵器はわずかな数で敵に甚大《じんだい》な損害を与え、保有するだけで強力な抑止《よくし》力として機能する。北朝鮮などの核の脅威《きょうい》に向き合う日本や大韓民国も、抑止力として米国の核兵器の存在に依存しているのが実情だ（〝核の傘《かさ》〟）。

1 都市部を離れた海岸に立地する日本の原発は、テロリスト等による冷却装置破壊といったリスクを負っており、警察や海上保安庁が常時警戒にあたっている他、有事の恐れがある際には内閣総理大臣の命令により自衛隊が警備できることになっている。
2 1967年1月1日以前に核兵器その他の核爆発装置を製造しかつ爆発させた国をいう（NPT9条3項）。なおフランス・中国のNPT加盟は92年。ロシアはソ連の核保有国の地位を継承している。またNPTでは、全締約国に"誠実な核軍縮交渉"を義務付けている。
3 イラン、シリア、ミャンマー。

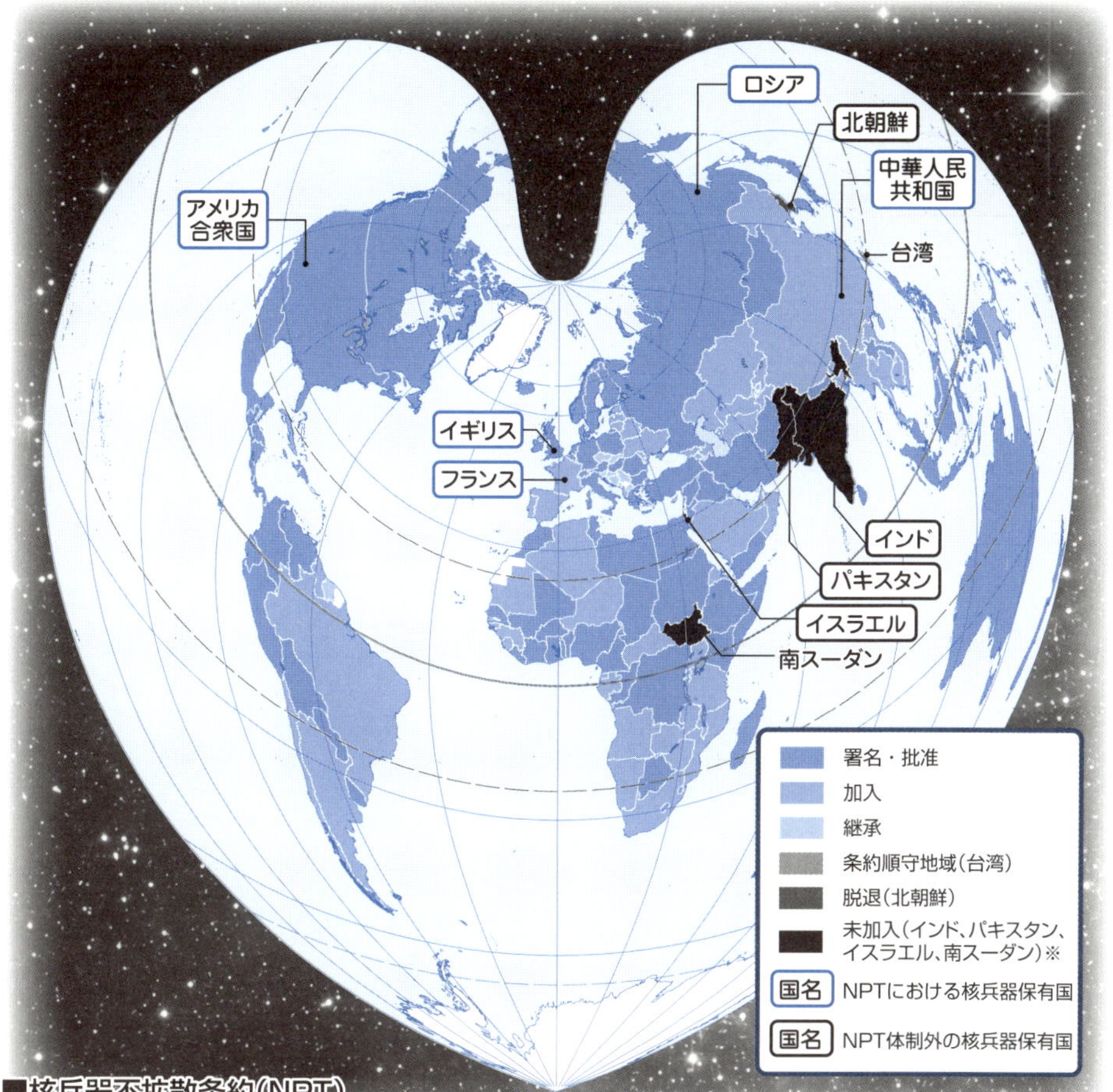

■核兵器不拡散条約（NPT）

※ イスラエルは核兵器保有の有無を明らかにしていないが、保有が確実視されている。南スーダンは、建国から間もないため未加入。

NPTとIAEA

NPTに先立つ1957年、原子力の平和利用のための国際機関として設立されたのが国際原子力機関（IAEA）。核物質が軍事目的に転用されることがないように査察などを行う保障措置が規定されており、NPT加盟の非核兵器国は、すべての核物質を対象とする“包括的保障措置協定”をIAEAと結ぶことを義務付けられている（NPT3条）ほか、NPT上の核兵器保有5ヶ国とNPT非加盟のインド・パキスタン・イスラエルもIAEAとの保障措置協定を結んでいる。

参考：国際条約に参加する手続き

条約に加盟する手続きには「署名」「批准」「加入」などがある。条約の作成当初は、新規に作られる国際ルールに対し、各国の憲法など国内法が対応していない場合がある。将来的に国内法の整備や立法機関などの承認を得て、条約のルールを守る意思があることを示すのが「署名」、署名した国の準備が整い正式に条約のルールを守ると宣言するのが「批准」である。新条約に「署名」できる期間には期限があり、その後は国内法の整備等を先に済ませてから「加入」を行うことになる。なお「継承」とは、国家が分裂した場合に、元の国家が参加していた条約に引き続き参加することを表す。これらの手続きを経て条約の参加国となった国を「締約国」「加盟国」などと呼ぶ。

新時代の安全保障――サイバー・宇宙

新たな戦場〝サイバー空間〟の安全保障

インターネットなどの情報通信技術（ＩＣＴ）は、日常生活のみならず、あらゆる産業分野において必要不可欠なインフラとなった。一方、ネットワークへの潜入《せんにゅう》による機密《きみつ》情報の改竄《かいざん》や奪取《だっしゅ》、ウィルスによる機能妨害などを、遠隔《えんかく》地から高い匿名《とくめい》性を保ちつつ比較的簡単に行えるため、テロ組織や敵対国家にとって、情報インフラは非常に効果的な攻撃対象となる（サイバー攻撃）。

大規模なサイバー攻撃は、生活や経済活動に影響を与えるだけに留《とど》まらない。現代の軍隊は指揮・統制《とうせい》や情報取得、無人機などハイテク兵器の運用のためにＩＣＴの利用を高めており、電力などの大規模インフラに依存《いぞん》する。サイバー攻撃はこういった軍隊の生命線にとって脅威《きょうい》であり、各国はサイバー空間での安全保障を重要視しつつ、攻撃能力も開発しているとされる。特に国を挙《あ》げてサイバー空間への関心を示しているのが中国とロシアで、両国政府は、米国政府や米軍をはじめ、諸外国の政府機関や軍隊にサイバー攻撃を仕掛けているとの指摘もある。

サイバーセキュリティに対する取組み

安全保障の新たな領域であるサイバー空間については、国家の行動規範や国際協力に関する国際的合意がまだなく、日本や欧米が自由なサイバー空間の維持を訴えるのに対し、中国、ロシアやいわゆる新興《しんこう》国は国家管理の強化を求めるなど、各国の主張は一致していない。その中で、各国は手探《てさぐ》りでサイバー空間の安全保障を進めている。

日本では、二〇一四年に成立した「サイバーセキュリティ基本法」に基づき、翌年〝サイバーセキュリティ戦略本部〟を内閣に設置。内閣官房の〝内閣サイバーセキュリティセンター〟が実務を担《にな》い、総務省・警察庁・防衛省・外務省といった関係省庁が協力して対応にあたっている。

また自衛隊では〝自衛隊指揮通信システム隊〟が、二四時間態勢で通信網を監視。一四年には〝サイバー防衛隊〟を新設して体制を強化した。米国、英国、ＮＡＴＯ、大韓民国、シンガポールなど各国との連携も進めている。ただし、これらの取組みは始まったばかりで、効果的な仕組みを作り上げていくことが急務の課題だ。

参考：国家間の懸案事項となり始めたサイバー攻撃問題

2015年の米国「サイバーセキュリティ戦略」では、14年に中国・ロシアが米国政府のネットワークに不正アクセスを行ったことを明記した。同年9月には、サイバー攻撃が続いているとして米国高官が中国を非難したのに対し中国高官が「事実無根」と反論し、非難合戦になるなど、サイバー空間をめぐる国家間の駆け引きは軽視できない懸案事項となりつつある。中国は人民解放軍内に“サイバー軍”を設け、サイバー攻撃を研究しているとされ、民間への業務委託も行っているとも指摘される。同様の手法はロシアも行っているとされる。

軍民ともに欠かせない宇宙空間の利用

一九五七年一〇月、人類初の人工衛星スプートニク一号がソビエト連邦によって打ち上げられ、宇宙開発時代の幕が開いた。宇宙技術は、国威発揚《こくいはつよう》や、偵察《ていさつ》衛星・弾道ミサイルなどの軍事技術に直結するものだったため、冷戦下の二大国米ソは、熾烈《しれつ》な宇宙開発競争を繰《く》り広げた。

それから約六〇年。**宇宙空間**[1]では「宇宙条約」（六七年発効）によって領有権の主張が禁じられ、自由利用が保証されている。そのため衛星軌道には、各国の気象衛星や観測衛星、通信・放送衛星、船舶《せんぱく》や航空機が用いる測位《そくい》衛星など、社会生活や科学の発展に欠かせない人工衛星がひしめいている。

国境の概念がない宇宙空間で人工衛星を活用することにより、全地球上の観測や通信が可能となるため、主要国は軍事用の偵察・通信・電波情報収集・測位衛星の能力向上に努めている。軍事衛星の技術が民生《みんせい》（非軍事的用途）に開放されることもあり、今や測位システムとしてすっかり日常生活に定着したGPSも、元は米軍の軍事用システムだった。GPS衛星の運用は、現在も米空軍が行っている。

宇宙空間の安全保障

指揮・統制・通信・コンピュータ・情報・監視・偵察という機能を担う軍事衛星の活用や、宇宙空間を経由《けいゆ》して飛来《ひらい》する大陸間弾道ミサイルのような長距離兵器に対する防衛など、安全保障における宇宙空間利用は重要な地位を占《し》める。その上で、近年になり、宇宙空間の安定的利用そのものに対する脅威が、安全保障上の課題として認識されつつある。

「宇宙条約」など既存《きぞん》のルールでは、衛星など宇宙物体の破壊や破損によって生じる**スペースデブリ**[2]に対する責任を定めていない。二〇〇七年一月、中国が行った老朽《ろうきゅう》化**衛星の破壊実験**[3]で大量のデブリが軌道上に飛散したことから、不測《ふそく》の事態による衛星損壊《そんかい》などへの対処が、宇宙空間における安全保障上の課題として各国の注目を集めるようになった。国連などの場で〝宇宙活動の長期的持続可能性〟を確保するための議論が始まっている。

加えて、太陽活動の活性化によって生じる人工衛星や地上の電子機器への影響、隕石《いんせき》など、大宇宙の〝驚異《きょうい》〟も看過《かんか》できない脅威となり得る。国際的な対処《たいしょ》が求められている。

1 宇宙空間は領空（領土・領海の上空）のさらに上方を指し、おおむね地上からの高度100km以上の空間を言う。
2 直訳すれば“宇宙のごみ”。宇宙飛行士が落とした工具など、意図せずに発生したものも含む。地球を周回する衛星やデブリは秒速3〜8kmという猛スピードで飛行しているのであり、小さなものでも衝突すれば大きな損害を生じる恐れがある。
3 衛星を地上からミサイルで破壊する実験を行った。なお、冷戦時代に米ソは数度にわたり衛星破壊実験を行っている。

安全保障とインテリジェンス

インテリジェンスとは

〝intelligence〟という英単語の意味は知能、知性などだが、狭義《きょうぎ》には国の政策に必要な情報及びその収集または漏洩《ろうえい》を防ぐ活動を指す。国内外の正確な情報の入手、あるいは自国の不利益につながる情報の保全《ほぜん》に失敗すると、非常に不自由な国の舵取《かじと》りを余儀《よぎ》なくされるため、あらゆる国が情報機関を持ち、情報活動を行っている。これらの活動を〝諜報《ちょうほう》〟とも呼ぶが、スパイ活動のような秘密活動に限らず、政策決定に資する大量の情報を収集・分析する活動が、ここでいうインテリジェンスだ。安全保障上重要な機能であることは言うまでもない。

国家の情報機関としてはＣＩＡ（米国）、ＭＩ６（英国）、モサド（イスラエル）、ＳＶＲ（ロシア、旧ソ連のＫＧＢ）などが有名だ。日本の情報機関には、内閣情報調査室（内調）、内閣衛星情報センター、外務省国際情報統括官組織、防衛省情報本部、警察庁警備局外事情報部、公安調査庁などがあり、役割を分担して情報活動を行うこれらの機関を総称して〝インテリジェンス・コミュニティー〟と呼ぶ。

日本のインテリジェンス体制の課題

日本の情報活動は貧弱だと言われることがあるが、インテリジェンス・コミュニティー全体の人員は四千人超と英国ＭＩ６・ＭＩ５の合計に匹敵《ひってき》し、米国の推定二〇万人以上（情報機関の総計）には遠く及ばないが、規模が過小だというわけではない。二〇〇〇年代以降、外国の諜報や国際テロ組織の破壊活動を防ぐ〝国際組織犯罪等・国際テロ対策推進本部〟や〝国際テロ情報収集ユニット〟が新設されるなど、組織及び機能の拡充も図《はか》られている。

最大の弱点は、情報の集約・共有機能だ。各省庁に情報機関が分かれている中で、情報の集約機関として官邸に置かれている内調や合同情報会議は、情報の出し渋《しぶ》りや、逆に情報が集約機関を飛び越えて首相や官房長官に直接上げられるなど、省庁間の縄張《なわば》り意識が払拭《ふっしょく》できず、十分に機能していないとも言われる。このため、〝対外情報庁〟の設置についても必要性が指摘されつつある。

インテリジェンスは対テロ戦争以降一層重要性を増しており、早急な改善が課題だ。

参考：防衛駐在官

各国の大使館など在外公館には、"駐在武官"としてその国の軍人が派遣されているのが一般的だ。軍人の身分を持ったまま外交官の身分も持ち、軍事に関わる情報の収集や、駐在武官同士での情報交換を行うことでインテリジェンスの一翼を担っている。日本も第2次世界大戦までは陸海軍の中堅将校を駐在武官として各国に派遣しており、外国で経験を積んだ彼らは後に要職に就くことも多かった。戦後自衛隊が創設されると"防衛駐在官"制度が発足している。

■日本のインテリジェンス・コミュニティー

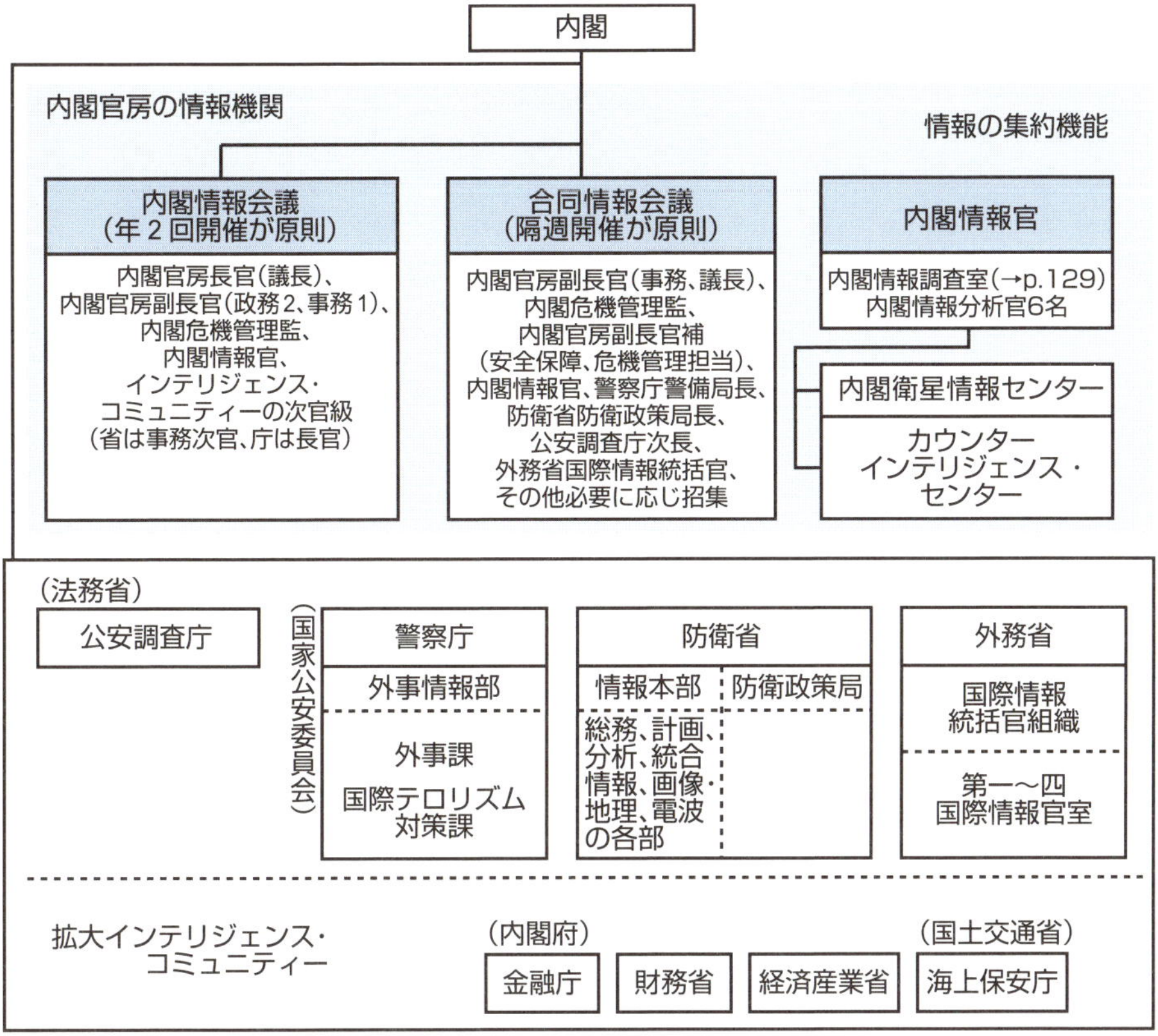

■米国のインテリジェンス・コミュニティー

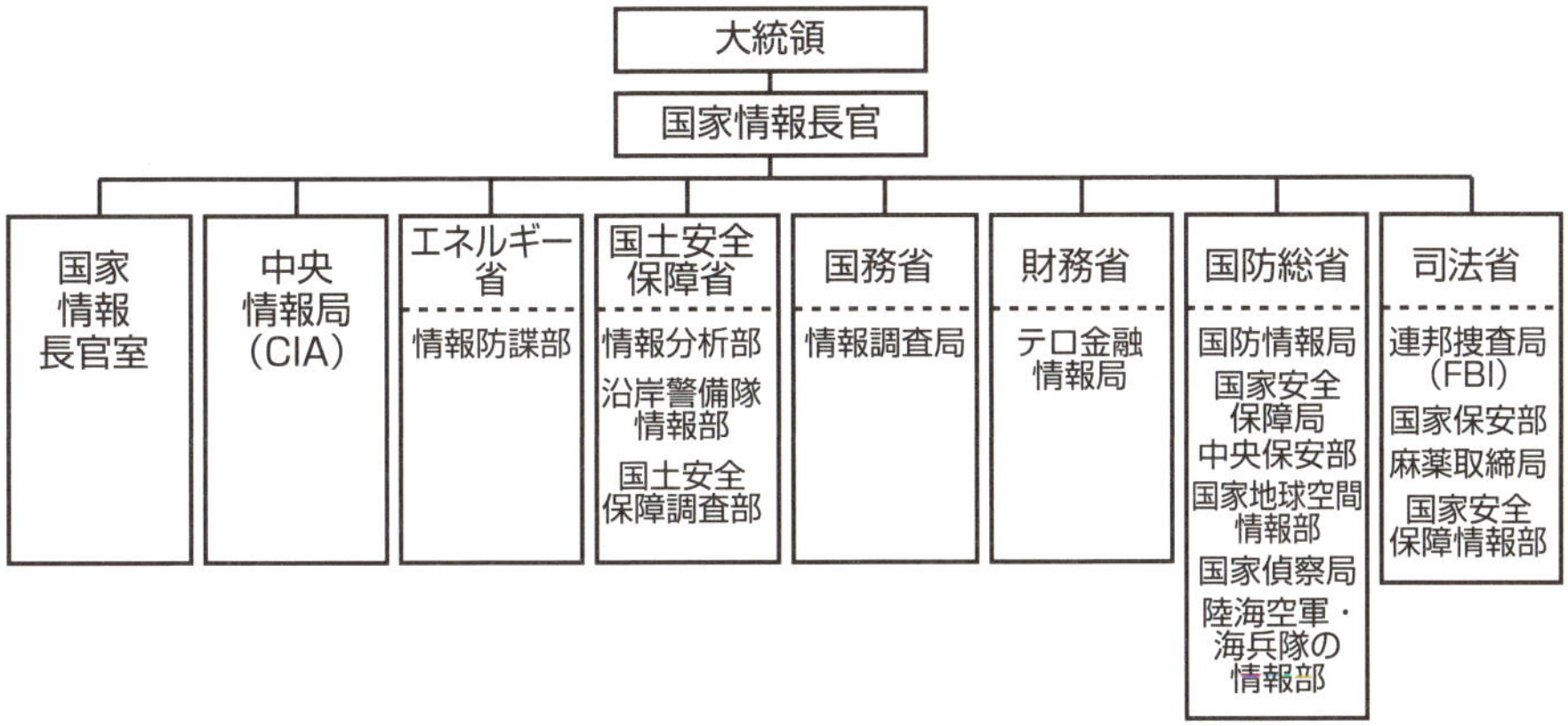

参考：最大の通信傍受システム・エシュロン

第2次世界大戦中、米英は協力してドイツの暗号を解読、戦後になり情報活動の協力に関する「UKUSA協定」が結ばれ、現在ではカナダ・オーストラリア・ニュージーランドも加わっている。米国家安全保障局を中心に、この5ヶ国の情報機関が共同運営・利用しているとされる通信傍受システムが"エシュロン"だ。エシュロンは参加5ヶ国以外の同盟国・協力国（日本も含む）にもアンテナ施設を持ち、軍事通信に限らない全世界の通信を傍受、分析を行っているとされている。

真価が問われる国連体制・求められる実効的な国際安全保障

国連・安保理改革の可能性

国連は、特に冷戦後になって機能不全に陥《おちい》り、国際社会の平和と安全を守るという当初の理念を実現できていない。止まない紛争、〝力による現状変更〟の試み、大量破壊兵器の拡散、国際法の規制を受けない〝非国家主体〟の脅威《きょうい》への対処など、国際社会が結束して取り組むべき課題が山積《さんせき》する中、果たしてどんな方策《ほうさく》がとれるのか。

最も理想的だが最も難しい方策が、国連の集団安全保障体制を立て直すための改革だ。国連で九〇年代から続く安保理改革論の中で、様々な提案がなされてきた。

理事国拡大の必要性では、概《おおむ》ね一致できている。問題はその増やし方と、安保理機能不全の一因《いちいん》である〝拒否権〟の扱いだ。常任理事国に拒否権を手放す考えは全くなく、現制度下では拒否権廃止など常任理事国に不利な提案は拒否権行使により否決されることが明白なので、実現可能性はかなり低い。下記のように、拒否権を温存《おんぞん》したままの改革案が提案されてはいるが、各国の利害が複雑にからみ合い、決定的支持を集める案は出ていない。

常任理事国入りを目指す日本

国連創設六〇周年を翌年に控えて改革の機運《きうん》が高まっていた二〇〇四年、日本・ドイツ・インド・ブラジルは〝G4〟と呼ばれるグループを結成。G4に加えアフリカ二ヶ国を常任理事国（当面は拒否権を凍結）とし、非常任理事国を四ヶ国拡大する改革案を提唱《ていしょう》した。日本・ドイツは**国連分担金**[1]拠出《きょしゅつ》額で米国以外の常任理事国を上回りそれぞれ二位・三位（当時）、インド・ブラジルはPKOへの兵力拠出で存在感を示す国だった。

〇五年、三一ヶ国の共同提案国を得てこの案を国連総会に提出したが、アフリカ連合（AU）案やコンセンサス連合案と共に、投票にも至らず廃案に。AU案はG4案に類似《るいじ》していたが、拒否権の扱いで折り合わず一本化に失敗。コンセンサス連合は、むしろG4の常任理事国入り阻止《そし》を主な目的に、G4の周辺国で結成されたグループだった。

安保理改革に向けた協議は継続し、国連創設七〇周年となる一五年にも改革の機運が再び高まっているものの、各派の隔《へだ》たりは大きく、成果が出る見通しは立たない。

1 国連分担金の拠出額は国民総生産（GNP）や国民1人あたりの所得などを元に計算される。2016年には、米国・日本の1位・2位は変わらず、前年5位だった中国が、急激な経済成長を反映して3位となった（ドイツは4位）。p.79グラフ参照。

■主な国連改革案

	G4案	コンセンサス連合案	アフリカ連合案	開発途上国案
主張国	日本、ドイツ、インド、ブラジル	大韓民国、イタリア、オランダ、スペイン、マルタ、パキスタン、メキシコ、カナダなど	モロッコを除くアフリカの全独立国家	アフガニスタン、カンボジア、ラオス、キリバス、ハイチなど
常任理事国（現在５ヶ国）	11ヶ国（6ヶ国追加）	5ヶ国（現状維持）	11ヶ国（6ヶ国追加）	3ヶ国（2ヶ国削減）
非常任理事国（現在10ヶ国）	14ヶ国（4ヶ国追加）	20ヶ国（10ヶ国追加）	15ヶ国（5ヶ国追加）	7ヶ国（3ヶ国削減）
理事国合計	25ヶ国	25ヶ国	26ヶ国	10ヶ国
拒否権	新常任理事国は15年間凍結	全常任理事国が行使を抑制	新常任理事国にも付与	全常任理事国が行使を抑制

	アナン・A案	アナン・B案
主張者	コフィー・アナン国連事務総長（2005年当時）	
常任理事国（現在５ヶ国）	11ヶ国（6ヶ国追加）	5ヶ国（現状維持）
準常任理事国	なし	8ヶ国（任期4年、再選可、拒否権なし）
非常任理事国（現在10ヶ国）	13ヶ国（3ヶ国追加）	11ヶ国（1ヶ国追加）
理事国合計	24ヶ国	24ヶ国
拒否権	新常任理事国は拒否権なし	現状維持

安保理改革の袋小路

設立当初51ヶ国だった国連加盟国は、今やその4倍近い193ヶ国。一方安保理は、常任5・非常任6の11理事国でスタートし、1965年に非常任理事国が増やされて現在の15理事国制になって以来据え置かれたままだ。単に加盟国が増えただけではなく、人口変動、近代化、グローバル化などで各国の政治・経済状況も大きく変化しているにもかかわらず、非常任理事国をアジア・アフリカ・中南米・西欧その他（北米を含む）から2ヶ国ずつ、東欧から1ヶ国、残り1ヶ国をアジアとアフリカから交互に選ぶという地域配分も変わっていない。一見平等に見える配分だが、「西欧その他」は常任理事国の米英仏が上乗せされて常時5ヶ国を安保理へ送っているのに対し、その2倍近い加盟国があるアフリカを代表する理事国は最大でも非常任理事国のみ3ヶ国であるなど、〝欧米偏重〟の構造は隠しようもない。

日本が主張するG4案を含め、仮に理事国拡大が実現したとしても、“拒否権”の問題が解決されない限り安保理が真に機能回復することはない（→p. 79）。現状では、国連の速やかな機能回復には悲劇的な観測をせざるを得ないと言えるだろう。

地域的枠組《わくぐ》みによる安全保障

国連による集団安全保障体制が立ち直らないならば、別の方策《ほうさく》もある。その一つが、地域の枠組みによって集団安全保障を行う考え方だ。

「国連憲章」第八章は〝地域的取極《とりきめ》〟について定めている。条文を読む限り、〝地域のことは地域で〟という発想が、国連憲章には埋め込まれている。しかし、この地域的取極が実力行使を行うには安保理決議が必要なのだ。肝心なときに地域的取極による取組みが制約される可能性への懸念《けねん》から集団的自衛権が導入されたため、地域的取極は宙に浮く形になり、NATOなど仮想敵国を前提とした同盟関係による集団防衛の枠組みが、世界を分割することになった。

昨今提唱《ていしょう》されている地域的枠組みは、このような相互防衛条約に基づくものではなく、国連憲章の規定により近い、地域の集団で地域内の安全保障問題を解決する枠組みを形成しようとするものだ。日本を含む東アジアに関わる構想としては、東アジア首脳会議（EAS）を母体とする枠組み、現時点では外務大臣の閣僚《かくりょう》会合であるASEAN地域フォーラム（ARF）を強化して東アジアの地域的枠組みを形成するという考えなどがある。

価値観を共有する国々による安全保障

第三に、地域で分けるのではなく、〝価値観〟を共有する国同士の協定を作るという方策がある。例えば、自由な市場経済・民主主義・人権・国際法に基づく秩序を最大限尊重するという価値観を共有する国々の連合体を形成するのだ。日本の場合、憲法の規定により無条件に他国の防衛を義務とする国際協定は結べないが、有事の際に経費や資材、武器などにおける協力を行うことを互いに約束する。

安保理改革を提唱しつつ、現実的に日本が進めようとしているのはこの方策と言える。日米安保体制を基軸《きじく》としながらも、価値観共有を目標とする緩《ゆる》やかな安全保障上の協力関係をオーストラリア、インド、東南アジア諸国などと結ぼうとしている。武器輸出三原則の見直し以降、これらの国々と防衛装備品に関する協力関係を進展させつつあることや、安保法制で今まで米軍に限られてきた日本の協力対象を〝自衛隊と連携して日本を防衛する〟〝国際平和・安全の維持のために活動する〟といった条件を付けて他国の軍隊にも広げたのは、価値観を軸とした安全保障体制の構築に向けた流れの一環《いっかん》である。

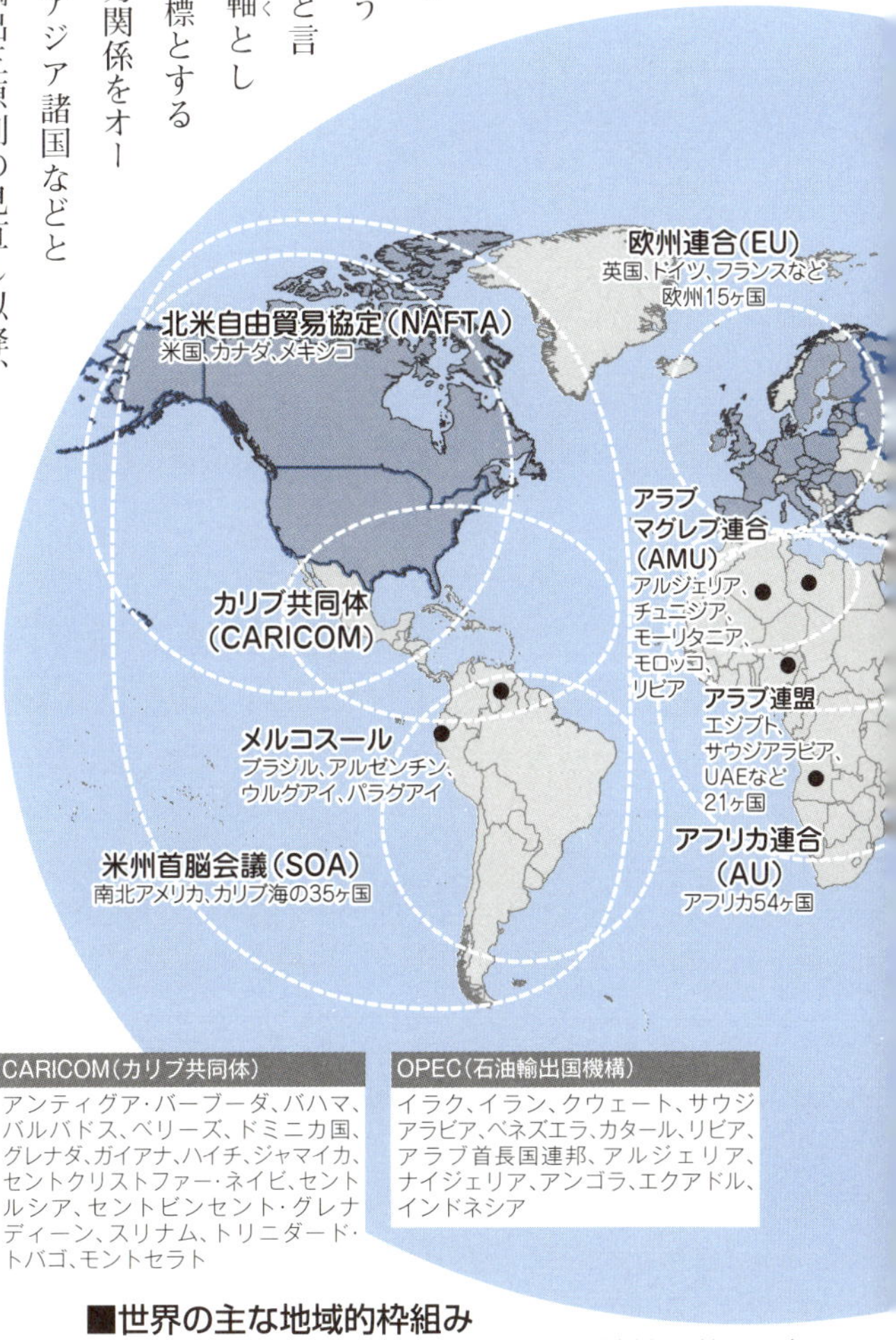

ARF(地域フォーラム)
ASEAN10ヶ国(インドネシア、マレーシア、フィリピン、シンガポール、タイ、ブルネイ、ベトナム、ラオス、ミャンマー、カンボジア)、アメリカ、インド、オーストラリア、カナダ、韓国、北朝鮮、スリランカ、中国、日本、ニュージーランド、パキスタン、パプアニューギニア、バングラデシュ、東ティモール、モンゴル、ラオス、ロシア、EU

AS(東アジア首脳会議)
ASEAN10ヶ国、日本、中国、韓国、オーストラリア、ニュージーランド、インド、アメリカ、ロシア(アメリカとロシアの参加は2011年から)

NATO(北大西洋条約機構)
米国、英国、アイスランド、イタリア、オランダ、カナダ、デンマーク、ノルウェー、フランス、ベルギー、ポルトガル、ルクセンブルク、ギリシャ、トルコ、ドイツ、スペイン、チェコ、ハンガリー、ポーランド、エストニア、スロバキア、スロベニア、ブルガリア、ラトビア、リトアニア、ルーマニア、アルバニア、クロアチア

CARICOM(カリブ共同体)
アンティグア・バーブーダ、バハマ、バルバドス、ベリーズ、ドミニカ国、グレナダ、ガイアナ、ハイチ、ジャマイカ、セントクリストファー・ネイビ、セントルシア、セントビンセント・グレナディーン、スリナム、トリニダード・トバゴ、モントセラト

OPEC(石油輸出国機構)
イラク、イラン、クウェート、サウジアラビア、ベネズエラ、カタール、リビア、アラブ首長国連邦、アルジェリア、ナイジェリア、アンゴラ、エクアドル、インドネシア

■世界の主な地域的枠組み
→p.216参照(日本を中心とした地域的枠組み)

二度の世界大戦を経《へ》て、世界と日本が〝平和と安全を守る〟という課題にどのように向き合ってきたか。そして現在の課題がどこにあり、それにどのように対処《たいしょ》しようとしているのか。「過去」と「現在」を合わせ鏡として〝安全保障〟を紐解《ひもと》いてきた本書の歩みは、ひとまずここで終わる。一見孤立《こりつ》して見える事柄も、実際にはさまざまな経緯《けいい》があって生じているということを実感して頂けたかと思う。

戦後日本は、進むグローバル化、そして山積する国際的課題の中で、今、岐路に立っていると言って良い。〝平和国家〟というブランドを活かすべきだという声もあり、それを〝一国平和主義〟と批判する声もある。本書で触れられなかった問題もいろいろとある。そのようなときに、表面的な印象論に留《とど》まらず、結論に誘導することもなく、歴史と国際情勢、その帰結《きけつ》として〝安保法制〟に至った経緯を淡々と述べ、初めての人でも〝安全保障〟の基本事項を体系的に学べる一冊を目指して本書は編まれた。広い視野で日本や世界の安全保障の課題について考えることができる、その第一歩を踏み出す一助となれば幸いだ。

参考資料

写真:海上自衛隊護衛艦「かが」(海上自衛隊ホームページ写真ギャラリーより引用)

自衛隊法の改正
◇在外邦人等の警護・救出その他の保護措置が可能に（現地の治安確保、現地国の同意・協力が条件） ◇自衛隊と連携して日本を防衛する外国軍部隊の武器等を防護するための武器使用が可能に（要請があった場合） ◇米軍への物品・役務提供を、以下の活動を自衛隊と共に行う米軍にも拡大 ・在日米軍施設等の警護出動（施設等内部で警護を行う米軍に対して） ・海賊対処行動 ・弾道ミサイル等を破壊する措置 ・機雷等の除去・処理 ・在外邦人等の保護措置または輸送 ・船舶または航空機による外国軍隊の動向に関する情報等の収集活動 ◇国外犯処罰規定を整備 ・上官の職務上の命令に対する多数共同しての反抗および部隊の不法指揮 ・防衛出動命令を受けた者による上官命令反抗・不服従等

PKO協力法の改正
◇PKO等活動参加時の業務を拡大 ・「安全確保」「駆け付け警護」「司令部業務」等を追加、統治組織の設立・再建援助を拡充 ・「安全確保」および「駆け付け警護」業務実施時、任務への妨害を排除するための武器使用を可能に（PKO参加5原則の一部見直し） ・司令官等の自衛官の国連への派遣、大規模災害に対処する米軍等に対する物品・役務の提供等 ◇国連統括下でない「国際連携平和安全活動」（以下の条件を満たす）への参加を新設 ①PKO参加五原則を満たす ②国連総会・安保理または経済社会理事会の決議がある ③以下のいずれかの国際機関による要請がある ・国連 ・国連総会の設立機関または国連の専門機関（国連難民高等弁務官事務所など） ・その活動に関わる実績もしくは専門的能力がある、地域的機関または多国間条約により設立された機関（欧州連合など） ③活動現地国による、国連主要機関（総会、安保理、国際司法裁判所など）のいずれかの支持を受けた要請がある

国際平和共同対処事態関係

国際平和支援法の新規立法
◇以下の「国際平和共同対処事態」における外国軍隊への協力支援活動（≒後方支援活動）等を新設（従来個別の特措法で対応していたもの） ・国際社会の平和・安全を脅かす事態の脅威を除去するために国際社会が共同で対処する活動で、日本が国際社会の一員として主体的・積極的に寄与する必要があるもの（以下のいずれかを満たす場合） ①支援対象となる外国が国際社会の平和・安全を脅かす事態に対処する活動を行うことを決定・要請・勧告または認める国連総会または安保理決議がある ②事態が平和に対する脅威または平和の破壊であるとの認識を示し、事態に関連して国連加盟国の取組みを求める国連総会または安保理決議がある

用語集
総論
戦後の世界
日本の防衛
安保法制
国際情勢
参考資料
付録

存立危機事態関係

◇「防衛出動」(防衛権の行使)が可能な事態に「存立危機事態」を追加

武力攻撃事態法の改正

◇「存立危機事態」の新設、「新三要件」の下での武力行使が可能に
◇存立危機事態の認定理由等の説明義務を政府に課す

海上輸送規制法の改正

◇外国軍用品等の海上輸送を規制するための停戦検査・回航措置等を行う事態に「存立危機事態」を追加
◇実施海域の制限を撤廃(外国領海の場合その国の同意が必要)

捕虜取扱い法の改正

◇捕虜の抑留などの規定を「存立危機事態」にも適用

米軍行動関連措置法の改正 → 米軍等行動関連措置法

◇支援対象を米軍以外の外国軍隊にも拡大
◇「存立危機事態」において日本と連携する外国軍隊の支援が可能に

重要影響事態関係

周辺事態法の改正 → 重要影響事態法

◇「周辺事態」から「日本の周辺における」を削除、地理的制約のない「重要影響事態」に拡大
◇米軍のみだった支援対象に「国際平和と安定の維持のために活動する外国軍隊」を追加
◇後方支援活動の拡大
・宿泊、保管、施設の利用、訓練業務を追加
・弾薬の提供、戦闘行動のために発進準備中の航空機に対する給油・整備を可能に
◇活動領域の拡大
・日本周辺に限らず、"現に戦闘行為が行われている現場"以外で活動可能に(現地国の同意があれば外国領域でも活動可能に)

船舶検査活動法の改正

◇重要影響事態、国際平和共同対処事態での船舶検査活動が可能に
現地国の同意があれば外国領域での船舶検査活動も可能に
◇武器使用権限の拡大
・自己保存型に加え「自己の管理下に入った者」を防護するための武器使用が可能に

特定公共施設利用法の改正

◇武力攻撃事態等において特定公共施設(港湾・飛行場・道路など)の利用調整対象に、日本に対する侵害排除のために行動する米軍以外の外国軍を追加

国家安全保障会議(NSC)設置法の改正

◇他の法律の改正または新規立法による国家安全保障会議(NSC)での審議事項を追加

陸上自衛隊の組織

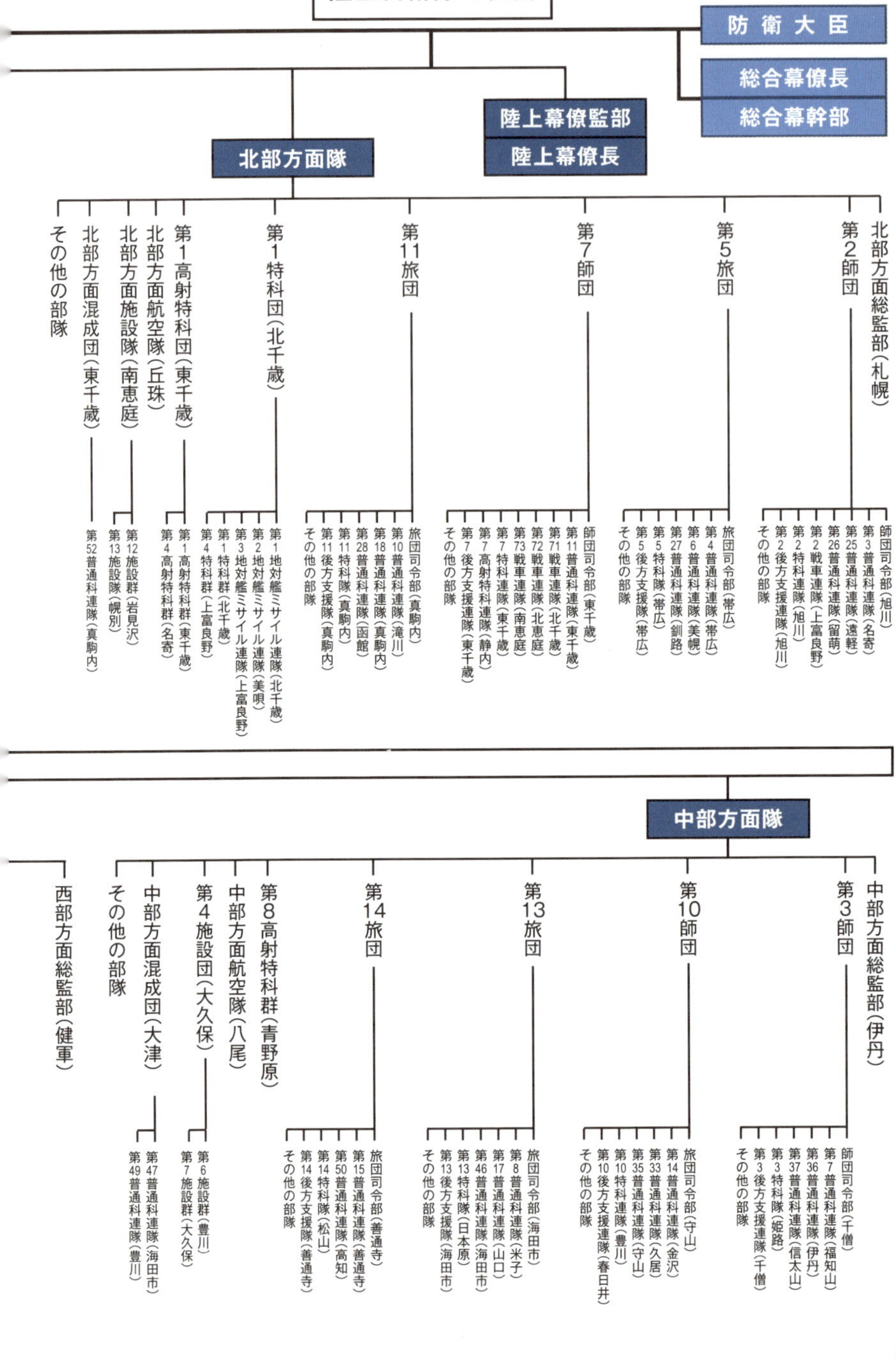
防衛大臣
総合幕僚長
総合幕幹部
陸上幕僚監部
陸上幕僚長
北部方面隊
北部方面総監部(札幌)
第2師団
師団司令部(旭川)
第3普通科連隊(名寄)
第25普通科連隊(遠軽)
第26普通科連隊(留萌)
第2戦車連隊(上富良野)
第2特科連隊(旭川)
第2後方支援連隊(旭川)
その他の部隊
第5旅団
旅団司令部(帯広)
第4普通科連隊(帯広)
第6普通科連隊(美幌)
第27普通科連隊(釧路)
第5特科隊(帯広)
第5後方支援隊(帯広)
その他の部隊
第7師団
師団司令部(東千歳)
第11普通科連隊(東千歳)
第71戦車連隊(北千歳)
第72戦車連隊(北恵庭)
第73戦車連隊(南恵庭)
第7特科連隊(東千歳)
第7高射特科連隊(静内)
第7後方支援連隊(東千歳)
その他の部隊
第11旅団
旅団司令部(真駒内)
第10普通科連隊(滝川)
第18普通科連隊(真駒内)
第28普通科連隊(函館)
第11特科隊(真駒内)
第11後方支援隊(真駒内)
その他の部隊
第1特科団(北千歳)
第1地対艦ミサイル連隊(北千歳)
第2地対艦ミサイル連隊(美唄)
第3地対艦ミサイル連隊(上富良野)
第1特科群(北千歳)
第4特科群(上富良野)
第1高射特科団(東千歳)
第1高射特科群(東千歳)
第4高射特科群(名寄)
北部方面航空隊(丘珠)
北部方面施設隊(南恵庭)
第12施設群(岩見沢)
第13施設隊(幌別)
北部方面混成団(東千歳)
第52普通科連隊(真駒内)
その他の部隊
中部方面隊
中部方面総監部(伊丹)
第3師団
師団司令部(千僧)
第7普通科連隊(福知山)
第36普通科連隊(伊丹)
第37普通科連隊(信太山)
第3特科隊(姫路)
第3後方支援連隊(千僧)
その他の部隊
第10師団
旅団司令部(守山)
第14普通科連隊(金沢)
第33普通科連隊(久居)
第35普通科連隊(守山)
第10特科連隊(豊川)
第10後方支援連隊(春日井)
その他の部隊
第13旅団
旅団司令部(海田市)
第8普通科連隊(米子)
第17普通科連隊(山口)
第46普通科連隊(海田市)
第13特科隊(日本原)
第13後方支援隊(海田市)
その他の部隊
第14旅団
旅団司令部(善通寺)
第15普通科連隊(善通寺)
第50普通科連隊(高知)
第14特科隊(松山)
第14後方支援隊(善通寺)
その他の部隊
第8高射特科群(青野原)
中部方面航空隊(八尾)
第4施設団(大久保)
第6施設群(豊川)
第7施設群(大久保)
中部方面混成団(大津)
第47普通科連隊(海田市)
第49普通科連隊(豊川)
その他の部隊
西部方面総監部(健軍)

東北方面隊

- 東北方面総監部(仙台)
- 第6師団
  - 師団司令部(神町)
  - 第20普通科連隊(神町)
  - 第22普通科連隊(多賀城)
  - 第44普通科連隊(福島)
  - 第6特科連隊(郡山)
  - 第6後方支援連隊(神町)
  - その他の部隊
- 第9師団
  - 師団司令部(青森)
  - 第5普通科連隊(青森)
  - 第21普通科連隊(秋田)
  - 第39普通科連隊(弘前)
  - 第9特科連隊(岩手)
  - 第9後方支援連隊(八戸)
  - その他の部隊
- 東北方面混成団(仙台)
  - 第38普通科連隊(多賀城)
- 東北方面特科隊(仙台)
  - 第4地対艦ミサイル連隊(八戸)
- 第5高射特科群(八戸)
- 東北方面航空隊(霞目)
- 第2施設団(船岡)
- その他の部隊

東部方面隊

- 東部方面総監部(朝霞)
- 第1師団
  - 師団司令部(練馬)
  - 第1普通科連隊(練馬)
  - 第32普通科連隊(大宮)
  - 第34普通科連隊(板妻)
  - 第1特科隊(北富士)
  - 第1後方支援連隊(練馬)
  - その他の部隊
- 第12旅団
  - 旅団司令部(相馬原)
  - 第2普通科連隊(高田)
  - 第13普通科連隊(松本)
  - 第30普通科連隊(新発田)
  - 第12特科隊(宇都宮)
  - 第12ヘリコプター隊(相馬原)
  - 第12後方支援連隊(新町)
  - その他の部隊
- 第2高射特科群(松戸)
- 東部方面航空隊(立川)
- 第1施設団(古河)
  - 第4施設群(座間)
  - 第5施設群(高田)
- 東部方面混成団(武山)
  - 第31普通科連隊(武山)
  - 第48普通科連隊(相馬原)

西部方面隊

- 第4師団
  - 師団司令部(福岡)
  - 第16普通科連隊(大村)
  - 第40普通科連隊(小倉)
  - 第41普通科連隊(別府)
  - 第4特科連隊(久留米)
  - 第4後方支援連隊(福岡)
  - 対馬警備隊※
  - その他の部隊
- 第8師団
  - 師団司令部(北熊本)
  - 第12普通科連隊(国分)
  - 第24普通科連隊(えびの)
  - 第42普通科連隊(北熊本)
  - 第43普通科連隊(都城)
  - 第8特科連隊(北熊本)
  - 第8後方支援連隊(北熊本)
  - その他の部隊
- 第15旅団
  - 旅団司令部(那覇)
  - 第51普通科連隊(那覇)
  - 第15高射特科連隊(八重瀬)
  - 第15ヘリコプター隊(那覇)
  - 第15後方支援隊(那覇)
  - その他の部隊
- 西部方面普通科連隊(相浦)
- 西部方面特科隊(湯布院)
  - 第5地対艦ミサイル連隊(健軍)
- 第2高射特科団(飯塚)
  - 第3高射特科群(飯塚)
  - 第7高射特科群(竹松)
- 西部方面航空隊(高遊原)
- 第5施設団(小郡)
  - 第2施設群(飯塚)
  - 第9施設群(小郡)
- 西部方面混成団(相浦)
  - 第19普通科連隊(福岡)
- その他の部隊

中央即応集団

- 中央即応集団司令部(座間)
- 第1空挺団(習志野)
- 特殊作戦群(習志野)
- 第1ヘリコプター団(木更津)
- 中央即応連隊(宇都宮)
- 中央特殊武器防護隊(大宮)
- 国際活動教育隊(駒門)
- その他の部隊

- 陸上自衛隊幹部学校(目黒区)
- 陸上自衛隊幹部候補生学校(久留米市)
- 陸上自衛隊高等工科学校(横須賀)
- 通信団(市ケ谷)
- 研究本部(朝霞)
- 補給統制本部(十条)
- その他の部隊・機関

※ 方面直轄部隊であるが第4師団長に隷属

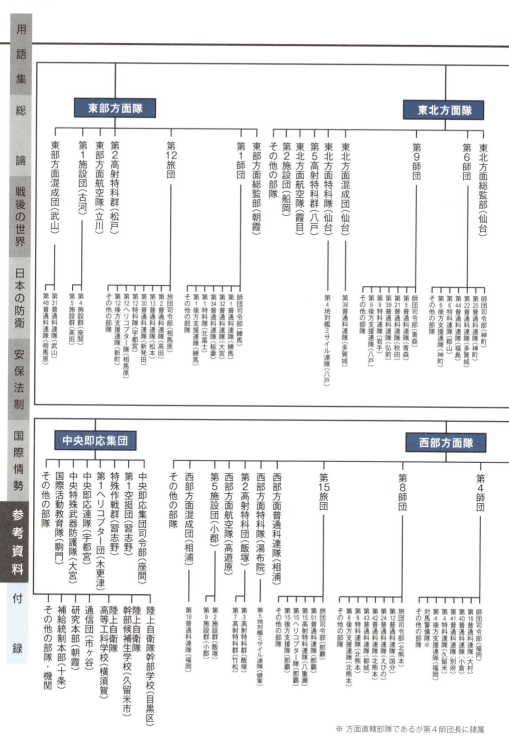

海上自衛隊の組織

- 海上幕僚長
  - 海上幕僚監部
- 自衛艦隊
  - 護衛艦隊
    - 第1護衛隊群(横須賀)
      - 第1護衛隊(横須賀)
      - 第5護衛隊(佐世保)
    - 第2護衛隊群(佐世保)
      - 第2護衛隊(佐世保)
      - 第6護衛隊(横須賀)
    - 第3護衛隊群(舞鶴)
      - 第3護衛隊(大湊)
      - 第7護衛隊(舞鶴)
    - 第4護衛隊群(呉)
      - 第4護衛隊(呉)
      - 第8護衛隊(佐世保)
    - 海上訓練指導隊群(横須賀)
      - 横須賀海上訓練指導隊
      - 呉海上訓練指導隊
      - 佐世保海上訓練指導隊
      - 舞鶴海上訓練指導隊
      - 大湊海上訓練指導隊(むつ)
      - 誘導武器教育訓練隊(横須賀)
    - 第11護衛隊(横須賀)
    - 第12護衛隊(呉)
    - 第13護衛隊(佐世保)
    - 第14護衛隊(舞鶴)
    - 第15護衛隊(大湊)
    - 第1輸送隊(呉)
    - 第1海上補給隊(横須賀)
    - 第1海上訓練支援隊(呉)
- 掃海隊群(横須賀)
  - 第1掃海隊(呉)
  - 第2掃海隊(佐世保)
  - 第51掃海隊(横須賀)
  - 第101掃海隊(呉)
  - 掃海業務支援隊(横須賀)
- 情報業務群(横須賀)
  - 作戦情報支援隊(横須賀)
  - 基礎情報支援隊(市ヶ谷)
  - 電子情報支援隊(横須賀)
- 海洋業務群(横須賀)
  - 対潜資料隊(横須賀)
  - 気象資料管理隊(横須賀)
  - 沖縄海洋観測所(うるま)
  - 下北海洋観測所(東通)
- 開発隊群(横須賀)
  - 指導通信開発隊(横須賀)
  - 艦艇開発隊(横須賀)
  - 航空プログラム開発隊(綾瀬)
- 横須賀地方隊
  - 第41掃海隊
- 呉地方隊
  - 阪神基地隊(神戸)
    - 第42掃海隊
- 佐世保地方隊
  - 下関基地隊
    - 第43掃海隊
  - 沖縄基地隊(うるま)
    - 第46掃海隊
  - 対馬防備隊

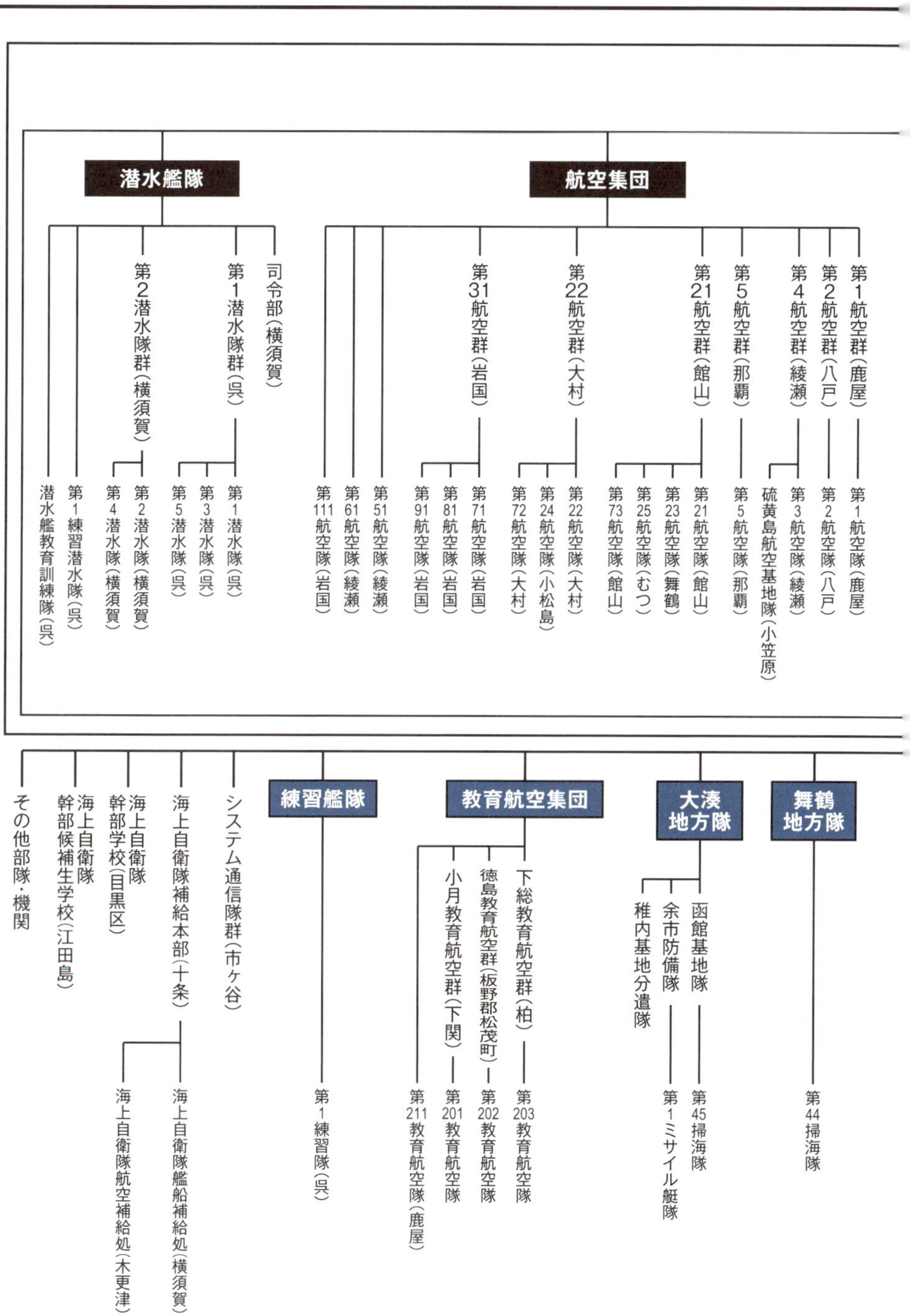
潜水艦隊
司令部（横須賀）
第1潜水隊群（呉）
第1潜水隊（呉）
第3潜水隊（呉）
第5潜水隊（呉）
第2潜水隊群（横須賀）
第2潜水隊（横須賀）
第4潜水隊（横須賀）
第1練習潜水隊（呉）
潜水艦教育訓練隊（呉）
航空集団
第1航空群（鹿屋）
第1航空隊（鹿屋）
第2航空群（八戸）
第2航空隊（八戸）
第4航空群（綾瀬）
第3航空隊（綾瀬）
硫黄島航空基地隊（小笠原）
第5航空群（那覇）
第5航空隊（那覇）
第21航空群（館山）
第21航空隊（館山）
第23航空隊（舞鶴）
第25航空隊（むつ）
第73航空隊（館山）
第22航空群（大村）
第22航空隊（大村）
第24航空隊（小松島）
第72航空隊（大村）
第31航空群（岩国）
第71航空隊（岩国）
第81航空隊（岩国）
第91航空隊（岩国）
第51航空隊（綾瀬）
第61航空隊（綾瀬）
第111航空隊（岩国）
舞鶴地方隊
第44掃海隊
大湊地方隊
函館基地隊
第45掃海隊
余市防備隊
第1ミサイル艇隊
稚内基地分遣隊
教育航空集団
下総教育航空群（柏）
第203教育航空隊
徳島教育航空群（板野郡松茂町）
第202教育航空隊
小月教育航空群（下関）
第201教育航空隊
第211教育航空隊（鹿屋）
練習艦隊
第1練習隊（呉）
システム通信隊群（市ヶ谷）
海上自衛隊補給本部（十条）
海上自衛隊艦船補給処（横須賀）
海上自衛隊航空補給処（木更津）
海上自衛隊幹部学校（目黒区）
海上自衛隊幹部候補生学校（江田島）
その他部隊・機関

航空自衛隊の組織

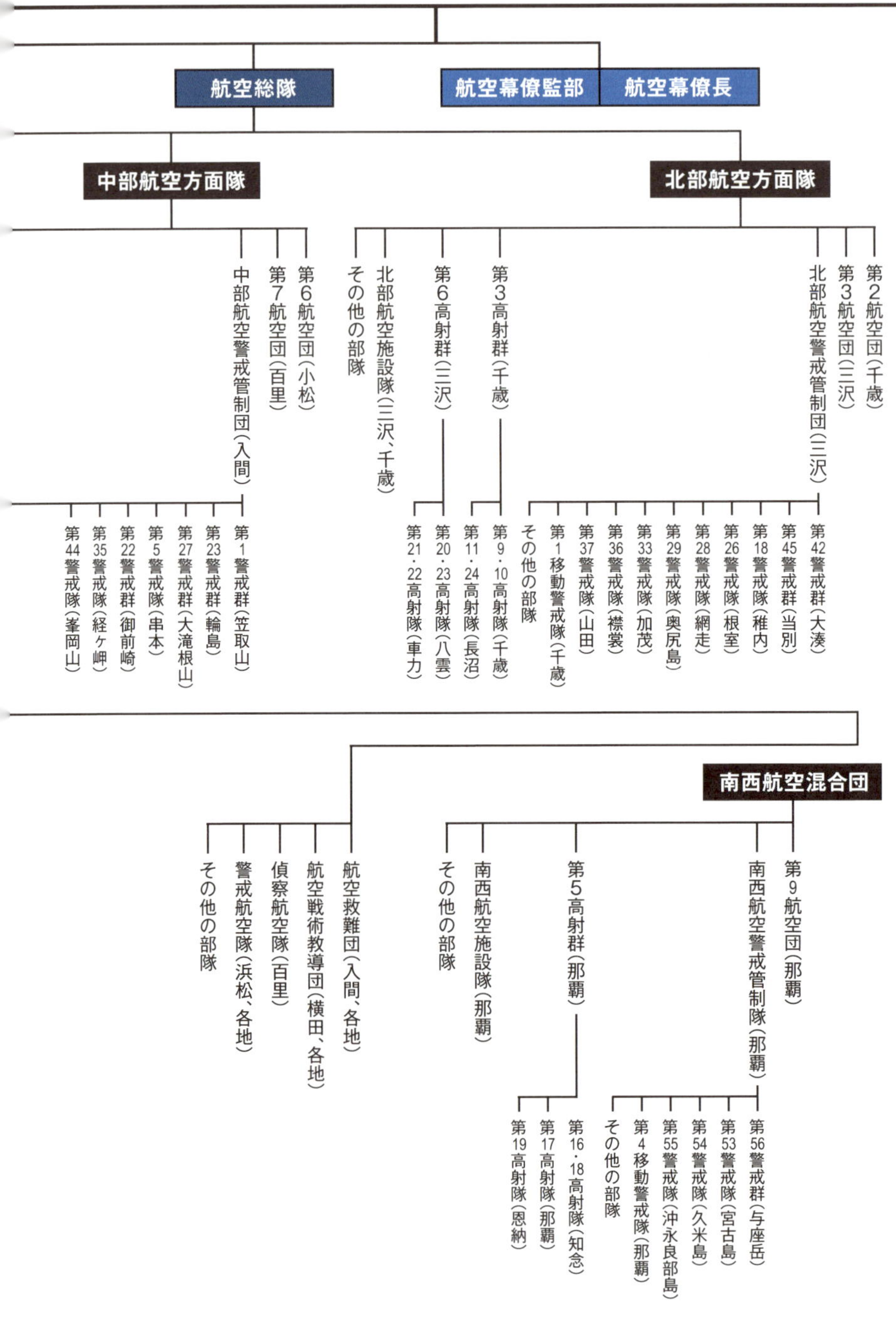
航空幕僚長
航空幕僚監部
航空総隊
北部航空方面隊
第2航空団(千歳)
第3航空団(三沢)
北部航空警戒管制団(三沢)
第42警戒群(大湊)
第45警戒群(当別)
第18警戒隊(稚内)
第26警戒隊(根室)
第28警戒隊(網走)
第29警戒隊(奥尻島)
第33警戒隊(加茂)
第36警戒隊(襟裳)
第37警戒隊(山田)
第1移動警戒隊(千歳)
その他の部隊
第3高射群(千歳)
第9・10高射隊(千歳)
第11・24高射隊(長沼)
第6高射群(三沢)
第20・23高射隊(八雲)
第21・22高射隊(車力)
北部航空施設隊(三沢、千歳)
その他の部隊
中部航空方面隊
第6航空団(小松)
第7航空団(百里)
中部航空警戒管制団(入間)
第1警戒群(笠取山)
第23警戒群(輪島)
第27警戒群(大滝根山)
第5警戒隊(串本)
第22警戒群(御前崎)
第35警戒隊(経ヶ岬)
第44警戒隊(峯岡山)
南西航空混合団
第9航空団(那覇)
南西航空警戒管制隊(那覇)
第56警戒群(与座岳)
第53警戒隊(宮古島)
第54警戒隊(久米島)
第55警戒隊(沖永良部島)
第4移動警戒隊(那覇)
その他の部隊
第5高射群(那覇)
第16・18高射隊(知念)
第17高射隊(那覇)
第19高射隊(恩納)
南西航空施設隊(那覇)
その他の部隊
航空救難団(入間、各地)
航空戦術教導団(横田、各地)
偵察航空隊(百里)
警戒航空隊(浜松、各地)
その他の部隊

- 第1高射群（入間）
  - 第1高射隊（習志野）
  - 第2高射隊（武山）
  - 第3高射隊（霞ヶ浦）
  - 第4高射隊（入間）
- 第4高射群（岐阜）
  - 第12高射隊（饗庭野）
  - 第13・15高射隊（岐阜）
  - 第14高射隊（白山）
- 中部航空施設隊（入間、各地）
- その他の部隊
- 第46警戒隊（佐渡）
- 第2移動警戒隊（入間）
- その他の部隊

西部航空方面隊

- 第5航空団（新田原）
- 第8航空団（築城）
- 西部航空警戒管制団（春日）
  - 第13警戒群（高畑山）
  - 第43警戒群（背振山）
  - 第7警戒隊（高尾山）
  - 第9警戒隊（下甑島）
  - 第15警戒隊（福江島）
  - 第17警戒隊（見島）
  - 第19警戒隊（海栗島）
  - 第3移動警戒隊（春日）
  - その他の部隊
- 第2高射群（春日）
  - 第5・6高射隊（芦屋）
  - 第7高射隊（築城）
  - 第8高射隊（高良台）
- 西部航空施設隊（芦屋、各地）
- その他の部隊

航空支援集団

- 第1輸送航空隊（小牧）
- 第2輸送航空隊（入間）
- 第3輸送航空隊（美保）
- 航空保安管制群（府中、各地）
- 航空気象群（府中、各地）
- 飛行点検隊（入間）
- 特別航空輸送隊（千歳）
- 航空機動衛生隊（小牧）

航空教育集団

- 第1航空団（浜松）
- 第4航空団（松島）
- 第11飛行教育団（静浜）
- 第12飛行教育団（防府北）
- 第13飛行教育団（芦屋）
- 航空教育隊（防府南、熊谷）
- 飛行教育航空隊（新田原）
- その他の部隊・機関

航空開発実験集団

- 飛行開発実験団（岐阜）
- 電子開発実験群（府中、入間）
- 航空医学実験隊（入間、立川）

- 航空システム通信隊（市ヶ谷、各地）
- 航空安全管理隊（立川）
- 補給本部（十条、各地）
- 航空自衛隊幹部学校（目黒区）
- その他の部隊・機関

- 防衛調達審議会
- 技術研究本部
- 装備施設本部

（防衛調達審議会・技術研究本部・装備施設本部：防衛装備庁へ移管）

- 自衛隊員倫理審査会
- 防衛施設中央審議会
- 捕虜資格認定等審査会
- 独立行政法人評価委員会
- 防衛人事審議会
- 防衛大学校
- 防衛医科大学校
- 防衛研究所
- 防衛会議
- 情報本部
- 防衛監察本部
- 地方防衛局

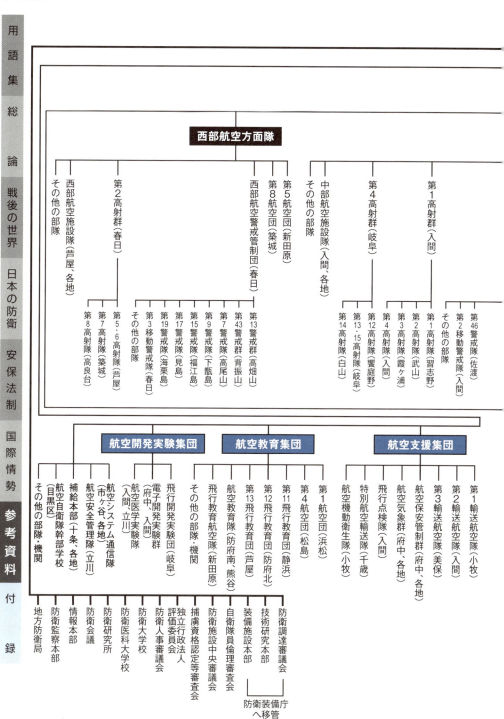

自衛隊基地一覧
北部方面隊
北海道
大湊地方隊
大湊分屯基地
竜飛警備所
大湊基地
車力分屯基地
大湊航空基地
下北海洋観測所
青森県
青森駐屯地
弘前駐屯地
東北町分屯基地
三沢基地
八戸駐屯地
八戸航空基地
加茂分屯基地
秋田県
第9師団
秋田駐屯地
岩手駐屯地
秋田分屯基地
岩手県
東北方面隊
山田分屯基地
北部航空方面隊
山形県
宮城県
神町駐屯地
大和駐屯地
反町分屯地
松島基地
仙台駐屯地
霞目駐屯地
多賀城駐屯地
船岡駐屯地
福島駐屯地
郡山駐屯地
福島県
大滝根山分屯基地
陸上自衛隊
海上自衛隊
航空自衛隊
自衛隊担当警備区域
陸上自衛隊
方面隊
師団・旅団
海上自衛隊
地方隊
航空自衛隊
方面隊
日本の領海
日本の接続水域(領海から12海里)
入間基地
埼玉県
茨城県
下総航空基地
松戸駐屯地
朝霞駐屯地
練馬駐屯地
十条基地
十条駐屯地
千葉県
習志野駐屯地
習志野分屯基地
立川駐屯地
小平駐屯地
東立川駐屯地
立川分屯基地
府中基地
東京都
市ヶ谷駐屯地
市ヶ谷基地
三宿駐屯地
目黒駐屯地
下志津駐屯地
第1師団
用賀駐屯地
目黒基地
東部方面隊
横須賀地方隊
横浜駐屯地
中部航空方面隊
座間分屯地
厚木飛行場
神奈川県
木更津基地
0 5 10 20 km
1:1,000,000
横須賀基地
京都府
舞鶴地方隊
経ヶ岬分屯基地
舞鶴基地
佐渡分屯基地
輪島分屯基地
新潟分屯基地
新潟基地
新発田駐屯地
石川県
新潟県
第6師団
高田駐屯地
金沢駐屯地
富山駐屯地
鯖江駐屯地
富山県
東部方面隊
小松基地
長野県
第12旅団
今津駐屯地
饗庭野分屯基地
福井県
第10師団
松本駐屯地
群馬県
栃木県
岐阜県
相馬原駐屯地
北宇都宮駐屯地
新町駐屯地
宇都宮駐屯地
滋賀県
吉井分屯地
熊谷基地
古河駐屯地
茨城県
桂駐屯地
岐阜分屯地
岐阜基地
埼玉県
霞ヶ浦駐屯地
勝田駐屯地
大津駐屯地
春日井駐屯地
小牧基地
大宮駐屯地
百里基地
宇治駐屯地
高蔵寺分屯基地
山梨県
東京都
土浦駐屯地
大久保駐屯地
守山駐屯地
北富士駐屯地
霞ヶ浦分屯基地
祝園分屯地
愛知県
朝日分屯地
久居駐屯地
富士駐屯地
滝ヶ原駐屯地
白山分屯基地
笠取山分屯基地
三重県
豊川駐屯地
板妻駐屯地
静岡県
駒門駐屯地
千葉県
明野駐屯地
武山駐屯地
浜松基地
武山分屯基地
静浜基地
高等工科学校
久里浜駐屯地
峯岡山分屯基地
御前崎分屯基地
館山航空基地
第3師団
0 25 50 100 km
1:6,000,000
横須賀地方隊
奈良基地
奈良県
八尾駐屯地
中部航空方面隊
串本分屯基地
和歌山県
鹿児島県
沖永良部島分屯基地
那覇駐屯地
白川分屯地
恩納分屯基地
勝連分屯地
沖縄基地
知念分屯地
知念分屯基地
東部方面隊
横須賀地方隊
父島基地
東京都
硫黄島分屯基地
硫黄島航空基地
中部航空方面隊
0 100 200 400 km
1:24,000,000
南鳥島航空基地

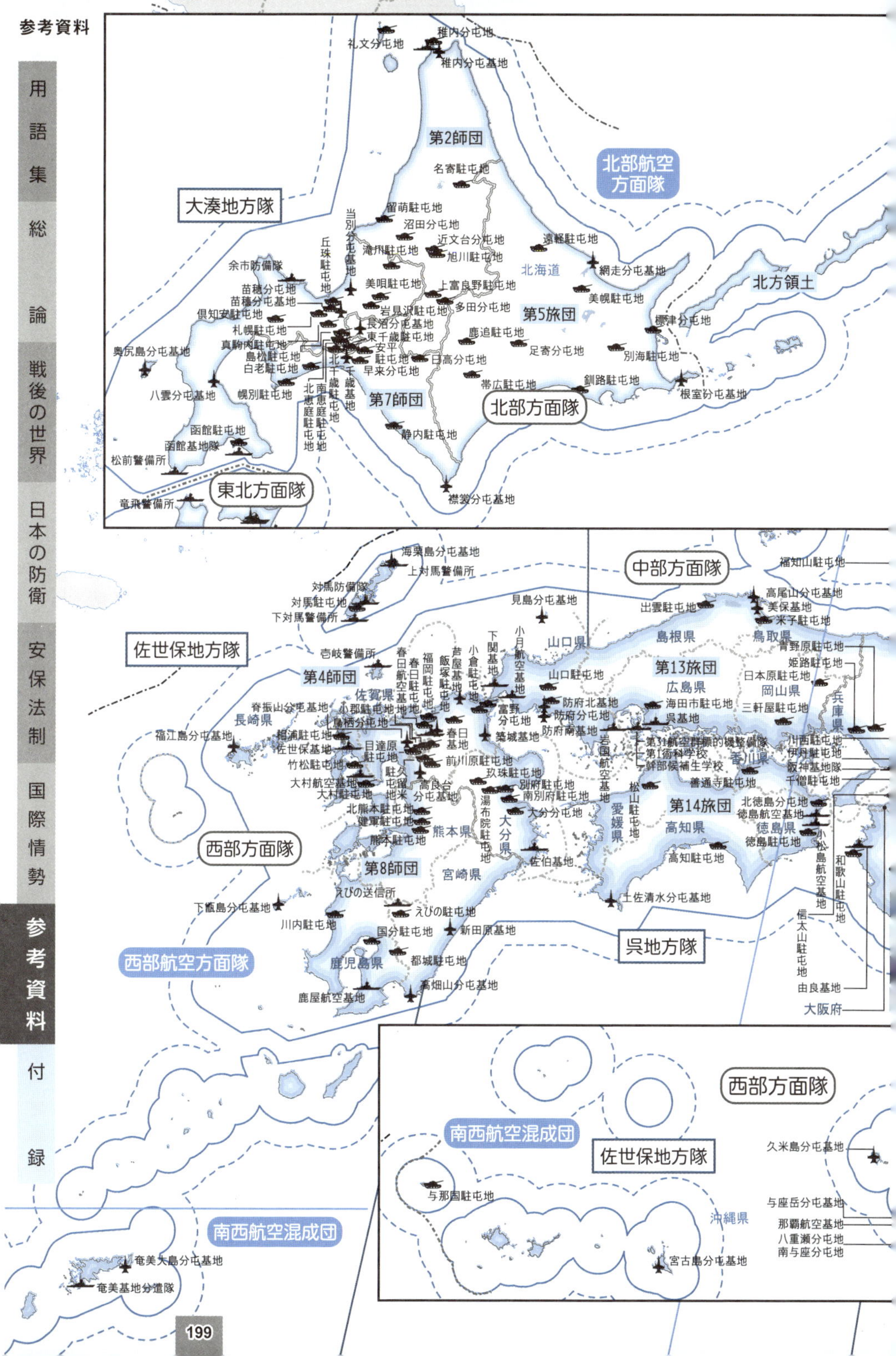
礼文分屯地
稚内分屯地
稚内分屯基地
第2師団
名寄駐屯地
北部航空方面隊
大湊地方隊
留萌駐屯地
当別分屯基地
沼田分屯地
近文台分屯地
遠軽駐屯地
丘珠駐屯地
滝川駐屯地
旭川駐屯地
北海道
余市防備隊
網走分屯基地
美唄駐屯地
上富良野駐屯地
北方領土
苗穂分屯地
苗穂分屯基地
美幌駐屯地
岩見沢駐屯地
多田分屯地
第5旅団
倶知安駐屯地
長沼分屯基地
標津分屯地
札幌駐屯地
東千歳駐屯地
鹿追駐屯地
真駒内駐屯地
安平駐屯地
足寄分屯地
奥尻島分屯基地
島松駐屯地
別海駐屯地
白老駐屯地
早来分屯地
日高分屯地
北千歳駐屯地
千歳基地
帯広駐屯地
釧路駐屯地
八雲分屯基地
幌別駐屯地
根室分屯基地
南恵庭駐屯地
第7師団
北部方面隊
北恵庭駐屯地
静内駐屯地
函館駐屯地
函館基地隊
松前警備所
東北方面隊
襟裳分屯基地
竜飛警備所
海栗島分屯基地
上対馬警備所
中部方面隊
福知山駐屯地
対馬防備隊
対馬駐屯地
見島分屯基地
出雲駐屯地
高尾山分屯基地
美保基地
米子駐屯地
下対馬警備所
佐世保地方隊
下関基地
小月航空基地
山口県
島根県
鳥取県
壱岐警備所
春日航空基地
春日駐屯地
福岡駐屯地
飯塚駐屯地
芦屋基地
小倉駐屯地
青野原駐屯地
姫路駐屯地
第4師団
山口駐屯地
第13旅団
日本原駐屯地
広島県
岡山県
佐賀県
兵庫県
脊振山分屯基地
小郡駐屯地
防府北基地
海田市駐屯地
三軒屋駐屯地
長崎県
富野分屯地
防府分屯地
呉基地
鳥栖分屯地
春日基地
防府南基地
福江島分屯基地
相浦駐屯地
築城基地
岩国航空基地
第31航空群標的機整備隊
第1術科学校
幹部候補生学校
川西駐屯地
伊丹駐屯地
佐世保基地
目達原駐屯地
香川県
阪神基地隊
竹松駐屯地
前川原駐屯地
千僧駐屯地
玖珠駐屯地
善通寺駐屯地
大村航空基地
久留米駐屯地
高良台分屯地
別府駐屯地
大村駐屯地
湯布院駐屯地
南別府駐屯地
松山駐屯地
第14旅団
北徳島分屯地
北熊本駐屯地
大分分屯地
徳島航空基地
健軍駐屯地
大分県
愛媛県
高知県
徳島県
熊本県
小松島航空基地
西部方面隊
熊本駐屯地
徳島駐屯地
和歌山駐屯地
佐伯基地
高知駐屯地
第8師団
宮崎県
えびの送信所
土佐清水分屯基地
下甑島分屯基地
えびの駐屯地
信太山駐屯地
川内駐屯地
国分駐屯地
新田原基地
呉地方隊
西部航空方面隊
鹿児島県
都城駐屯地
由良基地
高畑山分屯基地
鹿屋航空基地
大阪府
西部方面隊
南西航空混成団
久米島分屯基地
佐世保地方隊
与那国駐屯地
与座岳分屯基地
沖縄県
那覇航空基地
南西航空混成団
八重瀬分屯地
南与座分屯地
奄美大島分屯基地
宮古島分屯基地
奄美基地分遣隊

在日米軍基地一覧
在日米軍基地
1:6,000,000
0 25 50 100 km
N
所沢通信基地
埼玉県
AFN Tokyo送信所
千葉県
横田飛行場
大和田通信所
沿岸警備隊極東支部
府中通信施設
東京都
調布飛行場
赤坂プレスセンター
ハーディーバラックス・ヘリポート
多摩サービス補助施設
ニューサンノー米軍センター
東京ヘリポート
由木通信所
相模総合補給廠
東京国際空港（羽田空港）
相模原住宅地区
鶴見貯油施設
キャンプ座間
横浜ノースドック
厚木飛行場
神奈川県
根岸住宅地区
木更津飛行場
深谷通信所
小柴水域
浦郷倉庫地区
吾妻倉庫地区
池子住宅地区及び海軍補助施設
横須賀基地
奥尻空港
北海道
函館空港
車力通信所
青森空港
三沢対地射爆撃場
青森県
三沢空港
三沢飛行場
大館能代空港（あきた北空港）
秋田県
秋田空港
岩手県
庄内空港（おいしい庄内空港）
花巻空港（いわて花巻空港）
山形県
宮城県
佐渡空港
新潟空港
山形空港（おいしい山形空港）
能登空港（のと里山空港）
仙台空港
石川県
新潟県
京都府
経ヶ岬通信所
小松空港
富山空港（富山きときと空港）
富山県
福島県
福島空港
福井空港
福井県
松本空港（信州まつもと空港）
群馬県
栃木県
茨城県
滋賀県
岐阜県
長野県
ホンダエアポート
茨城空港
大阪国際空港（伊丹空港）
名古屋空港
山梨県
八尾空港
愛知県
富士営舎地区
奈良県
静岡県
中部国際空港（セントレア）
三保飛行場
成田国際空港（成田空港）
三重県
沼津海浜訓練場
静岡空港（富士山静岡空港）
大島空港
新島空港
神津島空港
三宅島空港
粟国空港
鹿児島県
嘉手納飛行場
トリイ通信施設
徳之島空港（徳之島子宝空港）
伊江島補助飛行場
伊江島空港
八重岳通信所
八丈島空港
沖永良部空港
与論空港
奥間レスト・センター
キャンプ・ゴンサルベス
慶佐次通信所
キャンプ・シュワブ
辺野古弾薬庫
津堅島訓練場
那覇港湾施設
ホワイト・ビーチ地区
キャンプ・ハンセン
金武レッド・ビーチ訓練場
金武ブルー・ビーチ訓練場
東京都
硫黄島通信所

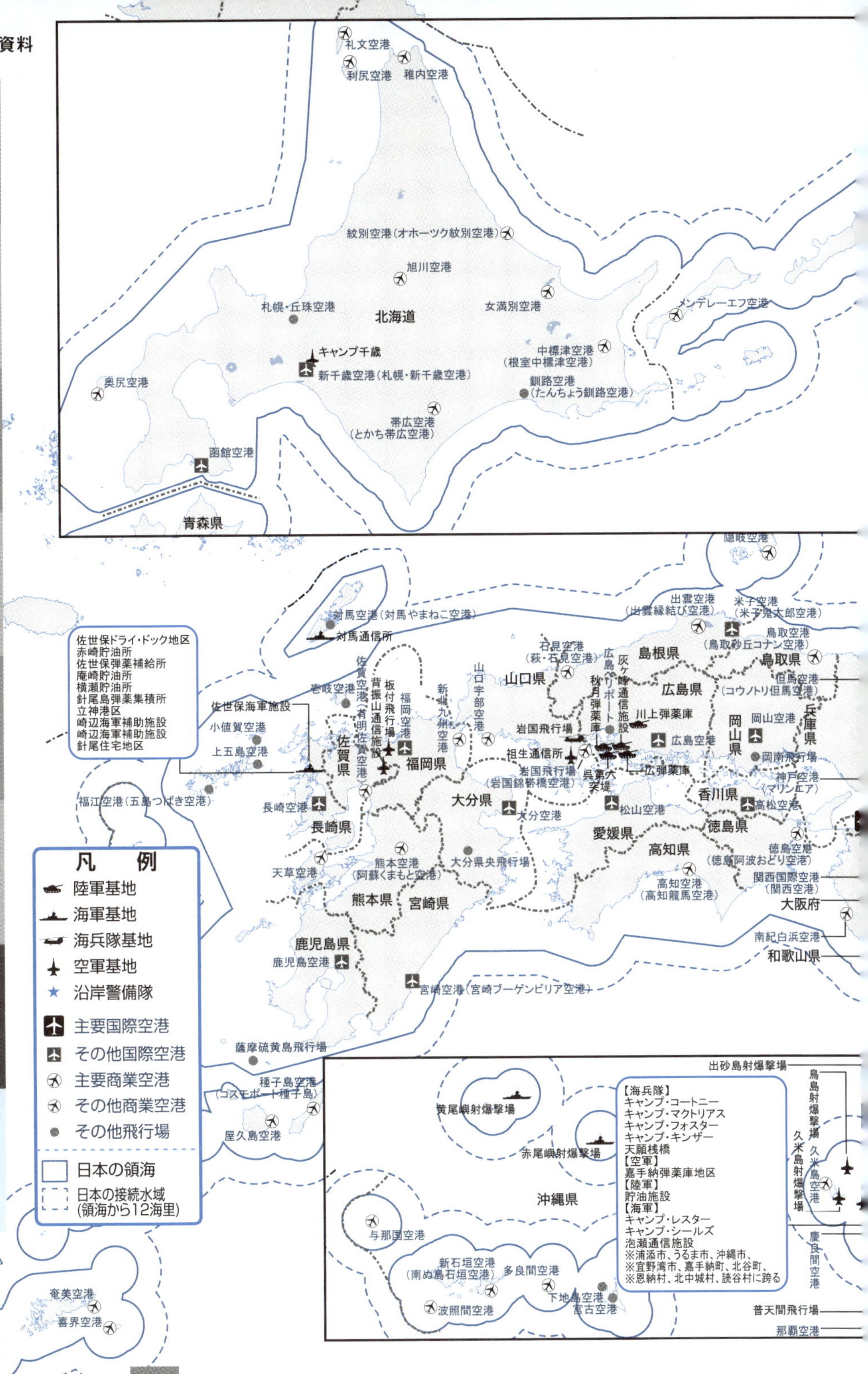
礼文空港
利尻空港
稚内空港
紋別空港（オホーツク紋別空港）
旭川空港
札幌・丘珠空港
北海道
女満別空港
メンデレーエフ空港
キャンプ千歳
新千歳空港（札幌・新千歳空港）
中標津空港
（根室中標津空港）
奥尻空港
釧路空港
（たんちょう釧路空港）
帯広空港
（とかち帯広空港）
函館空港
青森県
隠岐空港
対馬空港（対馬やまねこ空港）
対馬通信所
出雲空港
（出雲縁結び空港）
米子空港
（米子鬼太郎空港）
鳥取空港
（鳥取砂丘コナン空港）
鳥取県
佐世保ドライ・ドック地区
赤崎貯油所
佐世保弾薬補給所
庵崎貯油所
横瀬貯油所
針尾島弾薬集積所
立神港区
崎辺海軍補助施設
崎辺海軍補助施設
針尾住宅地区
石見空港
（萩・石見空港）
山口県
島根県
但馬空港
（コウノトリ但馬空港）
壱岐空港
佐賀空港（有明佐賀空港）
背振山通信施設
板付飛行場
福岡空港
新北九州空港
山口宇部空港
広島ヘリポート
秋月弾薬庫
灰ケ峰通信施設
広島県
川上弾薬庫
岡山県
岡山空港
兵庫県
佐世保海軍施設
小値賀空港
上五島空港
佐賀県
福岡県
岩国飛行場
広島空港
祖生通信所
岩国飛行場
（岩国錦帯橋空港）
呉第六突堤
広弾薬庫
岡南飛行場
神戸空港
（マリンエア）
福江空港（五島つばき空港）
長崎空港
大分県
大分空港
松山空港
香川県
高松空港
長崎県
愛媛県
徳島県
凡例
陸軍基地
海軍基地
海兵隊基地
空軍基地
沿岸警備隊
主要国際空港
その他国際空港
主要商業空港
その他商業空港
その他飛行場
日本の領海
日本の接続水域
(領海から12海里)
熊本空港
（阿蘇くまもと空港）
天草空港
大分県央飛行場
高知県
徳島空港
（徳島阿波おどり空港）
関西国際空港
（関西空港）
高知空港
（高知龍馬空港）
熊本県
宮崎県
大阪府
南紀白浜空港
鹿児島県
鹿児島空港
和歌山県
宮崎空港（宮崎ブーゲンビリア空港）
薩摩硫黄島飛行場
種子島空港
（コスモポート種子島）
屋久島空港
出砂島射爆撃場
鳥島射爆撃場
黄尾嶼射爆撃場
赤尾嶼射爆撃場
【海兵隊】
キャンプ・コートニー
キャンプ・マクトリアス
キャンプ・フォスター
キャンプ・キンザー
天願桟橋
【空軍】
嘉手納弾薬庫地区
【陸軍】
貯油施設
【海軍】
キャンプ・レスター
キャンプ・シールズ
泡瀬通信施設
※浦添市、うるま市、沖縄市、
※宜野湾市、嘉手納町、北谷町、
※恩納村、北中城村、読谷村に跨る
久米島射爆撃場
久米島空港
沖縄県
与那国空港
慶良間空港
新石垣空港
（南ぬ島石垣空港）
多良間空港
下地島空港
宮古空港
波照間空港
普天間飛行場
那覇空港
奄美空港
喜界空港

米太平洋軍基地一覧

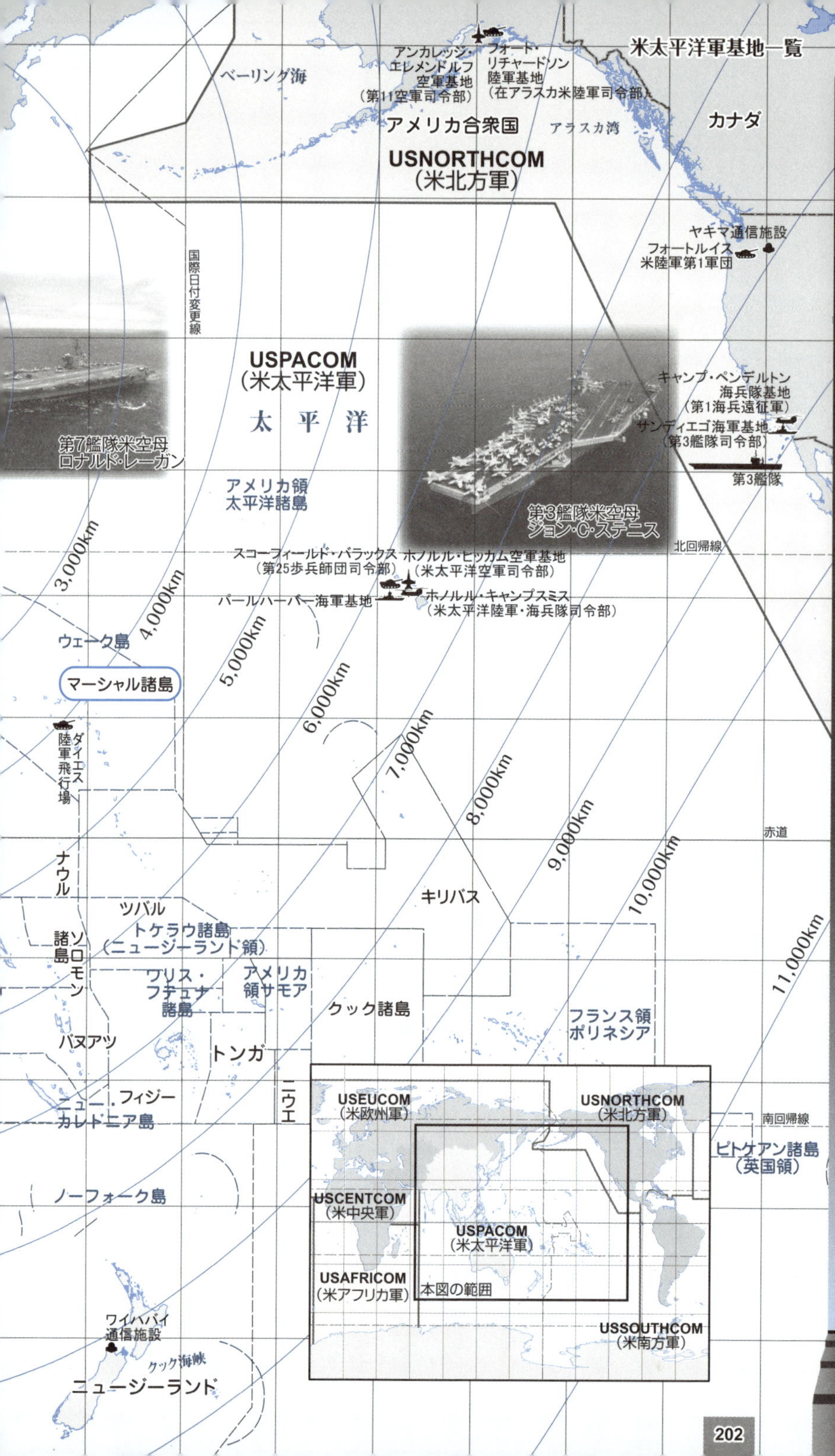
ベーリング海
アンカレッジ・エレメンドルフ空軍基地（第11空軍司令部）
フォート・リチャードソン陸軍基地（在アラスカ米陸軍司令部）
アメリカ合衆国
アラスカ湾
カナダ
USNORTHCOM
（米北方軍）
ヤキマ通信施設
フォートルイス米陸軍第1軍団
国際日付変更線
USPACOM
（米太平洋軍）
太　平　洋
第7艦隊米空母
ロナルド・レーガン
第3艦隊米空母
ジョン・C・ステニス
キャンプ・ペンデルトン海兵隊基地（第1海兵遠征軍）
サンディエゴ海軍基地（第3艦隊司令部）
第3艦隊
アメリカ領
太平洋諸島
北回帰線
スコーフィールド・バラックス（第25歩兵師団司令部）
ホノルル・ヒッカム空軍基地（米太平洋空軍司令部）
パールハーバー海軍基地
ホノルル・キャンプスミス（米太平洋陸軍・海兵隊司令部）
3,000km
4,000km
5,000km
6,000km
7,000km
8,000km
9,000km
10,000km
11,000km
ウェーク島
マーシャル諸島
ダイエス陸軍飛行場
赤道
ナウル
キリバス
ツバル
トケラウ諸島（ニュージーランド領）
ソロモン諸島
ワリス・フテュナ諸島
アメリカ領サモア
クック諸島
フランス領ポリネシア
バヌアツ
トンガ
ニウエ
ニュー・カレドニア島
フィジー
南回帰線
ピトケアン諸島（英国領）
ノーフォーク島
ワイハパイ通信施設
クック海峡
ニュージーランド
USEUCOM
（米欧州軍）
USNORTHCOM
（米北方軍）
USCENTCOM
（米中央軍）
USPACOM
（米太平洋軍）
USAFRICOM
（米アフリカ軍）
本図の範囲
USSOUTHCOM
（米南方軍）

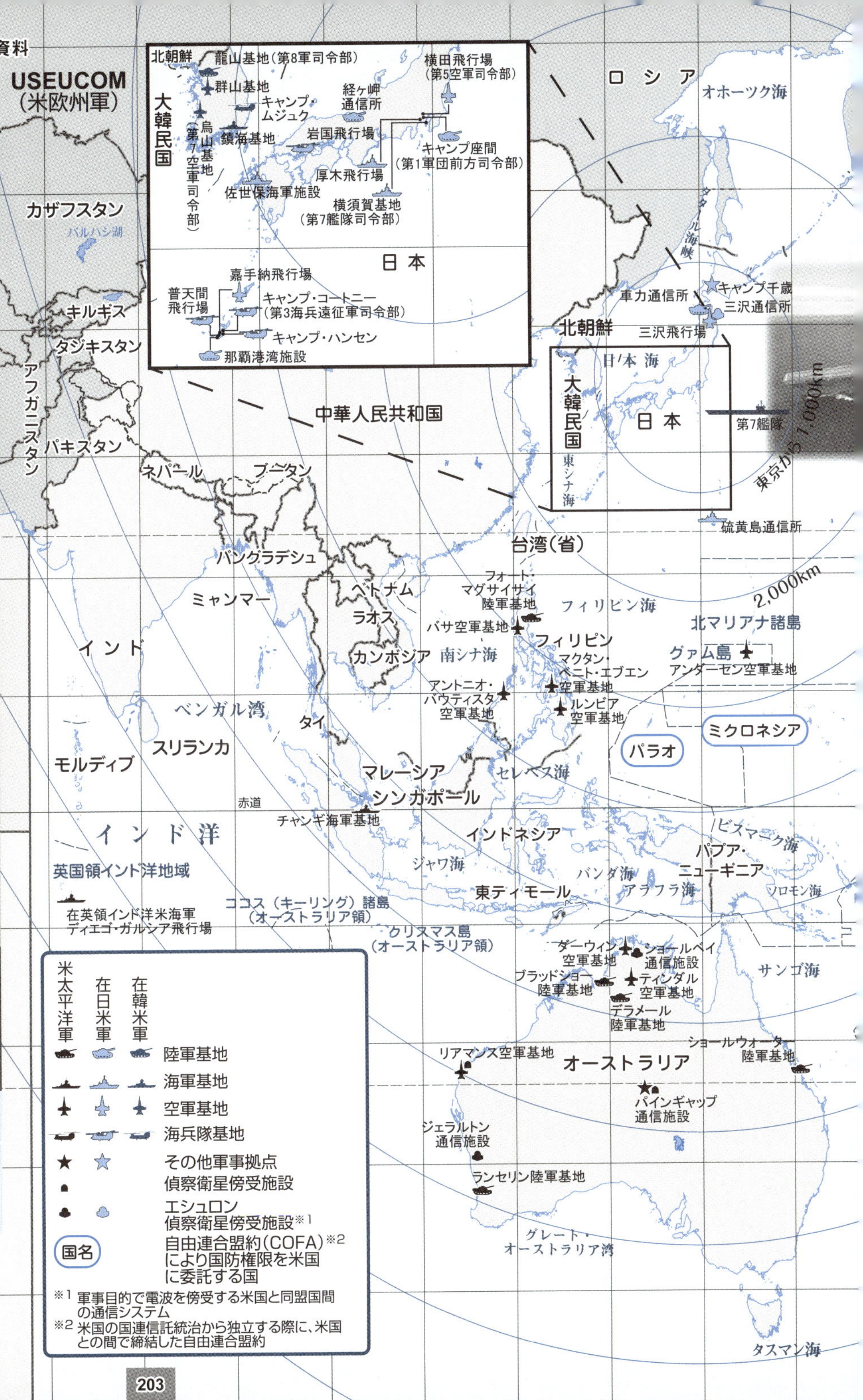
USEUCOM
（米欧州軍）
ロシア
オホーツク海
タタール海峡
カザフスタン
バルハシ湖
キルギス
タジキスタン
アフガニスタン
パキスタン
ネパール
ブータン
中華人民共和国
バングラデシュ
ミャンマー
インド
ベトナム
ラオス
カンボジア
タイ
南シナ海
ベンガル湾
スリランカ
モルディブ
マレーシア
シンガポール
チャンギ海軍基地
赤道
インド洋
英国領インド洋地域
在英領インド洋米海軍
ディエゴ・ガルシア飛行場
ココス（キーリング）諸島
（オーストラリア領）
クリスマス島
（オーストラリア領）
インドネシア
ジャワ海
バンダ海
東ティモール
アラフラ海
セレベス海
台湾（省）
フォート・
マグサイサイ
陸軍基地
フィリピン海
バサ空軍基地
フィリピン
マクタン・
ベニト・エブエン
空軍基地
アントニオ・
バウティスタ
空軍基地
ルンビア
空軍基地
北マリアナ諸島
グアム島
アンダーセン空軍基地
パラオ
ミクロネシア
ビスマルク海
パプア・
ニューギニア
ソロモン海
サンゴ海
ダーウィン
空軍基地
ショールベイ
通信施設
ブラッドショー
陸軍基地
ティンダル
空軍基地
デラメール
陸軍基地
リアマンス空軍基地
オーストラリア
ショールウォーター
陸軍基地
パインギャップ
通信施設
ジェラルトン
通信施設
ランセリン陸軍基地
グレート・
オーストラリア湾
タスマン海
北朝鮮
大韓民国
日本海
日本
東シナ海
第7艦隊
東京から1,000km
2,000km
硫黄島通信所
車力通信所
キャンプ千歳
三沢通信所
三沢飛行場
北朝鮮
龍山基地（第8軍司令部）
群山基地
大韓民国
烏山基地（第7空軍司令部）
キャンプ・ムジュク
鎮海基地
横田飛行場
（第5空軍司令部）
経ケ岬
通信所
岩国飛行場
キャンプ座間
（第1軍団前方司令部）
厚木飛行場
佐世保海軍施設
横須賀基地
（第7艦隊司令部）
日本
嘉手納飛行場
普天間
飛行場
キャンプ・コートニー
（第3海兵遠征軍司令部）
キャンプ・ハンセン
那覇港湾施設
米太平洋軍
在日米軍
在韓米軍
陸軍基地
海軍基地
空軍基地
海兵隊基地
その他軍事拠点
偵察衛星傍受施設
エシュロン
偵察衛星傍受施設※1
国名
自由連合盟約（COFA）※2
により国防権限を米国
に委託する国
※1 軍事目的で電波を傍受する米国と同盟国間の通信システム
※2 米国の国連信託統治から独立する際に、米国との間で締結した自由連合盟約

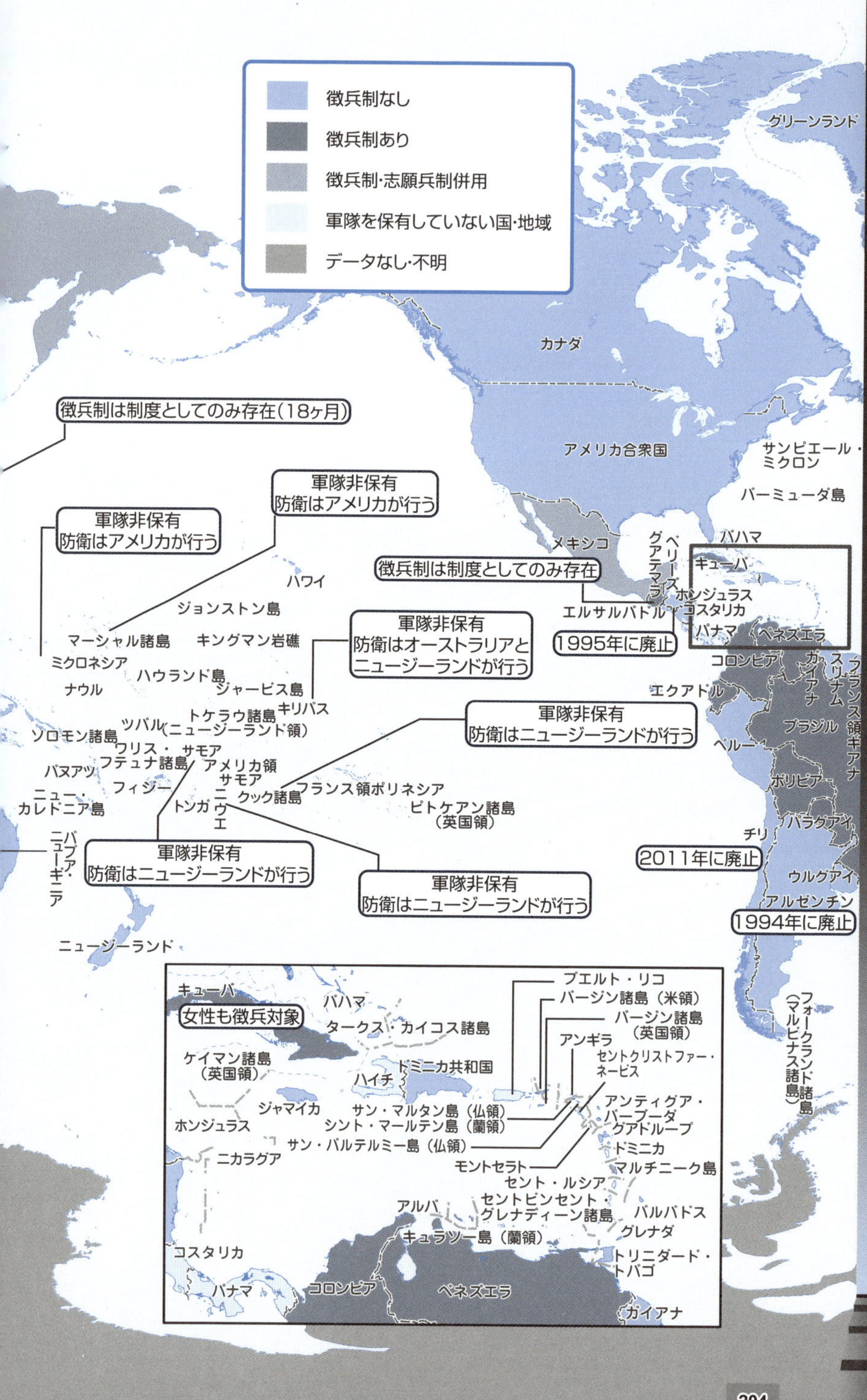

徴兵制なし
徴兵制あり
徴兵制・志願兵制併用
軍隊を保有していない国・地域
データなし・不明
グリーンランド
カナダ
アメリカ合衆国
サンピエール・ミクロン
バーミューダ島
バハマ
メキシコ
ベリーズ
グアテマラ
キューバ
ホンジュラス
コスタリカ
エルサルバドル
パナマ
ベネズエラ
1995年に廃止
徴兵制は制度としてのみ存在
徴兵制は制度としてのみ存在（18ヶ月）
軍隊非保有
防衛はアメリカが行う
軍隊非保有
防衛はアメリカが行う
ハワイ
ジョンストン島
マーシャル諸島
キングマン岩礁
ミクロネシア
ハウランド島
ナウル
ジャービス島
軍隊非保有
防衛はオーストラリアとニュージーランドが行う
キリバス
トケラウ諸島（ニュージーランド領）
ツバル
ソロモン諸島
ワリス・フテュナ諸島
サモア
アメリカ領サモア
バヌアツ
フィジー
ニュー・カレドニア島
トンガ
ニウエ
クック諸島
フランス領ポリネシア
ピトケアン諸島（英国領）
軍隊非保有
防衛はニュージーランドが行う
軍隊非保有
防衛はニュージーランドが行う
軍隊非保有
防衛はニュージーランドが行う
パプア・ニューギニア
ニュージーランド
コロンビア
ガイアナ
スリナム
フランス領ギアナ
エクアドル
ブラジル
ペルー
ボリビア
パラグアイ
チリ
2011年に廃止
ウルグアイ
アルゼンチン
1994年に廃止
フォークランド（マルビナス）諸島
キューバ
女性も徴兵対象
バハマ
タークス・カイコス諸島
ケイマン諸島（英国領）
ドミニカ共和国
ハイチ
ジャマイカ
ホンジュラス
ニカラグア
コスタリカ
パナマ
プエルト・リコ
バージン諸島（米領）
バージン諸島（英国領）
アンギラ
セントクリストファー・ネービス
サン・マルタン島（仏領）
シント・マールテン島（蘭領）
サン・バルテルミー島（仏領）
アンティグア・バーブーダ
グアドループ
ドミニカ
モントセラト
マルチニーク島
セント・ルシア
セントビンセント・グレナディーン諸島
バルバドス
グレナダ
アルバ
キュラソー島（蘭領）
トリニダード・トバゴ
コロンビア
ベネズエラ
ガイアナ

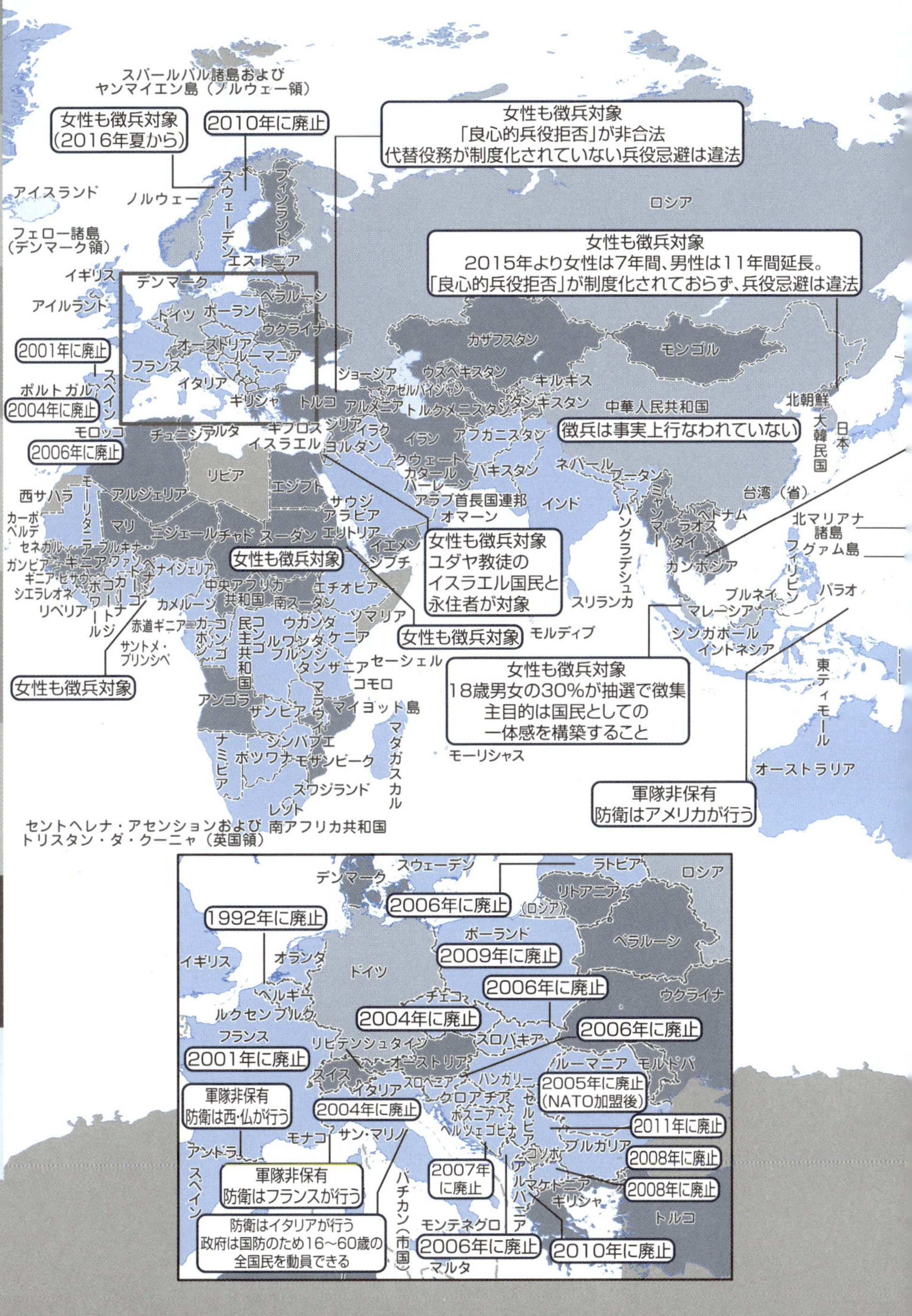

スバールバル諸島および
ヤンマイエン島（ノルウェー領）
女性も徴兵対象
（2016年夏から）
2010年に廃止
女性も徴兵対象
「良心的兵役拒否」が非合法
代替役務が制度化されていない兵役忌避は違法
アイスランド
ノルウェー
スウェーデン
フィンランド
ロシア
フェロー諸島
（デンマーク領）
エストニア
女性も徴兵対象
2015年より女性は7年間、男性は11年間延長。
「良心的兵役拒否」が制度化されておらず、兵役忌避は違法
イギリス
デンマーク
ベラルーシ
アイルランド
ドイツ
ポーランド
ウクライナ
カザフスタン
モンゴル
2001年に廃止
オーストリア
ルーマニア
フランス
ジョージア
ウズベキスタン
キルギス
スペイン
イタリア
アゼルバイジャン
ポルトガル
ギリシャ
トルコ
アルメニア
トルクメニスタン
タジキスタン
中華人民共和国
北朝鮮
2004年に廃止
大韓民国
日本
モロッコ
チュニジア
マルタ
キプロス
シリア
イラク
イラン
アフガニスタン
徴兵は事実上行なわれていない
2006年に廃止
イスラエル
ヨルダン
クウェート
カタール
パキスタン
ネパール
ブータン
リビア
エジプト
バーレーン
西サハラ
モーリタニア
アルジェリア
アラブ首長国連邦
インド
台湾（省）
サウジアラビア
カーボベルデ
マリ
オマーン
バングラデシュ
ミャンマー
ラオス
ベトナム
北マリアナ諸島
セネガル
ブルキナファソ
ニジェール
チャド
スーダン
エリトリア
イエメン
女性も徴兵対象
ユダヤ教徒の
イスラエル国民と
永住者が対象
タイ
グアム島
ガンビア
ギニア
ベナン
女性も徴兵対象
ジブチ
カンボジア
フィリピン
ギニア・ビサウ
ナイジェリア
中央アフリカ共和国
エチオピア
ブルネイ
パラオ
シエラレオネ
コートジボワール
ガーナ
トーゴ
南スーダン
スリランカ
マレーシア
リベリア
カメルーン
ソマリア
赤道ギニア
ガボン
コンゴ
コンゴ民主共和国
ウガンダ
ケニア
女性も徴兵対象
モルディブ
シンガポール
インドネシア
サントメ・プリンシペ
ルワンダ
ブルンジ
タンザニア
セーシェル
女性も徴兵対象
18歳男女の30%が抽選で徴集
主目的は国民としての
一体感を構築すること
東ティモール
女性も徴兵対象
アンゴラ
コモロ
ザンビア
マラウイ
マイヨット島
ナミビア
ジンバブエ
ボツワナ
モザンビーク
マダガスカル
モーリシャス
オーストラリア
スワジランド
レソト
軍隊非保有
防衛はアメリカが行う
セントヘレナ・アセンションおよび
トリスタン・ダ・クーニャ（英国領）
南アフリカ共和国
スウェーデン
ラトビア
ロシア
デンマーク
リトアニア
2006年に廃止
（ロシア）
1992年に廃止
ポーランド
ベラルーシ
イギリス
オランダ
2009年に廃止
ドイツ
2006年に廃止
ベルギー
チェコ
ウクライナ
ルクセンブルク
2004年に廃止
2006年に廃止
フランス
スロバキア
リヒテンシュタイン
2001年に廃止
オーストリア
ルーマニア
モルドバ
スイス
スロベニア
ハンガリー
2005年に廃止
（NATO加盟後）
軍隊非保有
防衛は西・仏が行う
イタリア
クロアチア
2004年に廃止
セルビア
ボスニア・ヘルツェゴビナ
2011年に廃止
モナコ
サン・マリノ
アンドラ
コソボ
ブルガリア
2008年に廃止
2007年に廃止
軍隊非保有
防衛はフランスが行う
スペイン
バチカン（市国）
アルバニア
マケドニア
2008年に廃止
ギリシャ
トルコ
防衛はイタリアが行う
政府は国防のため16〜60歳の
全国民を動員できる
モンテネグロ
2006年に廃止
2010年に廃止
マルタ

海上保安庁の機構概要

- 第一～第十管区海上保安本部
  - 次長
  - 総務部
    - 情報管理官
    - 会計管理官［第四、八、九本部のみ］
    - 総務課
    - 人事課
    - 厚生課
    - 情報通信課
    - 経理課［第四、八、九本部のみ］
    - 補給課［第四、八、九本部のみ］
  - 経理補給部
    - 経理課［第四、八、九本部を除く］
    - 補給課［第四、八、九本部を除く］
  - 船舶技術部
    - 管理課［第二、四、九、十本部を除く］
    - 技術課［第二、四、九、十本部を除く］
    - 機器課［第三、五、七本部のみ］
  - 警備救難部
    - 次長
    - 技術管理官［第二、四、九、十本部のみ］
    - 警備課
    - 刑事課
    - 国際刑事課
    - 警備情報課
    - 救難課
    - 環境防災課［第八、九、十本部を除く］
    - 船舶技術課［第二、四、九、十本部のみ］
  - 海洋情報部
    - 監理課
    - 海洋調査課
  - 交通部
    - 企画調整官
    - 企画課
    - 安全課
    - 航路標識課［第九本部のみ］
    - 計画運用課［第九本部を除く］
    - 整備課［第九本部を除く］
  - （本部の事務所）
    - 海上保安（監）部（67か所）
    - 海上保安航空基地（2か所）
    - 海上保安署（59か所）
    - 海上交通センター（7か所）
    - 航空基地（10か所）
    - 国際組織犯罪対策基地（1か所）
    - 特殊警備基地（1か所）
    - 特殊救難基地（1か所）
    - 機動防除基地（1か所）
    - 水路観測所（1か所）
- 第十一管区海上保安本部
  - 次長（3）
  - 総務部
    - 情報管理官
    - 会計管理官
    - 総務課
    - 人事課
    - 厚生課
    - 情報通信課
    - 経理課
    - 補給課
  - 警備救難部
    - 次長
    - 技術管理官
    - 警備課
    - 刑事課
    - 国際刑事課
    - 警備情報課
    - 救難課
    - 環境防災課
    - 船舶技術課
  - （無名の部）
    - 海洋情報企画調整官
    - 交通企画調整官
    - 海洋情報監理課
    - 海洋情報調査課
    - 交通企画課
    - 交通安全課
    - 交通計画運用課
    - 交通整備課
  - （本部の事務所）
    - 海上保安部（3か所）
    - 海上保安署（2か所）
    - 航空基地（2か所）

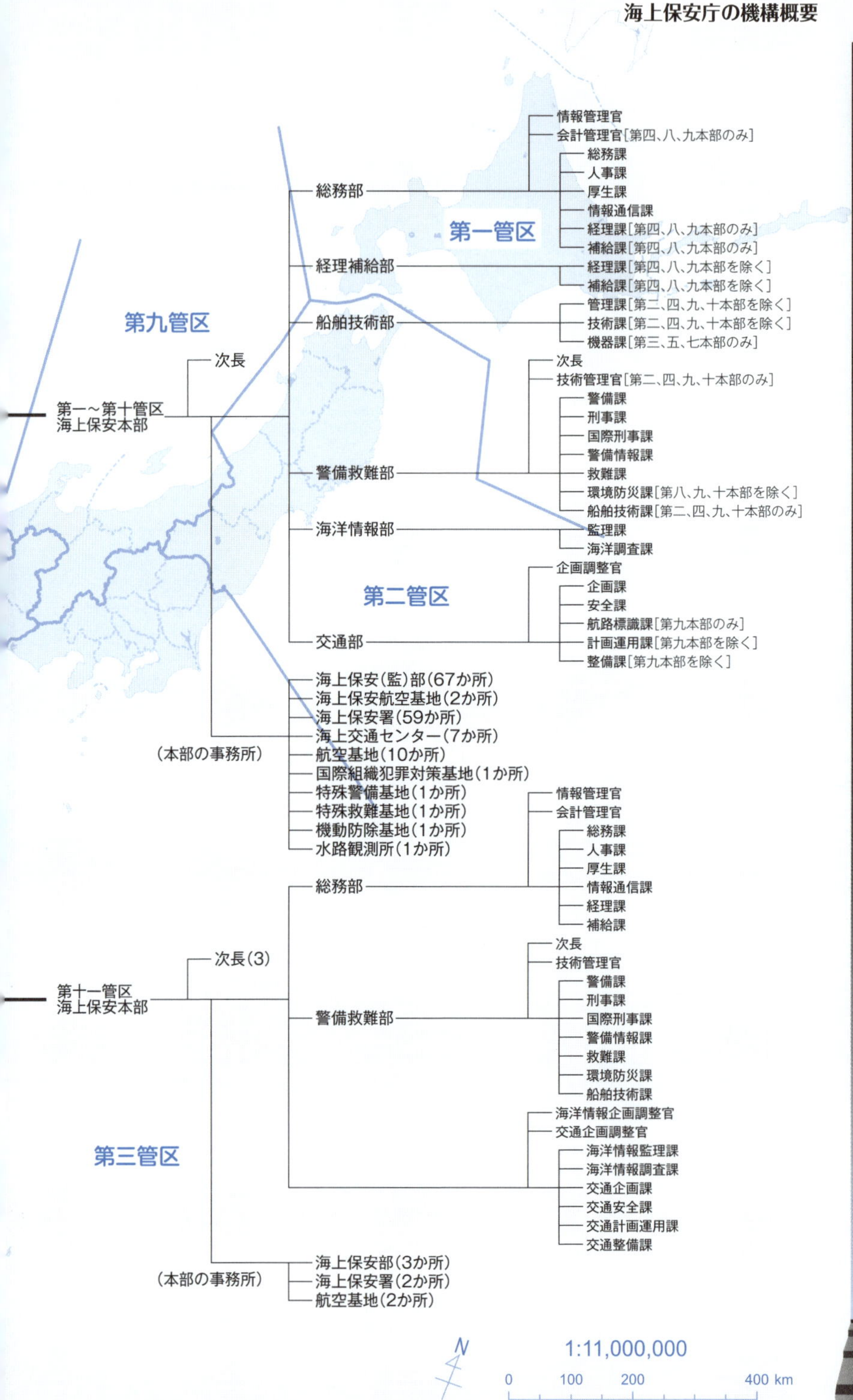

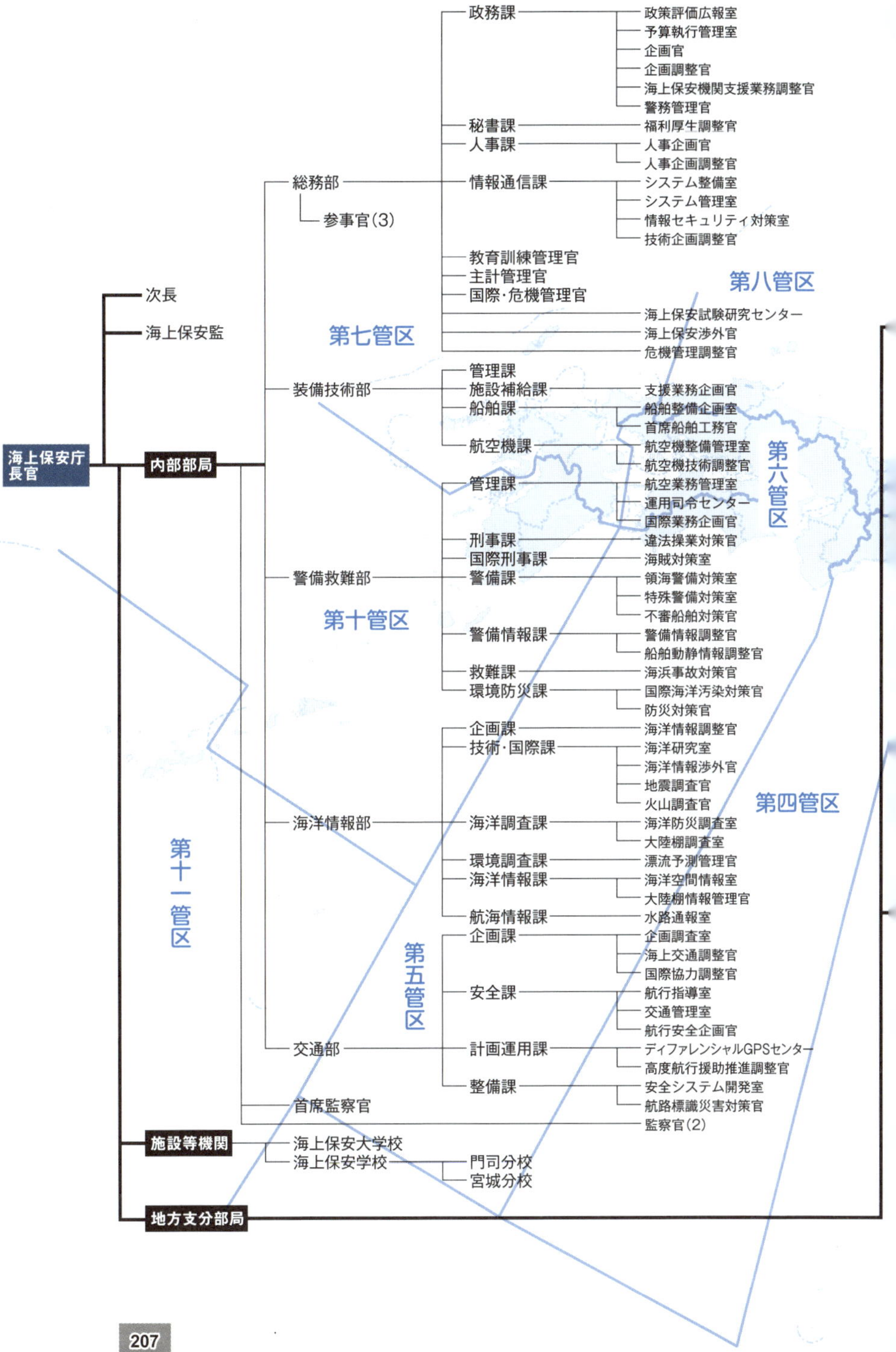

海上保安庁長官
次長
海上保安監
内部部局
総務部
参事官(3)
政務課
政策評価広報室
予算執行管理室
企画官
企画調整官
海上保安機関支援業務調整官
警務管理官
秘書課
福利厚生調整官
人事課
人事企画官
人事企画調整官
情報通信課
システム整備室
システム管理室
情報セキュリティ対策室
技術企画調整官
教育訓練管理官
主計管理官
国際・危機管理官
海上保安試験研究センター
海上保安渉外官
危機管理調整官
装備技術部
管理課
施設補給課
支援業務企画官
船舶課
船舶整備企画室
首席船舶工務官
航空機課
航空機整備管理室
航空機技術調整官
警備救難部
管理課
航空業務管理室
運用司令センター
国際業務企画官
刑事課
違法操業対策官
国際刑事課
海賊対策室
警備課
領海警備対策室
特殊警備対策室
不審船舶対策官
警備情報課
警備情報調整官
船舶動静情報調整官
救難課
海浜事故対策官
環境防災課
国際海洋汚染対策官
防災対策官
海洋情報部
企画課
海洋情報調整官
技術・国際課
海洋研究室
海洋情報渉外官
地震調査官
火山調査官
海洋調査課
海洋防災調査室
大陸棚調査室
環境調査課
漂流予測管理官
海洋情報課
海洋空間情報室
大陸棚情報管理官
航海情報課
水路通報室
交通部
企画課
企画調査室
海上交通調整官
国際協力調整官
安全課
航行指導室
交通管理室
航行安全企画官
計画運用課
ディファレンシャルGPSセンター
高度航行援助推進調整官
整備課
安全システム開発室
航路標識災害対策官
首席監察官
監察官(2)
施設等機関
海上保安大学校
海上保安学校
門司分校
宮城分校
地方支分部局
第七管区
第八管区
第六管区
第十管区
第四管区
第十一管区
第五管区

単行本等
朝雲新聞社出版業務部[編著]『平成27年版 防衛ハンドブック』朝雲新聞社、2015年
綾部剛之[編]『東日本大震災 自衛隊・アメリカ軍全記録』(ホビージャパンMOOK 406)ホビージャパン、2011年
五十嵐仁、金子勝、北河賢三ほか[編]『日本20世紀館』小学館、1999年
石破茂[著]『日本人のための「集団的自衛権」入門』新潮社、2014年
伊勢﨑賢治[著]『本当の戦争の話をしよう—世界の「対立」を仕切る』朝日出版社、2015年
伊勢﨑賢治[著]『新国防論—9条もアメリカも日本を守れない』毎日新聞出版、2015年
惠谷治[著]『世界テロ戦争—SAPIO MOOK スーパーグラフィックス』小学館、2002年
小川和久[著]『日本人が知らない集団的自衛権』文藝春秋、2014年
海上保安庁[編]『海上保安レポート2015』2015年
外務省[編]『外交青書2015(平成27年版)』2015年
佐道明広[著]『自衛隊史—防衛政策の七〇年』筑摩書房、2015年
自衛隊を活かす会[編著]『新・自衛隊論』講談社、2015年
志方俊之[監]『完全保存版　自衛隊60年史』(別冊宝島2377号)宝島社、2015年
柴宜弘[編著]『地図で読む世界史』実務教育出版、2015年
清水靖夫[監]『世界情報地図 2007年版』日本文芸社、2007年
清水靖夫[監]『地図で読むビジュアル日本史』日本文芸社、2011年
成美堂出版編集部[編]『図解世界史——一冊でわかる イラストでわかる』成美堂出版、2006年
全国地理教育研究会[監]、成美堂出版編集部[編]『今がわかる時代がわかる 世界地図 2016年版』成美堂出版、2016年
武光誠、大石学、小林英夫[監修]『地図・年表・図解で見る日本の歴史 下』小学館、2012年
田村重信、佐藤正久[編著]『教科書・日本の防衛政策』芙蓉書房出版、2008年
ジョン・チャノン、ロバート・ハドソン[著]、外川継男[監]『地図で読む世界の歴史 ロシア』河出書房新書、1999年
ブルーノ・テルトレ[著]、小林定喜[監訳]『カラー 世界の原発と核兵器図鑑 わかりやすい原子力技術の知識』西村書店、2015年
西原正[監]、朝雲新聞社出版業務部[編]『わかる平和安全法制—日本と世界の平和のために果たす自衛隊の役割』朝雲新聞社、2015年
長谷部恭男、杉田敦[編]『安保法制の何が問題か』岩波書店、2015年
ジェレミー・ブラック[総監]、牧人舎[訳]『世界史アトラス』集英社、2001年
防衛省[編]『平成27年度版 日本の防衛—防衛白書—』2015年
毎日新聞社外信部[編]『最新版 図説 よくわかる世界の紛争』毎日新聞社、2011年
森本敏、石破茂、西修[著]『国防軍とは何か』幻冬舎ルネッサンス、2013年
森本敏[編著]『防衛装備庁—防衛産業とその将来』海竜社、2015年
新聞・雑誌
『産経新聞』2016年3月9日朝刊「あの日そして5年」(米軍が行った「トモダチ作戦」の主な内容)
『MAMOR』扶桑社 各号
WEB
内閣府、外務省、防衛省、海上保安庁、沖縄県、法令データ提供システム(総務省)
米国国務省、国防総省、中央情報局(CIA)
American Enterprise Institute, Defense Manpower Data Center,
Stockholm International Peace Research Institute (SIPRI), Pew Research Center

付録

第一次世界大戦後の世界（一九二五年）

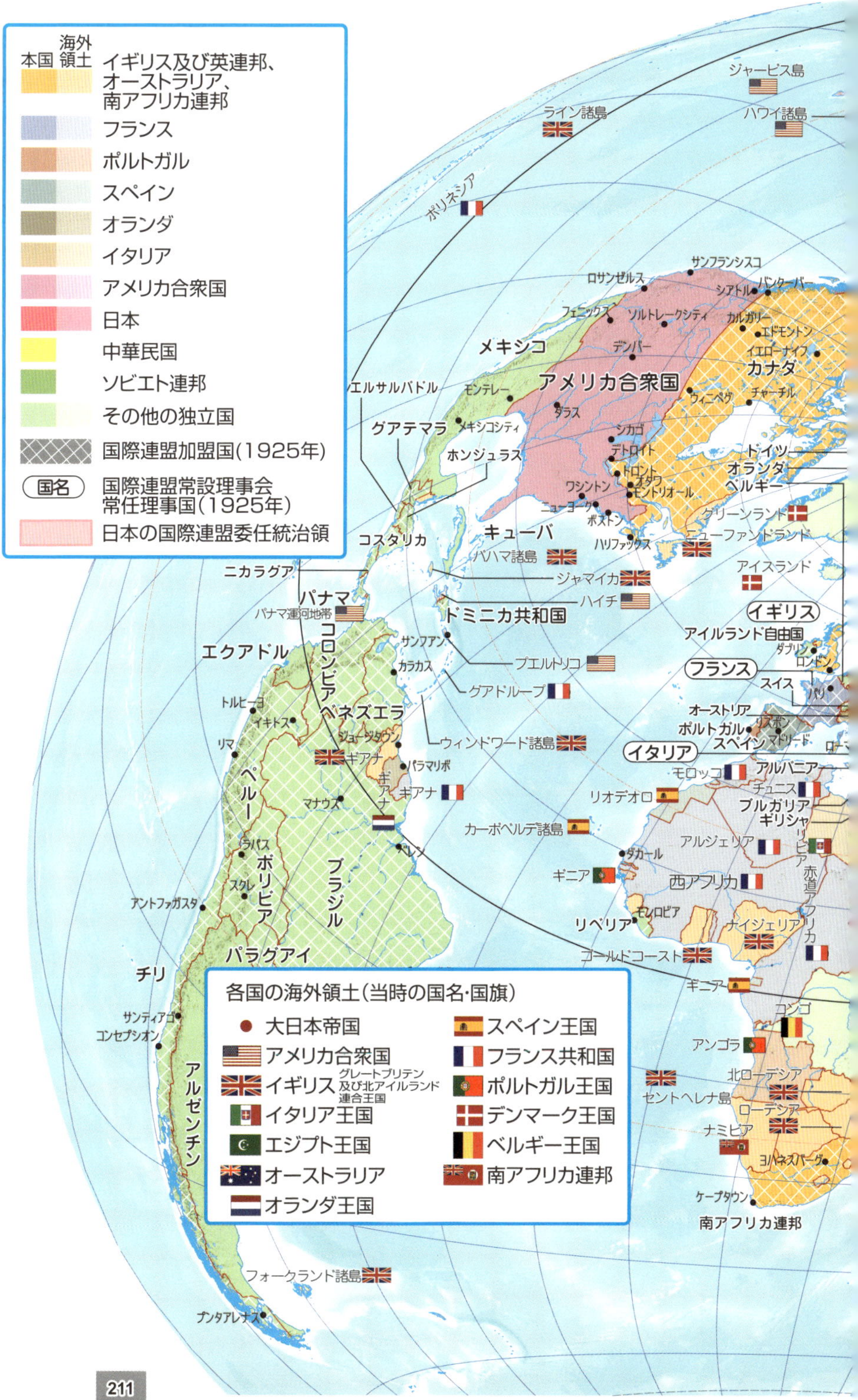
本国 海外領土
イギリス及び英連邦、オーストラリア、南アフリカ連邦
フランス
ポルトガル
スペイン
オランダ
イタリア
アメリカ合衆国
日本
中華民国
ソビエト連邦
その他の独立国
国際連盟加盟国(1925年)
国名 国際連盟常設理事会常任理事国(1925年)
日本の国際連盟委任統治領
各国の海外領土(当時の国名・国旗)
大日本帝国
アメリカ合衆国
イギリス グレートブリテン及び北アイルランド連合王国
イタリア王国
エジプト王国
オーストラリア
オランダ王国
スペイン王国
フランス共和国
ポルトガル王国
デンマーク王国
ベルギー王国
南アフリカ連邦
ジャービス島
ライン諸島
ハワイ諸島
ポリネシア
サンフランシスコ
ロサンゼルス
バンクーバー
シアトル
フェニックス
ソルトレークシティ
カルガリー
エドモントン
デンバー
イエローナイフ
メキシコ
カナダ
アメリカ合衆国
エルサルバドル
モンテレー
ウィニペグ
チャーチル
ダラス
グアテマラ
メキシコシティ
シカゴ
デトロイト
トロント
オタワ
モントリオール
ホンジュラス
ワシントン
ニューヨーク
ボストン
ハリファックス
ドイツ
オランダ
ベルギー
グリーンランド
ニューファンドランド
コスタリカ
キューバ
バハマ諸島
アイスランド
ニカラグア
ジャマイカ
ハイチ
パナマ
パナマ運河地帯
ドミニカ共和国
イギリス
アイルランド自由国
ダブリン
ロンドン
エクアドル
サンファン
プエルトリコ
カラカス
フランス
パリ
スイス
グアドループ
コロンビア
ベネズエラ
トルヒーヨ
イキトス
オーストリア
ポルトガル
リスボン
スペイン
マドリード
ジョージタウン
ウィンドワード諸島
イタリア
リマ
ギアナ
パラマリボ
モロッコ
アルバニア
ペルー
チュニス
リオデオロ
ブルガリア
マナウス
ギリシャ
カーボベルデ諸島
ラパス
ボリビア
ブラジル
ベレン
ダカール
アルジェリア
リビア
ギニア
スクレ
西アフリカ
赤道アフリカ
アントファガスタ
モンロビア
リベリア
ナイジェリア
パラグアイ
ゴールドコースト
チリ
コンゴ
サンティアゴ
コンセプシオン
アンゴラ
北ローデシア
セントヘレナ島
アルゼンチン
ローデシア
ナミビア
ヨハネスバーグ
ケープタウン
南アフリカ連邦
フォークランド諸島
プンタアレナス

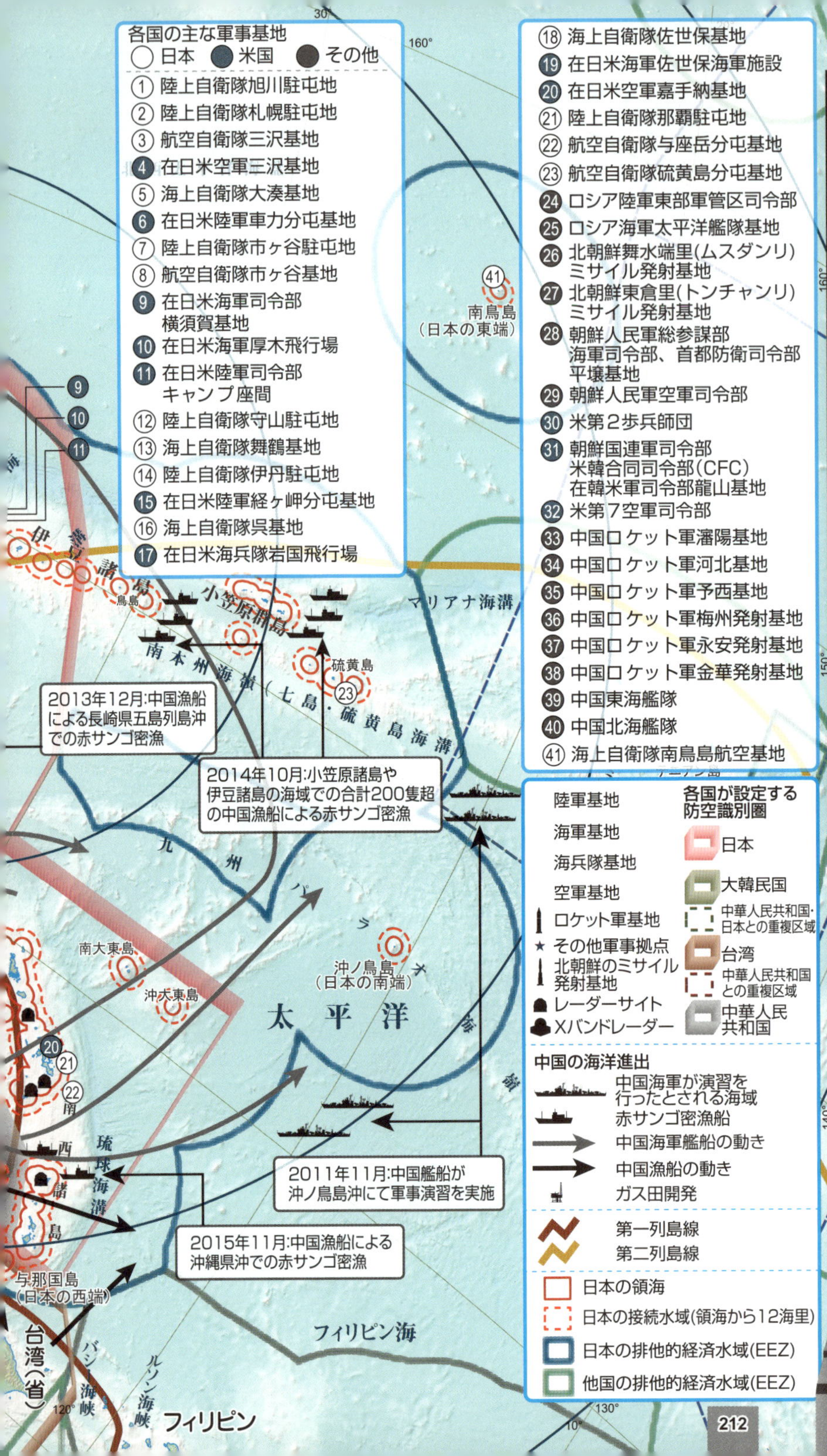
各国の主な軍事基地
日本　米国　その他
①陸上自衛隊旭川駐屯地
②陸上自衛隊札幌駐屯地
③航空自衛隊三沢基地
④在日米空軍三沢基地
⑤海上自衛隊大湊基地
⑥在日米陸軍車力分屯基地
⑦陸上自衛隊市ヶ谷駐屯地
⑧航空自衛隊市ヶ谷基地
⑨在日米海軍司令部 横須賀基地
⑩在日米海軍厚木飛行場
⑪在日米陸軍司令部 キャンプ座間
⑫陸上自衛隊守山駐屯地
⑬海上自衛隊舞鶴基地
⑭陸上自衛隊伊丹駐屯地
⑮在日米陸軍経ヶ岬分屯基地
⑯海上自衛隊呉基地
⑰在日米海兵隊岩国飛行場
⑱海上自衛隊佐世保基地
⑲在日米海軍佐世保海軍施設
⑳在日米空軍嘉手納基地
㉑陸上自衛隊那覇駐屯地
㉒航空自衛隊与座岳分屯基地
㉓航空自衛隊硫黄島分屯基地
㉔ロシア陸軍東部軍管区司令部
㉕ロシア海軍太平洋艦隊基地
㉖北朝鮮舞水端里(ムスダンリ)ミサイル発射基地
㉗北朝鮮東倉里(トンチャンリ)ミサイル発射基地
㉘朝鮮人民軍総参謀部 海軍司令部、首都防衛司令部 平壌基地
㉙朝鮮人民軍空軍司令部
㉚米第2歩兵師団
㉛朝鮮国連軍司令部 米韓合同司令部(CFC) 在韓米軍司令部龍山基地
㉜米第7空軍司令部
㉝中国ロケット軍瀋陽基地
㉞中国ロケット軍河北基地
㉟中国ロケット軍予西基地
㊱中国ロケット軍梅州発射基地
㊲中国ロケット軍永安発射基地
㊳中国ロケット軍金華発射基地
㊴中国東海艦隊
㊵中国北海艦隊
㊶海上自衛隊南鳥島航空基地
陸軍基地
海軍基地
海兵隊基地
空軍基地
ロケット軍基地
その他軍事拠点
北朝鮮のミサイル発射基地
レーダーサイト
Xバンドレーダー
各国が設定する防空識別圏
日本
大韓民国
中華人民共和国・日本との重複区域
台湾
中華人民共和国との重複区域
中華人民共和国
中国の海洋進出
中国海軍が演習を行ったとされる海域
赤サンゴ密漁船
中国海軍艦船の動き
中国漁船の動き
ガス田開発
第一列島線
第二列島線
日本の領海
日本の接続水域(領海から12海里)
日本の排他的経済水域(EEZ)
他国の排他的経済水域(EEZ)
南鳥島（日本の東端）
伊豆諸島
鳥島
小笠原諸島
硫黄島
マリアナ海溝
南本州海嶺（七島・硫黄島海溝）
2013年12月:中国漁船による長崎県五島列島沖での赤サンゴ密漁
2014年10月:小笠原諸島や伊豆諸島の海域での合計200隻超の中国漁船による赤サンゴ密漁
九州
パラオ
南大東島
沖大東島
沖ノ鳥島（日本の南端）
太平洋
琉球海溝
西諸島
2011年11月:中国艦船が沖ノ鳥島沖にて軍事演習を実施
2015年11月:中国漁船による沖縄県沖での赤サンゴ密漁
与那国島（日本の西端）
台湾(省)
バシー海峡
ルソン海峡
フィリピン海
フィリピン

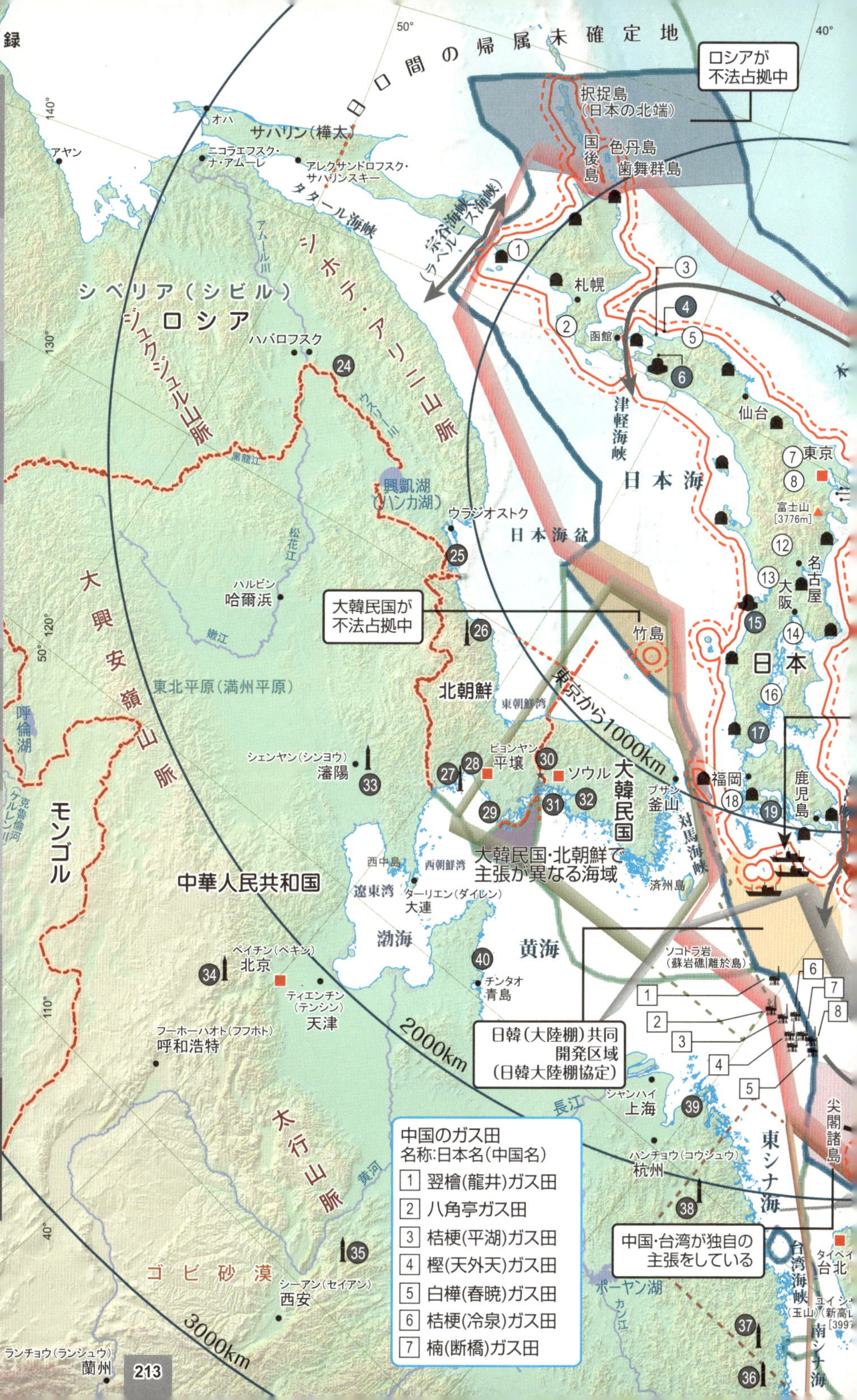
日ロ間の帰属未確定地
ロシアが不法占拠中
択捉島（日本の北端）
国後島
色丹島
歯舞群島
オハ
サハリン（樺太）
アヤン
ニコラエフスク・ナ・アムーレ
アレクサンドロフスク・サハリンスキー
タタール海峡
宗谷海峡（ラペルーズ海峡）
アムール川
シホテ・アリニ山脈
シベリア（シビル）
ロシア
ジュグジュル山脈
ハバロフスク
ウスリー川
黒龍江
興凱湖（ハンカ湖）
ウラジオストク
日本海盆
松花江
ハルビン
哈爾浜
嫩江
大興安嶺山脈
東北平原（満州平原）
呼倫湖
克魯倫河（ケルレン川）
モンゴル
大韓民国が不法占拠中
竹島
東京から1000km
北朝鮮
東朝鮮湾
シェンヤン（シンヨウ）
瀋陽
ピョンヤン
平壌
ソウル
大韓民国
プサン
釜山
対馬海峡
大韓民国・北朝鮮で主張が異なる海域
済州島
西中島
西朝鮮湾
遼東湾
ターリエン（ダイレン）
大連
中華人民共和国
渤海
黄海
ペイチン（ペキン）
北京
ティエンチン（テンシン）
天津
チンタオ
青島
フーホーハオト（フフホト）
呼和浩特
2000km
日韓（大陸棚）共同開発区域（日韓大陸棚協定）
ソコトラ岩（蘇岩礁/離於島）
シャンハイ
上海
長江
太行山脈
黄河
中国のガス田
名称:日本名(中国名)
1 翌檜(龍井)ガス田
2 八角亭ガス田
3 桔梗(平湖)ガス田
4 樫(天外天)ガス田
5 白樺(春暁)ガス田
6 桔梗(冷泉)ガス田
7 楠(断橋)ガス田
ハンチョウ（コウシュウ）
杭州
東シナ海
尖閣諸島
中国・台湾が独自の主張をしている
タイペイ
台北
台湾海峡
ポーヤン湖
カン江
ゴビ砂漠
シーアン（セイアン）
西安
3000km
ランチョウ（ランシュウ）
蘭州
南シナ海
札幌
函館
津軽海峡
仙台
東京
富士山 [3776m]
日本海
名古屋
大阪
日本
福岡
鹿児島
50°
40°
140°
130°
120°
110°

日本周辺のシーレーン

主な陸軍基地
主な海軍基地
主な海兵隊基地
主な空軍基地
その他軍事拠点
日本の自衛隊基地も含む
北朝鮮のミサイル発射基地
中国海軍の主な寄港地
レーダーサイト(インド)
Xバンドレーダー(日本)
第一列島線
第二列島線
中国が設定する軍事上の展開目標ライン
日本のシーレーン
安全保障のダイヤモンド構想
「真珠の首飾り」戦略(中国)
「シルクロード経済ベルト」構想(中国)
ロシアの軍管区
中国の戦区
北極圏
アメリカ合衆国
ベーリング海
ヤクーツク
レナ川
東部軍管区
(ロシア連邦軍)
ロシア
オホーツク海
ハバロフスク
アムール川
黒龍江
タタール海峡
中華人民共和国
日本
日本海
北部戦区
(人民解放軍)
北朝鮮
東倉里
舞水端里
平壌
大韓民国
北京
渤海
ソウル
東京
中部戦区
(人民解放軍)
青島
黄海
対馬海峡
南京
武漢
上海
東シナ海
東京から1,000km
2,000km
3,000km
太平洋
硫黄島
南鳥島
ウェーク島
北回帰線
ホノルル
東部戦区
(人民解放軍)
南部戦区
(人民解放軍)
福州
台北
台湾海峡
台湾(省)
香港
バシー海峡
安全保障のダイヤモンド構想
(米国、インド、オーストラリアと連携を図る)
北マリアナ諸島
(米国領)
グアム島
(米国領)
USPACOM
(米太平洋軍)
マジュロ
マーシャル諸島
タラワ
三亜
ルソン海峡
フィリピン海
ウッディ島
ベトナム
マニラ
プノンペン
スプラトリー諸島
ミクロネシア
キリバス
ナウル
赤道
ツバル
フィリピン
スル海
南シナ海
パラオ
バラバク海峡
パプア・ニューギニア
フィジー
ソロモン諸島
スバ
ビスマーク海
ブルネイ
セレベス海
マレーシア
モルッカ海
トミニ湾
マカッサル海峡
バンダ海
アラフラ海
ジャワ海
東ティモール
ダーウィン
ティモール海
カリマタ海峡
オーストラリア
南回帰線
アリス・スプリングス
シドニー
USEUCOM
(米欧州軍)
USNORTHCOM
(米北方軍)
USCENTCOM
(米中央軍)
USPACOM
(米太平洋軍)
本図の範囲
USAFRICOM
(米アフリカ軍)
USSOUTHCOM
(米南方軍)
米国統合軍の地域管轄図
U.S. PACIFIC COMMAND

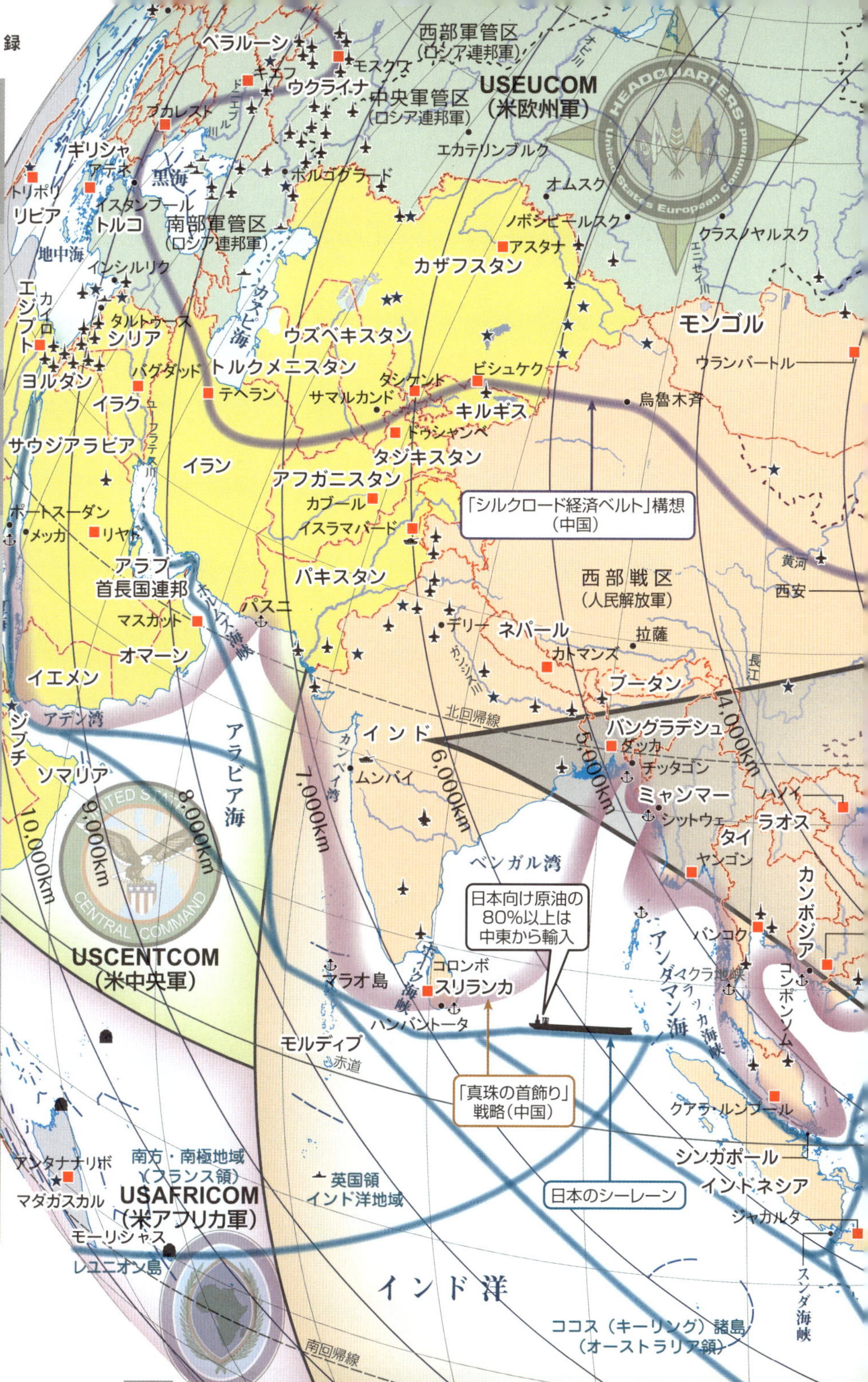
ベラルーシ
西部軍管区
（ロシア連邦軍）
モスクワ
キエフ
ウクライナ
中央軍管区
（ロシア連邦軍）
USEUCOM
（米欧州軍）
HEADQUARTERS
United States European Command
ブカレスト
ドニエプル川
エカテリンブルク
ギリシャ
アテネ
黒海
ボルゴグラード
オムスク
トリポリ
リビア
イスタンブール
トルコ
南部軍管区
（ロシア連邦軍）
ノボシビルスク
アスタナ
クラスノヤルスク
地中海
インシルリク
カザフスタン
エニセイ川
カイロ
エジプト
カスピ海
タルトゥース
シリア
ウズベキスタン
モンゴル
ヨルダン
バグダッド
トルクメニスタン
タシケント
ビシュケク
ウランバートル
イラク
テヘラン
サマルカンド
烏魯木斉
ユーフラテス川
キルギス
サウジアラビア
ドゥシャンベ
タジキスタン
イラン
アフガニスタン
カブール
「シルクロード経済ベルト」構想
（中国）
ポートスーダン
メッカ
リヤド
イスラマバード
アラブ
首長国連邦
パキスタン
西部戦区
（人民解放軍）
黄河
西安
パスニ
ホルムズ海峡
マスカット
デリー
ネパール
拉薩
オマーン
カトマンズ
ガンジス川
長江
イエメン
ブータン
アデン湾
北回帰線
ジブチ
インド
バングラデシュ
ダッカ
4,000km
5,000km
6,000km
7,000km
8,000km
9,000km
10,000km
カンベイ湾
ムンバイ
チッタゴン
ソマリア
アラビア海
ミャンマー
ハノイ
シットウェ
ラオス
タイ
ヤンゴン
ベンガル湾
UNITED STATES CENTRAL COMMAND
日本向け原油の
80%以上は
中東から輸入
カンボジア
USCENTCOM
（米中央軍）
バンコク
コロンボ
マラオ島
スリランカ
アンダマン海
クラ地峡
コンポンソム
ハンバントータ
マラッカ海峡
モルディブ
赤道
「真珠の首飾り」
戦略（中国）
クアラ・ルンプール
アンタナナリボ
南方・南極地域
（フランス領）
英国領
インド洋地域
シンガポール
マダガスカル
USAFRICOM
（米アフリカ軍）
日本のシーレーン
インドネシア
モーリシャス
ジャカルタ
レユニオン島
インド洋
スンダ海峡
ココス（キーリング）諸島
（オーストラリア領）
南回帰線

SCO（上海協力機構）

中国・ロシア・カザフスタン・キルギス・タジキスタンの間の国境警備協力機構を前身とし、2002年にウズベキスタンを加えて発足。

宗教的過激主義やテロ・分離運動・麻薬密輸への共同対処（02年、地域対テロ機構（RATS）を設立）を中心に、中央アジアの安全保障体制構築を目指し、ASEANなど近隣の地域的枠組みとの協力も強化。軍事同盟になる意図はないとしているが、米国やNATOへの対抗意識も指摘される。それを歓迎する南西アジア・中東の国々も少なくなく、加盟申請中の国は数多い。

中国、ロシア、カザフスタン、キルギス、タジキスタン、ウズベキスタン、インド、パキスタン（以上正式加盟国）

アフガニスタン、ベラルーシ、イラン、モンゴル（以上オブザーバー）、アルメニア、アゼルバイジャン、ネパール、カンボジア、スリランカ、トルコ（以上「対話パートナー」）

ASEAN、独立国家共同体、トルクメニスタン（以上客員参加）

PIF（太平洋諸島フォーラム）

南太平洋での核実験反対のため結成された旧南太平洋フォーラム（SPF）が発展し、2000年に改称。オセアニア地域の政治・経済・安全保障など幅広い分野を議題とし、域内での紛争発生時に軍事的援助・介入を可能とする枠組みが整備されている（ビケタワ宣言、00年）。

経済援助、人材育成協力、“太平洋・島サミット”開催などを通じて日本との関係も深く、国際関係において日本と共同歩調をとることが多い。

オーストラリア、ニュージーランド、パプアニューギニア、フィジー、サモア、ソロモン諸島、バヌアツ、トンガ、ナウル、キリバス、ツバル、ミクロネシア連邦、マーシャル諸島、パラオ、クック諸島、ニウエ（以下準メンバー）ニューカレドニア、フランス領ポリネシア

各国との関係も“安全保障”

ここでは、東アジアから東南アジア、西太平洋を中心に、いくつかの地域協定の目的・特色と各国の参加状況を示してみた。経済・政治から安全保障までさまざまな目的を持った地域協定があるが、目的と参加状況を併せて比較することで、各国の思惑も少し透けて見える。

国連改革が進まない中、地域的枠組みで地域の集団安全保障体制を築くという考え方も出てきているが、NATOや欧州連合（EU）、あるいはアフリカ連合（AU）などに匹敵するような地域機関を持たないアジアでは、ここに挙げたような既存の関係を利用してそうした枠組みを作るという考えもある。経済協力を中心とするものが多いため、域外の国が参加していることも多く一筋縄では行かないが、地域の新しい形としてどのような進展を見せるか、注目したい。（→p.186-187）

APEC（アジア太平洋経済協力）

世界的な市場統合の流れを受けて1989年に12ヶ国で発足。現在ではアジア太平洋の21の国と地域が参加する。

GDP・貿易量・人口で世界の約6割・5割・4割を占め、地域的枠組みと呼ぶには非常に広い範囲をカバーする。“協調的自主的な行動”と“開かれた地域協力”を掲げ、各メンバーを法的に拘束しない自発的な行動により活動を進めることが特色。

貿易・投資・商業の自由化・円滑化が主目的で、中国・香港・台湾が並列に参加しているなど、政治問題は度外視している。

インドネシア、マレーシア、シンガポール、フィリピン、タイ、ブルネイ、オーストラリア、ニュージーランド、日本、大韓民国、米国、カナダ、ベトナム、パプアニューギニア、中国、香港、台湾、メキシコ、ペルー、チリ、ロシア

ASEAN（東南アジア諸国連合）

ベトナム戦争中の1967年、反共産主義で結束したインドネシア・マレーシア・シンガポール・フィリピン・タイの5ヶ国で発足。

冷戦終結後は地域共同体に転換し、かつて対立していたベトナム等も加えて現在は10ヶ国が加盟、幅広く地域協力を行う。

政治・安全保障の枠組みとして地域を超えた“ASEAN地域フォーラム（ARF）”を94年より開催。97年のアジア通貨危機を機に日中韓を加えた“ASEAN+3”の枠組みも生まれ、後のEASへとつながった。近年の著しい経済成長を背景に、域外協力に非常に積極的であることが特色。

インドネシア、マレーシア、シンガポール、フィリピン、タイ、ブルネイ、ベトナム、ラオス、ミャンマー、カンボジア（以上正式加盟国）
パプアニューギニア（オブザーバー）

TAC（東南アジア友好協力条約）

ベトナム戦争後の平和・安全の確保と地域協力の法的枠組みとして、第1回ASEAN首脳会議（1976年）で当時の5ヶ国が署名。主権尊重、内政不干渉、武力行使の禁止等を基本原則とする。

87年には域外国にも加入を開放、締約国等は全世界に広がる。日本は武力行使を担保した日米安保条約との不整合を理由に加入を見送っていたが、アジア軽視との批判もあり2004年に加入。

ASEAN10ヶ国、パプアニューギニア、中国、インド、日本、パキスタン、大韓民国、ロシア、ニュージーランド、オーストラリア、フランス、東ティモール、バングラデシュ、モンゴル、スリランカ、北朝鮮、米国、欧州連合、ブラジル

EAS（東アジア首脳会議）

地域及び国際社会の重要問題、地域の共通課題に対し各国首脳間の協力を進展させるため、2005年12月に発足。参加にはTAC加入が条件。経済協力を中心としてきたが、11年より米ロが参加、政治・安全保障への取組みを強化する方針とした。将来は欧州連合のような“東アジア共同体”を視野に入れているが、主導権を巡り米（日）・中の対立がある。

日本はASEAN＋3に米・オーストラリア・ニュージーランド・インドなどを加える形での“開かれた地域主義”、民主主義や人権など“普遍的価値の尊重”を唱え、中国を牽制している。

ASEAN10ヶ国、日本、米国、中国、大韓民国、オーストラリア、ニュージーランド、インド、ロシア

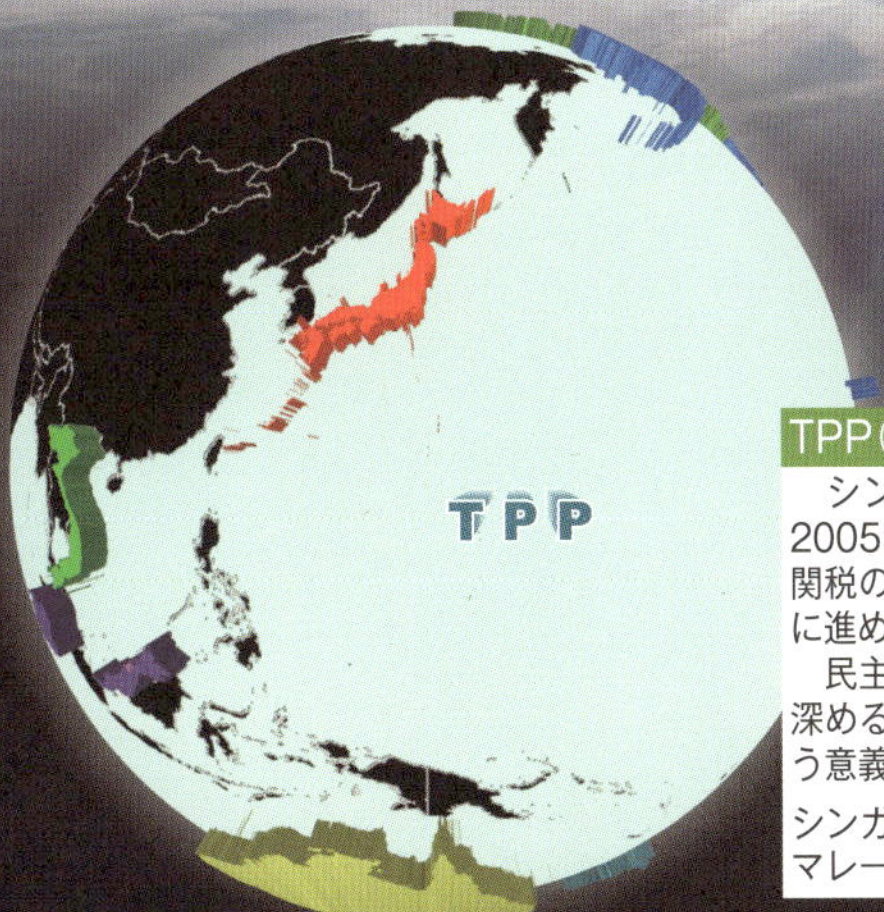

TPP（環太平洋パートナーシップ協定）

シンガポール、ブルネイ、ニュージーランド、チリの4ヶ国で2005年に締結された「環太平洋戦略的経済連携協定」を拡大し、関税の撤廃等を中心にモノ・サービスの貿易、投資の自由化を大幅に進める協定。16年署名。

民主主義や人権などの“普遍的価値”を共有する国々との連携を深めることにより、地域の成長と繁栄、ひいては安定に資するという意義を日本政府は強調している。

シンガポール、ブルネイ、ニュージーランド、チリ、日本、ベトナム、マレーシア、オーストラリア、米国、カナダ、メキシコ、ペルー

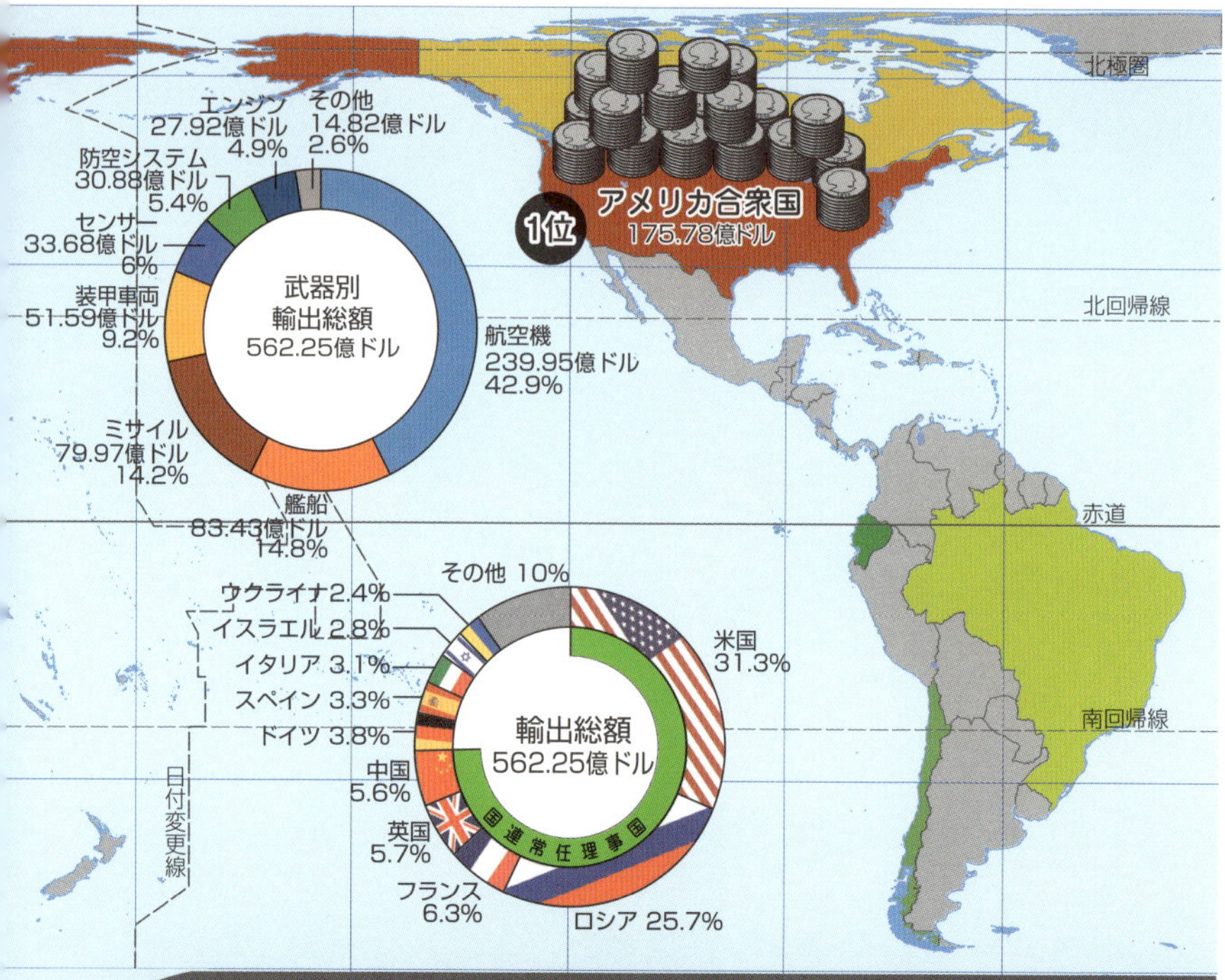

北極圏
北回帰線
赤道
南回帰線
日付変更線
1位 アメリカ合衆国
175.78億ドル
武器別
輸出総額
562.25億ドル
航空機
239.95億ドル
42.9%
艦船
83.43億ドル
14.8%
ミサイル
79.97億ドル
14.2%
装甲車両
51.59億ドル
9.2%
センサー
33.68億ドル
6%
防空システム
30.88億ドル
5.4%
エンジン
27.92億ドル
4.9%
その他
14.82億ドル
2.6%
輸出総額
562.25億ドル
国連常任理事国
米国
31.3%
ロシア 25.7%
フランス
6.3%
英国
5.7%
中国
5.6%
ドイツ 3.8%
スペイン 3.3%
イタリア 3.1%
イスラエル 2.8%
ウクライナ 2.4%
その他 10%

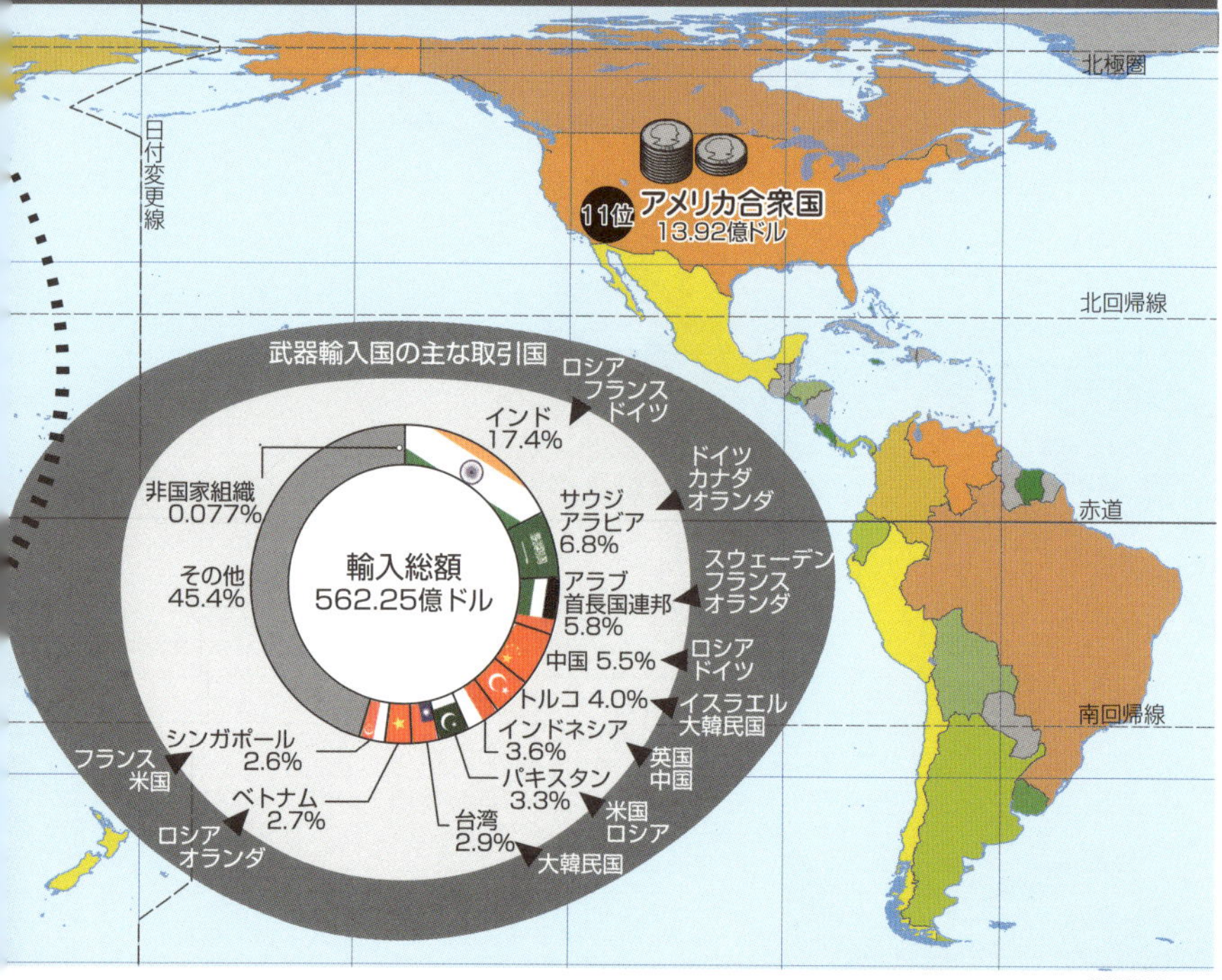

北極圏
北回帰線
赤道
南回帰線
日付変更線
11位 アメリカ合衆国
13.92億ドル
武器輸入国の主な取引国
輸入総額
562.25億ドル
インド
17.4%
ロシア
フランス
ドイツ
サウジ
アラビア
6.8%
ドイツ
カナダ
オランダ
アラブ
首長国連邦
5.8%
スウェーデン
フランス
オランダ
中国 5.5%
ロシア
ドイツ
トルコ 4.0%
イスラエル
大韓民国
インドネシア
3.6%
英国
中国
パキスタン
3.3%
米国
ロシア
台湾
2.9%
大韓民国
ベトナム
2.7%
ロシア
オランダ
シンガポール
2.6%
フランス
米国
その他
45.4%
非国家組織
0.077%

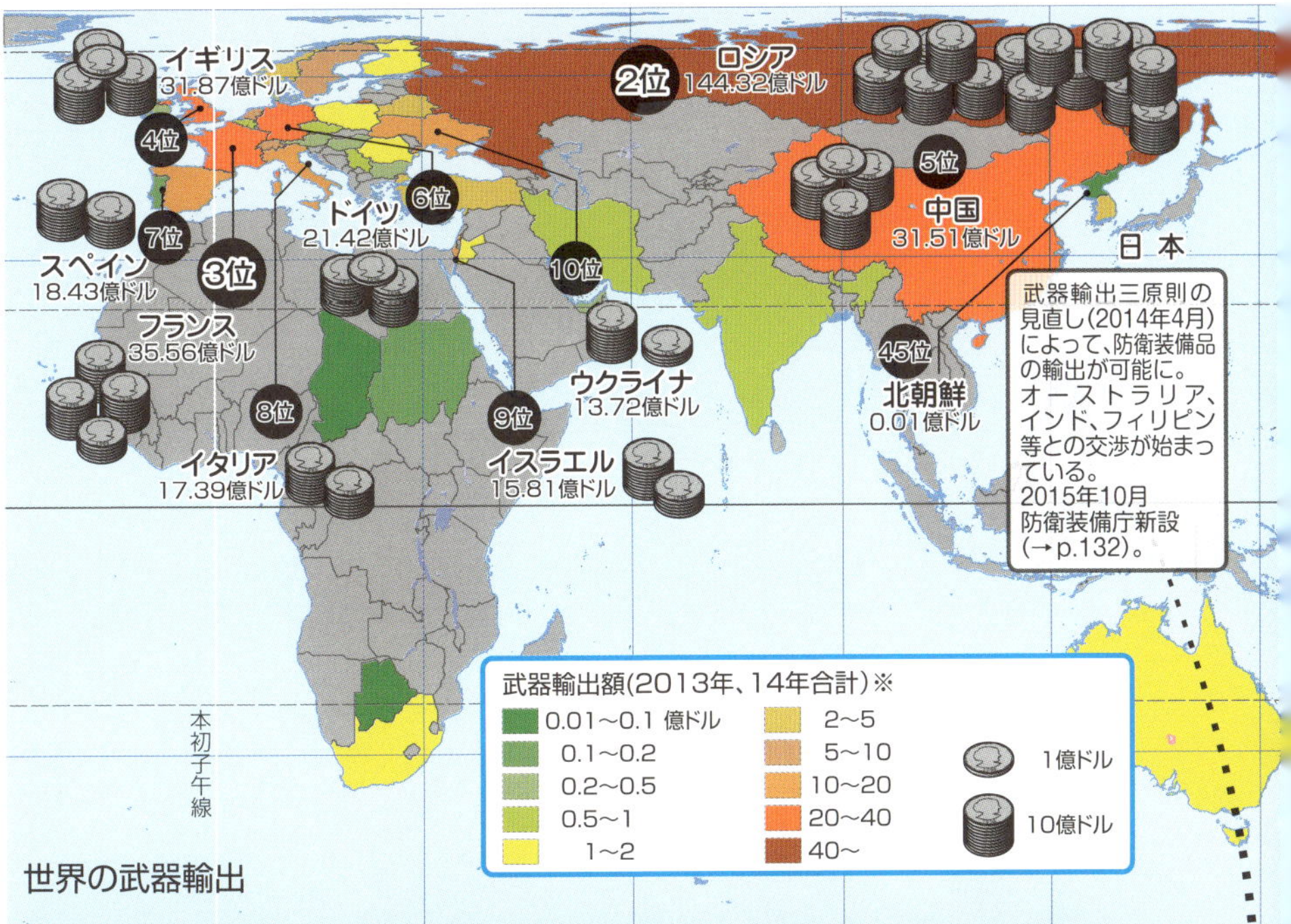

※武器輸出入額は年ごとの変動が大きいため、2年間の合計額を用いた

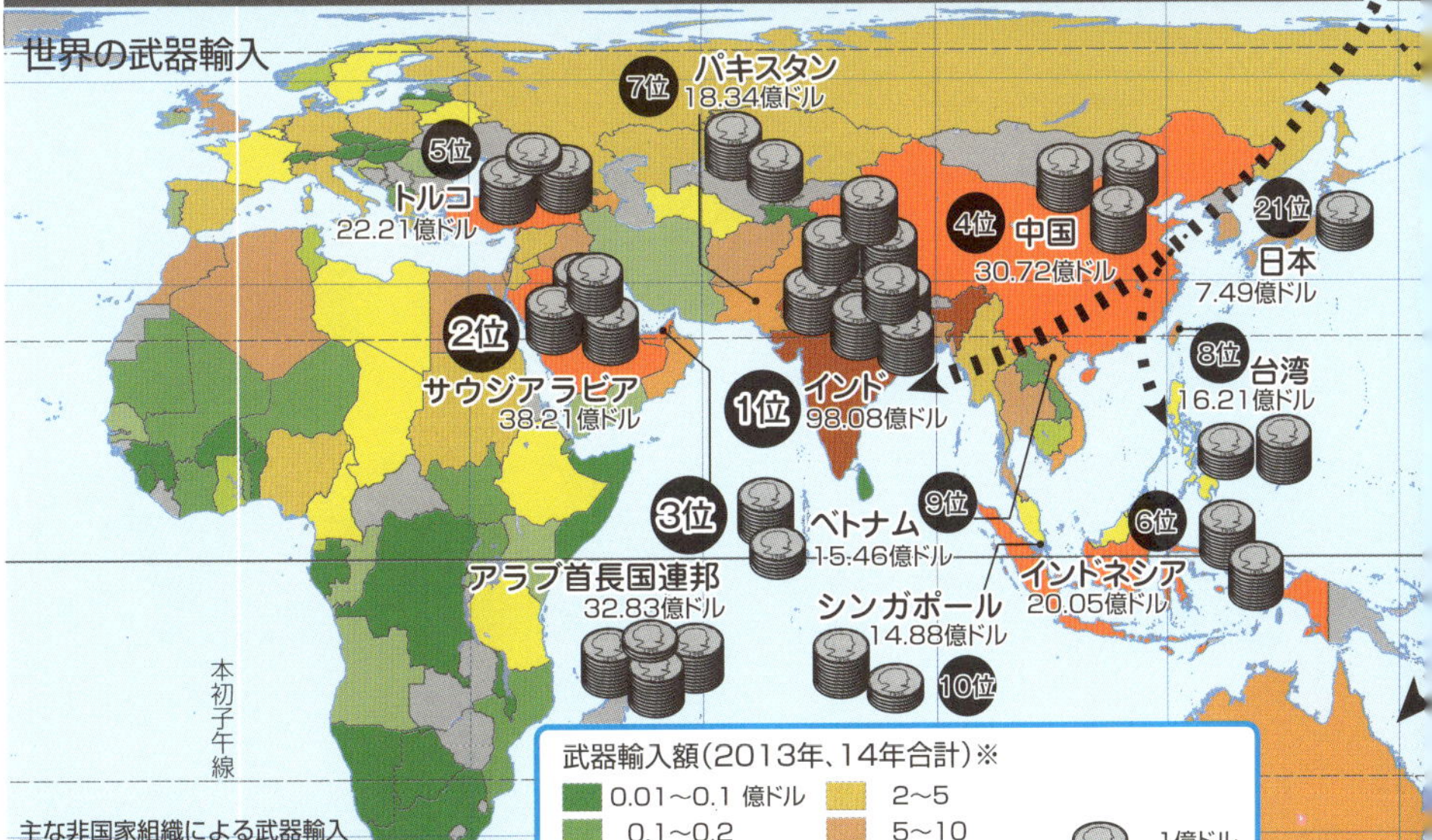

主な非国家組織による武器輸入

国際連合	0.190億ドル
アフリカ連合	0.010億ドル
ウクライナ反政府勢力	0.230億ドル
シリア反政府勢力、ハマス、人民抵抗委員会(PRC)	0.005億ドル未満

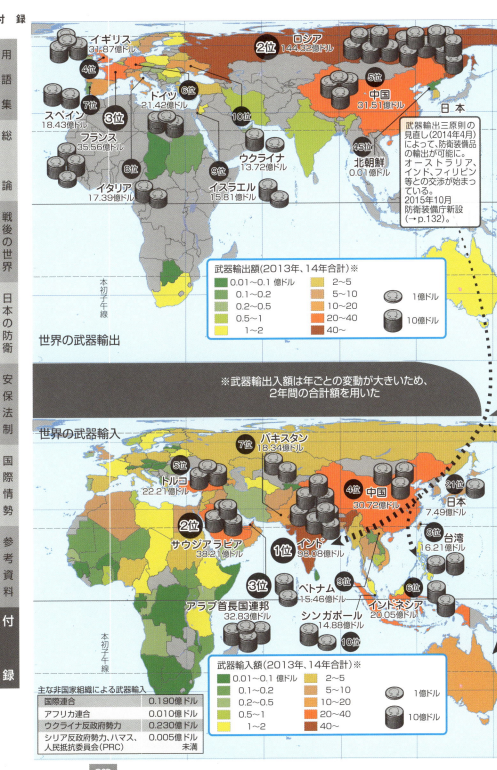

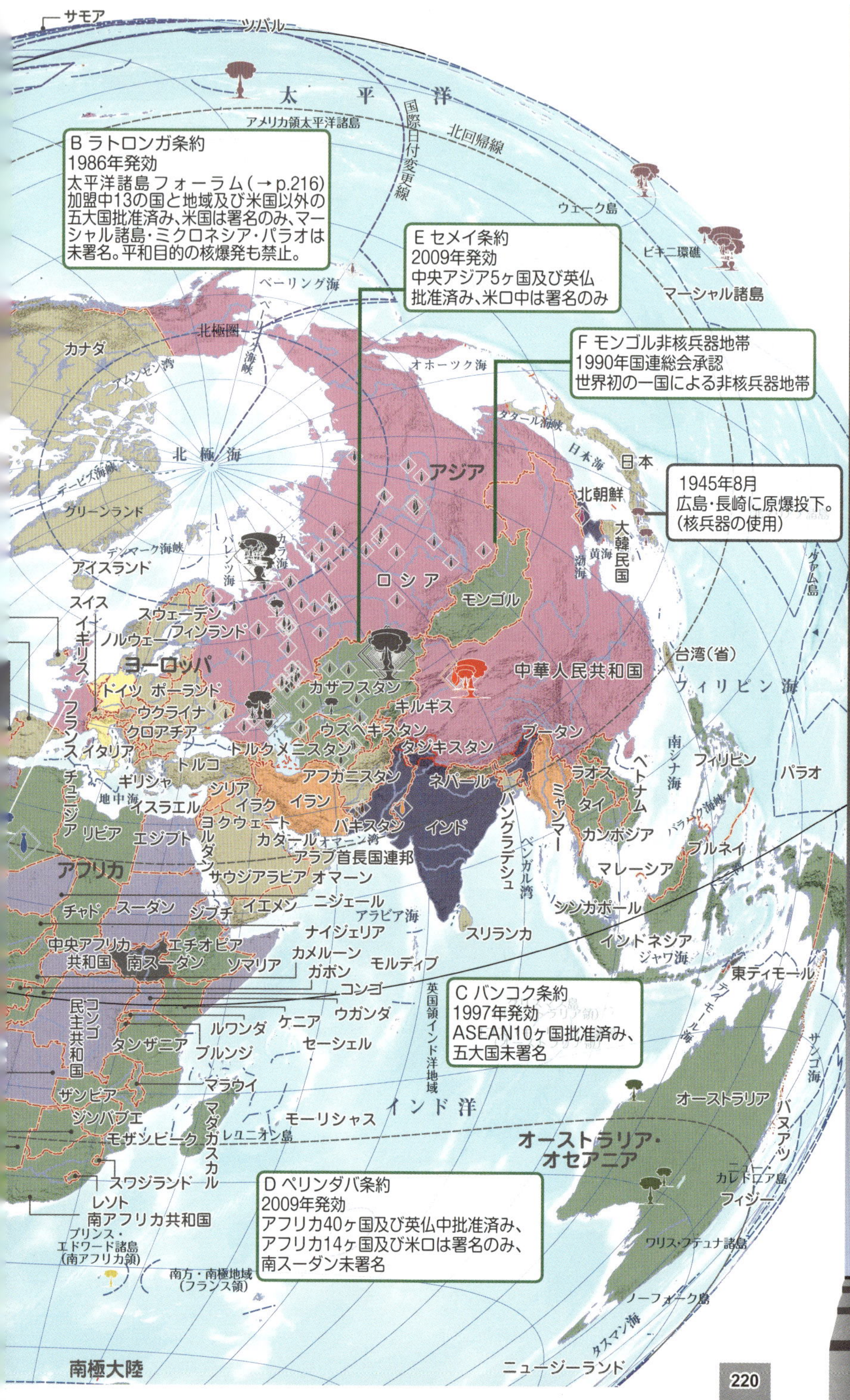
B ラトロンガ条約
1986年発効
太平洋諸島フォーラム（→p.216）
加盟中13の国と地域及び米国以外の五大国批准済み、米国は署名のみ、マーシャル諸島・ミクロネシア・パラオは未署名。平和目的の核爆発も禁止。
E セメイ条約
2009年発効
中央アジア5ヶ国及び英仏
批准済み、米ロ中は署名のみ
F モンゴル非核兵器地帯
1990年国連総会承認
世界初の一国による非核兵器地帯
1945年8月
広島・長崎に原爆投下。
（核兵器の使用）
C バンコク条約
1997年発効
ASEAN10ヶ国批准済み、
五大国未署名
D ペリンダバ条約
2009年発効
アフリカ40ヶ国及び英仏中批准済み、
アフリカ14ヶ国及び米ロは署名のみ、
南スーダン未署名
サモア
ツバル
太平洋
アメリカ領太平洋諸島
国際日付変更線
北回帰線
ウェーク島
ビキニ環礁
マーシャル諸島
ベーリング海
ベーリング海峡
北極圏
カナダ
オホーツク海
タタール海峡
日本海
日本
北朝鮮
大韓民国
黄海
渤海
グァム島
北極海
グリーンランド
デンマーク海峡
アイスランド
バレンツ海
カラ海
アジア
ロシア
モンゴル
スイス
イギリス
ノルウェー
スウェーデン
フィンランド
ヨーロッパ
ドイツ
ポーランド
ウクライナ
フランス
クロアチア
イタリア
カザフスタン
キルギス
ウズベキスタン
トルクメニスタン
タジキスタン
中華人民共和国
台湾（省）
フィリピン海
ブータン
トルコ
ギリシャ
シリア
地中海
チュニジア
イスラエル
イラク
イラン
アフガニスタン
ネパール
ラオス
ベトナム
南シナ海
フィリピン
パラオ
リビア
エジプト
ヨルダン
クウェート
カタール
パキスタン
インド
バングラデシュ
ミャンマー
タイ
カンボジア
ブルネイ
オマーン湾
アラブ首長国連邦
ベンガル湾
マレーシア
アフリカ
サウジアラビア
オマーン
チャド
スーダン
ジブチ
イエメン
ニジェール
アラビア海
スリランカ
シンガポール
ナイジェリア
中央アフリカ共和国
エチオピア
南スーダン
ソマリア
カメルーン
ガボン
モルディブ
インドネシア
ジャワ海
東ティモール
コンゴ
コンゴ民主共和国
ウガンダ
ケニア
ルワンダ
英国領インド洋地域
タンザニア
ブルンジ
セーシェル
ザンビア
マラウイ
ジンバブエ
モザンビーク
マダガスカル
インド洋
モーリシャス
レユニオン島
オーストラリア
サンゴ海
オーストラリア・オセアニア
バヌアツ
ニューカレドニア島
フィジー
スワジランド
レソト
南アフリカ共和国
プリンス・エドワード諸島（南アフリカ領）
南方・南極地域（フランス領）
ワリス・フテュナ諸島
ノーフォーク島
タスマン海
ニュージーランド
南極大陸

核実験の実施回数（実戦使用含む）2016年1月時点

国別

大気圏内・大気圏外

アメリカ合衆国	226回
ロシア（ソビエト連邦時）	219回
フランス	50回
中華人民共和国	23回
イギリス	21回
南アフリカ～インド洋上（南アフリカとイスラエルによる共同実験説あり）	1回

地下・水中

アメリカ合衆国	806回
ロシア（ソビエト連邦時）	496回
フランス	160回
イギリス	24回
中華人民共和国	22回
北朝鮮	4回
インド	3回
パキスタン	2回

実験（サイト別）回数別

大気圏内・大気圏外

101～103回
50～100回
20～49回
10～19回
1～9回

地下・水中

151～245回
101～150回
51～100回
36～50回
21～35回
10～20回
5～9回
1～4回

NPTにおける核兵器保有国（五大国）※1
NPT非加盟または脱退した核兵器保有国
核兵器開発疑惑国
NATOの核兵器共有国
非核兵器地帯※2
非核兵器地帯条約に署名しているが未批准の国
NPTのみ加盟国（核兵器保有なし）
NPT未加盟国（核兵器保有なし）

※1 NPT（核兵器不拡散条約）→p.178

※2 非核兵器地帯：締約国領域内で核兵器の実験・使用・製造・貯蔵・配備等を禁止する“非核兵器地帯条約”（図中A～E）が、現在5つ存在する。いずれも、NPT上の核兵器国（五大国）に対して域内での核兵器の実験・使用・威嚇などを行わないことを求めているが、五大国の批准状況は様々である。
また、モンゴルは一国のみの非核兵器地帯を宣言し（図中F）、国連で承認されており、南極大陸は南極条約（1961年発効）で非核化されている。

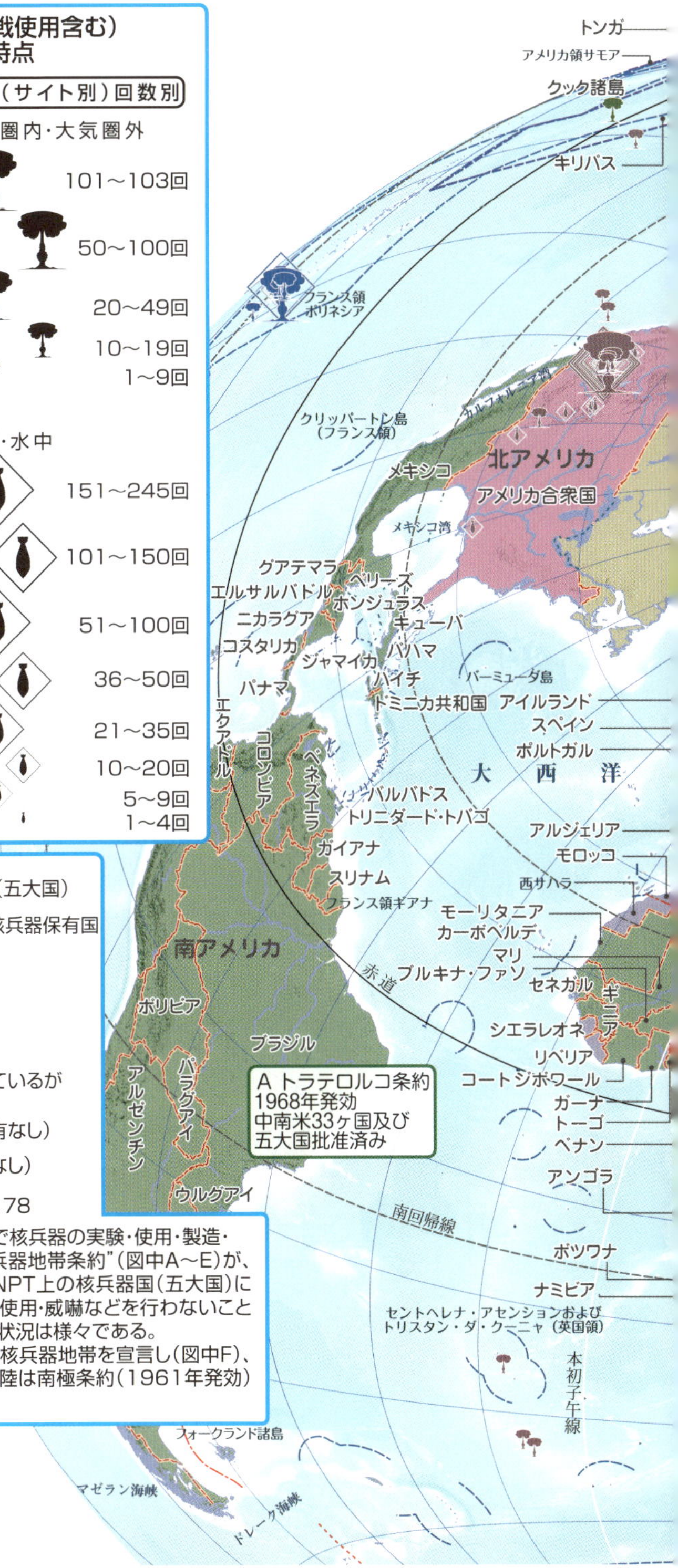

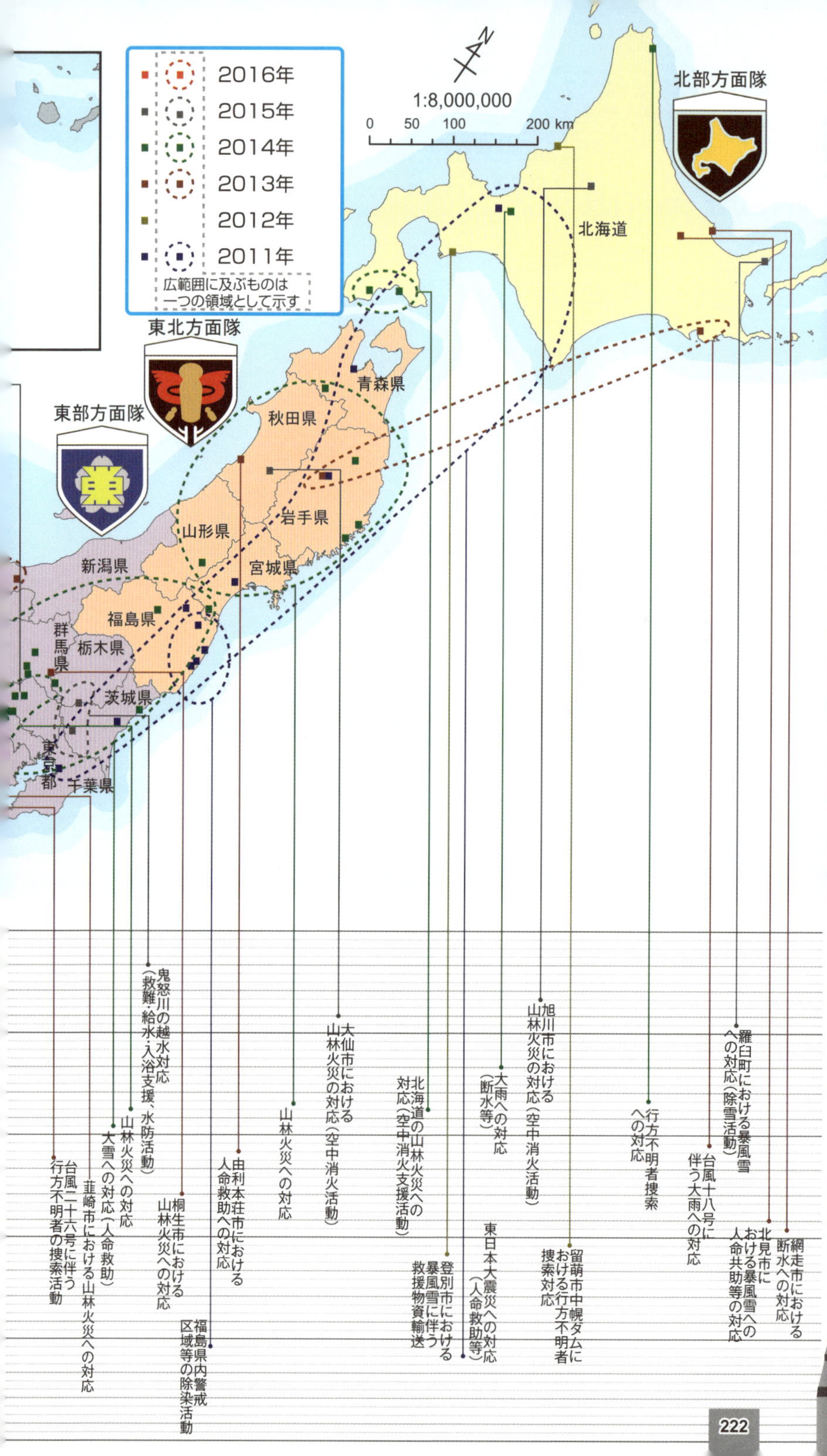

N
1:8,000,000
0 50 100 200 km
2016年
2015年
2014年
2013年
2012年
2011年
広範囲に及ぶものは一つの領域として示す
北部方面隊
東北方面隊
東部方面隊
北海道
青森県
秋田県
岩手県
山形県
宮城県
新潟県
福島県
群馬県
栃木県
茨城県
東京都
千葉県
網走市における断水への対応
北見市における暴風雪への人命共助等の対応
羅臼町における暴風雪への対応（除雪活動）
台風十八号に伴う大雨への対応
行方不明者捜索への対応
留萌市中幌ダムにおける行方不明者捜索対応
旭川市における山林火災の対応（空中消火活動）
東日本大震災への対応（人命救助等）
大雨への対応（断水等）
登別市における暴風雪に伴う救援物資輸送
北海道の山林火災への対応（空中消火支援活動）
大仙市における山林火災の対応（空中消火活動）
山林火災への対応
由利本荘市における人命救助への対応
福島県内警戒区域等の除染活動
桐生市における山林火災への対応
鬼怒川の越水対応（救難・給水・入浴支援、水防活動）
山林火災への対応
大雪への対応（人命救助）
韮崎市における山林火災への対応
台風二十六号に伴う行方不明者の捜索活動

陸上自衛隊の災害派遣実績(2011年以降)

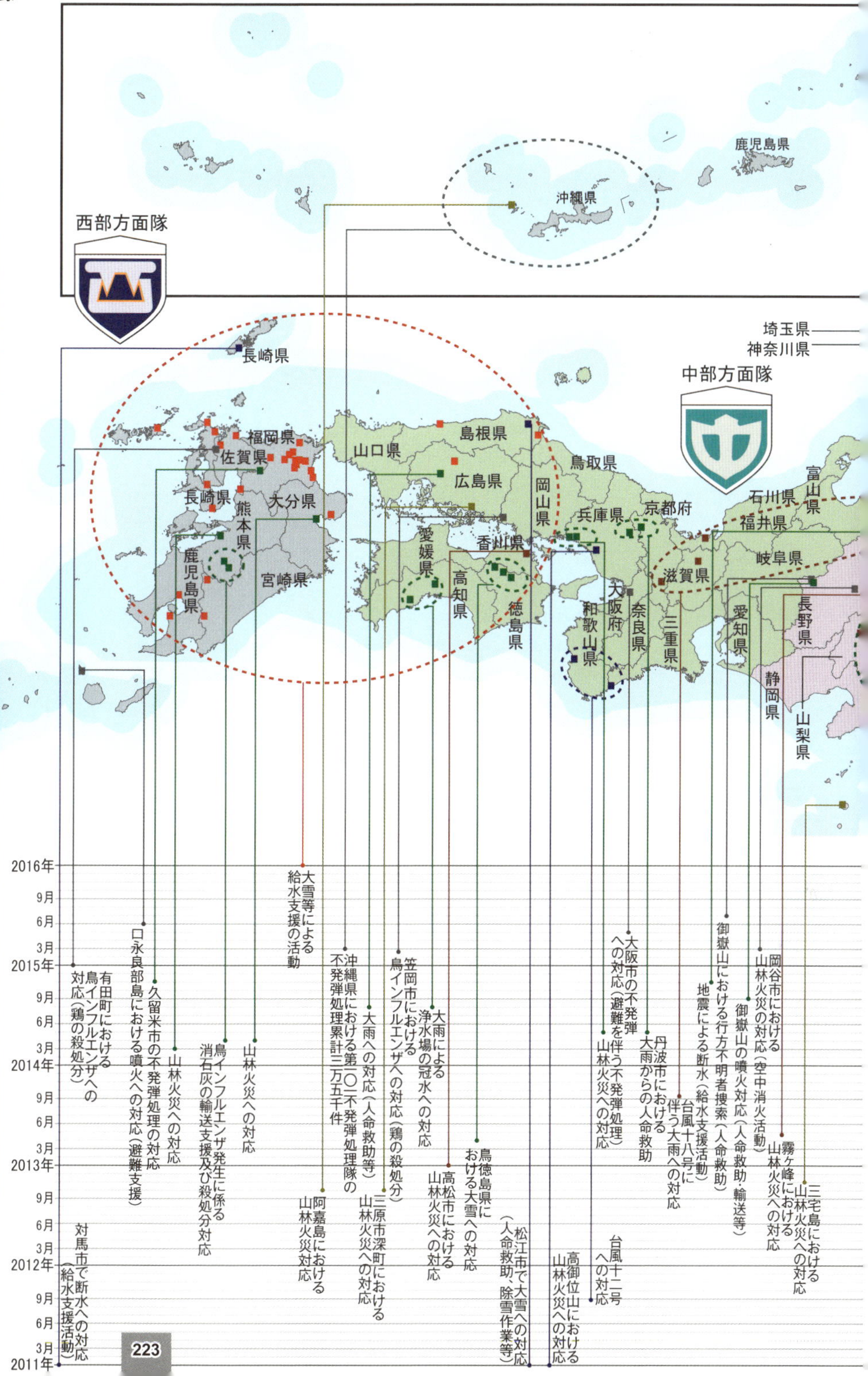

【監修者略歴】森本 敏（もりもと・さとし）

1941年生れ。防衛大学校理工学部卒業後、防衛庁に入庁（現防衛省）。79年外務省入省、一貫して安全保障の実務を担当。

92年より野村総合研究所主席研究員（～2001年3月）。93年より複数の大学で教鞭をとる。2012年6月第11代防衛大臣に就任（～同年12月）。13年より拓殖大学特任教授。15年10月防衛大臣政策参与に就任。16年3月拓殖大学総長に就任。

専門は安全保障、軍備管理、防衛問題、国際政治。

近著に『防衛装備庁～防衛産業とその将来～』（編著、海竜社、2015年）、『エネルギーと新国際秩序』（共著、エネルギーフォーラム、2014年）、『武器輸出三原則はどうして見直されたのか』（編著、海竜社、2014年）、『国防軍とは何か』（共著、幻冬舎ルネッサンス、2013年）など。

編集・制作・地図調製	ジオカタログ株式会社 武井克之、長島 遥、金行方也、河田裕介、武藤伸明
編集・制作協力	安部直文、李 聖史、小出正子、ふせゆみ、市川真樹子
カバーデザイン	三枝未央
使用したソフトウェア	ESRI®社 ArcGIS® for Desktop Adobe®社 Illustrator®, Photoshop®, InDesign® (for Windows)

本書の地図は、ジオカタログ株式会社製Raumkarteを使用して編集・調製しました。

図説《ずせつ》・ゼロからわかる　日本《にほん》の安全保障《あんぜんほしょう》

2016年5月5日　初版第1刷発行

監修者　森本 敏
発行者　小山 隆之
発行所　株式会社実務教育出版
163-8671 東京都新宿区新宿1-1-12
電話 03-3355-1812（編集） 03-3355-1951（販売）
振替 00160-0-78270
印刷所　文化カラー印刷
製本所　東京美術紙工

ISBN 978-4-7889-1175-8 C0031